前漢期黄河古河道の復元
―リモートセンシングと歴史学―

Reconstructing the course of the Yellow River during the Western Han period using remote sensing data : Remote sensing and History

長谷川順二
Junji Hasegawa

六一書房

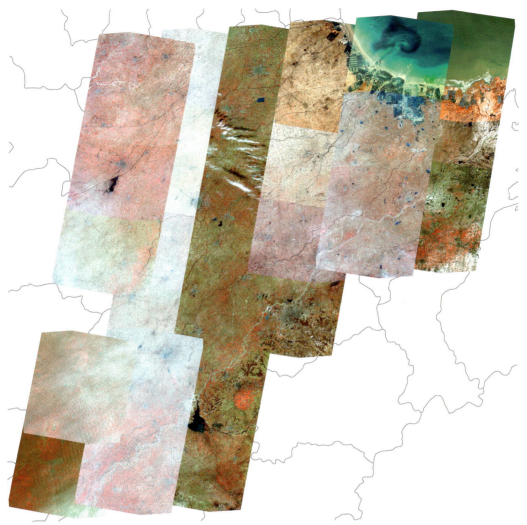

口絵1　黄河下流平原モザイク画像（ALOS AVNIR-2）

口絵2　黄河下流平原農地

口絵3　黄河浮橋（山東省浜州市）

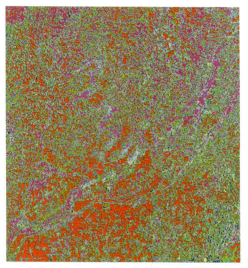
口絵 4 Landsat5 TM（教師なし分類）

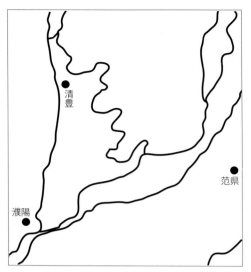
口絵 5 河道痕（口絵 4 より判読）

口絵 6 SRTM-DEM（河南省滑県〜濮陽市）

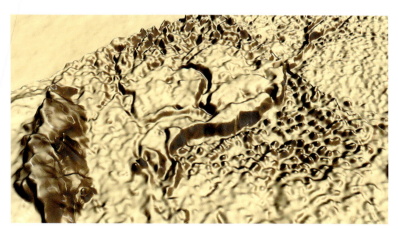
口絵 7 3D 地形モデル（口絵 6 を元に加工）

口絵 8　戚城公園（河南省濮陽市）

口絵 9　内黄古河道（河南省内黄県）

口絵 10　「瓠子河決」痕跡（河南省濮陽市）

口絵 11　馬頰河痕跡（河北省大名県）

口絵 12　漢代元城県址（河北省大名県）

口絵 13　大名金堤（河北省大名県）

口絵 14 太行堤（河南省延津県）

口絵 15 鄈堤城（河北省黄驊市）

口絵 16 鄈堤城（河北省黄驊市）

口絵 17 鄈堤城（ALOS AVNIR-2）

口絵 18 夏津県黄河故道森林公園
（山東省夏津県）

口絵 19 聊古廟遺跡碑（山東省聊城市）

目　　次

序 ……………………………………………………………………………………… 1

第1部　前漢期黄河古河道復元に向けて

第1章　文献資料にみる前漢前後の黄河変遷説 ………………………… 5
はじめに ……………………………………………………………………… 5
第1節　黄河改道に関する諸説 ……………………………………………… 5
第2節　前漢黄河の開始および終了時期 …………………………………… 8
第3節　秦漢期黄河治水史 …………………………………………………… 10
第4節　前漢河道の位置 ……………………………………………………… 15
おわりに ……………………………………………………………………… 21

第2章　黄河のすがた …………………………………………………… 27
はじめに ……………………………………………………………………… 27
第1節　黄河の概要 …………………………………………………………… 27
第2節　黄河の来源 …………………………………………………………… 29
第3節　黄河の誕生時期 ……………………………………………………… 31
第4節　黄河下流平原の地形的特性 ………………………………………… 35
第5節　現在の黄河水問題 …………………………………………………… 40
おわりに ……………………………………………………………………… 42

第3章　本書における使用資料 ………………………………………… 49
はじめに ……………………………………………………………………… 49
第1節　文献資料 ……………………………………………………………… 49
第2節　地図資料 ……………………………………………………………… 58
第3節　リモートセンシング（RS）データ ……………………………… 63
おわりに ……………………………………………………………………… 73

第2部　前漢期黄河の地域別検討

第1章　河南省北東部・滑県〜濮陽市 ………………………………… 83
はじめに ……………………………………………………………………… 83

ii 目　次

第1節　文献にみる前漢河道 ………………………………………… 84
第2節　文献記述の検討 ……………………………………………… 89
第3節　RSデータ・DEMとの比較 ……………………………… 94
第4節　綜合考察 ……………………………………………………… 98
おわりに ………………………………………………………………… 99

第2章　河北省大名県〜館陶県 ……………………………………… 111

はじめに ………………………………………………………………… 111
第1節　都城の位置比定 ……………………………………………… 112
第2節　王莽金堤遺跡 ………………………………………………… 113
第3節　RSデータとの比較 ………………………………………… 114
おわりに ………………………………………………………………… 115

第3章　河南省武陟県〜延津県〜滑県 ……………………………… 119

はじめに ………………………………………………………………… 119
第1節　対象地域の概要 ……………………………………………… 120
第2節　文献資料にみる前漢河道 …………………………………… 120
第3節　RSデータを用いた考察 …………………………………… 124
おわりに ………………………………………………………………… 126

第4章　河北省東光県〜滄州市〜黄驊市〜渤海 …………………… 133

はじめに ………………………………………………………………… 133
第1節　対象地域の概略 ……………………………………………… 134
第2節　文献記述の詳細検討 ………………………………………… 136
第3節　地質学的検討 ………………………………………………… 143
おわりに ………………………………………………………………… 146

第5章　山東省聊城市〜平原県〜徳州市 …………………………… 161

はじめに ………………………………………………………………… 161
第1節　文献資料にみる黄河古河道 ………………………………… 162
第2節　城市位置の検討 ……………………………………………… 165
第3節　RSデータによる検討 ……………………………………… 167
おわりに ………………………………………………………………… 172

第3部　復元古河道を利用した中国古代史の再検討

第1章　前漢期の黄河決壊に関する一考察 ………………………… 185

はじめに	185

第1節　復元河道の概要 　186

第2節　決壊記事の検討——武帝元光3年春以降—— 　187

第3節　黄河決壊の連鎖性 　193

おわりに 　194

第2章　「中国古代専制国家の基礎条件」に関する再検討 　197

はじめに 　197

第1節　木村説と前漢黄河 　198

第2節　RSデータを利用して復元した前漢期古河道 　206

第3節　復元河道に基づく木村説の再検討 　208

おわりに 　213

第3章　復元古河道（戦国〜前漢末）の検証 　217

はじめに 　217

第1節　前漢黄河由来の微高地 　217

第2節　「沙河」と夏津県の由来 　220

第3節　本研究で判明した事実 　221

第4節　黄河改道と前漢郡県制の展開 　224

第5節　前漢以前の黄河下流平原の実情 　227

おわりに 　229

補論　現地調査記

第1章　調査の概要 　235

はじめに 　235

第1節　文献記述の整理 　235

第2節　地図の収集 　237

第3節　現地にて 　238

第4節　調査後の情報整理 　239

第2章　調査記Ⅰ　河南省滑県〜濮陽市〜南楽県 　243

はじめに 　243

1　文献記録と現地調査 　243

2　前漢黄河と城市位置 　244

3　古河道の現状 　253

iv　目　次

　　　4　RSデータとの差異 ……………………………………………………………………… 254

第3章　調査記Ⅱ　河北省大名県～館陶県 ……………………………………………… 261

　　はじめに ……………………………………………………………………………………… 261

　　　1　故城関連 ……………………………………………………………………………… 262

　　　2　古黄河関連 …………………………………………………………………………… 263

　　　3　その他 ………………………………………………………………………………… 264

　　おわりに ……………………………………………………………………………………… 265

第4章　調査記Ⅲ　河南省武陟県～延津県～滑県 ……………………………………… 269

　　はじめに ……………………………………………………………………………………… 269

　　　1　故城関連 ……………………………………………………………………………… 269

　　　2　古黄河関連 …………………………………………………………………………… 271

　　おわりに ……………………………………………………………………………………… 273

第5章　調査記Ⅳ　河北省東光県～滄州市～黄驊市～渤海 …………………………… 275

　　はじめに ……………………………………………………………………………………… 275

　　　1　故城関連 ……………………………………………………………………………… 275

　　　2　古黄河関連 …………………………………………………………………………… 278

　　おわりに ……………………………………………………………………………………… 281

第6章　調査記Ⅴ　山東省聊城市～高唐県～平原県～徳州市 ………………………… 283

　　はじめに ……………………………………………………………………………………… 283

　　　1　対象地域の特徴 ……………………………………………………………………… 283

　　　2　故城関連 ……………………………………………………………………………… 285

　　　3　古黄河関連その他 …………………………………………………………………… 286

あとがき ……………………………………………………………………………………… 289

初出一覧　291

参考文献　292

RSデータ関連クレジット　303

図表出典一覧　304

索　引　307

中文要旨　313

図表目次

第1部

第1章

図1 『禹貢山川地理図』歴代大河誤証図 ………………………………… 6

図2 『治河図略』漢河之図 ………………………………………………… 7

図3 『水経注図』大河故瀆 ………………………………………………… 16

図4 『禹貢錐指』禹河初徙図 ……………………………………………… 17

図5 『歴代黄河変遷図考』周至西漢河道図 ……………………………… 18

図6 『中国歴史地図集』第二冊・前漢青州図 …………………………… 19

図7 『歴史時期黄河下游河道変遷図説』 ………………………………… 20

図8 呉忱「漢志河下游河道復元図」 ……………………………………… 20

表1 前漢期黄河決壊記事 ………………………………………………… 11

第2章

図1 黄河流域 ……………………………………………………………… 27

図2 アジアの主要河川 …………………………………………………… 28

図3 黄河沖積扇状地 ……………………………………………………… 28

図4 黄河源区 ……………………………………………………………… 30

図5 黄土高原と黄河・洮河 ……………………………………………… 30

図6 華北平原の形成 ……………………………………………………… 31

図7 中国東部海面変化 …………………………………………………… 32

図8 最終氷期最盛期の海岸線 …………………………………………… 32

図9 更新世の華北地域 …………………………………………………… 33

図10 黄河由来デルタローブ ……………………………………………… 33

図11 地質年代との比較 …………………………………………………… 34

図12 黄河沖積扇発育図 …………………………………………………… 36

図13 三角州模式図 ………………………………………………………… 36

図14 黄河下流平原分類図 ………………………………………………… 37

図15 自然堤防模式図 ……………………………………………………… 39

図16 黄河天井川・堤防と開封鉄塔 ……………………………………… 39

図17 黄河の断流日数および距離 ………………………………………… 40

図18 南水北調路線図 ……………………………………………………… 41

vi 図表目次

図19 河成扇状地の形成過程 ……………………………………………… 43
写真1 洮河との合流点（劉家峡）………………………………………… 31
写真2 済南大橋付近の黄河堤防 ………………………………………… 38
写真3 黄河高水敷に開墾された農地 …………………………………… 38
写真4 黄河下流平原の農地 ……………………………………………… 38

第3章

図1 河道痕跡と県城位置 ………………………………………………… 57
図2 TPC（河南省濮陽市付近）………………………………………… 59
図3 ソ連製10万分の1地図（河北省大名県付近）…………………… 60
図4 外邦図（山東省禹城市付近）……………………………………… 60
図5 「一万分之一黄河下游地形図」（山東省聊城市付近）…………… 61
図6 『山東省地図冊』 …………………………………………………… 62
図7 『中国文物地図冊』山東分冊 ……………………………………… 62
図8 新修『荏平県志』…………………………………………………… 62
図9 mapbar ………………………………………………………………… 63
図10 Google Earth ………………………………………………………… 63
図11 SRTM–DEM（山東省聊城市付近）……………………………… 67
図12 各RSデータの比較 ………………………………………………… 69
図13 GCP指定による幾何補正（ERDAS IMAGINE 2014）………… 70
図14 幾何補正前後のCORONA画像・山東省平原県付近 …………… 70
図15 Landsat5 TMデータから判読した河道痕 ……………………… 71
表1 各資料における地理情報の特性 …………………………………… 51
表2 主な資料の成立時期 ………………………………………………… 53
表3 各RSデータの諸元 ………………………………………………… 68

第2部
第1章

図1 対象地域 ……………………………………………………………… 83
図2 戚城渡河 ……………………………………………………………… 85
図3 楚軍転線路 …………………………………………………………… 86
図4 各河道説の比較 ……………………………………………………… 88
図5 衛都～濮陽移転と黄河 ……………………………………………… 93
図6 SRTM–DEM・河南省滑県～濮陽市 …………………………… 95
図7 切り合い関係を利用した古河道の前後関係 …………………… 96

図表目次　vii

図 8　前漢黄河と関連遺跡 ……………………………………………… 97
図 9　復元河道と文献記述の関連性 ………………………………… 98

第 2 章

図 1　対象地域 ……………………………………………………… 111
図 2　河道痕・Landsat5 TM …………………………………………… 111
図 3　大名県古河道関連図 ……………………………………………… 112
図 4　館陶県古河道関連図 ……………………………………………… 113
図 5　大名県北西部古河道関連図 ……………………………………… 114
図 6　大名・館陶県付近の復元河道 …………………………………… 115
図 7　滑県〜館陶県の復元河道・譚説との比較 ……………………… 116

第 3 章

図 1　対象地域 ……………………………………………………… 119
図 2　3D 地形モデル ……………………………………………………… 124
図 3　洛河と前漢黄河 …………………………………………………… 125
図 4　前漢黄河の決壊地点 ……………………………………………… 125
図 5　濮陽付近の丘陵地名 ……………………………………………… 125
図 6　呉起城付近の 3D 地形モデル …………………………………… 126
図 7　前漢黄河と城市遺跡 ……………………………………………… 126

第 4 章

図 1　対象地域 ……………………………………………………… 133
図 2　『水経注図』にみる城市と河川 ………………………………… 134
図 3　春秋期の燕・斉と黄河 …………………………………………… 135
図 4　黄驊市内の貝殻堤 ………………………………………………… 144
図 5　孟村古三角州 ……………………………………………………… 145
図 6　堤防様地形（SRTM-DEM に基づく） ………………………… 146
図 7　孟村古三角州・SRTM-DEM …………………………………… 146
図 8　滄州周辺の復元河道 ……………………………………………… 147
図 9　東光県周辺の基底構造図 ………………………………………… 147

第 5 章

図 1　対象地域 ……………………………………………………… 161
図 2　平原県付近の河道説比較 ………………………………………… 162

viii　図表目次

図3　戦国期の斉趙と黄河 ··· 163

図4　平原津をめぐる人々 ··· 163

図5　SRTM-DEM を用いた抽出河道 ·· 168

図6　聊城付近の東転河道 ··· 169

図7　平原付近の微高地再突入 ·· 170

図8　戦国～前漢期の復元古河道 ·· 172

第3部

第1章

図1　復元前漢期古河道 ··· 185

図2　前漢黄河の決壊地点 ··· 188

図3　武帝元光3年春の河道変化 ·· 188

図4　前漢黄河・滑澶微高地と瓠子（黒龍潭） ·································· 189

図5　瓠子河決と淮水・泗水 ·· 189

図6　武帝元封期の河道変化 ·· 190

図7　鳴犢河匯口（山東省平原県） ··· 191

図8　元帝永光5年の鳴犢河派生 ·· 191

図9　成帝建始4年の決壊範囲 ·· 192

図10　成帝鴻嘉4年の決壊範囲 ·· 192

第2章

図1　復元前漢期古河道と微高地 ·· 197

図2　先秦期水利施設分布 ··· 200

図3　聊城微高地断面図 ··· 210

第3章

図1　復元前漢期古河道および微高地 ··· 217

図2　河道の形成 ··· 218

図3　扇状地の形成 ·· 218

図4　断面図（上：現黄河，下：聊徳微高地） ································· 219

図5　聊徳微高地（Landsat7 ETM+） ·· 220

図6　戦国都市遺跡分布図 ··· 224

図7　『二年律令』秩律にみる前漢初期の郡県配置 ···························· 225

図8　戦国時代経済都会図 ··· 228

補論

第1章

図1　調査範囲 ……………………………………………………………………… 235

第2章

図1　調査範囲 ……………………………………………………………………… 243

図2　前漢黄河と遺跡（濮陽周辺）………………………………………………… 245

図3　濮陽付近の古河道と遺跡 …………………………………………………… 246

図4　宣房宮遺跡周辺の3D地形モデル ………………………………………… 247

図5　3D地形モデルにみる湾子村と故県村 …………………………………… 248

写真1　宣房宮遺跡 ………………………………………………………………… 246

写真2　濮陽金堤 …………………………………………………………………… 249

写真3　コンクリート製の舟 ……………………………………………………… 249

写真4　白馬牆村入口（掘下部）………………………………………………… 249

写真5　内黄金堤跡 ………………………………………………………………… 250

写真6　頓丘城遺址碑（河南省清豊県）………………………………………… 251

写真7　砂地層（臨河村遺址）…………………………………………………… 252

写真8　砂地層（宣房宮遺址）…………………………………………………… 252

写真9　明代の竈跡（白馬牆村）………………………………………………… 253

写真10　内黄古河道 ……………………………………………………………… 254

第3章

図1　調査ルートおよび地点 ……………………………………………………… 261

図2　大名県内の「堤」「沙」地名 ……………………………………………… 263

写真1　東古城 ……………………………………………………………………… 262

写真2　清陽城 ……………………………………………………………………… 262

写真3　大名金堤遺跡 ……………………………………………………………… 263

写真4　漢代元城県遺跡 …………………………………………………………… 263

写真5　干上がった漳河 …………………………………………………………… 264

写真6　東風漳渠 …………………………………………………………………… 264

写真7　趙王陵（2004年撮影）…………………………………………………… 265

写真8　趙王陵（2009年撮影）…………………………………………………… 265

写真9　叢台公園（河北省邯鄲市内）…………………………………………… 265

写真10　馬陵村裏の馬頬河跡 …………………………………………………… 266

x 図表目次

第4章

図1　調査範囲 ··· 269

写真1　枋城村裏の淇水 ··· 270

写真2　汲県故城 ··· 270

写真3　石碑発掘（圏城村） ··· 271

写真4　清康熙六〇年河決碑 ··· 271

写真5　延津県黄河故道森林公園 ···································· 271

写真6　黄河故道湿地鳥類国家級自然保護区 ······················ 272

写真7　太行堤 ··· 272

写真8　鄭州黄河特大橋 ··· 273

写真9　上空からの鄭州黄河特大橋 ································· 273

写真10　三楊荘遺跡 ··· 273

第5章

図1　調査地点 ··· 275

写真1　宋代滄州城壁（旧城鎮） ···································· 275

写真2　滄州鉄獅子 ··· 276

写真3　滄州旧城（模型） ··· 276

写真4　東光故城 ··· 277

写真5　南皮故城 ··· 277

写真6　章武故城基壇 ··· 278

写真7　郛堤城（Google Earth） ··································· 278

写真8　郛堤城 ··· 278

写真9　斉堤 ··· 279

写真10　斉堤（Google Earth） ····································· 279

写真11　武帝台 ··· 279

写真12　貝殻堤 ··· 280

写真13　貝殻堤（拡大） ·· 280

写真14　貝殻堤省級自然保護区 ····································· 280

写真15　献県長城堤 ··· 281

第6章

図1　調査ルートおよび地点 ··· 283

図2　趙平原君居城と前漢平原県 ···································· 284

写真1　平原県曲六店付近 ··· 284

写真2　張官店（唐代平原県城）　　　　　　　　　　　　284

写真3　聊古廟遺跡　　　　　　　　　　　　　　　　　285

写真4　基台のみ残る石碑跡　　　　　　　　　　　　　285

写真5　裏に打ち捨てられた石碑　　　　　　　　　　　285

写真6　前漢貝丘故城　　　　　　　　　　　　　　　　286

写真7　虬龍槐　　　　　　　　　　　　　　　　　　　286

写真8　「孔子回轅処」碑　　　　　　　　　　　　　　286

写真9　黄河涯鎮　　　　　　　　　　　　　　　　　　287

写真10　夏津黄河森林公園　　　　　　　　　　　　　287

写真11　夏津黄河森林公園（Google Earth）　　　　　　287

写真12　賈寨郷付近（前漢黄河決壊口か）　　　　　　288

写真13　賈寨郷付近（Google Earth）　　　　　　　　288

序

　中国第二の大河・黄河。中国大陸を東西に横断するこの大河に，中国の人々は古来よりさまざまな恩恵を受けてきた。その恩恵ゆえに「中国の母なる河」と称し，「黄河文明」と自らの文明に名を冠するなど，この大河に対して最大級の敬意を払ってきた。しかし黄河は同時に「暴河」でもあった。「善決，善徙，善淤」と呼ばれ，たびたび大規模な決壊を発生させた。そしてひとたび決壊を起こせば周辺の広大な地域を飲み込み，多大な被害を及ぼしてきた。

　そしてそれゆえに，黄河の河道はしばしば移動（改道）した。大規模なもので7回，部分的なものは数千回に及ぶその改道は，人間社会に大きな影響を及ぼし続けてきた。改道に先立って黄河は決壊や氾濫を起こし，それによって幾万の人々が家や農地を失い，命を落とした。そして河道が移動したことによって気候や地形は変化し，さらには政治・行政区画さえも変化するなど，多方面にわたる大きな影響を及ぼすことになる。

　古代中国社会において黄河流域，特に下流平原は「中原」と称され，中国を統治するうえで重要な地域とされてきた。すなわち「中原を制する者は天下を制す」である。また近年においても，ウィットフォーゲルや木村正雄等によって中国的専制支配体制の要となる地域であるとされてきた。黄河の治水という国家規模の巨大事業を行いうるのは中国的専制支配体制のみ，ということである。故に黄河の治水が王朝の死命を制すると考えられてきた。黄河の流れを最初に制したとされる「禹」は，それにより中国最初の夏王朝を開き，黄河の氾濫を放置した新の王莽や北宋王朝は，黄河治水を怠ったがために国を失ったとも言われる。

　本書では，この黄河において歴史上第1回目の改道が発生したとされる周定王5年（BC602）から，前漢末期にかけての黄河古河道の復元を試みる。この時期は歴史上では，長い戦乱の時期であった戦国時代が秦始皇帝によって統一され，続いて前漢高祖による統一帝国が形成された。この漢王朝は文帝・景帝による安定期を経て，前漢最盛期と言われる武帝の黄金時代に達する。しかし黄河は決して安定していたわけではない。『史記』河渠書・『漢書』溝洫志によれば，武帝の在位期間だけでも4回の黄河決壊が記されている。特に前漢最大の黄河決壊と呼ばれる「瓠子河決」が発生した。「淮・泗に通ず」とあるように，黄河の水は淮北平野へと流れ込んだことが記されている。この未曾有の災害に対して武帝は有効な対策を立てることができず，20数年後にようやく決壊地点を塞いで事態を収めることができた。

　『史記』『漢書』をはじめとした正史やその後の文献資料には，これら黄河決壊に関する状況が数多く記述されており，記述内容を元にした黄河の状況復元に関する研究もまた数多く行われてきた。しかし文献に記された黄河の状況は断片的なものであるため，近年では記述の不足を埋める手段としてボーリング調査など地質学・地形学方面からの研究も始まっている。

黄河の河道復元は，ただ黄河の歴史を知るだけにはとどまらない。当時の地理・気候等の環境，社会情勢をはじめとした人間活動を含めたさまざまな事象を含めることになる。本書ではこのために，文献記述と合わせてリモートセンシング（以下，「RS」と呼称）技術および RS データの活用を試みることとした。

RS 技術は人工衛星など上空から地表面を観測する技術の総称で，一般的には気象衛星を利用した天気予報などが知られている。本書ではそのなかでも Landsat をはじめとした陸域観測衛星によって観測された地表画像や，スペースシャトルに搭載したレーダーを使用して観測した SRTM と呼ばれる地形データ（数値標高モデル・DEM）を利用することで，現在の地表面に残存する古代黄河の痕跡を探り，文献では知り得ない地理情報を文献の記述と照合・検討することで，文献記述に基づく従来の研究よりも精度の高い古河道復元を試みる。

前述したように，中国の歴史において黄河は幾度となく決壊を起こし，大規模な改道が発生していた。これは黄河の豊富な水量と河水中に含まれる大量の黄土に由来する。しかし近年，黄河はまったく逆の様相を見せている。

1970 年から 2000 年にかけての 30 年間，黄河は歴史上類を見ない渇水期に入ったと言われる。黄河の水が途中で枯渇して海まで達しないという，「黄河断流」と称される想像を絶する事態である。これは単に気候条件によって雨が降らないためだけではない。中国政府の改革開放政策によって地方の農業や経済が活性化し，中流・下流において農業や工業目的で大量の取水が行われたことにより，黄河の水が枯渇したのである。この事態に対して中国政府は大規模な取水制限政策を実施し，2000 年以降断流は発生していないとされる。しかし慢性的な華北地域の渇水に，住民は苦しめられているのもまた事実である。この状況に対応するために，中国政府は巨大プロジェクト「南水北調」を企画した。これは中国を南から北へと貫く大運河を建造し，豊富な長江の水を乾いた華北地域に運搬しようという施策である。

歴史を繙けば，同様の事例が隋代に見られる。隋煬帝の京杭大運河建設である。隋はこの巨大建設工事により疲弊し，さらに無茶な高句麗遠征が重なったことで国を滅ぼしたとされる。しかし後代の北宋王朝はこの大運河を利用した物資運搬という恩恵を被り，大運河沿いに位置する汴京（現在の河南省開封市）に都を置いて繁栄を謳歌した。現代の大運河工事である「南水北調」プロジェクトは，はたしてどちらへ向かうのか。

黄河古河道の復元は，ただその時代を知ることにとどまるものではない。黄河を中心とした中国古代の社会や環境の再検討にもつながる。

うな水害を軽減しつつ成立した黄河の流路であるから、大禹で確認できる最古の黄河の流路と考えられている[2]。この黄河の流路を『禹貢』、「禹河」とよぶ。この河道の移り変わりは『禹貢錐指』等、南北朝の文献にすでに見え、後に見る『黄其山川梅渡図』[3]や元代の『王巽撰黄河図説』[4]でも最古の河道として図示されている。清代の研究書『禹貢錐指』は「禹河徙」として、周定王5年の院渡を最初の河渡としており、以後の黄河の流路変遷の「禹河」を基準として、東周以降院院渡の流路変遷が確認されることになる。
　禹は首長位に就く前に「周定王5年」「両漢光武3年春」の2回とし[5]、次の流路は北来の「漢」「滦河」を見渡す。禹の黄河流路には多くの流渡が含まれている歴代の『黄其山川梅渡図』を見ると、禹の黄河流路には多くの流渡が含まれているとしている。しかし、『黄其山川梅渡図』を見ると、禹の黄河流路には多くの流渡が含まれている。そこには直接に「歴代大河渡理図」という梅渡図を作成し、北宋まで梅渡事に並べられる黄河に関する図述を作製した梅渡期の黄河を通過する後人への教訓に示している。
　いくつかの閏道が見られる。1つは「王景修河」であり、南陽清初位が流渡を通過している「漢」の清渡運動も『水経注』の記述とよく似している。最も厳密的に梅州（現在の河南省梅北市）に運び、『水経注』の記述と同じく南陽方面の黄河と中流を接続しており、南陽から南流へ延伸することを涵渡として提示しているが、山東省の河渡（現在の山東省梅北市）を使用し、その黄河渡運河渡「大河渡北院流渡王莽」とあるが、北新平西方間の洛化している「王莽河」、湯州（海陰市）・湾州（海南市）から東京と維持するが、その黄河渡運河渡「水経注」は、北朝末までを使用している東京の河渡が描かれている通りに考えられる[6]。（図1）

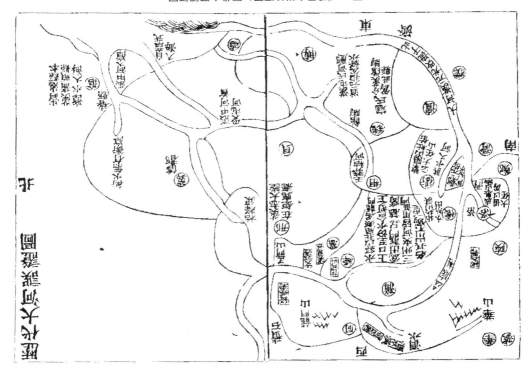

図1　「黄其山川梅渡図」歴代大河渡理図

第 1 章 文献資料にみる前漢以後の黄河変遷史

はじめに

　黄河が古代から一筋の河道を流れていたのではなく、幾度もの大規模な決壊を経ていることは昔から知られていた。前漢以後の黄河変遷について記したものは『漢書』（以下、『漢書』と略記）・『後漢書』（同じく『後漢書』と略記）をはじめとして、幾多の史書に記載がある。黄河決壊と前漢以後の黄河変遷について論ずるには、『漢書』『後漢書』の記述から、幾度回もの決壊があったことを推測できる事柄から知られていた。

　黄河の決壊に関する記述を概観すると、多くは『左伝』の桓公五年に見られる。

　　「大雨雹、曷為記、異也。劉向以為夷狄應陰之象、為臣者不順、厥罰常雨。（左伝、桓公二年）」

　　「若伏威北流、濁北清南、既有河徙、是堯時河、徙既用禹河、故従用河右過洚。」（左伝説）

　杜預註の北流、というのは濁河から、旧河が決壊したことが記されていることから、濁北清南の河道が変化した所謂禹河とよばれる北緯黄河は『左伝』杜預註の『漢書』『後漢書』の黄河の旧河道を変化していることともなるから、周定王五年（BC602）に決壊した旧河道によって河道が変化し、周定王五年、というのが記述から、周定王五年に、というのが記述から黄河が変化したことを示していることともなるから。

　また『水経注』には後立の北緯黄河とは別に、「大河故瀆」と称される旧河道が記されているから、「水経注」から知られる黄河の旧河道を示していることともなる。

　北緯と黄河が旧河道を流れていたことを示している。このように黄河の旧河道が移動しているということからみられているが、首体的に黄河が「いつ」「どのような」状況を経てきたか、という情報は、黄河調査で得ることになる。

第 1 節 黄河決壊に関する諸説

　『水経注』黄河水注では『淮南子』『漢書』『山海経』の記述を用いて黄河の黄河の河道を示したうえで、「今川沿所導、非書導也」と記している。従子より具体的に旧河道、旧淮黄瀆、「今黄瀆城北三河口入海」、濁河瀆は、「2度の河道変化を経けて流注すること」という記述がなされる。しかし河道変化に係るについては、武帝帝代の元光3年春の決壊記事に「河水、従頓丘南東入渤海」とある。このうち頓丘の周君五年は決壊した『漢書』、漢武帝に見られる『漢書』『後漢書』の記述から一致して『漢書』武帝紀の元光3年条に「河、復決濮陽」とあり、「頓」（BC一三六）、というように黄河の旧河道を示する。しかし河道変化に係る具体的な根拠はこの黄河から北緯の時期的には行なわれていない。

　関子が具体的な根拠はこの黄河から北緯の時期的には行なわれていない。北緯黄河に関する旧河道を示す根拠は『漢書』『其』に「東渤海、入干海」、回視海西瀆、という記事がある。これは旧河の黄主に渤河流入、若子大徙、又北播為九河、同為逆河、入干海」、という記事がある。これは旧河の黄主に

第1編　地球環境保全地球温暖化防止に向けて

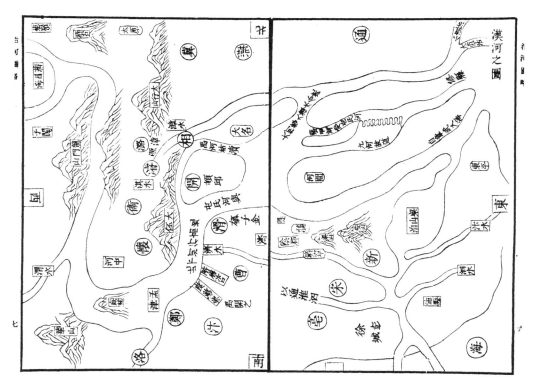

図2 『治河図略』漢河之図

　南宋期は華北地域を遊牧王朝の金に占拠されていた。また南宋建炎2年（1128）に滑州で発生した決壊によって黄河河道は山東の南側へと流れ出し，淮河へと達するいわゆる「黄河奪淮」が発生していた時期でもある。上記の誤謬を見ると，現地を実際に見た経験がないことに由来した誤認が見て取れる。つまり当時の状況を考えると，程は現地を実見せずに『禹貢山川地理図』を執筆した可能性が高い。

　元代の王喜『治河図略』では歴代河道を図示しており，具体的には前述の『禹貢』に記される「禹河」，前漢期の「漢河」，北宋期の「宋河」，そして執筆当時である元代の「今河」の4種の河道を図示した。この「漢河」を見ると，滑州（現在の河南省滑県）と開州（現在の濮陽市）付近で北に「禹河古瀆」，東に「屯氏河輿」と分かれ，大名（現在の河北省大名県）の北に「大河導入漳水合流」とあり，こちらも現在の漳河と合流したとみている（図2）。しかし何より現行の黄河変遷説と異なるのは，「漢河」（前漢黄河）の次が「宋河」（北宋黄河）となっている点である。

　清初の胡渭は『禹貢錐指』巻一三下・附論歴代徙流において黄河の河道変化を「周定王五年（BC602）」「王莽新始建国三年（11）～後漢明帝永平一三年（70）」「北宋慶暦八年（1048）」「金章宗明昌五年（1194）」「元世祖至元二六年（1289）」の5回であるとした「五大変遷説」を提唱し，これに清咸豊5年（1855）の銅瓦廂決壊を加えた六大変遷説が，現在の黄河変遷説の原型となっている[7]。

第2節　前漢黄河の開始および終了時期

　前漢およびそれ以前の黄河に関する記述としては，『禹貢』および『水経注』に見られる河道記事がある。また『史記』や『漢書』，特に溝洫志に多く記される前漢期の黄河決壊記事やその他渡河記録などからも確認できる。

　『水経注』は北魏期に成立した地理書で，当時の中国全土に存在した河川の経由地点を記述した歴史地理学上貴重な文献である。北魏当時にはすでに黄河は前漢河道から変化していたが，変化する以前の河道が「大河故瀆」として記されている。佐藤武敏は『漢書』溝洫志等の記述に基づいて前漢期200年間に11回の決壊が発生したとしており［佐藤1981］，『水経注』の「大河故瀆」記述はこれらの黄河決壊記事と一致することから，この両者が前漢黄河の考察を行ううえでの基本資料とされる[8]。

　現在の黄河変遷史は前節で述べたように，主に胡渭が『禹貢錐指』で提唱した五大変遷説に，清咸豊5年（1855）の銅瓦廂決壊による現河道の成立を加えた六大変遷説に基づいており，特に前漢前後の河道については第1回改道を東周定王5年（BC602），第2回改道を新王莽始建国3年（AD11）とする説が主流となっている。胡渭が五大変遷説を提唱する清初以前は，『漢書』武帝紀の「（元光）三年春，河水徙，従頓丘東南流入渤海」という記述に基づく元光3年（BC132）の改道が重視されていたが，譚其驤は4つの点を挙げて元光3年春の改道説を否定し，BC602～AD11の約600年間において大規模な河道変化はなかったとする説を唱え［譚其驤1981］，以後はこの胡渭から譚其驤に連なる説が多く採用されている。

1　「周定王五年」改道について

　『水経注』河水注に「又有宿胥口，旧河水北入処也」とある。戴震はこの「旧河水」を『禹貢』に記される古河であるとし，熊会貞は同じく河水注の「周定王五年，河徙故瀆」という記述から，周定王5年以前の河道であるとした[9]。この周定王5年の改道は『漢書』溝洫志に「禹之行河水，本随西山下東北去。『周譜』云，定王五年河徙，則今所行非禹之所穿也」という記述として見られ，南宋の程大昌や清代の胡渭・閻若璩，民国以降の岑仲勉・申丙・譚其驤に至る多くの学者が前漢以前に発生した唯一の河道変化記録としている。

　この周定王5年の「定王」とは東周王朝第9代の定王と考えられ，春秋魯宣公7年（BC602）に当たる[10]。胡渭は周定王5年の河道変化以降，第2次改道が発生した新王莽始建国3年まで672年間の河道であったと記している。始建国3年はAD11に当たり，周定王5年から613年となるが，次節で取り上げる「王景治河」の完了した後漢永平13年（70）を下限とすると，胡渭の数値と一致する。

　一方，清代の焦循はこの「周定王5年」説に対して異論を唱え，『春秋』に黄河改道の記述がない点や，『漢書』溝洫志以外の『史記』『漢書』に『周譜』の記述が見られない点などを挙げ，

『漢書』地理志に記される「鄴東古大河」が定王5年に従った河道ではなく『漢書』武帝紀に記される前漢武帝元光3年（BC132）春に発生した改道以降の河道であるとした[11]。

岑仲勉は周定王5年改道の存在は認めたが，胡渭等の周定王5年＝BC602とは異なる説を挙げた。胡克家『資治通鑑外紀注補』の説を引き，『水経注』河水注引『竹書紀年』の「晋出公十二年，河絶于扈」という記述から，従来考えられる東周第9代の周定王・BC602ではなく，東周第16代の周貞定王6年（＝晋出公12年，BC463）という説を提示した［岑仲勉1957］。

しかしこの決壊地点とした「扈」は新修『原陽県志』によれば現在の河南省原陽県原武鎮附近に位置し[12]，『水経注』にある「宿胥口（現在の河南省滑県東南）」からは南西に70km離れている。そのため，両者が同一の決壊記事とは考え難い。

また本章冒頭でも挙げた『左伝』哀公二年伝に趙簡子・陽虎の黄河渡河記事がある。これによれば魯哀公2年（BC493）当時，黄河東岸に戚城（現在の河南省濮陽市北）が位置しており，趙簡子たちはここで黄河を渡って戚城に入った。さらに『史記』高祖本紀には秦二世2年（BC208）に項羽率いる楚軍が秦軍の立てこもる濮陽城を攻めた際の記事がある[13]。この時秦軍は濮陽を「環水」して守ったとある。『史記正義』には「其濮陽県北臨黄河，言秦軍北阻黄河，南鑿溝引黄河水環繞作壁壘為固，楚軍乃去」とあり，当時の黄河は濮陽の北側に存在していた[14]。これらの点からBC493〜BC208にかけて黄河河道は，少なくとも濮陽より西側において大きな改道はないと考えられることから，岑仲勉の「周貞定王6年」改道説は成立しない。

2　第2次改道の発生時期

『中国水利史稿』では「永平十二年（公元六九年）東漢王朝決定派王景治理黄河」としており，王莽始建国3年以降に不安定となっていた黄河の河道が王景の治水事業によって再び安定化したとしている［武漢水利電力学院水利水電科学研究院《中国水利史稿》編写組1979］。しかし『後漢書』や『水経注』では王景の治績は汴渠（『水経注』では「汳渠」）の建造という方面のみ記されており，黄河治水とは明記されていない。南宋の程大昌は『禹貢論』において王景の治績を「汴」の項目のみで取り上げており，『禹貢山川地理図』には王景に関する記述はない。また清代の閻若璩は周定王5年に続く第2次改道を前漢宣帝地節元年（BC69）としており，やはり王景治河については触れていない[15]。佐藤武敏は『後漢書』『東観漢記』『水経注』等の当時に近い文献資料を利用して，「王景の治水工事はやはり汴渠の修復を主とするものであること，とくに黄河の堤防工事が主である」という結論を導き出した［佐藤1981］。

『水経注』河水注には，黄河本流とは他に「大河故瀆」という河道が記されている。『水経注』に記される黄河本流は『水経注』の成立した北魏期の河道と考えられ，大河故瀆は前述のように『漢書』溝洫志等の前漢黄河の決壊記述と一致することから，前漢期の河道とされている。河水注の巻末には前項の周定王5年の記述に引き続いて「又以漢武帝元光三年河又徙東郡，更注渤海」とあり，焦循が提示した『漢書』溝洫志に記される前漢武帝元光3年（BC132）春に発生した変化が第2次改道であるとしているが，大河故瀆（前漢河道）から北魏当時の黄河本流へと変

化した時期については明記されていない。前節で挙げたように南宋期の程大昌『禹貢山川地理図』には王景に関する記述は見られず，元光3年以降の改道は記されていない。さらに元代の王喜『治河図略』で図示された歴代河道は「禹河」「漢河」「宋河」「今河」であり，後漢～隋唐にかけての河道は図示されていない。また明・潘季馴『河防一覧』[16]においても王景に関する記事は見られない。これらの点から，明代以前において「王景治河」は未だ黄河改道の1つと考えられていなかった可能性がある。

では王景治河を黄河の第2次改道としたのはいつからか。清初に記された顧祖禹『読史方輿紀要』巻一二五・川瀆異同二には「古大河」，すなわち黄河南流以前の河道として3本の河道が記されている。1本は大伾山から北へと向かう河道であり，顧祖禹は「禹貢時大河経流也」としている。もう1本は濮陽から北へと流れ，平原・徳州を経て滄州から海へと入る河道であり，「西漢時大河所経之処也」としている。最後の1本は濮陽から東へ流れる河道であり，王景の治水事業を述べたあと「永平以後常為河之経流也」としている。『後漢書』によれば王景の治水事業が完成したのは後漢明帝永平13年のこととあるので，ここで記される「永平以後」は後漢明帝期の「王景治河」を指していると考えられる。胡渭『禹貢錐指』では『水経注』以来の元光3年改道説を「程大昌以為元光已後，河竟行頓丘東南，非也」として否定し，『読史方輿紀要』と同様に後漢明帝永平13年の王景治河を第2次改道とした。

顧祖禹と胡渭は，清康熙年間に徐乾学を主編として実施された『大清一統志』編纂に共に参加していた[17]。『大清一統志』には黄河改道と王景の直接的関係を示す記述は見られないが，王景に関する記述が1ヵ所のみという『明一統志』[18]と比較すると，『大清一統志』には泰安府・大名府・東昌府・武定府という後漢黄河の経由地である4地域において王景と黄河または堤防に関連する記述が確認できる点や[19]，また同記述内の東昌府と武定府には『禹貢錐指』の引用が確認できる点から，『大清一統志』にはこの両者に基づく「王景治河」および後漢河道の見解が収録されたと思われる。

第3節　秦漢期黄河治水史

前漢黄河の決壊記録および治水対策についてはすでに佐藤武敏［佐藤1983］や今村城太郎［今村1966］，藤田勝久［藤田勝久1983a・1984・1985・1988］等に詳細にまとめられているので，ここでは決壊地点および代表的な治水対策についてのみ列挙する[20]。なお文頭の丸番号は**表1**に対応する。

①文帝12年（BC168）
　東郡（『漢書』溝洫志によれば東郡西端に位置する酸棗県）で黄河が決壊し，「金堤」と称される堤防が崩壊した。これに対して東郡で大々的に「卒」を徴発して閉塞工事を行った。ここでいう卒は，佐藤武敏は「所属の郡県で力役などにしたがう更卒ではないか」としている［佐藤1995］。

第1章　文献資料にみる前漢前後の黄河変遷説　　**11**

表1　前漢期黄河決壊記事

皇帝	発生年	（西暦）		記述	文献
文帝	12年	BC168	①	冬十二月，河決東郡。	『漢書』文帝紀
				孝文時河決酸棗，東潰金堤，於是東郡大興卒塞之。	『漢書』溝洫志
武帝	建元3年	BC138	②	春，河水溢于平原，大飢，人相食。	『漢書』武帝紀
	元光3年	BC132	③	春，河水徙，従頓丘東南流入渤海。	『漢書』武帝紀
	元光3年	BC132	④	河水決濮陽，氾郡十六。発卒十万救決河。起龍淵宮。	『漢書』武帝紀
	元鼎2年	BC115	⑤	夏，大水，関東餓死者以千数。	『漢書』武帝紀
				平原・渤海・太山・東郡薄被災害，民餓死於道路。	『漢書』魏相伝
				是時山東被河災，及歳不登数年，人或相食，方一二千里。	『史記』平準書
（時期不明だが武帝末期から宣帝期にかけてか）			⑥	自塞宣房後，河復北決於館陶，分為屯氏河，東北経魏郡・清河・信都・渤海入海，広深与大河等，故因其自然，不隄塞也。	『漢書』溝洫志
元帝	永光5年	BC39	⑦	河決清河・霊・鳴犢口，而屯氏河絶。	『漢書』溝洫志
成帝	建始4年	BC29	⑧	（秋）大水，河決東郡金堤。	『漢書』成帝紀
				河果決於館陶及東郡金堤，泛溢兗・予，入平原・千乗・済南，凡灌四郡三十二県，水居地十五万余頃，深者三丈，壊敗官亭室廬且四万所。	『漢書』溝洫志
	河平3年	BC26	⑨	河復決平原，流入済南・千乗，所壊敗者半建始時，復遣王延世治之。	『漢書』溝洫志
	鴻嘉4年	BC17	⑩	秋，渤海・清河河溢，被災者振貸之。	『漢書』成帝紀
				是歳，渤海・清河・信都河水溢溢，灌県邑三十一，敗官亭民舎四万余所。	『漢書』溝洫志
王莽	始建国3年	AD11	⑪	河決魏郡，泛清河以東数郡。	『漢書』王莽伝

　「金堤」は他の決壊記事でもしばしば見られる。『史記正義』・『索隠』・『漢書』顔師古注などでは白馬県や滑県など特定の場所として注釈を付しており[21]，主に酸棗～滑県～濮陽付近に比定している。しかし『元和郡県志』『太平寰宇記』などを見ると，濮陽より下流側の大名県や館陶県にも記述が確認できる。実際には黄河下流平原に形成された黄河沿道の堤防全般を「金堤」と称していたと思われる[22]。

②武帝建元3年（BC138）

　決壊地点は「平原」とあるが，現在の山東省平原県付近を指す固有地名かは不明。また決壊への対応も不明。

③武帝元光3年春（BC132）

　「従頓丘東南流入渤海」とある。頓丘県についてはいくつか説がある[23]が，主に河南省内黄県～清豊県とされ，濮陽の北側に位置する。また「決」「溢」ではなく「徙」と記されることから，程大昌および焦循は濮陽付近で改道が発生したことを示しているとする。ただし胡渭に始ま

る現在の黄河変遷説では，この時の改道は一時的なものであり，黄河改道の１つとは数えない。

④武帝元光３年（BC132）

　前漢期最大の黄河決壊とされる「瓠子河決」である。前漢黄河の記述のなかでは，決壊地点（濮陽）・被害範囲（氾郡十六，「通淮泗」）・対応策・工事担当者とほとんどすべての情報が揃う貴重な決壊記録である。

　文帝12年の時点では決壊対応が東郡という郡単位で実施していたが，この瓠子河決では武帝の命によって汲黯・鄭当時という中央官が派遣される。だがこの２名での治水事業は失敗し，当時の丞相田蚡の反対[24]もあって20余年にわたって決壊が放置される事態となる。最終的に元封２年（BC109）にやはり中央より派遣された汲仁・郭昌の２名により実施された，卒数万人を徴発するという大工事によってようやく決壊は塞がる[25]。藤田勝久によれば，この時点では統一的な黄河治水の担当官および組織は存在せず，河隄謁者などの専任官は前漢末期になって設置されたという［藤田勝久1983a］。

　浜川栄は，元狩３年（BC120）および元鼎２年（BC115）の「山東水災」は，瓠子河決の影響が未だ残存していたことの記述であり，これによって関中への徙民70万人が発生した，武帝の抑商政策に接続して実施された等の新たな見解を示した［浜川1993・1994］。また史真や察応坤は，瓠子河決発生当時，武帝は関中の水利政策や衛青・霍去病による匈奴攻撃などを行っており，瓠子河決の閉塞に回す余裕がなかったので，20余年という長期間の放置が行われたとしている［史真1992，察応坤2006］。

⑤武帝元鼎２年（BC116）

　『漢書』武帝紀に「夏，大水，関東餓死者以千数」，魏相伝に「平原・渤海・太山・東郡」と被災地が列挙されているが，具体的な決壊地点やそもそも黄河の決壊であるかすら不明である。

⑥武帝末～宣帝期

　武帝は20余年後にようやく瓠子河決を閉塞したが，その後再び下流側の館陶県で決壊が発生した。このとき「屯氏河」という分流が発生した。『漢書』巻二九・溝洫志に「広深与大河等」とあることから，黄河本流と同等規模の巨大な分流であったことが窺える。また『水経注』河水注によれば，この屯氏河からさらに「屯氏別河」「張甲河」等の分流が派生した。

　この屯氏河分流については宣帝地節年間に光禄大夫の郭昌[26]が実地調査を行い，貝丘県が黄河の屈曲部に位置しており危険にさらされていることが判明した。そこで渠道を開削して東へと黄河の流れを導き，水害の危険から脱することができたという記述が『漢書』溝洫志に見られる[27]。

⑦元帝永光５年（BC39）

　この年は黄河下流の２ヵ所において異変が起きた。すなわち「清河・霊・鳴犢口での決壊」と

「屯氏河の途絶」である。これらについては発生記事があるのみで，被害や対策等は不明である。

⑧成帝建始4年（BC29）

成帝初期に清河都尉[28]の馮逡から，屯氏河閉塞による黄河決壊の危険性についての上奏が為された。これに対して朝廷は丞相・御史に諮り，『尚書』を治め治水技術に長けた博士許商を派遣して調査を行った。許商は浚渫の必要なしと報告を上げたが，3年後の建始4年に館陶および東郡金堤で決壊が発生し，平原・千乗・済南の各郡に被害が及んだ。この水災によって御史大夫の尹忠が自殺している。

この決壊に対して，中央の対応は迅速であった。まず大司農の非調が潅水した郡に銭・食料を支給し，謁者2名が河南以東から徴発した漕船500艘を使って被災者たちを丘陵地帯に移した。さらに校尉の王延世を河隄使者に任命して工事を実施し，三旬（36日）で終了させた。この功績により王延世は光禄大夫となった。またこのことを記念して元号を「河平」と改めた。

『漢書』巻二九・溝洫志に，この時の閉塞方法が詳細に記されている。「以竹落長四丈，大九囲，盛以小石，両船夾載而下之」とあることから，石を詰めた竹籠を船から投下することで，迅速な閉塞工事を行ったと考えられる[29]。

⑨成帝河平3年（BC26）

建始4年の決壊を迅速に治めたにもかかわらず，3年後の河平3年に再び黄河は決壊した。この時は館陶からさらに下流の平原で決壊し，済南・千乗の諸郡が被害に遭った。

この決壊に対して再び王延世を派遣しようとしたが，杜欽という人物の進言により，丞相史楊焉[30]・将作大匠許商・諫大夫乗馬延年の3者による治水事業が実施され，6ヵ月で治めることに成功した。なお工事完了後に王延世に黄金100斤が賜与されているので，実務者として王延世も参加していたと思われる。

⑩成帝鴻嘉4年（BC17）

鴻嘉4年に楊焉が黄河に関する提言を行い，黄河の流れを底柱[31]が邪魔をしているのでこれを削るべきとした。実施したところ僅かに水中に沈んだだけで，削り去ることができなかった。結果として黄河の水はますます暴れるようになった。

同年，黄河下流で決壊し，渤海・清河・信都の各郡に溢れた。河隄都尉の許商と丞相史の孫禁が視察し，対策を述べた。孫禁は平原県付近での被災が著しいことを述べ，平原・金堤間を開削して篤馬河へと流し込むという案を提示した。許商は禹の九河のうち徒駭・胡蘇・鬲津の3河川の位置を示し，これより離れた篤馬河への改道には無理があり，結果として現状より大きな災害が発生する可能性が高いことを述べた。公卿たちは許商の意見に従った。また今村城太郎が言うところの谷永や李尋・解光などの「天事放任論」もあり［今村1966］，結果としてこの決壊は放置されることとなった。

14　第1部　前漢期黄河古河道復元に向けて

⑪王莽新始建国3年（AD11）

　　前漢後期は黄河決壊が頻発したが，前漢王朝にもはや治水の意志はなく，放置するのみであった。王莽新始建国3年に魏郡で決壊が発生し，魏郡の北側に位置する清河郡ほか数郡を飲み込んだ。王莽は自身の祖先墓が位置する元城県が無事であったために，この決壊を放置して塞がなかった。再び黄河が安定するには次の後漢明帝永平13年（70）に実施された王景治河を待つことになる。

番外：哀平帝期の治水論議

　　前漢末の哀帝・平帝，さらに王莽新の時期には黄河の決壊が頻発したことで，黄河治水に関する意見が多く集められた。そのなかでも代表的なのが，哀帝期に提出された「治河三策」と称される賈譲の奏言である。賈譲の意見には上中下の3策がある。

　　上策は冀州の民のうち水害に及ぶ者たちを移住させたうえで，黎陽の遮害亭を決壊させて河水を放ち，北方に流して海に流出させる。西側は太行山脈，東側は金堤に切迫するが，広範囲に拡散しているので決壊することはない。1ヵ月もすれば自ずと河道が定まる。

　　中策は冀州の地に大量の漕渠を建設し，灌漑用水として開拓させる。水の勢いを分散させるのは大禹の手法ではないが，当面の危機を救う術ではある。工事の規模は巨大だが，現在黄河沿道の郡県にある労力を用いれば，さほど無理なことではない。さらに灌漑によって民力も向上する。利益を興すだけでなく今後数百年の水害を除くことができる。ゆえに中策と言う。

　　現在の堤防を繕い，低い箇所には上に盛り，薄い箇所には厚みを増すといった手法を採れば，経費が嵩むばかりでなくしばしば水害に遭うことになる。これを下策と言う。

　　後生「漢代の治河理論の輝かしい集大成」［今村1966］「治水の名論」［藤田勝久1986］と評されるように，いずれも実効性が高いと思われる方策である[32]。また王莽のときには治水を能くする者として，関並・張戎・韓牧・王横などからの意見が挙げられる。司空掾の桓譚によればいずれも実行可能で効果の見込まれる策であったが，賈譲の奏言も含めて実施されることはなかった。『漢書』巻二九・溝洫志に「王莽時，但崇空語，無施行者」と記されるとおりである。

　　以上，前漢期の黄河決壊記事について見てきた。前半期では国家での決壊対策が行われておらず，わずかに①で地元の東郡政府が「卒を発して」閉塞工事を行ったことが確認できるのみである。④では武帝自らが現場に立ち会ったとあるが，これは前漢期最大の黄河決壊とされ，20余年にわたって閉塞できなかった「瓠子河決」への対応策であり，薄井俊二によれば武帝の泰山封禅という前漢期でも最大級のイベントに合わせたかたちで実施されている［薄井1986］ことからも，黄河対策として同列に論じることは難しい。⑤⑥⑦では対策記述がなされず，わずかに⑥に派生したかたちで宣帝地節年間の郭昌の対策が記されるのみである。

　　一方，⑧以降では積極的な中央の被災対策が記される。「博士（⑨では将作大匠）許商」「御史大夫尹忠」「丞相史楊焉」「諫大夫乗馬延年」など中央官僚の名前が続々と登場し，王延世という人

物が初の黄河対策専官と考えられる「河隄使者」に任じられるなど，中央政府が積極的に黄河対策に乗り出している様子が窺える。藤田勝久はこれらの記述から，前漢政府は武帝期までは専従の黄河管理を行ってこなかったこと，成帝期以降にようやく中央が黄河下流全域を管轄するという後代の黄河対策の原型が成立したことなどを挙げている［藤田勝久 1983a］。

これら前漢期の治水事業に対して，思想面からの考察を行っているのが薄井俊二である［薄井1986・1988］。以下にポイントを挙げる。

・武帝期に実施された瓠子河決の閉塞は単なる治水事業に留まらず，国家事業としての封禅と関連して皇帝を頂点とした統治組織の必要性を再確認するという一大イベントの一コマとして実施された。

・成帝期に実施された治水事業では「御史大夫尹忠の自殺」に始まり，「大司農非調による被災地への銭・糧食給付」「王延世による迅速な決壊閉塞」などの施策を次々と実施した。何より事業成功を祝して年号を「建始」から「河平」と改めたことで，武帝の瓠子閉塞に並ぶ国家的事業であることを印象づけた。しかし3年後に黄河は再び決壊し，これらの思惑は潰えた。さらに再度の治水事業の際に成帝本人ではなく大将軍王鳳および杜欽によって担当者が決定されているのは，もはや皇帝への信頼感が希薄化したことを示している[33]。

・成帝以降の前漢後半期にはいくつかの黄河治水論が提出される。そのうち馮逡・孫禁・賈譲らの論は藤田勝久によれば「いずれも実地踏査に基づく対策を述べ」［藤田勝久 1986］ているが，いずれも採用されなかった。それは当時の皇帝を含め漢王朝全般に広く流布していた災異思想との関連が強いと考えられる[34]。

災異思想とは，洪水や旱魃などの「天災」を政治的な失策や為政者の不正などに原因を求め，為政者の反省や政治改革を求めるための思想だが，こと黄河治水対策に関して言えば，目前の決壊に手をつけずに為政者自身の内省のみで解決を目指すという消極的な方策を選ぶこととなる。

また董仲舒以来国教となった儒教の経典『尚書』への傾倒も，当時の黄河治水対策に対する逆風となった。『禹貢』に記される「禹河」またはその分流である「九河」への回帰こそが黄河の安定する唯一の方策であるとし，実際に前述する成帝期の許商のみならず，先行する武帝期の斉人延年の上書に対する返答にもその萌芽が見て取れる[35]。

第4節　前漢河道の位置

前漢時代の黄河河道の経由地点については，『水経注』河水注にある「大河故瀆」記事と『漢書』溝洫志等の前漢期に発生した黄河決壊記事を併せて検討するという手法が採られている。清・光緒年間に刊行された楊守敬『水経注図』や『中国歴史地図集』ではこれらの記述に基づいて前漢河道を記しており[36]，これによれば現在の山東省館陶県から高唐県付近へ至る 100 km 前後に及ぶ大きな屈曲が見られる。

一般的に河川は下流平原部においては蛇行を繰り返すとされるが，黄河下流平原ではその限り

ではない。黄河下流は一見平原に見えるが，尹学良によれば，その形成過程を考慮すると実のところ黄河によって形成された扇状地である［尹学良1995］[37]。清咸豊5年（1855）に形成された現河道は河南省蘭考県付近から北東方向に屈曲し，数km単位での多少の湾曲は見られるが，屈曲自体は数km幅に形成された堤防の内側にとどまり，河道全体としてはおおむね一直線に渤海へと流れている。この直線的な現河道と比べると，前漢河道のあまりに大きな屈曲は何らかの形成要因が考えられる[38]。

前節において決壊が発生したとされる「酸棗」「頓丘」「瓠子」「館陶」「清河霊鳴犢口」「平原」等は，少なくとも決壊発生時においては経由していたことが判明したが，中間箇所の詳細は不明である。正史や地理書の記述を利用して中間を補完した研究は，第2節で挙げた『禹貢山川地理図』『治河図略』『禹貢錐指』の他にも数多く登場している。

酈道元『水経注』の前漢河道の位置は『水経注』河水注五・大河故瀆，淇水注等から，および楊守敬『水経注図』より読み取った。なお『水経注』では前漢河道（大河故瀆）は浮陽県（現在の河北省滄州市）以下渤海に至る河道については明記されていない。『禹貢錐指』では「禹河初徙図」に前漢河道が記されているが，以下の経由地点は巻一三之下・附論歴代徙流に基づく。『読

図3 『水経注図』大河故瀆

史方輿紀要』では巻一二五・川瀆異同二で前漢黄河に関する考察を行っている。以下に具体的な経由地点を挙げる。なお各地名は時代によって変化しているが、ここでは原表記のまま挙げておく。

『水経注』説（図3）
　　宿胥口→滑台城北→平陽亭→延寿津（延津）→黎陽県南（天橋津）→逯明塁・鹿鳴城→鹿鳴津・白馬済・韋津→白馬県→涼城県・伍子胥廟南→長寿津→戚城西→繁陽県故城東→陰安県故城西→楽昌県故城東→平邑郭西→元城県故城西北→沙丘堰→発干県故城西→貝丘県故城南→甘陵県故城南→艾亭城南→平晋城南→霊県故城南→鄃県故城東→平原県故城西→繹幕県故城東北→鬲県故城西→脩県故城東→安陵県西→東光県故城西→南皮県故城西→北皮城東→浮陽県西（～渤海まで詳細不明）

『禹貢錐指』説（図4）
　　濬県→滑県→開州→内黄→清豊→南楽→大名→元城→冠県→館陶→堂邑→清平→清河→博平→高唐→平原→徳州→景州→呉橋→東光→交河→滄州→青県→静海→天津

『読史方輿紀要』説
　　獲嘉県南→原武県北→陽武県南→延津県北→胙城県北→新郷・汲県南→濬県南→滑県北→開州南→長垣・東明県北→清豊県西→内黄県東→南楽・大名→元城県東→館陶県東→臨清州・高唐州→恩県南→徳州西→景州・滄州→渤海

　光緒年間の劉鶚『歴代黄河変遷図考』では随所に『禹貢錐指』を引用しており、基本的に胡渭の説を踏襲している。しかし前漢期の河道について作成した「周至西漢河道図」では、平原県付

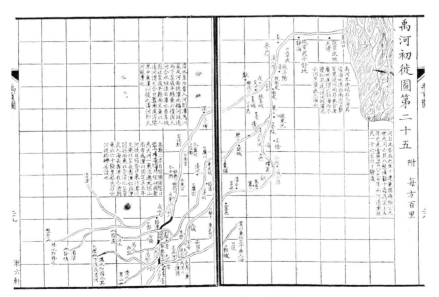

図4　『禹貢錐指』禹河初徙図

18　第1部　前漢期黄河古河道復元に向けて

近で『禹貢錐指』とは異なり，現存する「沙河」と呼ばれる地形に沿った河道説を挙げている（図5）。蒋逸雪によれば，劉鶚は光緒13年（1887）に鄭州にて発生した黄河決壊に対応するために河東河道総督・呉大澂の実施した治水事業に参加し，引き続き15年（1889）に実施された呉大澂による黄河下流全域の測量調査にも参加している［蒋逸雪1981］[39]。ここから，劉鶚は部分的には前述の測量調査に基づいてこれらの河道を想定したと思われる。

　一方，人民共和国成立後には前述した楊守敬『水経注図』『歴代輿地沿革険要図』を基にして「歴代王朝地図」を作成する国家プロジェクト，通称「楊図委員会」が立ち上がった[40]。中国全土の歴史地理研究者を集めて作成された『中国歴史地図集』［譚其驤1982］には歴代王朝時の黄河の河道位置が記されており，これによって黄河の河道位置と河道変化の過程を確認できるようになった（図6）。

　『中国歴史地図集』の登場以後も黄河の河道位置に関する研究は引き続き行われ，『黄河流域地図集』［水利部黄河水利委員会1989］や『黄淮海平原歴史地理』［鄒逸麟1993］などには黄河変遷図が掲載される。ただしこれらは主に『中国歴史地図集』の河道位置に則っており，あまり大きな変化は見られない。

　『歴史時期黄河下游河道変遷図説』は，異なるアプローチでの河道検討を行っている。『中国歴史地図集』では王朝別の歴史地図作成を行っていたが，黄河の河道変化は必ずしも王朝の交替と軌を一にして発生しておらず，むしろ北宋期のように1つの王朝の期間中に幾度も河道変化が発

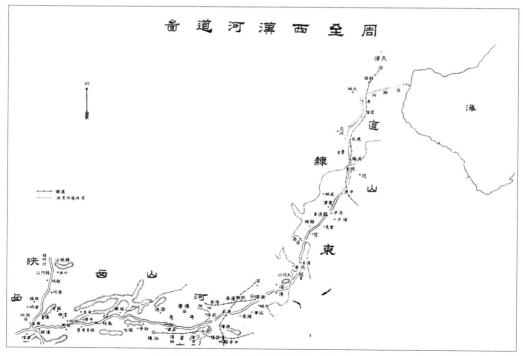

図5　『歴代黄河変遷図考』周至西漢河道図

生し，ときには「二股河」と称されるように複数の河道が併走している時期すらあったが，『中国歴史地図集』ではこれらを1枚の北宋期の地図に併記した。鈕等はこの手法を拡大して1枚の地図中にすべての時期の河道を記述するという手法を採用し，各河道に存続年次を併記することで，詳細な河道変化の復元を試みた（図7）。また譚其驤が文献記述に基づいた河道考察を行ったのに対して，鈕仲勛ほかは現地の地形や地質情報に基づいて考察を行うことで，現地の地形に沿ったかたちでの黄河変遷地図の作成を試みた［鈕仲勛ほか1994］。

呉忱は「古河道学」[41]を創設し，地質学方面から黄河下流（華北）平原上の古河道復元を行った。彼は2種類の古河道があるとした。1つは地面に露出している「地面古河道」であり，もう1つは地面上に露出した痕跡はすでに残っておらず，地下に埋蔵されている「埋蔵古河道」である。地形図・航空写真・RSデータ・現地調査・ボーリング等による地質情報収集等多くの情報を利用してこれらの古河道を判読し，また歴史地理研究と同様の文献資料も合わせて利用して古河道を特定するという手法を採っている。呉忱はこれらの情報を活用して前漢から後漢にかけての河道復元を行っている［呉忱2001］（図8）。

『歴代黄河変遷図考』説

　　武陟南→原武北→陽武北→延津北→胙城北→衛輝南→滑北・濬南→開西→内黄東・清豊西→大名東→冠西→館陶南東→臨清南東・堂邑北西→夏津南東・清平北西→平原西→徳東→呉橋西→景東→東光西→交河東→滄西→青西→大城南東→静海南→（以下「徒駭河」を経て渤海へ）

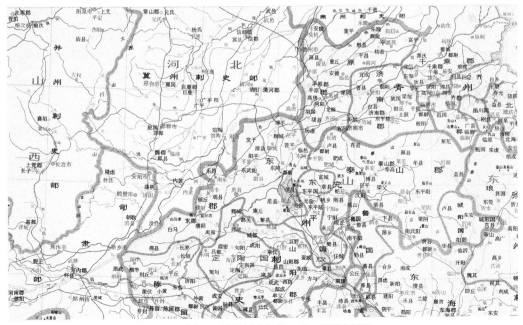

図6　『中国歴史地図集』第二冊・前漢青州図

20　第 1 部　前漢期黄河古河道復元に向けて

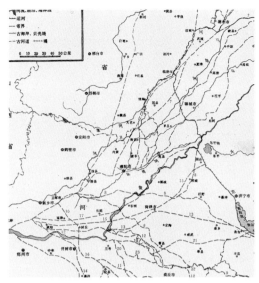
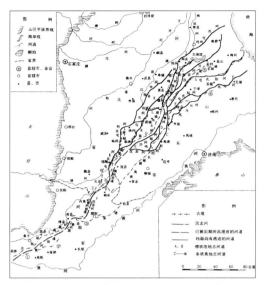

　　図 7　『歴史時期黄河下游河道変遷図説』　　　　　図 8　呉忱「漢志河下游河道復元図」

『中国歴史地図集』説

　　武陟県東→原陽県西北・新郷市東南→延津県北→滑県・浚県東南→濮陽市西北→内黄県東→南楽県西北→大名県東南→冠県西・館陶県東→臨清市南・聊城市北→高唐県東→平原県西→徳州市東→呉橋県西→東光県西→南皮県西北→滄州市南東→黄驊市西北→渤海[42]

『黄河流域地図集』説

　　武陟県東→原陽県西北→新郷市東南→延津県北→汲県東南→滑県・浚県東南→濮陽市西北→大名県→冠県東→臨清市南・聊城市北→茌平県北→高唐県東→平原県西→徳州市→滄州市→渤海

『歴史時期黄河下游河道変遷図説』説

　　武陟県東→原陽県西北・新郷市東南→延津県北→汲県東南→滑県・浚県東南→濮陽市西北→内黄県東→南楽県西北→大名県東南→冠県西・館陶県東→臨清市東→夏津県西北→武城県南東→徳州市東→呉橋県東→東光県東→南皮県東南→孟村自治県→塩山県北→黄驊市東南→渤海

呉忱説［呉忱 2001］

　　武陟県東→原陽県西北・新郷市東南→延津県北→汲県東南→滑県・浚県東南→濮陽市西北→内黄県東→南楽県西北→大名県東南→冠県西・館陶県東→臨清市南・聊城市北→高唐県西→平原県西→徳州市東→呉橋県東→東光県東→孟村自治県西北→塩山県西北→黄驊市東→渤海

　上記説のうち，前述したように劉鶚は現地調査を基礎としている。一方で譚其驤は文献記述，鈕仲勛と呉忱は地理学・地質学ベースでの復元を行っている。特にポイントとなるのは劉鶚と鈕仲勛の両者で同じく「高唐県・平原県を経由せず，館陶県から夏津県へと北東に直進する」ルー

トを想定している点である。つまり前節で触れた「清河・霊・鳴犢口」での決壊が含まれていない。一方，同様に地形・地質面に基づいて河道を定めた呉忱は，文献記述を参考にしたのか上記2県を経由するルートが想定されている。現地を実見した劉鶚と地形・地質情報をベースとした鈕仲勛の両者が同じ結論に至っているのは興味深いが，両者の一致や譚・呉説との差異が何に起因するのか，現時点では不明である[43]。

おわりに

前節までに判明した前漢期の黄河に関する情報を以下に列挙する。

ア．黄河は周定王5年（BC602）に太行山脈東麓を経由する禹河から，前漢河道へと変化した。

イ．前漢期には11回の決壊記録があるが，胡渭『禹貢錐指』に始まる説では，前漢期には黄河本流の大規模な河道変化は起きず，王莽新始建国3年（AD11）に魏郡で決壊が発生し，王景治河を経て後漢以降の河道へと変化した。

ウ．前漢河道は前漢期に決壊の発生した「酸棗」「頓丘」「瓠子」「館陶」「清河霊鳴犢口」「平原」の各地点を経由している。

エ．大規模な黄河分流は，武帝元光3年の「瓠子河決」および武帝末期〜宣帝期に館陶県で派生した「屯氏河」の2回である。

これらの情報は『史記』『漢書』や『水経注』などの文献資料から読み取った前漢黄河の情報であり，主に胡渭『禹貢錐指』に始まる現行説に従っている。しかしこの説が必ずしも正解ということではない。あくまで考察を行ううえでの前提条件である。最終的に前漢期の黄河古河道を特定するには，これら文献からの情報に加えて，現地の地形・地質情報やRSデータなどを加味して総合的に考察する必要がある。

注

1) 「『漢書』溝洫志云，「周譜云"定王五年（公元前六〇二年）河徙"，則今所行，非禹之所穿也。」当時黄河流径自河南滑県東北流経浚県・内黄・館陶之東。」（『春秋左伝注』哀公二年伝）

　　なお楊伯峻がここで示した黄河の経路は内黄県を経由するとのみあり，濮陽が明記されていない［楊伯峻1981］。前漢黄河と濮陽の関係については第1部第3章，また該当記事の分析を含めて第2部第1章で詳述する。

2) 譚其驤は『山海経』の記述から1本の河道を想定した。この河道は現在の河北省深州市付近で禹河の河道から離れて北へと向かい，天津市の北側で渤海へと流れ込んでいる。譚はこの河道を禹河よりもさらに古い河道ではないかと推測している［譚其驤1978］。

3) 南宋・程大昌『禹貢論』『禹貢後論』『禹貢山川地理図』，南宋孝宗淳熙四年（1177）

　　原書は5巻本（含禹貢論2巻，山川地理図2巻，後論1巻）で，完成後は当時の皇帝・孝宗に献上し，その精博たることを称揚されて勅命により秘本とされる。そのため民間には伝世本は残されていない。初刻宋版本が孤本として中国国家図書館に所蔵されている。『文淵閣四庫全書』『叢書集成初編』等に

集録。詳しくは丁瑜や孫果清を参照［丁瑜 1985，孫果清 2005］。

4) 元・王喜『治河図略』

正確な著作年代や著者自身の履歴は不明。元・順帝の至正 4 年（1344）5 月に発生した黄河・白茅堤および 6 月の金堤での決壊において「省臣以聞，朝廷患之，遣使体量，仍督大臣訪求治河方略」（『元史』巻六六・河渠志三）とあり，『四庫全書提要』ではこのとき提出された治河方策の 1 つではないかと推測している。

5) 「「周定王時，河徙。」故瀆則已与禹貢異。漢元光，河又改，向頓丘東南流入渤海。則漢河，全非禹河故迹矣。」（程大昌『禹貢山川地理図』今定禹河漢河対出図・序説）

6) 程は同じく「今定禹河漢河対出図」叙説でも「周定王」「漢元光」の 2 回を改道時期としていることから，『水経注』河水注の記述に基づいた河道を想定していることがわかる。しかし現存する四庫全書版や叢書集成版『禹貢山川地理図』ではこの「今定禹河漢河対出図」の図版部分は失われており，程の考えた漢元光以前の河道説について詳細は不明である。

7) 胡渭の「五大変遷説」では第 3 回を「北宋慶歴八年（1048）」としているが，実際には北宋期は黄河の乱流期に入っており，分流（二股河）や改道が頻繁に発生していた。また第 4 回の「金章宗明昌五年（1194）」によって黄河が山東半島の南側を回るようになって以後の，いわゆる「黄河南流」期もまた中小の部分変化が発生しており，本流の変化や改道の回数は研究者によって幅が大きい。近年の傾向としては鄒逸麟に代表されるように，『人民黄河』の提唱した「7 回の大改道，26 回の中小改道」［黄河水利委員会 1959］という回数を採用している研究者が多い［鄒逸麟 1993］。

8) 溝洫志には「瓠子河決」をはじめとして「館陶」「霊」「平原」などで黄河決壊が発生したという記述があり，清代の胡渭や譚其驤など多くの研究者が前漢黄河の検討に使用している［譚其驤 1978・1981］。筆者の検討例については本書第 2 部各章や第 3 部第 1 章を参照。

9) 清・楊守敬『水経注疏』は，初回の刊行は光緒 31 年（1905）だが以後も修訂が続けられ，最終的には楊守敬の死後，門人の熊会貞によって完成した。本書では 1971 年に発行された台湾科学出版社版および 1989 年に出版された江蘇古籍出版社版を底本とする。『水経注疏』修訂の経緯や版本については陳橋駅を参照［陳橋駅 1989］。なお戴震は清・乾隆期に実施された『四庫全書』編纂に参加した纂修官であり，彼が『水経注』に付した多くの注釈が『水経注疏』に収録される。

10) 本書における春秋戦国期の西暦表記は，『春秋左伝注』および『戦国史料編年輯証』に依る［楊伯峻 1981，楊寛 2001］。

11) 清・焦循『禹貢鄭注釈』，清道光 8 年（1829）

『史記』河渠書には臣瓚の説として「武帝元光二年，河徙東郡，更注渤海」とあるが，譚其驤によれば「二年」は三年の誤記であり，同じ改道を記したものとされる［譚其驤 1981］。なお前節にて述べたように，この元光 3 年の改道は程大昌が前漢河道の開始時期とした説と同一である。

12) 「春秋時鄭地，有扈城県。据史料載：自魯荘公二十三年至魯昭公二十七年的 156 年間，中原各諸侯国君曽有 7 次在扈会盟。其地約在今原武鎮西北。」（新修『原陽県志』第一編　地理）

この地点を含めた河南省武陟県〜延津県〜滑県にかけての河道復元については第 2 部第 3 章を参照。

13) 「軍濮陽之東，与秦軍戦，破之。秦軍復振，守濮陽，環水。」（『史記』巻八・高祖本紀）

14) 河南省濮陽市周辺の河道復元について詳しくは第 2 部第 1 章を参照。

15) 閻若璩『四書釈地続』河注海編はこの地節元年を屯氏河が分流した年とし，次の変化を北宋・神宗熙寧 10 年（1077）としている。ただしこれは「河注海編」の記述，つまり黄河が海に注ぐ河口地点の

第1章　文献資料にみる前漢前後の黄河変遷説　　**23**

変化に関する考察であり，他の黄河変遷説に関する考察と同列に論ずるのは難しい。ここでは比較対象の1つとして提示した。

16)　明・潘季馴『河防一覧』，万暦18年（1590）

　　『四庫全書提要』によれば嘉靖・万暦の27年間にわたって治河の任についた著者が，上奏した自身の治河策に歴代治河策を付記した書。「束水攻沙」という黄河治水における画期的な概念を示したことで知られる。巻五「河源河決考」には歴代河決の事例として新王莽始建国3年の魏郡河決を記しているが，後漢期の王景治河については巻五のみならず全編にわたっていっさい触れていない。

17)　清・張穆『閻潜丘先生年譜』康熙二九年条によれば，徐乾学が閻若璩（潜丘）・胡渭・顧祖禹・黄儀・姜西溟等を招集して『大清一統志』の編纂を行ったとある。徐乾学を中心とした清初当時の学者集団については史念海ほかを参照［史念海1985，尚小明1998，韓光輝ほか2012］。

18)　『明一統志』巻七・鳳陽府に記述が見られる。しかしこれは安豊塘（芍陂）に関する記述であり，同書中に王景が黄河治水に関与したという記述は見られない。

19)　他に巻一六・河間府にも王景の記事は見られるが，こちらは前漢黄河の経由地点であり，「金隄」という呼称による当地の人々の誤認と思われる。また同記事には「鯀隄」の存在も併記されており，禹の父である「鯀」に由来するとあるが，王景同様に文献等の根拠は特に見られない。当地の人々が巨大な堤防痕を見て歴史上の著名な治水家を当てたと思われる。

　　「金隄　在故城県西南，自大名界，逶迤而東北入県境。即後漢王景所築，横亘千里。又有鯀隄，在県西南三十里。自広宗県東入県境。相伝，鯀治水時築，皆横亘千里。」（『嘉慶重修一統志』巻一六・河間府）

20)　第3部第1章「前漢期の黄河決壊に関する一考察」では，本節で取り上げた各決壊記事について第2部で復元した前漢黄河河道を用いた再検討を行っている。

21)　「駟案，『漢書音義』曰：「在東郡界。」」（『史記』巻二八・封禅書）

　　「『括地志』云：「金隄，一名十里隄。在白馬県東五里。」」（『史記』巻二九・河渠書）

　　「師古曰，金隄者，河隄之名，今在滑州界。」（『漢書』巻一〇・成帝紀）

　　「師古曰，金隄，河隄名也。在東郡白馬界。」（『漢書』巻二九・溝洫志）

22)　黄河下流平原における堤防の起源は『中国水利史稿』によれば，『左伝』僖公九年（BC651）に記される「葵丘会盟」が最初とされる［武漢水利電力学院水利水電科学研究院《中国水利史稿》編写組1979］。

23)　頓丘については第2部第1章で詳しく考察している。

24)　『漢書』溝洫志によれば，丞相田蚡の食邑・鄃が黄河の北側にあり，瓠子河決が発生して黄河が南流することで鄃への危険がなくなった。この状態を維持することが鄃，ひいては自分の利益となるために，決壊を放置したとある。

　　「是時武安侯田蚡為丞相，其奉邑食鄃。鄃居河北，河決而南則鄃無水災，邑収入多。【中略】是以久不復塞也。」（『漢書』巻二九・溝洫志）

25)　工事実施当時，武帝自ら臨席して工事を進めたという記述が『漢書』溝洫志にあり，武帝がこの瓠子河決を重要視していたことが窺える。近年では薄井俊二の「同年に実施した封禅の儀式との関連性」［薄井1986］や，浜川栄の「武帝治世後期から実施される商業政策」［浜川1993］と合わせて論じられることが多い。

26)　瓠子河決を塞いだ郭昌と同一人物かは不明。宣房閉塞（BC109）と地節年間（BC69〜66）では，約

24　第1部　前漢期黄河古河道復元に向けて

40年の時間差があるので別人か。また『史記』匈奴列伝や『漢書』武帝紀，大宛列伝などには同名の人物が匈奴や北方へ派遣された将軍として登場するが，関連は不明。

27）　「宣帝地節中，光禄大夫郭昌使行河。北曲三所水流之勢皆邪直貝丘県。恐水盛，隄防不能禁，乃各更穿渠，直東，経東郡界中，不令北曲。渠通利，百姓安之。」（『漢書』巻二九・溝洫志）

28）　『漢書』地理志によれば清河郡の都尉は前述の貝丘県に設置されている。

29）　前漢当時の治水方法について詳しくは『中国水利史稿』を参照［武漢水利電力学院水利水電科学研究院《中国水利史稿》編写組 1979］。

30）　杜欽の言によれば，建始4年の治水事業当時の王延世は，この「楊焉の術」を用いて閉塞工事を行ったという。つまり楊焉は王延世の師に当たる。

31）　『漢書』地理志の顔師古注によれば「底柱在陝県東北，山在河中，形若柱也」とあり，現在の河南省三門峡市東側の三門峡ダム付近に位置する。『三門峡漕運遺跡』の「形勢図」によれば「鬼門島」「神門島」「人門島」の3島のすぐ下流側，河道の中央付近に「砥柱石」という岩がある。これが「底柱」であるという［中国科学院考古研究所 1959］。

32）　賈譲三策について詳しくは鄭肇経・梁向明・『黄河水利史述要』・浜川栄などを参照［鄭肇経 1957，梁向明 1994，水利部黄河水利委員会《黄河水利史述要》編写組 2003，浜川 2006b］。

33）　今村城太郎はこの治水事業に対して「後の顧炎武が治河問題の一大病弊として痛嘆した，花蜜に蝟集する羽虫のような官吏の利権漁りの先行形態を嗅ぎつけることは，無理であろうか」と述べている［今村 1966］。当時の権力者とその内輪のみで結論を出し，むやみに担当者を増やし，なおかつ同格の者を並列させて内部での権力突出を未然に防ぐといった方策は，まさに後代の手法そのものと言える。

34）　薄井俊二や町田三郎によれば「董仲舒が理論化を試みて以来思想界の重要な問題となり，宣帝が自らの出自を正当化する為に瑞兆を頻繁に用いたこともあり，成帝期には一つの真理として定着していた」という［薄井 1988，町田 1985］。なお⑦建始4年の際に御史大夫の尹忠が自殺したのも，この災異思想における「政治的な失策」の責任を負わされたものと解される。

35）　「延年計議甚深。然河乃大禹之所道也，聖人作事，為万世功，通於神明，恐難改更。」（『漢書』巻二九・溝洫志）

　　　斉人延年の上書とは，黄河の中流を秦晋高原の北側に直通させて，太行山脈の北側を通って平原へと流すことを提案したものである。当時前漢王朝を悩ませていた匈奴の問題と黄河治水を一挙に解決する策として上書したが，却下された。

36）　清・楊守敬の『水経注図』や『歴代輿地沿革険要図』については施和金ほかを参照［施和金 1984，甄国憲 1992，孫果清 1992］。

37）　下流平原の形成過程等地理的特性については第1部第2章を参照。

38）　劉江旺は前漢黄河で決壊が頻発した要因の1つとして，この屈曲した河道の形状を挙げている［劉江旺 2011］。

39）　このときの調査結果は清光緒16年（1890）に『三省黄河全図』として出版された。

40）　『歴代輿地沿革険要図』を基にして『中国歴史地図集』を作成した中国国家プロジェクト，通称「楊図委員会」の経緯に関しては，『中国歴史地図集』第一冊「前言」および吉開将人に詳しい［譚其驤 1982］［吉開 2003］。

41）　呉忱の創設した「古河道学」については［呉忱ほか 1991c・d・1992・2008］等を参照。

42）　譚其驤の想定した前漢黄河のうち河口部分については，時期によって位置が若干変化している。例

えば 1965 年時点では黄驊市のすぐ北側に想定されているが［譚其驤 1965］，1981 年時点では黄驊市の南を経由している［譚其驤 1981］。1982 年になると黄驊市の北，さらに北側を経由するようになっている［譚其驤 1982］。前漢黄河河口の詳細な考察は第 2 部第 4 章を参照。

43)　この地域を含む山東省聊城市〜徳州市の詳細な検討は第 2 部第 5 章で行う。

第2章　黄河のすがた

はじめに

　黄河の特徴として，中国では「善決，善徙，善淤」と表現される。この6文字に黄河のすべてが込められている。すなわち「善決：良く決壊を起こし，善徙：良く河道を変更し，善淤：良く濁っている」ということである。このうち「決」および「徙」は，黄河の地質学的特性に由来し，下流域の変動を指す。「淤」は黄河の流れる地域，特に中流域である黄土高原に由来するものである。

　前章では文献記録を基に，特に前漢期における「善決」「善徙」の状況を概括した。本章では現在の黄河の姿や形成過程などを検討して，この三句のうち「善淤」に関する考察を行い，特に地理学・地質学分野での考察を行うことで，文献からは読み取れない「善決」「善徙」の要因を探る。

第1節　黄河の概要

　黄河は河道総延長5464 km，流域面積75万km²をなす中国第2の大河である［水利部黄河水利委員会 1989］。黄河の河川特性としては何よりも，その沙泥含有量の多さが挙げられる。尹学良によ

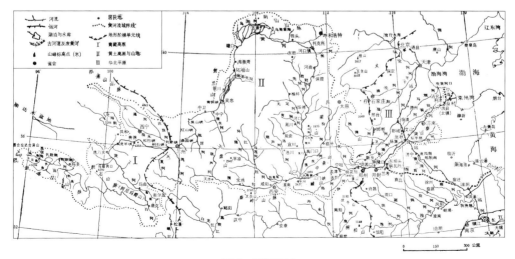

図1　黄河流域

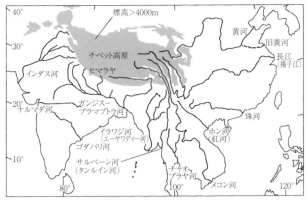

図2　アジアの主要河川

れば年間沙泥流量が17億tであり、年平均沙泥含有量は37 kg／m³になる［尹学良1995］。中国第1の大河であり、河道延長や流域面積は黄河を超える長江の年平均沙泥含有量が黄河の3％に当たる1.14 kg／m³であるのに比べると、その巨大な沙泥運搬能力が窺える。

　黄河の流域は地形的に上・中・下の3流域に区分される（図1）。

　上流は青海省果洛蔵族自治州と玉樹蔵族自治州に跨がる黄河河源区から同じく青海省西寧市付近までを指す。この地域は青海省とチベット自治区に跨がることから青蔵高原と呼ばれ、南方にヒマラヤ山脈に連なる標高4000m以上の世界でも有数の高山地域である。ここには黄河だけでなく長江の上流である金沙江・雅礱江をはじめ、瀾滄江（ベトナム・メコン川の上流）・怒江（ミャンマー・サルウィン川の上流）といった東アジア有数の大河川の源流を抱える（図2）。

　中流は西寧市から甘粛省蘭州市・銀川市を経て北上し、陰山山脈にぶつかって東へ向きを変える。内モンゴル自治区托克托県付近で呂梁山脈に遮られて南へと向きを変え、陝西省潼関県付近で渭水と合流して東流し、三門峡を経て河南省洛陽市へと向かう。

　この地域の黄河は内モンゴル自治区西部のオルドス高原や甘粛省・陝西省一帯に広がる黄土高原を貫いて流れ、特に黄土高原においては非常に発達した浸食谷を形成する。

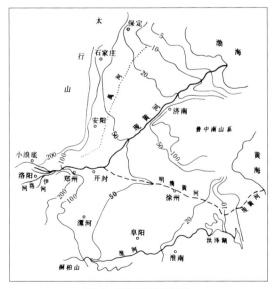

図3　黄河沖積扇状地

　黄河の河道は中流域において極端に湾曲している。馮興祥ほかによれば、この特殊な湾曲形態はユーラシア大陸の地質構造に由来する。上流域では現在の青海省と甘粛省の境界付近に東西に横たわる祁連山脈が北側への走向を阻害している。蘭州付近で祁連山脈が途切れ、北方へと転じた黄河は銀川を経由してさらに北へと向かうが、呼和浩特から西へと広がる陰山山脈にぶつかり、東へと河道を転じる。呼和浩特の南側では南北に連なる呂梁山脈によって南へと流れ、三門峡付近で南側に横たわる秦嶺山脈によって東へと河道を転じ、下流の平原地帯へと到達する［馮興祥ほか1983］。

下流は「中原」と称される平原地帯である。上記の山脈による閉塞を三門峡で脱した黄河は，軛を脱した動物の群れのごとくここから広い平原地帯へと広がった。尹学良によれば，孟津県白鶴鎮西霞院村[1]を西端として，東北側は太行山脈の東縁から天津で渤海へと達し，東南側は淮水を経て黄海へと達する三角形を成している［尹学良 1995］。面積25万km²を誇る世界有数の巨大扇状地である（図3）。黄河本流だけでなく北京周辺の海河，黄河と長江の中間に位置する淮水等によって広大な沖積平原を形成している[2]。

第2節　黄河の来源

黄河の源流については，古くは『尚書』禹貢編に「導河積石，至于龍門」という記述がある。この「積石」は『元和郡県志』によれば小積石山または唐述山と呼ばれ，河州枹罕県（現在の甘粛省臨夏市付近）の西北70里に位置する[3]。

文献によれば最初に黄河源を訪れたのは，前漢武帝期の張騫と言われる。『史記』大宛列伝や『漢書』西域伝に黄河源に関する記述がある。これは張騫が武帝の命によって西域諸国を探訪した際の報告とされる[4]。『漢書』張騫伝によれば報告を受けた武帝が，この山の名が「昆侖」であることを古図書のなかから見出した[5]。これが黄河の源を探索した最初の記述である。ここでは黄河源が昆侖（崑崙）とあり，前述の『尚書』の「積石」とは異なった説である。さらにまた『漢書』西域伝の「其河有両源，一出葱嶺山，一出于闐」や『水経注』河水注二の「又南入葱嶺山，又従葱嶺出而東北流，其一源出于闐国南山，北流，與葱嶺河合，又東注蒲昌海」といった記述から，黄河には昆侖と積石の2ヵ所の源流があり，いったん昆侖で湧出した黄河源は地下に潜行し，積石山（葱嶺山）で再度地表に出るという，黄河の「伏流重源」説が発生した。

次に現地を訪れたのは，唐代の侯君集である。彼は吐谷渾征伐に赴く際に積石山の近くを通過し，河源に達したという記述が『旧唐書』吐谷渾に見える[6]。

上記2件の記事は黄河源調査を目的としたものではなく，西域または吐谷渾への遠征途上にたまたま通りがかったという体である。黄河河源の探索そのものを目的とした調査は，時代が下って元代および清代に実施される。

『元史』地理志に「河源附録」という項目が建てられる。これはフビライによって実施された黄河源調査の記述である。フビライの命で派遣された都実による調査記に基づき，旅程を詳細に記している。「有泉百餘泓，沮洳散煥，弗可逼視，方可七八十里，履高山下瞰，燦若列星，以故名火敦脳児。火敦，訳言星宿也」という記述は，まさに黄河源にある星宿海の風景を記したものであろう。

また『清史稿』河渠志に「有清首重治河，探河源以窮水患。聖祖初，命侍衛拉錫往窮河源，至鄂敦塔拉，即星宿海。高宗復遣侍衛阿弥達往，西踰星宿更三百里，乃得之阿勒坦噶達蘇老山。自古窮河源，無如是之詳且確者」とある。清朝は黄河治水のために河源の探索を行い，元代の都実が示した星宿海よりもさらに奥の「阿勒坦噶達蘇老山」へと到達した。

30　第1部　前漢期黄河古河道復元に向けて

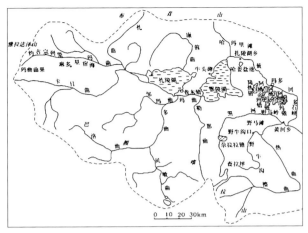

図4　黄河源区

しかし元や清といったいわゆる異民族王朝で実施された成果を受容し難かったのか，清代の考証学者が記した銭熈輔『河源紀略』や万斯同『崑崙河源考』などは，従来の『尚書』や『水経注』等の記述を重視し，「伏流重源」説の立場を取る文献が多い。

19世紀に入って中央アジアから西域での西洋人による探検調査が流行した。黄河源も例外ではなく，ロシアのプルジェワルスキーをはじめとしたヨーロッパの地理学者が19世紀末から20世紀初頭にかけて星宿海の調査を実施し，この地域こそが黄河の源流であるとした［プルジェワルスキー1967］。ただし鈕仲勋によれば，彼らの調査したことはすでに元・清代の調査によって判明していたことであり，新たな発見があったわけではない。これらの調査の価値を挙げるとすれば，黄河源地区に対して初めて科学的測量による地図が作製されたという点である［鈕仲勋1984］。

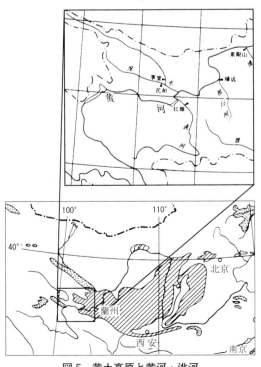

図5　黄土高原と黄河・洮河

中華人民共和国による最初の河源調査は，祁明栄によれば1952年に実施された。星宿海の西側に存在する河川のなかで「約古宗列曲」が黄河の源流であり，「雅合拉達合沢山」が黄河の源流点であることが確認された［祁明栄1982］[7]。現在では前述の星宿海や約古宗列曲，雅合拉達合沢山を含めた果洛蔵族自治州と玉樹蔵族自治州にまたがる一帯を「黄河源区」としている（図4）[8]。

黄河と言えば文字どおり「黄色い水の流れる河」だが，実はこの黄河源から発した時点では河水は黄色くない。星宿海は幾つもの小沼沢が点在する景勝地だが，どの沼沢も青色である。また河源区最大の湖である扎陵湖・鄂陵湖も深い青色を呈している。黄河の「黄」は上中流域の黄土高原に由来すると言われているが，実際にはどの辺りから河水が黄色くなるのか。

『黄河橋梁』に，黄河上流から河口までの橋梁全139ヵ所が写真入りで掲載されている。これによると，最も上流側では甘粛省永靖県にある劉家峡水庫で確認でき，この水庫は黄河支流である洮河との合流点に位置する［劉栓明2006］（図5）。

劉宝元ほかによれば，各支流から黄河に流入する水沙量のうち，洮河由来は13％，湟水由来は11％と，他の支流と比べて非常に高い［劉宝元ほか1993］。現地では洮河の黄色い流れと黄河の青い流れが合流していることがはっきりとわかる[9]（写真1）。この洮河と湟水は黄土高原の西端を流れており，流域で大量の黄土を含む。この黄土が黄河本流に流れ込むことで，黄色い水となる[10]。

写真1　洮河との合流点（劉家峡）

任美鍔によれば，15万年前から現在までに約7兆tの黄土が三門峡を通過して黄河下流域に流出した［任美鍔2006］。また劉宝元ほかによれば，黄河下流平原に堆積した沙泥のうち前述した洮河・湟水が計25％，中流域の無定河・渭水・涇水から18％が流入している［劉宝元ほか1993］。この沙泥によって形成されたのが，現在の黄河下流の平原地帯である[11]。

第3節　黄河の誕生時期

黄河によって形成されたとされる華北平原の形成過程について，『華北区自然地理資料』では「西方から流れてきた河流には沙泥が多く含まれ，その大部分が平原に堆積した。元の地盤が沈み込んでいたが堆積を進め，渤海の面積を徐々に縮小させた。山間部から流出して以後は多くの扇形地を作り，平原には広大な自然堤防を形成して，最後に海岸部に広大な三角州を成した」［中華地理志編集部1957］と述べ，黄河下流平原の形成を余すところなく表現している。

『中国自然地理図集』の「華北平原発展過程」では，黄河下流平原（華北平原）の形成が図示されている［中

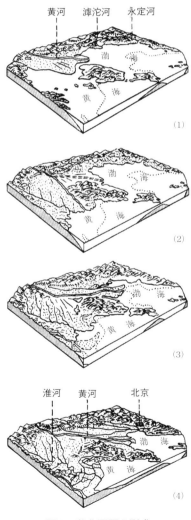

図6　華北平原の形成

32　第1部　前漢期黄河古河道復元に向けて

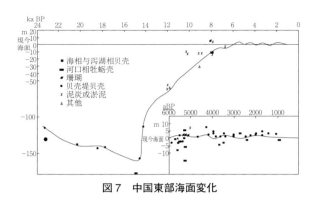

図7　中国東部海面変化

国地図出版社1998］。これによると、当初泰山を中心とした魯西台地から東側の山東半島は大陸から隔絶した島であった（図6（1））。黄河の堆積により平原が成長し、やがて魯西台地が結合して半島となる（図6（2））。さらに平原の成長が進み、最終的に太行山脈と魯西台地が黄河平原によって一体化した現在の姿となった（図6（3）、（4））。これが現在考えられる一般的な黄河下流平原の形成過程である。

　ただし、上記の説には海水準[12]の変動が考慮されていない。趙希涛ほかによれば、更新世～完新世[13]における東アジアの海水準は①～1万5000年前[14]、②1万5000～6000年前、③6000年前～の3段階で変化する。①は最終氷期[15]中期の海進および末期の海退を含むが、全体として現在よりも若干低位であった。②は最終氷期末期の最低海水準期から始まり、1万5000年前付近から急上昇する[16]。③は人類活動と密接に関連する、すなわち石器時代から歴史時代の開始する時期である。日下雅義によれば、この時期は急速な海面上昇も一段落し、現在より10m前後低位の状態でおおむね推移する［日下1980b］。

　なお海水準変動にはさまざまな変動要因が存在する。大規模な要因としては大陸氷床の拡大縮小や気温上昇による海水膨張などが考えられるが、近年では地殻の厚さや密度、海水や陸水（氷河を含む）とのバランスによって海水準変動が生じることが明らかになった[17]。このバランスは地域的差異が非常に大きく、対象とする地域の海水準変動を知ることが重要になる。

　本研究で対象とする黄河下流平原は、渤海および黄海と面している。趙希涛ほかによれば、これら中国東側の海面が最も低下したのは最終氷期の終了する1万5000年前で、以降は上昇に転じる[18]（図7）。この最終氷期終了時には、最大120m低下したとされる［趙希涛ほか1979］。そこで、海底を含む全球地形データ「ETOPO2[19]」を用いて、現在の海水準から120m低下した場合の想定地図を作成した（図8）。これを見ると、山東半島と朝鮮半島の間に位置する黄海はほぼ消滅し、長江河口と九州の間に位置する東シナ海もそのほとんどが陸橋[20]となって中国大陸と接続しており、朝鮮半島は日本列島と対馬海峡を挟んで辛うじて離れている状況である。

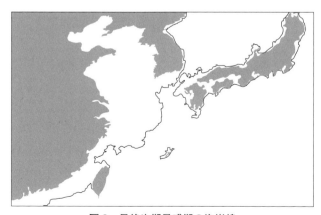

図8　最終氷期最盛期の海岸線

一方黄河上中流域では，黄土高原の形成が進んでいた。孫建中ほかは古地磁気学[21]を利用して黄土高原の開始時期を推定し，最も古い黄土層はガウス正クロンとマツヤマ逆クロンの境界（Matsuyama/Gauss 境界），つまり更新世初期の 258 万年前には形成が始まったとした［孫建中ほか1987］。新生代第四紀・更新世の開始する 178 万年前にはすでに相当堆積が進んでいたと考えられる。一方，夏東興ほかによれば更新世の開始当時は華北平原は未だ形成されておらず，海であった。黄河の中上流や渭水・無定河といった支流はすでに形成されていたが，大陸東側の海へ流れ込むことはなく，現在の三門峡付近を中心として汾水流域～西安にかけて広がる巨大な内陸湖「古三門湖」へと流入する内陸河川であった（図9）。この三門湖から東へと貫通することで黄土の堆積が始まり，黄河下流平原の形成が開始する［夏東興ほか1993］。つまり三門峡貫通の時期が，黄河下流平原の形成開始の時期となる。

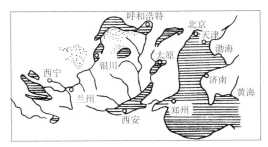

図9　更新世の華北地域

　三門峡貫通の時期については計測する対象・地点によって各説が存在する。劉書丹ほかは河南省東部でのボーリング調査で採取した試料を分析し，地表下 500 m 前後の地層から豊富な古生物化石を検出した。このなかには海水と淡水の混合である汽水環境に生息する生物化石が含まれ，黄河が古渤黄海へと流入することを示す。この地層は古地磁気学で言うマツヤマ逆クロンとブルン正クロンの境界（Brunhes/Matsuyama 境界）と一致し，今から 73 万年前と特定した［劉書丹ほか1988][22]。また潘保田ほかによれば研究方法によって以下の説があるとする［潘保田ほか2005a］。

・黄河中上流の段丘面との対比から，110～120 万年前には三門峡を貫通して東流［戴英生 1986，潘保田ほか1994，李吉均ほか1996，岳楽平1996，岳楽平ほか1997］
・三角州の堆積物等から，78 万年前の更新世早期あるいはそれ以前にはすでに海に流入［朱照宇1989，袁宝印1995，程紹平ほか1998，楊守業ほか2001，雷祥義ほか2001］
・湖沼地層等の研究から，15 万年前頃には三門峡を貫通して東流［呉錫浩ほか1998，蒋復初ほか1998，王蘇民ほか2001］
・黄河の形成時代と近いと仮定して，13 万年前以降の更新世後期から完新世に成立［張抗1989，辛春英ほか1991］

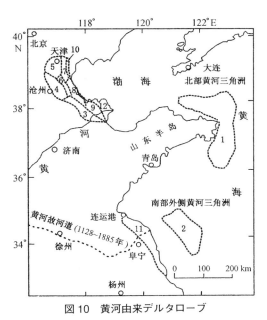

図10　黄河由来デルタローブ

34 第1部 前漢期黄河古河道復元に向けて

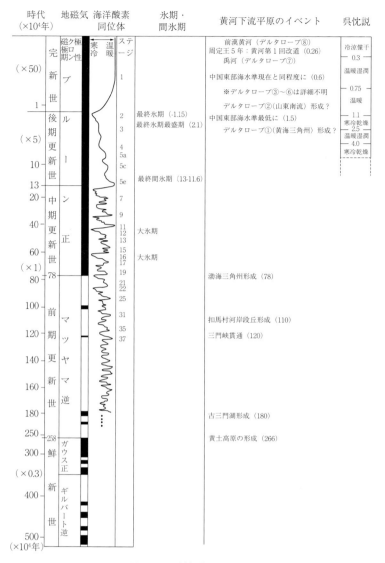

図11 地質年代との比較

潘保田ほかは邙山山脈の東端であり，まさに黄河が平原地区に突入する箇所である孟津県扣馬村に位置する河岸段丘最上段で採取した資料の残留磁気を分析して，116万5000年前と特定した［潘保田ほか2005］。この年代は三門峡が貫通して黄河が誕生した時期の下限と考えられる。

以上の結果を取りまとめると，更新世中期頃にはすでに黄河は誕生していたことになる。また李凡ほかによれば，渤海・黄海の海底面には昔の河川が流れていた痕跡が見つかるという［李凡ほか1998］。これが黄河の痕跡であれば，海面が最も低下した1万5000年前にはすでに黄河が流れており，渤海を経て黄海へ直接流下していたことになる。

海岸線部分における平野の成長は，「デルタローブ」と呼ばれる地層によって検証できる。河川の河口部には土砂が堆積することで，海側へと進出する。このとき河口部分に形成される地層を「デルタローブ」と呼ぶ[23]。特に黄河では，河道変更によって河口の位置が大幅に変動しているため，このデルタローブの形成順序を調べることで改道順序を知ることができる。現在の陸地部分における黄河デルタローブは齋藤文紀によってすでに復元されていたが［Saito 2001, 齋藤2007］，薛春汀ほかはこれに加えて渤海・黄海の海底にも黄河由来デルタローブがあるとした［薛春汀ほか2004］（図10）。後者の説に従えば，黄河は更新世末〜完新世初期には渤海を経由して山

東半島と朝鮮半島の間，黄海付近を河口としていたことになり，前述の李凡ほか説と合致する（図11）。

海水準変動の結果と合わせると，海水準が最も低くなったとされる1万5000年前は，ETO-PO2を用いて作図したように渤海や黄海の大部分が陸地化しており，黄河は現在の渤海から黄海，山東半島と朝鮮半島の間に位置する現在の山東省威海市の西側付近に河口を形成していた。その後黄河は鄭州付近から山東半島の南へと流れを変え，当時陸地化していた連雲港市東側で黄海へと流下したと考えられる。

第4節　黄河下流平原の地形的特性

以上，現在までに判明している黄河下流平原の形成過程を列挙してみた。ここで問題となるのが，黄河下流平原の地形的特性である。下流平原が黄河の堆積作用によって形成された沖積地形であることは前節までで確認済みだが，具体的にはどのような特性をもつのか。

1　扇状地か三角州か

『日本の河川』や『新版河川工学』によれば，現在の河川工学では上流の山岳部から中流〜下流の沖積平野へと流下した河川は，平野に入って開放された河流に含まれる砂礫の堆積によって「扇状地」を形成し，徐々に傾斜が緩くなって「自然堤防帯（移化帯）」となり，最終的に河口付近で「三角州」を形成して海へと流れ込むとされる［小出1970，高橋2008］。黄河下流平原は，このうちどの地形に該当するか。

中国での呼称の違いを見てみると，黄河下流平原を例えば翁文灝や石長青，任美鍔，尹学良などは「黄河三角州」と呼び［翁文灝1942，石長青1985，任美鍔1986，尹学良1995］，銭寧や葉青超，賈傑華，曹銀真などは「黄河沖積扇」と呼んでいる［銭寧ほか1989，葉青超ほか1982・1990，賈傑華ほか2002，曹銀真1988］。

前者は尹学良が「西霞院より発し，北東は太行山東麓から天津に達し，南東は淮河に到り，約25万k㎡を含む」としているように，現在の河南省孟津県付近を頂点として北東は渤海，南東は淮河を経て黄海へと至る三角形状の広大な地域を指している。

一方後者は銭寧などが指摘するように下流平原全体ではなくもう少し小さい範囲，河南省孟津県を頂点として，北西は太行山脈に沿って漳河沖積扇と交錯し，南西は嵩山の東側で淮河上流と接しており，東は南四湖に達したかたちで北東〜南東方向へ広がる扇状地を指している。また『中国黄淮海平原第四紀地貌図』の「黄河沖積扇発育簡図」を見ると，河南省洛陽市〜鄭州市および安徽省淮北市〜阜陽市に「更新世沖積扇」と称される地帯が確認できる［邵時雄ほか1989］[24]。

前節で行った黄河下流平原の形成過程の考察に従えば，黄河は現在の三門峡市から東へと流出して最初の扇状地を形成した。これが銭寧ほかの言う「黄河沖積扇」に当たる［銭寧ほか1989］。葉青超などによればこの扇状地は単一のものではなく，段階的に発達した複数の扇状地形が存在

図12　黄河沖積扇発育図

するという（図12）。

ラホッキや斉藤享治によれば，扇状地は「山岳部から平野へと出た河川が平野上に砂礫を堆積させて形成する」「河川が山を離れたところを頂点とし，下流側へ放射状に広がる扇形を成す」「河道が頻繁に移動し，扇形を形成する」などの特性をもつとされる［ラホッキ1995，斉藤1998］。これらの条件はすべて黄河下流平原に合致する特性である。

　Blairの沖積平原に関する定義では，「AlluvialFans（扇状地）」は「傾斜1.5～25°」，「礫や小石によって構成される」などの条件が挙げられ，1.5°以下の緩傾斜になると扇状地ではなく「River（自然堤防帯）」や「River Deltas（三角州）」に該当するとしている［Blair 1994］が，斉藤享治は黒部川扇状地（傾斜0.6°）や木曽川扇状地（傾斜0.14°）などの例を挙げ，Blair等の傾斜1.5°以上という条件は必ずしも世界のすべての扇状地には合致しないとした［斉藤2006］。黄河下流平原は傾斜0.05°と最も平坦な部類に入り，Davisは世界最大の扇状地の1つと呼んでいる［Davis 1898］。

　一方デルタ（三角州）について，井関弘太郎は「河流が海や湖などの静水域に流入し，その運搬土砂を沈積して形成した堆積地」と定義している［井関1972］。また大矢雅彦によれば三角州を堆積経緯から陸上に露出する「頂置層」，水中に形成されて比較的粒の大きい小礫や沙泥で形成される「前置層」，シルトや粘土などのさらに細かい細粒物質が浮流状態で海湖の奥へと堆積する「底置層」と区分し，特に前置層と底置層の間には「前置斜面」と呼ばれる急激に落ち込む傾斜面が形成されるとしている［大矢1993］（図13）。これは水中での堆積には粗流物

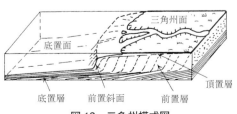

図13　三角州模式図

質と細粒物質が完全に分離されることによって形成される．扇状地には見られない三角州独自の地形的特徴だが，そもそも細粒物質のみが運搬されるタイのチャオプラヤデルタなどでは明瞭な前置斜面が形成されず，頂置面から前置面を経て底置面に至るすべてが緩やかな一続きの面となっているともある．さらに両者とも地表には「自然堤防」が形成される[25]ことからも，現在の地表面に残る地形から扇状地か三角州のどちらかを区別することは困難といえる．

石長青ほかは，黄河下流を三角州の形成時期によって完新世以降に形成された「故三角州」と更新世末期に形成された「古三角州」，そして近年形成された「現代三角州」の3つに分類しており［石長青ほか1985］，近年は高善明ほかのように「黄河三角州」という呼称を石などの言う「現代三角州」，つまり山東省東営市北側に位置する「現在の」黄河口地域に限定して扱うことが多い［高善明ほか1989］．

任美鍔は黄河下流（華北）平原を「一般に海抜50mにもならず，地勢はまったく平坦である．しかし，平原上の微地形構造はかなり複雑で，微地形の変化につれて，地表の組成物質，地下水の化学成分，土壌・植生および農業にも相応の変化が生まれる．平原の地勢は主に西や西南から東または東北方向に傾斜している．自然景観もそれに応じて山麓洪積・沖積扇状地平原，沖積平原および海岸平原の3つの景観帯に分けられる」［任美鍔1986］とし，銭寧などとほぼ同じ範囲を扇状地，現在の黄河三角州を含む渤海の海岸線から50km前後の範囲を海岸平原とし，中間を沖積平原としている．

以上のように，前述の「沖積扇状地」は形成過程および現在の地形・地質の両面から扇状地の特徴が確認できた．一方，聊城市より北東側については形成時点では海に接した三角州が形成されたが，黄河の堆積作用や海水準変化に伴う海退などによって徐々に陸地化していったと考えられる．明らかに黄河によって形成された特徴をもつ巨大デルタおよびその痕跡が山東省東営市や河北省滄州市などに見られる[26]が，それらを除いた任などが沖積平原と呼称する地域から渤海の海岸線に至るすべての地表面上は一体化しており，一般的なデルタに見られる「前置斜面」のような明瞭な地形的差異は見て取れない．これらの点から，デルタの特徴が確認できる山東省東営市や河北省滄州市を除く渤海に至るまでの広大な平原は，すべて自然堤防帯（移化帯）と考えられる（図14）．

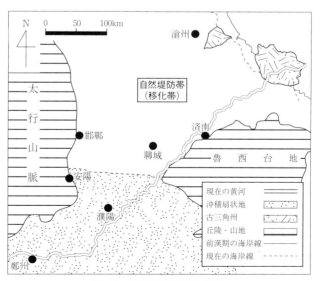

図14　黄河下流平原分類図

38　第1部　前漢期黄河古河道復元に向けて

写真2　済南大橋付近の黄河堤防

写真3　黄河高水敷に開墾された農地

写真4　黄河下流平原の農地

2　自然堤防から天井川へ

　黄河下流平原におけるもう1つの地形的特性は「堤防」である。現在の黄河下流は両側に堤防があり、その内側で蛇行する形で海へと流下している。この蛇行は年々位置を変え、堤防の内側（堤外地）全体にまんべんなく沙泥を堆積して河床を上昇させていく。この堤防の幅は河南省鄭州市付近で10 kmを超え、下流側の山東省済南市付近でも2 km前後となっている（写真2）。これに対して通常時河水が流れる低水路は500 m程度であり、その両側には通常時には土地が露出している広大な高水敷が広がる。この高水敷は増水時には容易に水没するため、政府は基本的に使用禁止としているが、実際には農民たちが勝手に入り込み、高水敷に農地を開墾している（写真3）。一方、堤防の外側（堤内地）では用水路を活用した灌漑農業が行われ、整備された直線的な用水路が網の目のように展開し、点在する村落の間はほぼ農地として利用されており、見渡す限り起伏のない平野に農地が広がっている（写真4）。これが現在の黄河下流平原の姿である。

　この黄河両岸に位置する堤防は人為的に建造されたものと考えられがちだが、実際にはそれだけではない。平野部を流れる河川の両岸には「自然堤防」が形成される。籠瀬良明は国土地理院の定義を引用し、自然堤防を「洪水時に河川により運ばれた砂やシルトが、流路沿いまたは周辺に堆積して出来た微高地で、一般面より0.5～1 m以上高いのが普通で、扇状地や緩扇状地より下流に発達」［籠瀬 1990］するものとしている。洪水を幾度も繰り返し、豊富な沙泥含有量を誇る黄河であれば、他の一般河川よりもより速く、より巨大な自然堤防が形成されると考えられる。両岸の堤防はこうして形成された自然堤防をベースとして、後に人為的な増築や補修が行われた堤防である[27]。

また籠瀬は自然堤防に関する2種類の模式図を示している［籠瀬1990］（図15）。このうち①は自然堤防の解説として一般的に使われるタイプの模式図で，自然堤防が河道のすぐ脇に形成される。しかし前述したように現在の黄河下流では，例えば鄭州市では10 km幅，済南市付近でも2 km以上の幅をもつ併走堤防が形成される。つまり②の「蛇行幅に広がる」タイプの自然堤防である。

さらに黄河は堤防の内側を蛇行しつつまんべんなく堆積を進め，徐々に河床および高水敷を上昇させていき，最終的には低水地（河道）が周辺の後背低地よりも上方に位置することになる。これが「天井川」と呼ばれる黄河下流のもう1つの特徴的な地形である。

天井川は中国語では「懸河」または「地上河」とも呼ばれ，中国では黄河の代名詞ともされる地形の呼称である（図16）。『地理学辞典（改訂版）』には「人工の堤防によって流路を固定された結果，堤防内に多量の砂礫が堆積して，河床が周囲の平野面より高くなってしまった川」とあり［日本地誌研究所1989］，この説明からは天井川は人工地形と見て取れる。しかし一方で前述したように「自然堤防」という用語もあり，同書では「洪水堆積物からなる河岸の微高地。自然堤防の形態は，全体としては河道に沿って長く連なる高まりで，その幅は，広いものでは河道の数倍にも達する」と説明している。黄河は河水中に大量の沙泥を含むことで有名な河川である。いったん黄河が氾濫するとその沙泥も周囲にあふれ出し，やがて堆積して自然堤防を形成する。そして前述したように堤防の内側に沙泥を堆積させ，最終的に周辺よりも高い河道となる。つまり黄河の「天井川」は，長い時間をかけて自然に形成された地形と考えられる。

天井川の特性として挙げられる「河床が周囲の平野面より高くなった」河川がいったん破堤（決壊）すると，破堤地点周辺だけではなく上流から来る河水のすべてが破堤地点から流出する。そのため，通常河川よりも大きな被害を長期間にわたって及ぼすこととなる。前漢期最大の決壊とされる「瓠子河決」は，

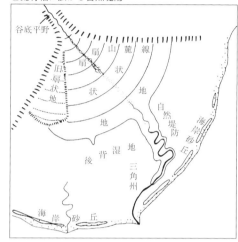

図15　自然堤防模式図

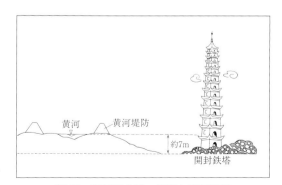

図16　黄河天井川・堤防と開封鉄塔

発生後20余年間にわたって閉塞できず，最終的に武帝が自ら現場に赴き，卒十数万人を投入してようやく閉塞に成功したとある[28]。この被害状況はまさに天井川の特性に合致する。

第5節　現在の黄河水問題

　長い中国の歴史上，黄河は常に決壊の危険に晒されてきた[29]。前節にて述べたように，これは黄河の豊富な水量および河水に含まれる大量の沙泥に由来する。そのため歴代王朝は黄河の治水に腐心しつづけることとなった。しかし近年，このような歴史とはまったく逆方向の現象が発生している。黄河の河水が渤海まで届かない，いわゆる「断流」現象である。

　1996年に報道された「水がなくなり，むきだしとなった黄河の河底を牛を連れて歩く農民」の姿は，衝撃であった[30]。通常は数100mからときには1kmにまで達する幅の河川に水がなくなり，河底が露呈していた。黄河を渡るために架けられた数kmサイズの巨大な「黄河大橋」の下には牛を連れた農民が歩いていた。黄河は文明の名前にも冠され，文字どおり中国の母なる大河であり，中国文化の象徴とも言える。その黄河が渤海に到達することなく途絶えた。いったい黄河に何が起きたのか。

　福嶌義宏によれば，黄河の断流は1996年に突然発生したのではなく，記録によれば1972年に初めて発生し，以下2000年に至るまで毎年のように発生していた（図17）。最大の年は1997年で，年間200日というから1年の2/3近くの日数，黄河が海まで達しなかったことになる。さらにこの年は断流距離も長く，黄河下流域800km（黄河河口から三門峡市付近）のうち700kmというから，洛陽市付近ですでに断流したことになり，華北平原に黄河の水が流れ込まない状態であった［福嶌2008］[31]。

　断流の原因はいくつか考えられるが，最大の要因は水消費量と給水能力のアンバランスとされる。近藤昭彦ほかによれば，1990年代の水消費量が50年代の2.4倍になっただけでなく，黄河全体では1998年時点で122ヵ所に存在する取水ポイントの総取水容量が，黄河自体の可能取水量を超えてしまっている。結果として，流域全体の水資源量370億m³を超過する395億m³を利用するという事態に陥ることとなった［近藤ほか2001］。

　後藤恵之輔ほかは，黄河断流が報道された1996年の11月に早くも現地調査を行い，LandsatMSSデータ等と合わせて検討を行った［後藤恵之輔ほか1997a］。この検討によれば済南〜河口付近での植生は，断流が発生する以前の1984年と断流期間が50日以上の1993年を比較し，後者が明らかに植物活性度が低くなっ

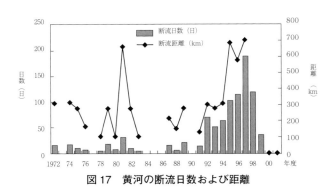

図17　黄河の断流日数および距離

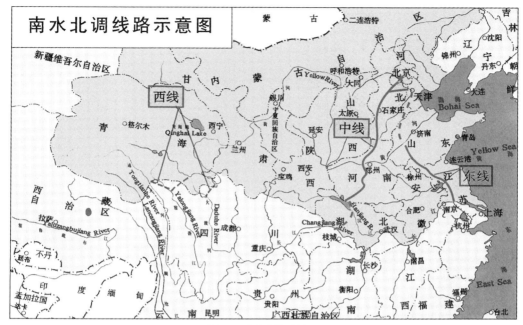

図18　南水北調路線図

ていることが確認できた。なおかつ現地調査で採取した水の水質分析を実施し，アルカリ土壌化が進みつつあることも判明した。また現地での聞き込みを行い，飲料水確保のために黄河水の農業用水としての利用が制限され，代わりに地下水を利用しているという話を採取した。これによる地下水位の低下が懸念され，実際に河口付近の利津県では地下水位の低下によると思われる地盤沈下を確認している［後藤恵之輔ほか 1997b］。

灌漑目的の農業用水の増加はすでに指摘されるとおりである。李海民によれば，花園口〜利津における農業用水の使用量は 1960 年代の 10 年間が 33 億 m^3 だったのに対し，1970 年代は 82 億 m^3 と 2.5 倍に増加している。一方で黄河の流量および黄河流域全体の降水量は逆に減少しているという［李海民 1999][32]。

降水量および黄河流量は減少しているのに対して，流域の農業は活発化したことで消費量は増加の一途をたどる。これでは水が足りなくなるのは当然である。中国政府は現在，黄河からの取水権割り当てを見直し，消費量の増加を防ぐ方策を実施している[33]。これにより断流の発生は抑制でき，2000 年以降，公式には黄河の断流は発生していないとされる。しかし流量の減少は如何ともし難い。

この状況を改善するための中国政府による巨大プロジェクトが，「南水北調」工程である。南方地域に豊富に存在する長江の水を，水の足りない黄河下流域や北京などの北方地域に調達するという壮大な計画で，1200 年前に隋の煬帝が築いた「京杭大運河」にも匹敵する巨大プロジェクトである。

南水北調プロジェクトの源流は古く，民国期に翁文灝が提唱した「三湾理論」[34]が基礎となる。

孫文は「建国大綱」にこの論を取り入れ[35]，毛沢東は長征の際に草原一帯の地理を研究してこの計画を立案した[36]。崔晋ほかによれば，人民共和国成立によって国家主席となった毛沢東は1952年に黄河の視察を行い，黄河水利委員会主任の王化雲に上記の計画実施を命じた[37]。その後文化大革命や鄧小平の改革開放政策を経て，2002年12月に南水北調プロジェクトの工事が開始した［崔晋ほか 2000][38]。

　南水北調は江蘇省揚州市に端を発し，淮水流域から魯西台地西縁を経て東平湖付近で黄河をくぐるという京杭大運河とほぼ重複する「東線」，長江三峡ダムから発して漢水丹江口ダムを経由し，鄭州付近で黄河をくぐって北京・天津へと北上する「中線」，青海省と四川省の境界付近で金沙江・雅礱江・大渡河と黄河上流を結ぶ「西線」の3ルートが計画されている[39]（図18）。このうち西線は前述した翁文灝案を，東線は京杭大運河を援用したものである。中線は一見すると元案のないオリジナルと思えるが，黄河以北のルートは実は最古の黄河河道とされる「禹河」のルートに似ている[40]。また黄河以南についても陳懐荃が秦漢期の「鴻溝」や他河川との類似を指摘しているように，古代黄河または支流河道との関連性の高い箇所が多く見て取れる［陳懐荃 2003］。

おわりに

　本章では黄河に関するさまざまな事象について，主に歴史学以外の分野における研究に基づいて検討してみた。以下，黄河河道と関連して考察してみる。

　黄河上中流域の形状は一見しただけでは奇妙に湾曲しているが，主に山脈などの造山構造によって規定された形状であり，大規模な変化が起こりえない状態であった。逆に三門峡を抜けた下流域はそれらの限定要因は存在しなかったので，遊蕩性の高い河道になった。また無定河や渭水・涇水といった中流でも下流よりの箇所で多くの土砂が流入しているため，きわめて効率よく堆積が進んだと推測できる。

　黄河の誕生は，従来は最終氷期最盛期である1万5000年よりも新しく，海水準の上昇とともに華北平原の形成が進んだとされてきたが，近年の研究から早ければ110万年前（更新世前期），遅くとも15万年前（更新世中期）にはすでに黄河が誕生していたことが判明した。これは現在の華北平原の地層が従来の予想よりも複雑になっていることを示している。

　呉忱によれば，華北平原はその形成過程や気候状況によって，4万年前から現在に至るまで6段階に分けられるという［呉忱 1992][41]。

　第1期は4万年以前で，最終氷期早期に当たる。この時期の華北平原は寒冷乾燥で，山麓部にわずかな針葉樹林があったが，広大な平原地帯には疎らに点在する針葉樹の他は草原地帯となっていた。黄河の流量変化は大きく，洪水を起こす危険性はきわめて高い状態であった。湖沼はほとんど見られず，この時期は黄河による堆積作用が進展した時期である。

　第2期は4万〜2万5000年前で，最終氷期中の亜間氷期に当たり，華北平原は温暖湿潤とな

っていた。気候は安定したことで黄河も穏健化し、代わりに華北平原には湖沼の生長が見られた。この時期の地層には粘土質層が多く見られる。

　第3期は2万5000〜1万1000年前で、最終氷期最盛期に当たる。気候は一転して寒冷化し、僅湿から乾燥へと移行した。黄河はふたたび凶暴化し、頻繁に洪水を起こして堆積作用が進展した。乾燥が進んだ末期には風成作用が卓越し、黄土層が生長した。

　第4期は1万1000〜7500年前で、最終氷期が終了して間氷期に入った時期である。気候は徐々に温暖化し、植生も松を中心とした森林草原となった。温暖化が始まった初期には雨量が増加したことで黄河の流量も増大し、地表の浸食作用が進展して洪積面にまで浸食谷を形成した。後期にはこの浸食面を起点とした新たな沖積扇が形成され、河道によって形成された高地と河道間地の凹んだ窪地が複雑に入り組んだ地形となった。

　第5期は7500〜3000年前で、気候はさらに温暖湿潤となり、植生は松・櫟を主体とした針闊混交林が繁茂した。特に湖沼由来の草本植物の増加が目立つ。降水量は増加したが季節変動は小さく、流量が安定した河川は湾曲化が進み、細沙・泥質層が形成された。

　第6期は3000年前から現在に至る時期で、気温は若干下降して雨量も減少し、冷涼僅干となった。植生は松を中心とした針闊混交林で、景観は第5期と似ている。降水量が減少したことで黄河の流量は減少したが、季節偏差が拡大したため水勢が強くなり、沙泥量が増加して洪水が頻発することとなった。

　このように各種条件が複雑に絡み合い、華北平原には黄土・砂礫・細沙・泥質層が入り組んだ複雑な地層が形成されることとなった。地形の形成条件的には明らかに扇状地なのだが、地層的には砂礫中心の扇状地層から沙泥中心の氾濫原・湖沼由来層、さらに風成作用による黄土層といった個別の特性をもつ地層が複雑に絡み合うことで、地層的には扇状地からかけ離れたものとなっている。黄河はきめの細かい黄土や粘土層によって埋伏することも妨げられ、辛うじて表層面を流れることだけが許された状況であった。これが黄河の「遊蕩性」と称される不安定性の一因である。

　このことを考えると、当初の黄河は扇状地全体にわたって頻繁に改道を繰り返していたと思われる。『尚書』禹貢編にある「北過降水，至于大陸，又北播九河，同為逆河，入于海」の「九河」は、後代の注釈では9本の河川とされる。しかし九は同時に多数を示す文字でもある。『尚書』禹貢編では大陸（沢）から九河が播（ま）かれたとあるが、これは同時に多くの河道が派生したのではなく、1本の河道が徐々に移動して多くの河道痕を形成したとも

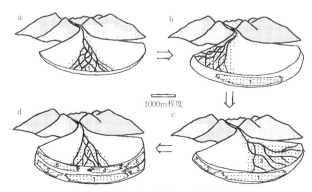

図 19　河成扇状地の形成過程

読める。Crews & Ethridge は，河成扇状地では河道が扇状地の扇面を徐々に移動しつつ堆積し，扇状地を形成したと図示しており［Crews & Ethridge 1993］（図19），黄河もまた同様の経過をたどったことが想定できる。北へ向かった水はやがて渤海に，南へ流れた水はやがて黄海へと達し，最終的に広大な黄河下流平原を形成した。

またきめの細かい黄土高原の沙泥は，もう1つの地形的特徴をも形成する。天井川である。黄河下流では砂泥が河底だけでなく両岸にも堆積し，自然堤防を形成していく。この河底と堤防は同様に堆積が進み，やがて河底が周辺の平地よりも高くなる。この状態を天井川と呼び，堤防が決壊した場合には水が長期間引きにくく，被害が通常河川よりも拡大する傾向がある。

上記のように「扇状地」「自然堤防」「天井川」という3点の地形的特性をもつため，黄河は頻繁に決壊・改道を繰り返してきたのである。このような特徴をもつ黄河を御するために，後漢の王景に代表される「分流」や，逆に水勢を集中させて堆積沙泥を流し落とす「束水攻沙」など，人々は知恵を絞ってさまざまな対抗策を編み出してきた。

この黄河が，第5節で触れたように現在危機に直面している。黄河の流量減少による「断流」現象，そして対抗手段としての「南水北調」である。断流および南水北調は，黄河の水量が減少したことで発生した現象である。中国の長い歴史は，そのほとんどが決壊や洪水・河道変更など黄河の膨大な水や沙泥との戦いであった[42]。その意味では，歴史的な事例とは正反対の事象と言える。

ただし前例がないわけではない。『水経注』に引く『竹書紀年』に，「晋出公十二年，河絶于扈」という記述がある。これは河（黄河）が扈（現在の河南省原陽県付近）で途絶したと読み取れる。范祥雍が指摘するように，この「晋出公」前後の時期には黄河のみならず周辺の洛水・淇水などの黄河支流が「絶」していることから，当時この一帯で発生した旱魃によって黄河が断流した可能性は高い［范祥雍1957］。他にも高建民によれば，西晋期には全国的な旱魃によって『晋書』巻二八・五行志中に「河・洛・江・漢皆可渉」という記述があり［高建民1999］，今回の「断流」は決して「未曾有の危機」ではない。

この事態に対応するためには，過去の事例を詳細に知ることが重要となる。本書では歴史上，黄河の決壊が頻発した最初の時期である前漢期の河道復元を行い，決壊頻発の要因を探る。

注

1) 現在，西霞院村の北側・洛陽市吉利区南鎮村の南側には通称「洛陽湖」（正式名称：黄河西霞院反調節水庫）という黄河の水位調節用人造湖が設置されている。

2) この平原地帯は中国では地域名から「華北平原」（呉忱など），また形成した3本の河川（黄河，淮河，海河）の名称を取って「黄淮海平原」（鄒逸麟）等と称される。前者は主に河南省鄭州市よりも北側を対象とし，現在の黄河下流地域を含む。後者は海河および淮河平原までを対象とし，明清黄河の流域を含む。また鶴間和幸は，この平原地帯が長江下流域まで連続していることから，該当するすべての地域を含めた「東方大平原」という新たな概念を提唱している［鶴間2007］。本書では黄河を研究対象としているため，歴代黄河によって形成された平原地帯すべてを対象として，この地域を「黄河下流

第2章　黄河のすがた　　45

平原」と呼称する。

3）「積石山，一名唐述山。今名小積石山。在県西北七十里。按河出積石山，在西南羌中，注於蒲昌海，潜行地下，出于積石，為中国河。故今人目彼山為大積石，此山為小積石。」（『元和郡県志』巻三九・隴右道上・河州）

4）「于寘之西，則水皆西流，注西海。其東水東流，注塩沢。塩沢潜行地下，其南則河源出焉。」（『史記』巻一二三・大宛列伝）

　　「其河有両原，一出葱嶺山，一出于闐。于闐在南山下，其河北流，與葱嶺河合，東注蒲昌海。蒲昌海，一名塩沢者也，去玉門・陽關三百余里，広袤三百里。其水亭居，冬夏不増減，皆以為潜行地下，南出於積石，為中国河云」（『漢書』巻九六上・西域伝上）

5）「漢使窮河源，其山多玉石，采来，天子案古図書，名河所出山曰昆侖云。」（『漢書』巻六一・張騫伝）
　　なお黄河源の記述は『山海経』にも見える。あるいはこのとき武帝が見出した古図書とは『山海経』であったのかもしれない。

　　「出昆侖之東北隅，実惟河原。」（『山海経』北山経）

6）「又達于柏梁，北望積石山，観河源之所出焉。」（『旧唐書』巻一九八・吐谷渾伝）
　　また同様の記述が『旧唐書』侯君集伝や『新唐書』李大亮伝にも見える。

　　「北望積石山，観河源之所出焉。」（『旧唐書』巻六九・侯君集伝）

　　「会討吐谷渾，為河東道行軍総管，与李靖倶出北道，渉青海，観河源，与虜遇蜀渾山，大戦，破之，俘其名王，獲雑畜数万，進爵為公。」（『新唐書』巻九九・李大亮伝）

7）　ただしこの 1952 年の調査報告では，黄河源地域にある「扎陵湖」「鄂陵湖」の 2 つの湖の名称を入れ換えて発表してしまった。この湖の名称はすでに元代の文献『河源志』に名称が記されており，チベット語の色に由来することが明確になっていた。そこで現地青海省人民政府は 1979 年に湖の名称を正しいものに改正すると公布し，現在の地図では正しいものとなっている（西側が扎陵湖，東側が鄂陵湖）。

8）　黄河源に関して詳しくは黄盛璋ほかを参照［黄盛璋 1955・1956・1980，鈕仲勛 1984・1988，中野 1976］。

9）　2014 年 7 月筆者撮影。写真右方が黄河上流，上方が洮河となる。

10）　洮河・湟水の流量が減少する冬期には，蘭州市街付近まで黄色に染まることなく青い河水が継続することもある。

11）　ただし沙泥量は常に一定ではない。許炯心ほかによれば，下流域の堆積地層を分析することで，過去の黄河における堆積速度，ひいては通過沙泥量が算出できるという。これによると，清代中期（1850 年〜現在）を境界として堆積速度が急上昇し，年平均 8 cm となっている［許炯心ほか 2003］。10〜16 世紀が年平均 2 cm 程度だったのに比べ，約 4 倍である。沙泥量の増加には気候変動や流域の植生変化，人口増減などさまざまな要因が考えられるが，許は 19 世紀以降の極端な増大を清代の靳輔という人物が実施した「束水攻沙」と呼ばれる治水事業が主要因だとしている。

12）　海水準（sea-level）とは陸地に対する海面の相対的な高さを示す。潮位変動などの短期的変化ではなく，年単位以上の長期的変化を対象とする。

13）　以下，地質時代区分に関する用語の解説を列挙する。なお 2009 年 6 月に IUGS（国際地質科学連合）執行委員会で，従来は第三紀末の鮮新世に置かれていたカラブリアン（Calabrian）／ジェラシアン（Gelasian）の 2 期が，第四紀の更新世に組み込まれることが批准された。これにより第四紀の開始年

代が258万年前となり，従来の180万年前よりも80万年ほど遡ることとなった。

　　第四紀：中国語も同じ。新生代（第三紀・第四紀の2区分）のうち，258万年前以降を指す。更新
　　　　世・完新世の2世に区分される。なお本節における主な地質年代の数値はGradsteinに依拠した
　　　　［Gradstein 2004］。

　　更新世：中国語も同じ。258万年前から1万1700年前に至る時期を指す。すでに大規模な大陸移動
　　　　や造山運動は一段落し，現在の地形に近いものとなっていたが，ほぼ全時期を通じて氷河期であ
　　　　ったため，海水準が低く海岸線は現在よりも大幅に後退していたと推測される。古くは「洪積世」
　　　　と称した。

　　完新世：中国語の「全新世」に該当し，最終氷期が終了した1万1700年前から現在に至る時期を指
　　　　す。氷河が融解して海へと流れ込み，大幅に海水準が高くなって現在の河川や海岸線が形成され
　　　　た。更新世と同様に，古くは「沖積世」と称した。大規模河川の扇状地や平原はこの時期に形成され
　　　　たものが多く，「沖積平原」と呼ばれる。

14）　原文では「B.P.」と表記される。このB.P.とは「Before Present」の略表記で，歴史学分野で使用さ
　　　れる西暦紀元ではなく，現在の時点から何年前という年代表記で，地質学や古生物学・惑星天文学等
　　　で使用される。以下，本書中で文献記述ではなく地質資料等に基づく年代は「〜年前」と表記する。
　　　同様に地質学等で使用される地質年代表記に，「ka」「Ma」等がある。これは「kiro annum」「mega
　　　annum」の略表記（annumはラテン語で「年」）で，それぞれka＝1000年，Ma＝100万年を指す。

15）　最終氷期とは，以前はヴュルム氷期とも呼ばれていた（日本およびヨーロッパアルプスにおける呼称。
　　　アメリカではウィスコンシン氷期と呼称）約8万年前から1万年前までの現在に最も近い時期の氷期。
　　　現在はこの最終氷期以降の間氷期と考えられる。約2万年前を最盛期として氷河が最大級に広がり，
　　　施雅風ほかによれば東アジアでは北京周辺まで氷河が達したとされる［施雅風ほか1989］。

16）　海水準の上昇は海岸線の陸地への進出を意味し，このときの急激な海岸線進出を完新世海進：Holo-
　　　cene Transgressionと呼ぶ。

17）　横山祐典によれば，氷床と地殻の密度の差によって生じ，アイソスタシー：地殻均衡と呼ばれる。
　　　主に大陸氷床との位置関係によって差異が生じ，氷床から遠い地域（ファーフィールド）では海水量
　　　の増加と海水準上昇に強い相関が見られるが，氷床から近い地域（ニアフィールド）では喪失した氷
　　　床荷重を取り戻すためにマントル流動によって均衡を保とうとして地殻が厚くなり（グレイシオアイ
　　　ソスタシー），地表面は上昇する。すなわち結果として海水準は低下するという現象が発生する［横山
　　　2007］。

18）　中国の海岸線における海水準変化の研究については柳田誠や『中国海平面変化』，『中国海面変化』
　　　なども合わせて参照されたい［柳田ほか1982，国際地質対比計画第200号項目中国工作組1986，趙希
　　　涛1996］。

19）　NGDC（米国地球物理データセンター）が作成し，2001年に公開された全地球規模のグローバル地
　　　形データセットである。極域も含め全地球上の海陸すべての標高・水深データが2分間隔のグリッド
　　　となっている。現在は補正処理を加えたETOPO2v2（2006〜）が公開されている。なおこの地形デー
　　　タは現在の地形に基づいて作成されたデータであるため，厳密には黄河・長江・淮水等の大河川によ
　　　る堆積作用を考慮する必要があるが，ここでは未補正のまま作図した。
　　　NGDC ETOPO2サイト：http://www.ngdc.noaa.gov/mgg/global/etopo2.html

20）　「陸橋」とは元来生物地理学用語で，海を隔てて離れた地域で同系統の生物が確認されるときに，過

第 2 章　黄河のすがた　　47

去において陸地としてつながっていたと想定する概念である。そこから転化して，氷河期等の大規模
な海水準低下に伴って出現したとされる海が陸地化して，本来海洋に隔てられていた陸地同士が結合し
た箇所を指す。

21)　磁鉄鉱などの強磁性鉱物は一定の温度以上（キュリー温度）に達すると磁気を失い，冷えると当時
の地磁気の方向に磁化する。こうして記録された残留磁化を計測して古代の地磁気を復元するのが「古
地磁気学」である。100 万年のスパンで磁極が逆転する「正帯磁期（normalpolarity）」と「逆帯磁期
（reversepolarity）」が存在し，現在から順番に「ブルーン正クロン」「マツヤマ逆クロン」「ガウス正ク
ロン」と呼称される（クロンは地磁気の極性が一方向にある程度安定するおおむね 100 万年前後の時
間単位）。古地磁気学について詳細は『古地磁気学』，『第四紀学』を参照［小玉 1999，町田洋ほか
2003］。

22)　この年代数値は劉書丹等の使用している従来の K-Ar 年代測定法に基づく数値である。最新の古地磁
気学では本来 100 万年単位を測定対象とする K-Ar 年代測定法での 1 万年単位での誤差を修正するため
に，地球の軌道変化による日射量変化を考慮した天文学的再検討が行われ，現在ではブルーン／マツ
ヤマ境界は約 78 万年前に当たるとされている。古地磁気学の年代再検討については兵藤政幸ほかを参
照［Shackleton 1990，兵藤 2005］。

23)　齋藤文紀によれば，河水が海へと流入する際に，沙泥や汽水域の水棲生物などが混合して形成され
る特徴的な地質層を「デルタローブ」と呼び，これらの痕跡を探ることで古河道の河口位置を探るこ
とができるとする［齋藤 2007］。

24)　賈傑華ほかも同様に更新世中期頃から黄河による平原形成が始まったとしている［賈傑華ほか 2002］。

25)　大矢雅彦によれば，海岸に形成される感潮デルタで海側の潮位変化が激しい場合，海水による平均
化が働くため，自然堤防が発達しない場合もある［大矢 1993］。

26)　東営市の北側には現在の黄河口が位置する。滄州市については SRTM-DEM を用いて高低差の強調
処理を行ったところ，滄州市孟村回族自治県を中心として葉脈状に広がる自然堤防の痕跡が確認できた。
文献記述との比較検討を行い，この自然堤防が戦国～前漢期にかけて形成された「前漢期黄河古河道」
の三角州に由来することを特定した。詳細は第 2 部第 4 章を参照。

27)　従来は漢代以前の黄河についても人為的な大規模堤防建造が実施されていたと考えられていたが，
RS データを利用した今回の古河道復元によって，当時の黄河堤防があくまで自然堤防に由来するもの
であったことが判明した。詳細は第 2 部第 5 章や第 3 部第 2 章を参照。

28)　「瓠子河決」については第 1 部第 1 章，第 2 部第 1 章を参照。

29)　黄河決壊の歴史については第 1 部第 1 章「秦漢期黄河変遷史」を参照。

30)　朝日新聞夕刊，1996 年 6 月 18 日 1 面「黄河　海に届かず」。

31)　実は河川の断流（下流～海や湖などの出水口まで水が到達しない現象）は，黄河だけにとどまらない。
筆者が実見した限りでも内モンゴル自治区の通遼市を流れる西遼河（2002 年に訪問），河北省南部を流
れる漳河（2005 年に訪問）といった『水経注』にも記される大河川の断流が中国各地で発生している。
また村松弘一が黄河変遷史と断流に関する考察を行っている［村松 2005］。

32)　慕連安によれば，花園口で実測した流量は 60 年代の 500 億㎥を計測開始以来の最大値として，70 年
代は 380 億㎥と 76％に減少，80 年代は 410 億㎥と若干回復したが，90 年代に至っては 300 億㎥を割り
込み，60 年代の 60％に満たない流量となっている。また黄河流域の降水量も 60 年代をピークとして
減少傾向を示し，90 年代には最大期の 76％となっている［慕連安 1996］。2014 年に蘭州を訪れた際に

は，黄河の支流である洮河からの取水（引洮工程）に関する過剰取水の問題がニュースで流れており，合流点である劉家峡ダムでは明らかに洮河の水が激減している状況が確認できた（前掲写真 1）。

33) 黄河からの取水権（中国語では「水権」）問題については常雲昆を参照［常雲昆 2001］。

34) ヤルツァンポ河の大拐湾と青海省瑪曲，内蒙古自治区托克托の黄河大湾曲部の 3 ヵ所を接続することで，西南から東北方向の自然な高低に合致したかたちでの理想的な治水が実現できるとする論。前半の大拐湾から瑪曲に至るルートは，現在の南水北調プロジェクト・西線に相当する。

35) 孫文の起草した「建国大綱」の「建北方大港，開腹地川渠為運河，必富邦国」という箇所は，この理論を基にしたとされる。

36) 上記翁文灝から孫文・毛沢東へと連なる系譜は李偉に拠る［李偉 1998］。

37) このとき実施を命じられた王化雲は，1938 年の蒋介石の破堤によって決壊していた黄河の治水対策や，1950 年代に河南省焦作市〜新郷市を開削して黄河と衛河を接続した「人民勝利渠」の建設など，毛沢東政権の発足当初における黄河対策を一手に引き受けていた人物である。

38) 2002 年 12 月 27 日に，南水北調プロジェクトの工事開始を記念した式典が北京人民大会堂および山東，江蘇の 3 ヵ所において実施された。詳細は朱涛ほかを参照［朱涛ほか 2003］。

39) 3 ルートおよび地図は『南水北調』に基づく［張修真 1999］。

40) 禹河については第 1 部第 1 章および藤田元春，史念海を参照［藤田元春 1921，史念海 1984］。

41) 「前言」によれば，4 万年を下限としたのは，年代測定に使用した主方法である C^{14} 年代測定法の信頼限界が 4 万年だったためとある。C^{14} 年代測定法には，C^{14} の崩壊時に放出される β 線を検出する「β 線計測法」と，加速器を利用して試料に含まれる C^{14} の個数を直接カウントする加速器質量分析（AMS）法の 2 種類があり，前者は 3〜4 万年前まで，後者は最大 6 万年前までの資料年代を測定可能である。ここから，呉忱が利用したのは当時中国で主流となっていた「β 線計測法」であったことがわかる。C^{14} 年代測定法については木越邦彦や遠藤邦彦を参照［木越 1978，遠藤 1978］。

42) 第 1 部第 1 章「秦漢期黄河変遷史」参照。

第3章　本書における使用資料

はじめに

　本書では黄河古河道復元のために「文献資料」「地図資料」「RS データ」の3種類の情報を活用している。第2部ではこれらの情報を総合的に活用して前漢期の黄河古河道を復元していくが，資料の特性や取り扱いについてその都度挙げていくのは煩雑となるので，これらの資料の特性を本章で一括して紹介する。なお本章で紹介するのはあくまで基本的な特性や基礎情報であり，具体的な解析手段やこれらの情報を活用した古河道推定については第2部で改めて詳説する。

第1節　文献資料

　本書の研究対象は前漢時代を中心とした黄河古河道であり，具体的には第1部第1章で挙げたように東周定王5年（BC602）から秦・前漢を経て王莽新始建国3年（AD11）に至る時期の古河道である。この時期の黄河古河道については主に『史記』『漢書』などの正史や『水経注』等の地理書，『左伝』などの先秦文献などに加え，明清以降に作成された地方志に至る多くの文献に記されており，記述内容は多岐にわたる。本節ではこの古河道復元を行ううえで必要な文献の特性を挙げ，河南省濮陽市周辺を例として文献記述の取り扱いについて概説する。

1　文献資料，自然地理学，そして RS データ

　黄河古河道については正史・地理書・地方志その他さまざまな文献に記録されており，これらの記述を利用した古河道復元に関する研究も数多く行われている。そのなかでも代表的な譚其驤・呉忱両者の研究について紹介することで，黄河古河道研究の現状と本研究の目的を示したい。

　『中国歴史地図集』は，文献資料を活用した中国歴史地理学の成果である。正史・地理書・地方志など文献資料の記述を丹念に拾い上げて各王朝期の城市・自然環境の配置を地図として復元し，相対的な位置関係を明らかにした［譚其驤 1982］。特に前漢期の黄河古河道についてはすでに譚其驤が詳細に考察している［譚其驤 1981］。研究資料としては主に文献を使用している。特に『禹貢』・『山海経』・『漢書』地理志の3種の文献に登場する黄河の記録から3本の河道を復元し，それらを『史記』『漢書』『左伝』などの記録と比較することで，各河道がどの時代に流れていたかを推測している。一部において遺跡位置も利用しているが，やはり中心となるのは文献資料である。

『中国歴史地図集』を歴史地理学の成果とすれば，呉忱ほかの研究は自然地理学に依拠した黄河古河道研究の成果である［呉忱ほか1991a・b］。航空写真と実地調査に基づく地形調査のみにとどまらず，ボーリングやC^{14}年代測定法など，各種の調査方法を利用することで，埋没した河道を自然地理学の方面から復元した。その調査方法としては，まず航空写真および実地調査によって埋没河道のおおまかな候補を選定する。これらの候補地に対してボーリングで地下土壌を採取し，層序学やC^{14}年代測定法によって年代を推定する。この推定結果に基づいて，該当する地層の所属年代を把握するという手法を採っている。譚の研究とは異なり，文献では知り得ない情報を使うことで地形に沿った河道復元を可能とした。

譚・呉両者の研究は，それぞれの分野における蓄積をひとつの成果としてまとめ上げたものである。しかしそのことは同時に，各資料の限界をも示すこととともなった。

文献資料の利用においては，研究対象当時またはそれに近いと思われる資料，いわば歴史的信頼性の高い情報を利用できる点や城市遺跡などを参考にできる点などから，城市の位置については信頼度が高いと思われる。また自然地形のうち山岳などは時間経過に伴う移動が少ないと考えられるため，やはり位置の信頼度は高い。しかし河川，特に変動の激しい黄河下流については位置の信頼度は低くなると言わざるを得ない。これは単純に時間経過に伴う移動だけではなく，文献における河川の記述方法自体の限界にも原因がある。

地図などとは異なり，文字のみを用いて記述する文献資料においては，河道自体の位置を直接記すことはできない。あくまで近接する城市などの地名を表記するにとどまる。それも河道全体を記すのではなく，例えば決壊の事実を記録するために「河決酸棗」「河決瓠子」[1]などというように，決壊した箇所に近接する地名を記すといった方式が採られている場合が多い[2]。つまり文献に記される河道は城市から見た河道であり，基準となる城市が存在しない箇所においては河道の位置を知ることはできない。例えば黄河下流平原であれば，城市同士の間隔が比較的狭い河南省では，文献記述からある程度河道を知ることができる。しかし現在の山東省平原県以北では当時の城市がそもそも少ないので，文献のみで河道を正確に把握することは難しい[3]。

これに対して呉の方式では航空写真および実地調査を利用して現在の地形状況を把握しているが，黄河下流平原は古来より氾濫を繰り返しており，氾濫するたびに地表は削り取られ，河道は埋没する。このような状況であるため，現在の地表面に古代の地形状況がそのまま維持されているとは考えにくい。航空写真や実地調査で知り得るのは現在の地表面の状態のみであるので，そこから古代の河道を推測するのは困難である。ボーリング調査を行うことで地下の状況をある程度把握してはいるが，知りうるのはボーリングを行った地点のみであり，この調査方法によってカバーできるのはごく限られた地域である。特定の領域のみを対象とした研究には有効だが，この方法を用いて黄河下流平原全体という広い範囲すべてをカバーすることは難しい。

以上のように，現在の黄河古河道研究は文献史学・自然地理学の両面で少なからず難点を内包している。そこで本書では，これらの難点を克服するためにRSデータを利用する。RSデータは従来の航空機等に搭載した銀塩カメラを利用した空中撮影とは異なり，センサーによって計測

されたデジタルデータであるため，データに特定の処理を施すことで地表だけでなく浅地下の状況もある程度知りうるという特徴をもつ[4]。そのため黄河下流平原の広大な範囲をカバーしつつ，地表面に刻み込まれた古代の河道を調査することが可能ではないか，と想定して活用を試みた。RSデータについてはすでにさまざまな研究が試みられており，一部は歴史学・考古学でも活用されているが，黄河下流平原という広大な範囲に対して，それも古代の河道を推測するために使用するという例は未だ見受けられない[5]。

　RSデータ自体にも難点は存在する。RSデータは1970年代から利用が開始された，きわめて新しい資料である。これに対して研究対象としているのはBC200頃の前漢初期であり，両者の属する年代には2000年以上の差が横たわっている。この2000年の差を埋めるために譚氏の研究方法を踏襲し，文献資料を利用する。RSデータから読み取れるのは現在の地表状況であり，言い換えればそこに刻まれているのは古代から現代に至るすべての河道に関する情報である。つまり，これらの河道について，データ上で所属年代を見分けることはできない。そのため，ここから対象とする前漢期の古河道を選び出すために文献資料を活用する。

　なお，本研究で対象とするのは主に前漢代を中心とした古河道である。より厳密には文献記録に残る最古の河道変化とされる周定王5年（BC602）から，王莽新始建国3年（AD11）に再び黄河が変化するまでの期間の古河道を指す。春秋後期から戦国時代・秦・前漢を経て王莽新に至る期間において幾度かの氾濫記録は散見されるが，主に『漢書』地理志や溝洫志での記述に基づいての考察を行う[6]。

2　各文献資料における城市位置記述の特性

　本書における文献資料の位置づけは，前述したようにRSデータを取得した現代と，研究対象となる前漢代のもつ2000年間という時代の差を縮めることにある。使用する資料は主に「正史」「地理書」「地方志」の3種であり，各資料における城市位置の記述方法は，それぞれ異なる特徴を持つ（表1）。

　資料に記される地理的情報は，その内容から「歴史情報」「地理情報」の2つに分類され，後者はさらに「絶対位置」「相対位置」に分類される。「歴史情報」とはその情報がもつ歴史性・時代性であり，同時代もしくは近い時代に作成された記録ほど精度が高いとみなす。「地理情報（絶対位置）」とは他の城市や自然地形との関係に因らずに城市の位置を示すことであり，主に近代以降の測量技術や航空写真などを使って作成された地理精度の高い地図上に記された情報を指す。「地理情報（相対位置）」とは，他の城市や自然地形との相対的な関係によって位置を示すことであり，主に地理書や民国以前の地方志に見られる記

表1　各資料における地理情報の特性

	地理情報		歴史情報
	絶対位置	相対位置	
正史	×	×	◎
正史注	×	△	○
地理書	×	○	△
地方志（明清民国）	×	△	○〜△
地方志（現代）	○	△	△
RSデータ	◎	--	×

52　第1部　前漢期黄河古河道復元に向けて

述方式を指す。各資料の扱いについてはそれぞれ以下に挙げるとおりである。

　『史記』『漢書』をはじめとした正史には，当時の黄河河道そのものを示した詳細な記事は存在せず，決壊・渡河などの河道関連記事を利用して，当時の河道を類推するのみである。そのため本書における正史の利用方法としては，文中に見られる河道関連記事を参照して河道の位置関係を確認する。ただし正史全体を見たとしても黄河下流平原全体をカバーできるほどの豊富な情報を備えてはいないので，あくまでおおまかな位置関係の把握にとどまる。しかし他のどの資料よりも研究対象の時代に近いので，「歴史情報」の質は高い。そのため以下に挙げる他資料との齟齬が生じた場合には，正史の記述情報を最優先とする。

　『史記正義』や『史記索隠』，『史記集解』（以下，『正義』『索隠』『集解』と表記）[7]など，いわゆる正史注には，河道のみならず城市の位置を示した記事がいくつか見られる。これらの記事も参照できるが，注意すべきは注釈を加えた年代である。『集解』であれば南北朝の宋代，『正義』『索隠』であれば唐代となり，正史よりも多少時代が下ることになるので，扱いとしては正史よりも多少優先度は下がらざるを得ない。なお『正義』には城市の位置をより詳しく示している記事が多く見られるが，これは『括地志』[8]を引いている場合が多く，むしろ次の地理書の扱いに加えるべきであろう。

　地理書では，正史には見られない城市や地形との位置を補完する。特に本書においては，河川の河道を事細かに書き記している『水経注』[9]を利用する。『水経注』河水注は，黄河の流れている道筋に当たる城市名を上流から順次記すという方式を採っており，記述に登場する城市を並べると，当時の河道を知ることができる。しかしこの方法で導き出した河水注の河道と正史に記される前漢期の黄河決壊地点を比較すると，河水注のものとは合致しない。むしろ「大河故瀆」と呼ばれる河道に合致する点が多いので，こちらを前漢河道の比較対象として利用する。河水注にはこの大河故瀆について『史記』『漢書』よりも詳細な記述が見られるので，それらの河道記事を随時参照して正史の補完を行う。さらに遺跡や陵墓・塚などの記録が豊富に載っているため，これらの情報も正史の補完として活用する。同種の資料としては『禹貢』があるが，『禹貢』に記載されている河道は譚其驤によれば周定王の改道以前の河道だと推定される［譚其驤1981］ため，前漢期古河道を対象とする本書においては専ら『水経注』の大河故瀆に関する記述を活用する。

　地理書としては，他に『元和郡県志』『太平寰宇記』『明一統志』『大清一統志』『読史方輿紀要』[10]などが挙げられる。これらは『水経注』のように河川そのものを記録対象とはせず，主に城市を中心とした地理情報を記載している。各文献が作成された当時の城市や遺跡・山川などの自然環境の位置を記しているので，これらを並べることで城市の位置変遷を知るのに役立つ。

　明・清・民国期には中国全域という広い範囲ではなく，「省」「県」といった範囲での記録が盛んに作成された。これらは総称して地方志と呼ばれ，各地の歴史・地理・人物・古蹟など，当地で起こった各種事象を収集している。このなかに「黄河故道」と称される古河道の記録が残っている場合がある。また前漢武帝が建造したとされる「金堤」が随所に残っており，これらの記録

も利用できる。ただし両者とも漢代
のものに限らず，後代のものである
可能性も否定できないため，所属時
代を慎重に見極める必要がある。こ
れらの地方志には地図が付されてい
る場合が多いが，測量技術を利用し
た正確な地図ではないため，地理情
報（絶対位置）としての精度は低い
と言わざるを得ない。本節では明・
嘉靖期に作成された明嘉靖『開州
志』と，清・光緒期に作成された清
光緒『開州志』の2書を活用する[11]。

人民共和国成立（1949 年）以降，
特に80 年代以降には各所で地方志

表2　主な資料の成立時期

正史	『史記』 『漢書』	前漢 後漢	司馬遷 班固
正史注	『史記集解』 『史記正義』 『史記索隠』 『漢書注』	宋 唐 唐 唐	裴駰 張守節 司馬貞 顔師古
地理書	『水経注』 『元和郡県志』 『太平寰宇記』 『通鑑地理通釈』 『明一統志』 『大清一統志』 『読史方輿紀要』	北魏 唐 宋 宋 明 清 清	酈道元 李吉甫 楽史 王應麟 李賢等撰 張元濟等撰 顧祖禹撰
地方志	明嘉靖『開州志』 清光緒『開州志』 新修『濮陽県志』	明・嘉靖 清・光緒 1989 年	 濮陽県地方史志編纂委員会編
その他	『左伝』 『左伝注』	戦国頃か 西晋	左丘明 杜預

が新たに作成された。民国以前の地方志とは異なり，これらの地方志には近代的な測量技術を導
入した詳細な地図が附されているので，地理情報（絶対位置）の信頼度は高く，遺跡の正確な位
置を知ることが可能である。これらの地図を活用することで，城市や金堤など他の文献資料に記
載されている黄河関連遺跡の正確な位置をRS データ上へとマッピングすることが可能となる。
本節では特に対象地域である濮陽で1989 年に刊行された新修『濮陽県志』を活用する。

現在発掘済みの遺跡は，所属年代が判明していれば最も信頼性の高い歴史情報および地理情報
（絶対位置）として使用できる。ただし遺跡の所属時代については発掘遺物に拠っているのか，
地方志（明・清・民国・現代）や地理書など文献資料に基づく考証に依拠しているのかを，可能
な限り把握しておく必要がある。

RS データを活用して河道の痕跡を読み取るのと同時に，現在の城市の位置をマッピングする。
これらの画像情報と城市遺跡から推測した当時の城市の位置を重ね合わせて比較検討し，前漢期
古河道を抽出・選別する。

なお各資料を扱う際には，資料の記述時期に留意する（表2）。資料の記述はその記述時点にお
いて存在している城市との相対的な比較による河道位置であり，基準となる城市自体が移動して
いる可能性があるためである。特に黄河下流平原では，黄河自体の氾濫や王朝の興亡などの要因
から城市が頻繁に移動している事例が多いので，移動の経過および原因については可能な限り詳
細に把握しておく必要がある。

3　城市の位置比定・「濮陽」を例に

資料を扱う例証として，本節では「濮陽（現・河南省濮陽市）」を挙げる。サンプルとして濮陽
を挙げたのは，まず武帝元光3 年のいわゆる「瓠子河決」の記述により，武帝当時に黄河が流れ

ていたことが判明しているためである[12]。さらに漢代以降も継続して周辺地域の中心として存立
しており，資料の記述が豊富なことも理由の1つである。

　濮陽という城市は，時代によって中心となる位置（＝治所の所在地）が変化しつつ発展してき
た。その変遷にはさまざまな歴史・社会・経済・環境その他の要因が複雑に影響している。この
変遷過程や要因を探るのはまた別の機会に置き，本節では各時代の代表的な城市の位置を検討し，
現在の城市との位置関係の復元を行う。

　顓頊城：顓頊は夏・商・周の三代よりも古いとされる五帝の1人であり，濮陽付近に都を建て
たと伝えられる。文献記録によると，『史記』五帝本紀に「顓頊崩」とあり，『正義』は『皇覧』
を引き「顓頊冢，在東郡濮陽頓丘城門外広陽里中」とあり，さらに『左伝』昭公一七年伝に「衛，
顓頊之虚也。故為帝丘」とある。杜預はここに「衛，今濮陽県，昔帝顓頊居之。其城内有顓頊之
冢」と注している。しかし『正義』の張守節は唐代，『左伝注』の杜預は西晋代の人物である。
これらの記述は各時代における位置の記録であり，現在の位置と直接比較することはできない。
そこで新修『濮陽県志』の「顓頊城遺址　今濮陽城東南25華里之高城村（伝因顓頊高陽氏曾在
此建都而得名）即顓頊城遺址。該村東4華里，有一片丘形台地，伝説為顓頊太子墓；東南5華里
有東郭集，伝説為顓頊城東郭」という記録を利用して，現在の濮陽県高城村に位置するとした。

　帝丘：春秋時代の諸侯の1つである衛国の都とされる。『左伝』によれば，春秋時代・周襄王
24年に衛成公が狄によって攻められ，それまでの城市であった楚丘が陥落した。そのため成公
は都を帝丘に移したとある[13]。杜注や『漢書』地理志によれば，この帝丘は「帝顓頊之墟」に位
置し，それがために帝丘と名づけられたとしている。つまり前述の顓頊城と重なることになる。

　漢代濮陽城：濮陽県は，戦国時代に秦が衛を攻めて東郡を初置したところから始まる[14]。この
とき濮陽県を別の場所に置いたのではなく，衛都であった帝丘城をそのまま濮陽県に変更したと
『漢書』その他にあるため[15]，位置はさほど変わっていないと考えられる。具体的な位置の記述
としては，『史記』項羽本紀[16]が最も前漢期に近い。ただし『史記』本文ではなく『正義』の引
く『括地志』の記述であり，『括地志』が著された唐代の濮州（現在の范県）から見た位置である。

　光緒『開州志』には濮陽故城の位置として「州治在西南二十里，漢旧県」という記述が見られ
る。新修『濮陽県志』には「濮陽故城，即漢時故城，位于今濮陽故城西南15華里故県村一帯，
今属子岸郷」とあり，光緒『開州志』の記述とほぼ一致する。前述の顓頊城とは少し位置がずれ
ることになるが，ほぼ同じ位置としてよいだろう。

　澶水城：『隋書』地理志に「澶水，置開皇十六年」とあるように，隋代に置かれた県である。
『嘉慶重修一統志』によれば設置当初は「澶淵」だったが，唐高祖の諱を避けて「澶水」に改称
されたとも言う[17]。また「在開州西二十里。本，臨河・内黄・頓邱三県地」とあり，『太平寰宇
記』河北道六にも「澶州，今理頓丘県。本漢頓丘県地」とある。隋の開皇16年に設置された澶
州が漢代の頓丘県に当たるとしている。『太平寰宇記』にはさらに「公会諸侯于澶淵」とある。
この原文は『左伝』襄公二〇年経に「夏六月庚申，公会晋侯・斉侯・宋公・衛侯・鄭伯・曹伯・
莒子・邾子・滕子・薛伯・杞伯・小邾子，盟于澶淵」とあり，さらに杜注に「澶淵在頓邱県南，

今名繁汙。此衛地，又近戚田」とある。これらの記述によれば澶州は漢代の頓丘県，つまり現・清豊県の南側に位置することになる[18]。

　しかしこれは澶州の位置であって澶水県ではない。一方では『史記』趙世家に「（趙）簡子与陽虎送衛太子蒯聵于衛，衛不内，居戚」とある。『正義』は『括地志』を引き，「故戚城在相州澶水県東三十里」と記している。戚城は後述するように現・濮陽県のすぐ北側に比定されるので，そこから推測すると澶水城は現在の濮陽県の西側に位置することになる。『太平寰宇記』にも前出の項とは別に，「廃澶淵県　在臨河県東四十里」という記述がある。臨河県は現在の濮陽県と滑県の中間に位置するので，この記述から想定される廃澶淵県の位置は現・濮陽の西側となる[19]。本節では『太平寰宇記』の説を採り，澶水城の位置を「濮陽の西」とする。

　徳勝城：『旧五代史』梁書・末帝本紀に，「貞明五年春正月，晋人城徳勝，夾河為柵」とあり，さらに唐書・荘宗本紀に「天祐十六年春正月，李存審城徳勝，夾河為柵」とある。「夾河」とは河を差し挟んで両岸に城を築いたことであり，以後「徳勝北城」「徳勝南城」と表記される[20]。五代を通じて頻繁に「浮梁」と呼ばれる橋を架け，通行に利用していた記述が見られる[21]。『嘉慶重修一統志』には「熙寧十年，南城圮于水，移治北城」とあり，この年の水害により南城が破壊され，州治が北城に移ったことがわかる[22]。

　明嘉靖『開州志』には「徳清城　在州北五十里・陵家店。晋天福中，移澶州得勝寨，以故澶州置頓邱県」とあり，頓丘県（現・清豊県）と同位置としているため，これもまた前述した澶州の位置問題と絡んでくる。しかし頓丘県付近では黄河は南北に流れているので，差し挟んで2城を築いた場合は南北でなく東西となり，記述と一致しなくなる。『読史方輿紀要』では「州東南五里，古澶淵也」，さらに『明一統志』に「徳勝寨　在開州南三里」とあり，開州城の南側にあるとしている。この付近であれば東西に流れているので，南北2城を築くことも可能である。『中国文物地図集』河南分冊もこちらの説を採り，徳勝城の前身と言われる徳勝渡遺跡を現・濮陽城市の南側に置いている［国家文物局 1991］。本節でも「開州城の南側」の説を採用する。

　戚城：『左伝』には，戚で会盟が行われた記事がいくつか見られる[23]。また襄公二六年伝に，「孫文子在戚，孫嘉聘於斉，孫襄居守」とある。楊伯峻が「戚本孫氏食邑，故林父在戚」と注しているように，春秋時代・衛国の有力氏族である孫林父の食邑であった。さらに哀公二年伝に晋の趙鞅が衛の太子蒯聵を入れたとの記述があるように[24]，春秋時代の衛国にとって重要な邑であった。

　『明一統志』に「戚城，在開州城北七里」，『大清一統志』に「戚城，在開州北」とある。後者はさらに『清豊県志』を引き，「戚城在県南三十五里」としている。さらに『畿輔通志』[25]に「戚城　在清豊県南三十五里坡頭村，介澶・頓間」とある。これらをまとめると，戚城は開州（現・濮陽）と清豊県の間，開州に近い側に位置することになる。『濮陽県志』にも「春秋時代，衛国的重要城市―“戚”的遺址，在濮陽県城北8華里戚城村北面」とあり，おおむね場所は一致する。

　鹹城：『左伝』によれば，春秋時代に2度の会盟が行われた地である[26]。また『続漢書』郡国志に「濮陽有鹹城，或日古鹹国」とあり，古代からの邑の1つであるとされる。『明一統志』『大

56 第1部 前漢期黄河古河道復元に向けて

清一統志』『畿輔通志』はともに「在開州東南六十里」と記す。新修『濮陽県志』では咸城と表記され，「位于濮陽城東南45華里咸城村北，今属梁荘郷」とある。

　以上のように濮陽およびその周辺に位置する7ヵ所の城市について，時代別の城市位置を考察してみた。本節の対象地域である濮陽周辺には他にも幾つか城市が存在するが，今回検討するのはこれらの城市に限定した。その理由は現時点で各城市のものと思われる城市遺跡が出土しており，その位置をほぼ推測可能だという点にある。前述のようにRSデータ上に古代城市の位置をマッピングするには，現時点で判明している遺跡を利用することが不可欠となるためである。

4　濮陽付近の前漢古河道

　濮陽近辺での河道記録で，最初に挙がるのが『漢書』溝洫志の記述である。この記述により，少なくとも武帝元光3年当時には濮陽近郊の瓠子に黄河が流れていたことがわかる。次に挙がるのが『史記』高祖本紀の「秦軍復振，守濮陽，環水。楚軍去而攻定陶」という記事である。この箇所について『正義』では「其濮陽県北臨黄河，言秦軍北阻黄河，南鑿溝引黄河水環繞作壁壘為固，楚軍乃去」とある。この「其濮陽県北臨黄河」という記述から，この地点では黄河が濮陽県城の北側を流れていることがわかる。正史または準じる時期資料から黄河河道と濮陽県の正確な位置関係を直接知ることが可能な数少ない記述である。

　『水経注』には『史記』『漢書』よりも詳細な河道経路が記録されている。それによれば，前漢黄河は白馬津・涼城県・濮陽県・戚城・繁陽県・楽昌県・元城県の付近を通っていたとされる[27]。

　白馬津について『正義』は『括地志』を引き，「白馬故城，在滑州衛南県西南二十四里」としている。これによれば現・濮陽のほぼ西に位置すると推測される。次の濮陽県を経て戚城を通るとあるが，前項で考察したように戚城は濮陽のほぼ真北に位置する。つまり西から流れてきた黄河は濮陽県の北側で急激に流れを北へと変え，戚城を経てそのまま北にある繁陽県・楽昌県へと流れていくことになる。河川はその河道が曲がる箇所で，その外側に向かって決壊する。河道が鋭角に激しく曲がっていれば，なおいっそう危険度は高くなる。濮陽はまさにこのような条件の土地に位置しており，この立地条件ゆえに古来より幾度となく水害に遭ってきたのである。黄河下流平原のなかでも一，二を争う決壊頻発地となる由縁である。

　新修『濮陽県志』河流を見ると，『水経注』よりもさらに詳細な古河道が見て取れる。濮陽県内には2本の黄河古河道があるとされており，そのうち「由浚県進入県境後，経小屯荘・張荘・聶固村，至戚城折向西北，入内黄県境」という記述が，前漢期の河道だと推測されている[28]。この小屯荘・張荘・聶固村が現・濮陽県内のどこに該当するのかは不明だが，新修『濮陽県志』郷鎮簡介の「新習公社」の図に「黄河故道」が図示されているので，これを活用した。

　この他にも本節で考察した澶水・徳勝両城の位置も参考とした。澶水城は『太平寰宇記』に引かれている『左伝』の澶淵とみなして河道と対比するため，徳勝城はその特殊な立地条件（夾河築城）から河道に隣接していると仮定し，河道位置の参考とするためである。濮陽以西の河道は『水経注』やその他地理書と比較しても漢代から宋代にかけてもさほど変化していないとみなし

たうえでの，あくまでも参考としての位置である。

以上の点を踏まえたうえで試みにRSデータから判読した河道痕跡と重ね合わせて作成したのが，濮陽近辺の城市位置および前漢河道の図である（図1）。二重線で図示しているのが『中国歴史地図集』第二冊・西漢に見る前漢河道，グレーの線がLandsat5 TMから判読・抽出した河道痕跡，実線が本節で導き出した前漢河道となっている。譚説の河道よりも東寄りになったのは，Landsat5 TMで判読したラインを参考にしたためである[29]。

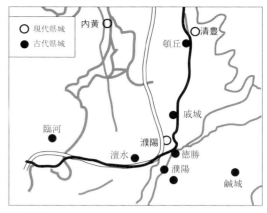

図1　河道痕跡と県城位置

5　古河道復元手法について

本節の目的は「文献資料との比較によって，RSデータから前漢河道を抽出する」ことであり，そのための方法を示すことである。冒頭にも触れたように現代の資料であるRSデータを使っていかにして2000年前の河道を復元するか，文献資料を利用することで2000年の差をクリアできないか，という一点を示すことが可能かを想定し，本節で紹介した方法を用いて研究を試みた。

本節では，黄河下流平原のなかでもごく一部分である濮陽県とその周辺の城市を事例として，文献資料とRSデータの重ね合わせを試みた。特に留意したのは，資料記述のもつ時代性である。前述したように，Landsat5 TMから読み取った河道痕跡は古代から現代に至るすべての時代の河道を含んでいる。ここから各時代の河道を抽出するためには，記述（文献ではなく記述内容自体）の属する年代を厳密に分類し，漢代またはそれに近い年代の記述を活用して抽出する必要がある。この点については上々の結果が得られたが，これにはいくつかの理由が考えられる。

まず第1点目として，対象として選んだ濮陽に関する資料の豊富さが挙げられる。本節で使用した資料は3項で論述したとおりだが，これはあくまで理想的な状況であり，黄河下流平原のすべての場所でこれらの資料がすべて揃っているわけではない。むしろ濮陽については最も資料の整った状況であり，他の場所についてはこれほどの条件は揃い得ない。明・清・現代にわたって地方志の作成が継続されているのは，かなりの規模をもつ大県である。黄河下流平原で同様の条件を満たす箇所としては濮陽の他には邯鄲があるが，こちらは黄河からは離れているので濮陽ほどの利用は期待できない。

2点目としてはやはり3項で挙げたように，濮陽という城市自体が古代から近現代に至るまで一貫して存続した城市だという点がある。このように歴史的断絶が少ない城市は，情報にある程度の一貫性が保たれている。さらに中心の城市以外にいわば衛星都市とも呼べる城市が近隣に設置されているため，河道位置を推測するための資料を充実させることができた。

RSデータと文献資料を比較したことで，RSデータおよび画像処理に関する問題点がいくつか浮き彫りとなった。例えば文献資料によれば，濮陽県城の西側には臨河県，もしくは滑城白馬津までつながる河道が存在するはずだが，本節で使用した処理画像では，濮陽の西側には東西方向に走る河道は見当たらない。画像処理の方式自体はもっとも単純なクラスタリング（教師なし分類）[30]のみを使っており，精密な処理を施してはいないので，抽出しきれなかった可能性が高い。

　本研究を進めていく過程でこのような点は随所に見られる。文献資料を検討した結果に基づき，該当箇所の特性に合わせた綿密な処理方法を再検討する必要がある。また，地域的特性に合わせた適切なデータ選択も検討を行う必要がある。

　現代の地図との重ね合わせを行うにあたっては，重ねる元地図の精度が問題となる。本節では新修『濮陽県志』および『中国文物地図集』河南分冊の遺跡位置を参考にした。この両者の地図は現時点ではかなりの精度をもつが，それでもRSデータと重ねた場合に若干の齟齬が見られた。正確な位置を把握するにはやはり現地に赴き，実測調査を行う必要がある。

　以上のように，本節においてはある程度の結果を得られたとはいえ，研究方法についてはいまだ考察の余地があるように思われる。例えば本節では資料記述を城市の位置のみに限定したが，人物や軍の移動記述などから間接的に黄河の位置を類推することができよう。また資料中の距離記述についても詳細な検討を行い，現在の地図上での距離と比較することも可能である。さらに言えば本節では触れなかったが，漢代に構築されたと言われる「金堤」遺跡の利用も忘れてはならない。今後は対象地域を黄河下流平原全体へと拡大していく予定だが，その過程においては本節の濮陽ほどに豊富な資料は望めないことは，容易に推測できる。その際にこれらの方法を用いて，資料の不足を補完することも検討中である。

第2節　地図資料

　次に地図資料について触れておく。本研究においては現地調査およびRSデータとの重ね合わせ等，非常に重要な資料となるが，中国の地図事情は日本と比べるとかなり異なっている。日本では一般書店でも容易に大縮尺地図が入手できるが，諸外国においては希少例である。中国も例外ではなく，特に2万5000分の1以下の大縮尺地図や地形図などは機密情報となるため，取り扱いには注意が必要となる。ここでは日本で入手可能な地図について概説する。

1　中華人民共和国以外で作成された地図

　外国を研究対象とする日本人研究者にとって頭を悩まされるのが，現地地図の調達である。現地で発行されているが日本では入手が難しい，またはそもそも現地でも地図が発行されていない地域がいまだに多い。これらの地域で利用されるのが日本でも入手しやすい「TPC/ONC」である。また中国限定だが旧ソ連が共産諸国などを対象として作成した「旧ソ連製10万分の1地図」，さらに黄河下流平原には旧日本陸軍が明治〜昭和初期に作成した「外邦図」，民国政府が作成し

た「一万分之一黄河下游地形図」などが存在する。

TPC/ONC

「TPC（Tactical Pilotage Chart：50万分の1）/ ONC（Operational Navigation Chart：100万分の1）」はアメリカ航空局が作成した航空地形図であり、全世界をカバーしているため現地地図の入手が難しい地域での地形把握に利用される[31]。日本でも一部の書店で購入可能である。本来は航空機のナビゲーション用途として作成された地図であり、航空写真やRSデータからの判読によって作成されている（図2）。

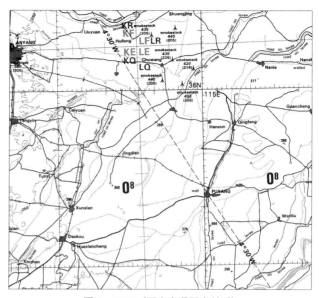

図2　TPC（河南省濮陽市付近）

特に実地情報の不足している中国においては実地との照合が甘く、都市の位置や名称、道路・鉄道のライン等に間違いがいくつか見られるという難点が存在する。しかし緯度経度に合わせた等高線が引かれており、1990年代当時において中国の詳細な地形を知ることのできる数少ない地図であった。

旧ソ連製10万分の1地図

岐阜県立図書館・世界分布図センターは世界各国の地図を収集・公開しているが、特に貴重なのが旧ソ連によって作成された東欧諸国・アジア・アフリカの地形図である。主に20万分の1縮尺だが、中国には10万分の1縮尺の地形図が存在する。これらの地図は1991年ソ連の崩壊により収集可能となり、川村謙二によれば岐阜県図書館世界分布図センターに5,249枚が所蔵される［川村2008］。発行は1980年代だが、地勢等は70年代の情報が集録されている。地名等はロシア語表記であるが、人民共和国成立後の地勢情報は貴重であり、近年でも小疇尚や松永光平などロシアや中国の現地調査を行う際の事前準備や、現地の地形情報を扱う必要のある研究で使用される［小疇1997・2000、松永2006］（図3）。

外邦図

「外邦図[32]」とは、清水靖夫によれば「一般的に第二次世界大戦中に日本の軍部機関が諸外国の地形図類を複製したものを呼ぶ場合が多い」とある［清水2009］。本研究においては特に「北支那」と称される河北・河南地域の10万分の1地図を利用する。

地図の作成年代を見ると、この地域の外邦図は明治末～大正初に略測され、昭和10年前後に発行されたものが多い。地域によっては発行直前に「要部修正略測」が為されているものもある。つまりこれらの外邦図は明治末～昭和10年代（1910～1935）の現地の状況を示していることに

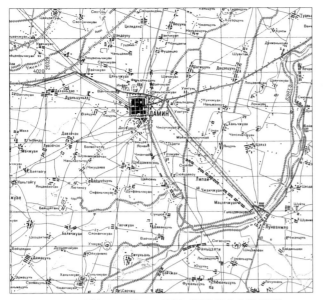

図3 ソ連製10万分の1地図（河北省大名県付近）

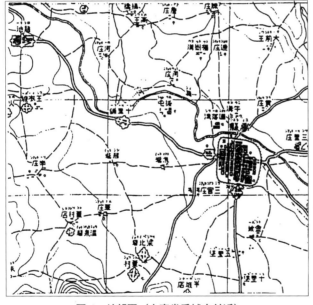

図4 外邦図（山東省禹城市付近）

なる。これらの外邦図の特徴として，実地確認を伴う地形情報，特に本研究においては古堤防や沙地に見られる河道の痕跡等，貴重な情報が含まれる[33]（図4）。

一万分之一黄河下游地形図

中村威也によれば，台湾中央研究院近代史研究所・郭廷以図書館に所蔵される地図である［中村威也 2007］。民国初期という時期に近代的な測量によって製作された地図であり，1万分の1という小縮尺の地形図は，現在の中国では一般に入手できないことを考えると，非常に貴重な資料である。また現在は消失したと思われる1940年以前には残存していた堤防や河川の痕跡が記されており，さまざまな用途が期待される。

しかしマイクロフィルムで所蔵されたこの資料は，実は未整理の状態で保管されており，収集時に付された内容とはまったく無関係の整理番号で区分されている。収録情報の精度や作成年次からみると明らかに異なる系統の地図が無整理な状態で羅列されており，実用に供するためには全体的な整理作業が必須となる（少なくとも3系統以上の製作時期・人員が存在すると思われる）。

本研究では2004年3月に学術振興会東アジア教育拠点事業「東アジア海文明の歴史と環境」プロジェクトで実施した台湾調査の際に収集したリール約2本分のうち130枚程度の地図を整理し，河北省館陶県～山東省冠県・聊城県に至る領域の地図を配列した。

このなかに現在の聊城市と茌平県の境界付近の地図が含まれる（図5）。図の右側に「博平旧城址」という城市遺跡が確認でき，同様に図左側には「○河堤即馬河堤」という書き込みが見える

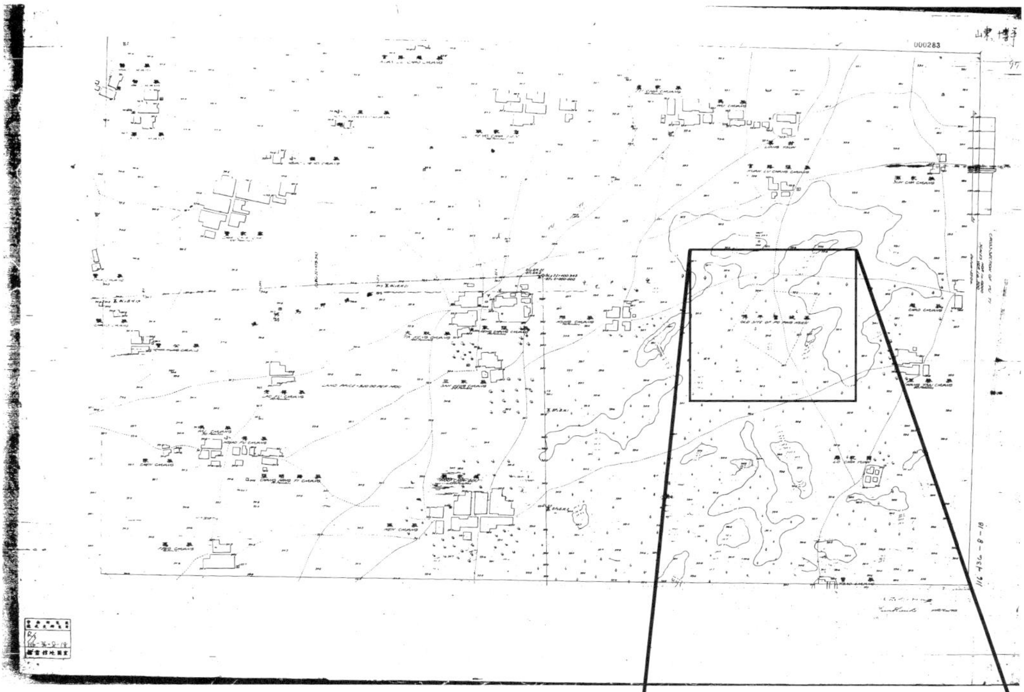

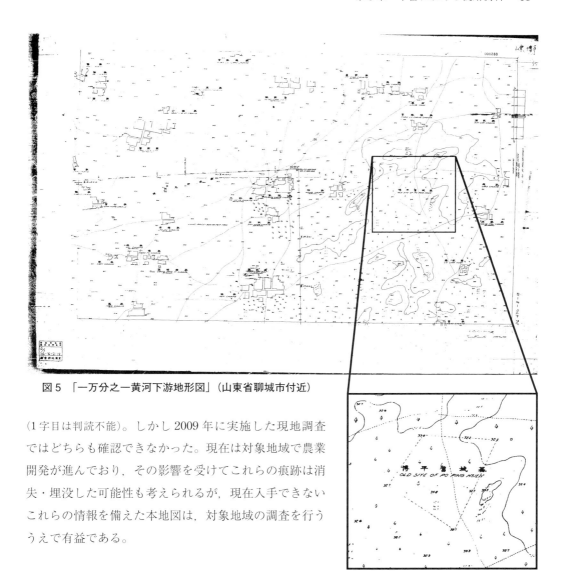

図５　「一万分之一黄河下游地形図」（山東省聊城市付近）

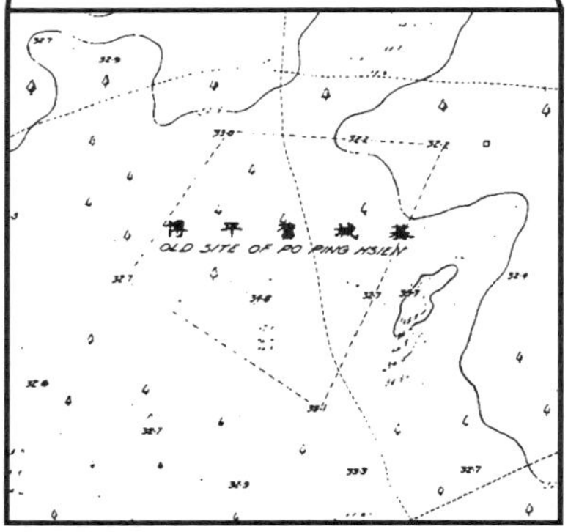

（1字目は判読不能）。しかし2009年に実施した現地調査ではどちらも確認できなかった。現在は対象地域で農業開発が進んでおり，その影響を受けてこれらの痕跡は消失・埋没した可能性も考えられるが，現在入手できないこれらの情報を備えた本地図は，対象地域の調査を行ううえで有益である。

2　中国で作成された地図

このほかに中国で発行された地図としては「中国分省系列地図冊」・『中国文物地図冊』，さらに1980年代以降に発行された新修地方志収録地図が挙げられる。

中国分省系列地図冊

中国の行政区分には，「省・特別市」→「市」→「県（または県級市）」→「郷・鎮」→「村」という段階がある。市が日本の都道府県レベル，県が市町村レベル，郷・鎮が町丁目・字レベルにおおむね該当する。村は行政区分の最小単位で，主に集落単位となる。「中国分省系列地図冊」は「県（または県級市）」ごとに1ページまたは見開き2ページで収録され，最小区分である「村」単位まで含まれる（図6）。

62　第1部　前漢期黄河古河道復元に向けて

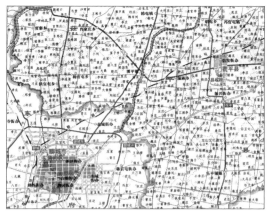

図6　『山東省地図冊』

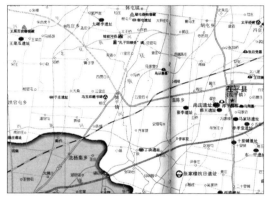

図7　『中国文物地図冊』山東分冊

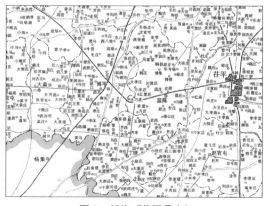

図8　新修『荏平県志』

中国文物地図冊

遺跡や石碑等文物の位置を示した地図である。省別に発行され，本研究の対象地域においては河南省・山東省の文物地図冊が発行されている。遺跡の地図上の位置を知ることができる有用な資料である（図7）。

これも前述の分省系列地図冊と同様に，①緯度経度が入っていない，②村レベルが網羅されていないといった難点をもつ。さらに遺跡に関する情報に偏りが見られ，城市遺跡を特定するには他の発掘報告と対照しつつ検討する必要がある。

新修地方志収録地図

中国には「地方志」と呼ばれる省あるいは市・県単位の歴史を記した資料がある。古くは宋・元代から存在し，明・清・民国期には中国全域で盛んに作成された。ここで対象とするのは1980年代以降に作成が始まった「新修地方志」である。

しかしこの地図には作成時期や地域によってバラつきがある。例えば1989年に発行された新修『濮陽県志』では，「政区図」と称する県全体の地図には郷・鎮レベルまでしか記されていない。村については「第11編　郷鎮簡介」で郷別地図として別記されている。1993年発行の『浚県志』や『平原県志』では「政区図」に村レベルまで記されているが，すべての村が網羅されておらず，そのまま調査に使用するには難があった。しかし1990年代後半から作成された地方志収録地図にはかなり情報が増加し，使い勝手が向上している（図8）。

3種類の地図を並べてみた（図6〜8）。残念ながら同位置・同縮尺とまではいかないが，収録情報の差が確認できるかと思う。

3　インターネット地図情報サービスの活用

2006年頃から，中国でもインターネット上での地図サービスが開始された。対象範囲を大城市圏のみにとどめるレベルのサービスが多いなか，「mapbar（図吧）」というサイトでは中国全土を対象としたサービスを開始した[34]（図9）。これには郷・鎮・村レベルの集落情報が含まれており，これにより今までうかがい知ることのできなかった遺跡の位置を事前に確認できるようになった[35]。

また2005年に，米Google社よりGoogle Earthというソフトが公開された[36]。これは「地球儀ソフト」とも称され，地球上すべての場所のRSデータを見ることができる便利なソフトである（図10）。地点によって解像度は異なるが，詳細な地図情報の乏しい中国現地調査には非常に役に立つ。特に中国の地図には緯度経度が入っていないものが多いため[37]，現地調査で取得した緯度経度情報を地図に重ね合わせるのに有益となった。

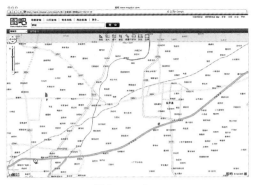

図9　mapbar

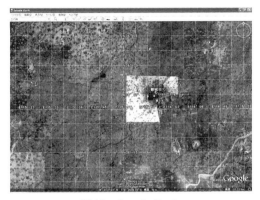

図10　Google Earth

ただしこれらの地図には詳細な道路情報が含まれていないため，この情報のみで遺跡にたどり着くことはかなり難しい。あくまで事前確認のためであり，実際の位置は現地文管処の案内に依拠することになる。

第3節　リモートセンシング（RS）データ

リモートセンシングとは中国語で「遥感」と称するように，広義には離れた場所から計測・観測して取得するデータすべてを指し，航空機やヘリコプターでの航空撮影なども含まれる場合がある。狭義では衛星軌道上に位置する人工天体またはそれに準じたもの（スペースシャトル，国際宇宙ステーションISS等）から赤外線・可視光線・紫外線等の電磁波を利用して地表面を計測したデータを指すことが多い。以下に，本書で利用するLandsat5 TMなどの衛星データやSRTM-DEMなどのRSデータについて紹介する[38]。

1　データの種類および特性

衛星画像とは文字どおり，人工衛星で取得した画像を指すが，近年では狭義として衛星に搭載

64　第1部　前漢期黄河古河道復元に向けて

されたセンサーによってバンド別画像を取得し，土地利用やその他の地表特性把握を目的として
PC上での解析処理に利用可能な多機能データを指すことが多い。その意味では，後述するCO-
RONAで撮影された写真は衛星画像には該当しないことになる。しかしここでは特に両者の区
別をせず，広義の衛星画像として，銀塩フィルム撮影のアナログ写真とセンサー取得のデジタル
データの区別を特に置かずに扱っている[39]。

(1) Landsat

　衛星を使用して地球資源を観測するための研究は，1972年に打ち上げられた地球資源技術衛
星ERTS（Earth Resources Technology Satellite：アーツ）から始まった。ERTSを使った地表
探査画像に予想以上の成果を得られたことから，特に陸域を調査対象にするように計画が変更さ
れ，その一環として1975年に打ち上げられたERTS 2号と併せて衛星の名称も陸域調査を目的
とした「Landsat 1号，2号」と変更された。2015年現在，Landsatは8号まで打ち上げられて
いる。

　Landsatには，4種類の地表走査用センサーが搭載されている。最初期のものはMSS（Multi-
Spectral Scanner：多重スペクトル走査計）で，1～5号のLandsatに搭載されている。もうひと
つは4，5号にのみ搭載されているTM（Thematic Mapper：主題地図作成用途走査計）である。
さらに1999年に打ち上げられた7号に搭載されているTMの改良版であるETM+（Enhanced
Thematic MapperPlus）と2014年に打ち上げられた8号に搭載されるOLI（Operational Land
Imager）と発展が続く。

　センサーの性能を示すための数値として，「解像度」と「受信可能バンド」がある。前者の
「分解能」とは，センサーによって得られる画像上を実視で確認した場合に見分けられる大きさ
を表している。MSSの場合は80mであることから，つまりMSSによる画像を見た場合，80×
80m四方の建造物がその画像内に存在することはひとつの点として確認できるが，それ以下の大
きさのものは判別できないということである。TMの解像度は30mであるため，MSSの1／3弱
の小さな対象物を確認できる。ETM+ではさらに性能が向上し，最高解像度15mとなった（バ
ンド8のみ）。

　後者の「受信可能バンド」は，画像処理を行ううえで重要な要素である。これは同じ調査範囲
を幾つかの周波数別に分解して観測する方式で，各周波数の特徴を際立たせるための適切な画像
処理を行うことで目的に応じた情報を得られるのである。7バンドのTMは3バンドのMSSよ
り広い周波数をカバーしているので，より詳細な地表データを得ることが可能である。ETM+は，
解像度は高いがその性能を活かせるのはバンド8のみであり，その他のバンドではTMと同程
度の解像度となる。

　2002年10月にNASAで「LDCM」というミッションが開始した。「LDCM」とは「The Land-
sat Data Continuity Mission」の略称で，Landsatデータの継続性を維持する計画である[40]。当時
はLandsat5号と7号が稼動していたが，1984年に打ち上げた5号は当初の目標であった3年を

大幅に超えた 18 年を経過しており，後継機として 1993 年に打ち上げた 6 号は打ち上げに失敗して，当初は 1999 年に打ち上げた 7 号との相互運用であった計画が 7 号の単独運用となるなど，計画の大幅な見直しが必要となっていた。「LDCM」では今までに蓄積した Landsat 1～7 号までのデータとの継続性を重視し，7 号に搭載された ETM+ をベースとした「OLI」と近赤外域の「TIRS」の 2 種類のセンサーが搭載された。最大解像度は ETM+ と同等の 15 m（バンド 8：パンクロマチック）である。

　2013 年 2 月に打ち上げた Landsat 8 号は無事に軌道投入に成功し，3 月にファーストライトデータの受信にも成功した。以後順調に稼動を続け，データが無償公開されている[41]。

(2) CORONA

　現在の RS 研究は地球資源の観測を主目的としているが，1960 年代の米ソ対立によって冷戦構造が激化した頃には，主に軍事用途での利用が目的であった。アメリカでは KH（KeyHole：鍵穴の意）の名を冠した偵察衛星が 1963 年より打ち上げられ，地表面の撮影が行われてきた。軍事目的での撮影であったため長らく極秘扱いであったが，1995 年に最初期のプロジェクトであるコードネーム「CORONA」と呼ばれる偵察衛星群（KH-1，KH-2，KH-3，KH-4，KH-4A，KH-4B）で撮影された画像がアメリカ政府により機密解除され，民間での利用ができるようになった[42]。

　この技術に最初に着目したのが地理学分野の研究者である。従来，詳細な地理・地質情報はおろか地形図すら手に入らなかったソ連・東欧・中国などのいわゆる旧東側諸国において，この CORONA 画像を利用することで手軽に詳細な地理・地質情報を得られることになり，研究の精度が飛躍的に向上した。

　CORONA の特徴としては，衛星に搭載されていたのが地表走査用センサーではなく銀塩フィルムを使用したアナログフィルムカメラであった点が挙げられる。これは当時のセンサー技術レベルもあるが，CORONA があくまで地上の建築物等を対象としていたためである。つまり航空機にカメラを搭載する代わりに，人工衛星にカメラを搭載した。撮影済みフィルムはカプセルに収納されて大気圏に投下され，地上で回収していた。

　KH-4 以降は 2 台のカメラによるステレオタイプ撮影となり，立体視が可能になった。これにより地表の建造物のみならず遺跡の城壁等を立体的に捉えることができ，詳細に遺跡の状況を知ることができるようになった。

　また中国においては別の利点も挙げられる。中国では 1970 年代から改革開放政策により，地方での土地開発，特に農耕地の拡大が急速に進展した。これにより以前は目視できた遺跡や特徴的な地形等が削り取られ，歴史学・考古学分野においては惜しまれる結果となった。地球観測衛星が登場した 1972 年以降は Landsat の取得した画像によって確認できるが，登場前の 60 年代においては記録が存在しなかった。

　しかしこの CORONA 画像が利用できるようになって状況が一変した。CORONA 画像には

66　第1部　前漢期黄河古河道復元に向けて

1960年代の地表面が記録されており，この画像を利用することで改革開放によって農耕地となる以前の状態が確認できる。古代の遺跡や地形を対象とした研究を行ううえで非常に有益な情報である。

なおCORONA画像を使う際の注意点としては，アナログフィルム撮影であるため画像の周縁部においては歪みが生じている点が挙げられる[43]。また光学フィルム使用の難点として，画像の品質はフィルム自体の品質に依存し，フィルムの辺縁部では画像が荒れることがある。つまりCORONA画像での対象物はフィルム中央部に近いことが望ましい。

（3）　ALOS AVNIR-2

ALOSは2006年に打ち上げられた日本の衛星で，PRISM・AVNIR-2・PALSARの3種類の地表観測用センサーを搭載している。このなかで今回使用したのはLandsat5 TMと同様に可視光―近赤外波長を対象としたAVNIR-2である。AVNIR-2は4種類の波長別データを持ち，空間分解能は10mと，Landsat5 TMより精細な地表情報を取得できる。

本書では何種類かのRSデータを利用して文献資料や現地調査の結果とまとめて検討し，黄河の古河道を特定する。このときに重要なのは各資料同士の基準点，特に地理情報の基準を定めることである。ALOS AVNIR-2は今回利用したRSデータのなかで最も新しく高精細なデータである。そのためこのデータを本研究上の地理情報の基準点と定め，後述する幾何補正等の作業はすべてALOS AVNIR-2の位置に基づいて進めた。現地調査の準備を行った際には，まずLandsat5 TMを使用して地質分析を行い，河道痕跡を読み取ったうえで古河道の候補地を選択した。その後ALOS AVNIR-2で前述の候補地における現在の情況を基準として調査地点を決定した。例えば，ある地点ではLandsat5 TMの分析では河道痕跡が確認できたが，ALOS AVNIR-2では痕跡は確認できず，CORONA画像を用いて70年代以前の情況を確認した。もしCORONA画像で河道痕跡が確認できないのであれば，この地点は80年代以降の農地開発等の要因によって変化したことがわかる。

（4）　デジタル標高モデル（DEM: Digital Elevation Model）

GTOPO30

アメリカ地質調査所（USGS）EROSデータセンターを中心としてアメリカ航空宇宙局（NASA），国連環境計画／全地球資源情報データベース（UNEP/GRID），アメリカ国立画像地図庁（NIMA），米国国際支援庁（USAID），メキシコ国立統計地理情報局（INEGI），日本国国土地理院（GSI），ニュージーランド・マナーキ・ウェヌア・ランドケア・リサーチ，南極研究科学委員会（SCAR）などの各国組織が連携して作製されたDEMデータセットである。作製には3年の歳月を要し，1996年末に完成した。解像度は30秒角：1kmである[44]。

SRTM（Shuttle Radar Topography Mission）

スペースシャトル・エンデバーにおいて2000年に実施された高解像度DEM作製用大規模測

量計画[45],およびこの計画で作製されたDEMデータ自体を指す。前述のGTOPO30が複数機会に計測したデータを収集・整理したものであり,地域によってデータの精度がまちまちであったのに対して,このSRTMでは全球(実際には北緯60°〜南緯56°の範囲[46])を一度に計測し,さらに地上での補足調査も時期を合わせて行うなど多方面にわたる調査を行うことで,データ全体の精度は飛躍的に向上した。

2004年よりインターネットでの公開が開始された[47]。現在公開され

図11 SRTM-DEM(山東省聊城市付近)

ているのは1秒角:30mのSRTM-1,3秒角:90mのSRTM-3(全球),30秒角:900mのSRTM-30である。最高解像度のSRTM-1は開始当初,アメリカ国内のみの公開であり,中国地域は解像度90mのSRTM-3を利用するしかなかったが,2015年9月よりSRTM-1の全球データ公開が始まり,中国地域でも利用可能となった。またデータ処理の違いにより,測定時点の生情報に近いVersion1と,水域その他ノイズ補正処理を施したVersion2が存在する。SRTMの計測に利用したSARバンドは水に当たると乱反射するため,Version1では水域近辺のデータが荒れていることがある。そのためデータ自体の精度や解析を目的としない限りはVersion2を利用するほうがよいとされる(以下,「SRTM-DEM」と表記)。

前述のGTOPO30やSRTM-DEMなどのDEMデータセットは,地表高度を数値情報として格納しており,画像上ではグレースケールの濃淡として表示可能である(図11)。山東省聊城市を中心としたこの画像では南西から北東方向に白い帯状の地形が確認できる。画像では黒が低い地形,白が高い地形となっているため,この帯状の地形は周辺よりも数m高くなっていることがわかる[48]。

ASTER G-DEM

日本の経済産業省およびアメリカNASAによって共同整備された,人工衛星ASTERによって計測されたDEMデータセットである。2009年6月29日より公開が開始された[49]。

SRTM-DEMよりも高解像度の全球データを目指して作製され,実際に一部地域においてはSRTM-DEMよりも解像度が高い箇所がある。しかしさまざまな時期に計測されたデータを収集して作製されたため,GTOPO30と同様に地域ごとのデータ精度の差が生じている[50]。公開されてまだ日が浅いため,データ精度および使用方法については未だ研究段階である。

68　第1部　前漢期黄河古河道復元に向けて

表3　各RSデータの諸元

衛星	センサー	分解能	取得（撮影）日
CORONA	（銀塩フィルム）	1.8m	1969年12月8日
Landsat5	TM	30m	1984年4月19日
SRTM-DEN	C-BAND	90m	2000年2月
Landsat7	ETM+	15m	2001年5月28日
ALOS	AVNIR-2	10m	2009年11月3日
Landsat8	OLI	15m	2013年5月21日

各データの比較

　本書で使用したRSデータを同一対象範囲で表示してみた（図11）。対象としたのは山東省平原県県城付近である。1980年代以前に撮影されたⒶ CORONA およびⒷ Landsat5 TM では市街地が未だ小さい状態だが，90年代以降に撮影されたⒹ Landsat7 ETM+ や　Ⓔ ALOS AVNIR-2，　Ⓕ Landsat8 OLI では，拡大された市街地が明確に確認できる。また前二者ⒶⒷでも分解能30mのⒷ Landsat5 TM がぼやけているのに対して，アナログフィルム撮影のⒶ CORONA のほうが地表面を明瞭に捉えていることが確認できる。一方，Ⓒ SRTM-DEM は可視光画像ではなく DEM であるため他の画像とは異なる（各データの諸元は表3を参照）。

　70年代のⒶ CORONA 画像と90年代以降のⒹ ALOS AVNIR-2 を比べると，前者では道路に対してさほど整理されていない農地が雑然と広がっているのに対し，後者では区画が非常に整然と整理された農地が確認できる。これは1978年から開始した鄧小平の改革開放政策[51]によって実施された農地の再編や，トラクター等の農業機械への対応による農地形状の整理によるものである。この農地開発が進展した過程で多くの古代遺跡や古黄河の痕跡が消滅していった[52]。つまりⒶ CORONA にはこれらの開発によって消滅する以前の地表面が記録されていることになる。現在の地表面では失われた改革開放政策以前の状況を知るための貴重な情報といえる[53]。

2　画像データの解析方法

　Landsat をはじめとした RS データの解析には，さまざまな方法が存在する[54]。最も一般的なのは NDVI などの植生指標を使った地表の植生状況を解析する方式がある。この手法は主に農業の盛んな地域や森林の豊富な地域を対象としており，なおかつ広範囲の土地利用を分類するための手法として使われる。しかし今回のように黄河古河道という比較的限定された範囲に対しては適用が難しいため，本研究ではこの手法は使用していない。以下に，本研究で使用する画像解析手法を列挙する。

(1)　幾何補正

　本来地球という球体の表面に位置する地表情報を地図や RS データを平面上に表現するには「投影法」と呼ばれる手法を利用して，変換する必要がある。RS データと紙上の地図や，異なるタイプの RS データ同士を重ね合わせる場合にこの「投影法」が異なると，データ上の地点が一致せず，直接の比較が困難となる。このときに必要となるのが「幾何補正」である[55]。もともと地理情報が付与されたデジタルデータ同士を重ね合わせる場合はそれぞれの投影法を指定して変換すれば，そのまま合致させることができる。しかし紙地図をスキャンしたデータ等の場合は地

第3章　本書における使用資料　69

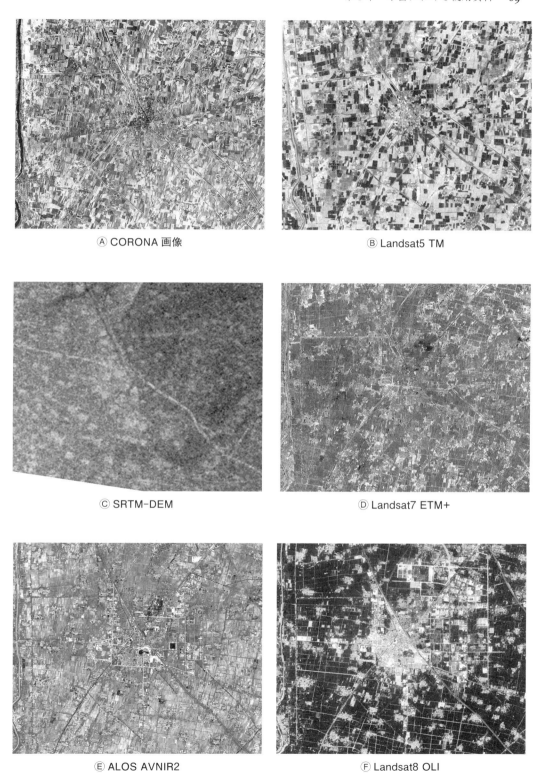

図12　各RSデータの比較

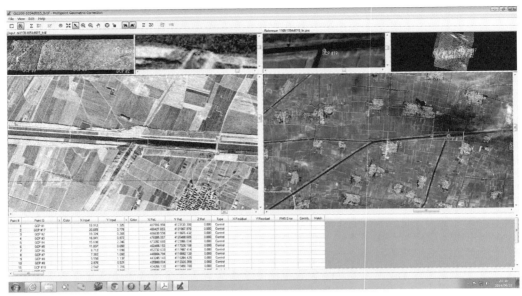

図13　GCP 指定による幾何補正（ERDAS IMAGINE 2014）

図14　幾何補正前後の CORONA 画像・山東省平原県付近

理情報が欠落している。この場合は ERDAS IMAGINE などの解析ソフトを利用して対象地図上の同一地点を GCP（Ground Control Point）として指定し，補正作業を行う必要がある（図13）。

本書で利用している RS データのうち Landsat7 ETM+ や Landsat8 OLI, ALOS AVNIR-2 など近年の RS データには最初から地理情報が付与されており，幾何補正の必要はない。比較的古いデータである Landsat5 TM や，もともとが銀塩フィルム撮影であった CORONA 画像などは，使用する前に下準備として幾何補正を行う必要がある。特に CORONA は辺縁部での歪みが大きく，そのまま複数の CORONA 画像を並べるとズレが目立つ。そのため本書で使用した CORONA 画像については ALOS AVNIR-2 データをベースとして幾何補正を行い，位置情報を付加した（図14）。

(2)　Landsat5 TM を利用した河道痕の抽出

Landsat5 TM の各バンドデータを使ってクラスタリングと呼ばれる統計処理（教師なし分類）

を行い，地形的特徴を強調して抽出する。河道の痕跡がどのバンドに影響を与えるかは未知数なので，まずいくつかの組み合わせを試みた。するとバンド4やバンド5といった近赤外，またはバンド3の可視光だが赤外域に近い波長などで際立った反応を見せた。後に現地調査を行った際に判明したことだが，古河道（今回対象としたのは主に自然堤防の痕跡）は地下の土壌が他の個所と異なるため，そこを境界として植生が変化していた。具体的には手前まで畑地だった個所が，そこから果樹や桑樹へと変化し，その変化がRSデータ上で確認できたと考えられる[56]。

上記の手法を用いて作製したのが「河道痕図」である（図15）。この図にあるラインが，Landsat5 TM上で確認できた河道様地形である。ただしこのラインはあくまで画像上から確認したものであり，黄河とその他の河川の区別，さらにいつの時代の河道かの区別がつかない。これらは後に文献資料との比較によって弁別することになる。

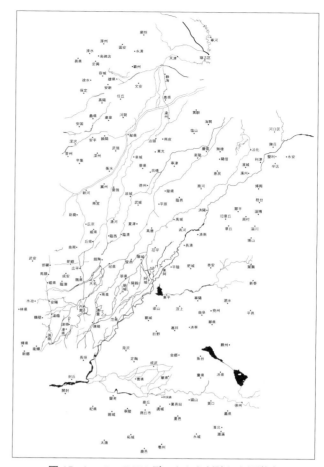

図15　Landsat5 TMデータから判読した河道痕

(3) Landsat5 TM画像を利用した沙地の抽出

2005年3月に河北省大名県～館陶県の現地調査に訪れた際に，現地での沙地の多さに気がついた[57]。文献を見ると，『水経注』に「沙麓」「沙邱堰」など沙地に関する記述が多く見られた。通常，中緯度湿潤地域においてRSデータでの沙地を対象とした解析は困難とされるが，ここではあえて解析を行ってみた。

具体的には前述のクラスタリング処理を行うのだが，今回は現地調査によって沙地の緯度経度情報を手に入れたので，沙地情報をサンプルとした「教師付き分類」を試みた[58]。RSデータ上で沙地を指定し，そこのポイントがもつ画像的特徴とよく似た個所を抽出する手法である。これにより，河北省大名県から館陶県に至る範囲の河道を特定した。

72　第1部　前漢期黄河古河道復元に向けて

(4)　SRTM-DEM を利用した 3D 地形モデルの作成

　第1部第2章「黄河のすがた」において述べたように，黄河は河道の両岸に自然堤防を形成し
ていく。この手法は，この自然堤防を対象とした解析方法である。SRTM-DEM を利用して，対
象地域の 3D 地形モデルを作成する。この方法の利点として，現実の地形よりも強調した地形を
再現できることである。本研究においては高さ方向を強調し，堤防様地形の抽出を図った。本来
グレースケールであったデータを，高さ方向を強調したうえで 3D 地形モデルを作成した[59]。

3　RS データを利用した歴史研究

　リモートセンシングは，本来地理学分野での使用を目的として開発された技術である。しかし
この RS 技術自体が電子技術や情報科学，宇宙科学など各分野に跨がる技術の集積であるばかり
でなく，地理学自体もまた各分野に跨がる研究であるため，経済学や地質学といった多くの分野
にわたって RS 技術を利用した研究が為されている。歴史学においてもこの限りではなく，さま
ざまな方法で歴史資料との比較研究が行われている。

　最も盛んに行われているのは考古学への応用である。従来の考古学では発掘が進展するまで，
はたしてその場所に何かが埋没しているのかは判明しなかった。しかし RS データを利用するこ
とで，発掘する前に埋没箇所の目処を立てることが可能となった。坂田俊文は，このように RS
データを利用した考古学調査を「宇宙考古学」と提唱している［坂田 2002］。

　宇宙考古学の例としては，前述の東海大学情報技術センター・坂田俊文が早稲田大学古代エジ
プト調査室と共同で行ったエジプトの発掘調査がある。吉村作治や坂田俊文によれば，発掘前調
査として RS データの解析によって古代のワジ（枯河）跡とそれに隣接する遺跡らしき痕跡を事
前に発見し，発掘の精度を高めたとある［吉村 1995，坂田ほか 1997］。また駒井次郎は JERS-1
SAR データ上からマヤ時代の遺跡を検出した［駒井 1995］。

　日本において CORONA 画像を利用した歴史地理研究の有効性を最初に提唱したのは小方登で
あり，8～10 世紀の渤海国東京故城（中国黒竜江省）の宮城跡やシルクロードの城市遺跡を CO-
RONA 画像から読み取っている［小方 2000・2003］。中国においても同様に，張立が RS データを
利用して城市遺跡の形態・構造等に関する研究を行っている［張立 2007］。

　相馬秀廣は地理学分野において，同様の手法をもってタクラマカン砂漠の環境変遷やシルクロ
ードに関する城市の立地状況を分析した［相馬 1995・2000・2003］。また小方・相馬両者が参加し
た三蔵法師の道研究会では，三蔵法師のたどった経路を RS データおよび現地調査によって検証
した［三蔵法師の道研究会 1999］。同様に，安田順恵は CORONA 画像を使って陝西省・甘粛省の
地形や遺跡分布を観察し，『大唐西域記』に見られる玄奘三蔵の天竺への取経ルートを読み解い
た［安田 2006］。

　さらに近年では DEM データの利用も進み，満志敏は SRTM-DEM を利用した北宋期の黄河
故道検出という試みを行った［満志敏 2006］。また劉建国は SRTM をはじめとした DEM データ
を利用して，考古遺跡の地形分布や河川の流域分析などを行うという提案をしている［劉建国

第 3 章　本書における使用資料　73

2007]。

　このように近年は考古学や歴史学での RS データの利用例が増加しており，この分野における RS データの有用性は徐々に実証されつつある。しかしデータの取り扱いや特性など専門的な部分が多いためか，個別研究にとどまっており，いまだ本格的な導入には至っていないのが現状である。

おわりに

　以上のように，本書で使用する各種情報やデータの基本的な特性を紹介した。紹介した情報の分野が多岐にわたっているのは，研究対象としているのが黄河という地理的対象であり，なおかつ前漢時代という歴史的対象であるためである。実際にはこれらの情報を把握しつつ，河川や平原としての形成過程を踏まえたうえでの古河道復元を行う必要がある。第 2 部では黄河下流平原を特性別に 5 つの地域に区分し，地域の特性に合致したかたちでの古河道復元を行う。

　なおここで紹介した情報の特性や取り扱い方法はあくまで本書における黄河古河道復元のための手法であり，一般的な取り扱いとは異なる可能性があることを付記しておく。

注

1)　「漢興三十有九年，孝文時河決酸棗，東潰金隄。於是東郡大興卒塞之」。

　　「孝武元光中，河決於瓠子，東南注鉅野，通於淮・泗。」（『漢書』巻二九・溝洫志）

2)　例外はあり，『水経注』では「又東北，過黎陽県南」のように，河道の方角と都市からの位置が示される。ただし記述自体はあくまで相対的で，他の文献と同様に都市との比較による位置記述にとどまる。各資料の記述方法の違いについては「2　各文献資料における都市位置記述の特性」参照。

3)　漢代当時に平原が渡津として利用されていたことは，『史記』その他の文献でほぼ確認できる。また平原以南では高唐・霊・館陶など複数箇所で決壊が起きたという記録が『史記』『漢書』に存在しているため，文献記述のみでも河道を推測することはある程度可能である。しかし平原以北の河道については同時代，もしくは近い時代の正史には記述が存在しない。時代が若干下った北魏期の成立とされる『水経注』に，「大河故瀆」として記録されるのみである。

4)　本書で活用した RS データの特性や解析方法については，第 3 節を参照。

5)　吉村作治によれば，エジプトにおいてナイル川の支流を見つけ出し，そこから未発見の王墓の位置を割り出したという例はある［吉村 1995］。この場合は河川の主流ではなく支流，それもごく一部分の限られた地域を対象としている。

6)　秦漢期における黄河の河道変化や決壊記録に関しては本書第 1 部第 1 章を参照。

7)　『史記正義』は唐の張守節，『史記索隠』は唐の司馬貞，『史記集解』は宋の裴駰による，いずれも『史記』の注釈書。この三者はまとめて三家注と称され，『史記』本文に準ずるかたちで扱われる。中華書局の評点本ではこの三家注が本文に付されている。

8)　唐・李泰等撰。中国全土の地理情報を州県単位で詳細に記録するという『元和郡県志』『太平寰宇記』にも見られる地理書の体裁を最初に築き上げた。ただし南宋期に全書が散逸し，現在残るのは別の書

74 第1部 前漢期黄河古河道復元に向けて

に引用された断片のみである。『史記正義』は本書の記事を多数引用しており，これらの佚文を活用して清代に『括地志輯本』が作成されている。内容を見ると本書の地理情報は唐代ではなく，むしろ隋以前の南北朝期の状況を示していると思われる。

9)　北魏・酈道元撰。他の地理書が主に州県単位での記述であるのに対して，河川水系に基づくという独特の体裁を採る。中国全土の河川の水源から河口までの経由地を上流から順番に記すことで，当時の河道を示している。黄河・長江などの大河本流だけでなく，各地の河川を支流までも含めて詳細に記録しているので，正史では知り得ない河川に関する詳細な地理情報を得ることが可能。さらに現代では散逸した文献や埋没した故城遺跡，現地に建つ碑文なども豊富に採録しており，この点でも史料価値が高いとされる。

10)　各文献の概要は以下のとおり。

『元和郡県図志』

唐・李吉甫撰。中国地理書中，現存する最古の総志。作成時には図部が存在したために「図志」と称する（図部は北宋期に散逸）。『括地志』の体裁をほぼ踏襲し，開元・元和両時代における各地方の戸数・郷数・貢賦などを記載する。さらに各地の建置沿革・山川・城邑・古蹟などを記すなど，以後の地理書における体裁の原型がすでに見られるが，全体的に記述が簡略であり，記述内容が唐代に限定されている点など，後代の地理書とは異なる。

『太平寰宇記』

北宋・楽史等撰。全国を統一した宋太宗の勅命により，中国全域および周辺諸民族の事情を記す。『元和郡県図志』に代表される唐代以前の地理書では簡略だった地理記述に風俗・姓氏・人物・藝文などの項目を加えたことで，以降の地理書や地方志の体裁を定めたとされる。完本は伝わらず，現在見ることができるのは残巻を収めたもののみである。

『明一統志』

明・李賢等撰。英宗天順帝の勅命により作成された。中国全土を京師・南京・中都・十三布政使司に分割し，各地の地理を記した書。景宗景泰帝は勅命により地理書である『寰宇通志』一一九巻を作成させたが，靖康の変により復位した英宗天順帝（正統帝）は前代の記録を抹消するために，この書を『明一統志』として重編させた。内容については引用元の文言をそのまま再録しているものが多く，記述が簡略で誤りが多いとされる。しかし明代前期の地理書や地方志は現在まで伝わっているものが少ないため，本書によってのみ知ることできる当時の地理状況も少なくない。

『大清（嘉慶重修）一統志』

清代の全国を網羅した総合的な地理書。基本的に『明一統志』の体裁に則しているが，内容については明代に作成された地方志も参考として大幅な追加が行われている。清朝の領土拡大に伴い計3回の勅撰が行われたが，現在一般に通行しているのは乾隆期に完成した第二次本である。しかし道光22年に完成した第三次本が体裁・内容ともに充実しているとされ，後に『四部叢刊続編』のなかに『嘉慶重修一統志』として加えられている。

『読史方輿紀要』

清・顧祖禹撰。明代に作成された『明一統志』は前述したように，多くの誤りを含んでいた。これらの不備を補うために作成されたのが，この『読史方輿紀要』である。体裁は基本的に『明一統史』を引き継いでいるが，記述内容は軍事的色彩が濃く，記述当時（完成は清・康熙17年だが，行政区画など記述内容は明末に基づく）に存在した山川や城市に関する攻守の利害から古今の用兵，歴代王朝

第3章　本書における使用資料　75

　の興亡にまで筆を伸ばしている。

11）　濮陽は金代から清滅亡に至る約 800 年間にわたって「開州」と称し，当該地域の治所としてありつ
　　づけた。なお以後，本書中で扱う地方志については以下のように表記する。
　　　　・民国以前に成立したもの：「王朝名＋元号（民国期成立のものは「民国」として元号はなし）＋
　　　　　『○○県志』」。
　　　　・1980 年代以降に各地で作成されたもの：「新修『○○県志』」。

12）　前掲注 1 参照。また他にも『漢書』巻六・武帝紀に「（元光三年夏五月）河水決濮陽，氾郡十六。発
　　卒十万救決河，起龍淵宮」とある。

13）　「狄囲衛，衛遷于帝丘。『杜注』，帝丘，今東郡濮陽県，故帝顓頊之虚。故曰帝丘。」（『左伝』僖公
　　三一年経）
　　　　「衛本国既為狄所滅，文公徙楚丘，三十余年，子成公徙於帝丘。故春秋経曰：衛遷于帝丘。今之濮陽
　　是也。本顓頊之虚，故謂之帝丘。」（『漢書』巻二八・地理志）

14）　「元君十四年，秦抜魏東地，秦初置東郡，更徙衛野王県，而并濮陽為東郡。」（『史記』巻三七・衛康
　　叔世家）

15）　「濮陽。衛成公自楚丘徙此。故帝丘，顓頊虚。」（『漢書』巻二八・地理志）
　　　　「秦置東郡理此，漢仍為東郡及濮陽県也。」（『元和郡県志』巻一一・河南道七）

16）　「項梁使沛公及項羽別攻城陽，屠之。西破秦軍濮陽東，秦兵収入濮陽。『正義』引『括地志』，濮陽県
　　在濮州西八十六里濮県也。」（『史記』巻七・項羽本紀）

17）　「隋開皇十六年，置澶淵県。以南臨澶淵為名。属汲郡。唐初避諱，改曰澶水，属黎州。」（『嘉慶重修
　　一統志』巻三五・大名府一）
　　　　『隋書』地理志には澶淵の名称は見えず，最初から澶水となっている。

18）　『隋書』『大清一統志』では「澶水」だが，『太平寰宇記』では「澶州」である。『旧唐書』代宗本紀
　　には「七年春正月癸未朔。戊子，於魏州頓丘県置澶州」，同じく『旧唐書』地理志には「以澶水・観
　　城・頓丘三県，置澶州」とあり，澶州と澶水県が同じ場所であるとは明記していない。本節では澶水
　　県＝澶淵（春秋）とし，澶州については漢代頓丘県の詳細な位置考察と併せて別の機会に行う予定で
　　ある。なお頓丘県については『明一統志』に「頓丘城　在清豊県西南二十五里」とある。これによる
　　と現在の濮陽県の北に位置すると思われる。

19）　前述の『左伝』杜注にある「頓丘県南」を拡大解釈すれば，確かに『太平寰宇記』の示す位置は，
　　距離こそかなり離れているが頓丘県の南に当たるとも考えられる。なお『中国歴史地図集』第五冊・
　　隋唐巻では，澶淵県は濮陽の東側に比定している。『太平寰宇記』の廃澶淵県の記述に拠ったのだろう。

20）　『嘉慶重修一統志』巻三五・大名府一に「在開州有南北二城。今州治，即北城也」とあり，南北に河
　　を挟んで城を築いたとされる。

21）　「瓚乃与許州留後王彦章等率大軍自黎陽済，営於楊村，造浮梁以通津路。」（『旧五代史』巻九・梁書・
　　末帝本紀中）
　　　　「五月辛酉，彦章夜率舟師自楊村浮河而下，断徳勝之浮橋，攻南城，陥之。」（『旧五代史』巻二九・
　　唐書・荘宗本紀三）

22）　『読史方輿紀要』巻一六・北直七・大名府にも「熙寧十年，圮城水。因改築州城」との記述がある。
　　しかし『宋史』の本紀や列伝には該当する記述は見当たらず，わずかに巻九二・河渠志二に「（熙寧十
　　年七月）己丑，遂大決於澶州曹村，澶淵北流断絶，河道南徙」とのみあり，徳勝南城が「圮」された

76 第1部 前漢期黄河古河道復元に向けて

ことについては触れていない。なお「圮」とは，『孫子』九変編の曹操注に「水毀曰圮」とあるように，水害に遭って破壊されることを指す。黄河の氾濫によって破壊されたか，もしくは使用不能となったのであろう。

23) 戚邑で行われた会盟に関する記事は以下のとおり。

「秋七月，仲孫蔑会晋荀罃・宋華元・衛孫林父・曹人・邾人于戚。」

「冬，仲孫蔑会晋荀罃・斉崔杼・宋華元・衛孫林父・曹人・邾人・滕人・薛人・小邾人戚，遂城虎牢。」（『左伝』襄公二年経）

「九月丙午，盟於戚，会呉，且命戍陳也。」（『左伝』襄公五年伝）

「冬，季孫宿会晋士匄・宋華閲・衛孫林父・鄭公孫蠆・莒人・邾人于戚。」（『左伝』襄公一四年経）

24) 『左伝』哀公二年伝に「晋趙鞅納衛大子于戚。宵迷，陽虎曰：右河而南，必至焉。」とあり，楊伯峻の注には「当時黄河流径自河南滑県東北流経浚県・内黄・館陶之東。是時晋軍尚未渡河，其軍当自晋境直東行至今内黄県南，其右為河，渡河而南行即戚，再南行即鉄与帝丘。」とある。なおこのときの趙鞅・陽虎のルートについては第2部第1章で検討している。

25) 『畿輔通志』

首都を「畿」と呼び，その周辺地域を「輔」と称する。北京を首都とした清代においては，現代の河北省全域および河南省濮陽市以北の地域を指した。本書は該当する地域全体を対象として清代に作成された広域地方志である。畿輔は現代の「省」とほぼ同格に扱われ，同様の文献には『河南通志』『湖北通志』『山西通志』など各地のものが存在する。内容については県レベルの記録を集めた「県志」とほぼ同様の体裁をなす。県志の記載に漏れた情報や，県志自体が存在しない地域の情報などを知ることが可能。同名の書がいくつか存在するが，ここでは『四庫全書』収録版の雍正13年刊本を使用。

26) 『左伝』僖公一三年経に「公会斉侯・宋公・陳侯・衛侯・鄭伯・許男・曹伯于鹹」とあり，杜注に「鹹，衛地。東郡濮陽県東南有鹹城」とある。また定公七年経に「秋，斉侯・鄭伯盟于鹹」とある。なお文公一一年経にも「冬十月甲午，叔孫得臣敗狄于鹹」とあるが，楊伯峻は杜預注の「鹹，魯地」，沈欽韓『春秋左氏伝地名補注』の「即桓七年経之咸邱，今在山東巨野県南」や『春秋大事表』の「在今曹県境」などを引き，こちらは前二者とは同名の別の場所であると推測している。

27) 「白馬瀆又東南，逕濮陽県，散入濮水，所在決会，更相通注，以成往復也。河水自津東北，逕涼城県，河北有般祠。『孟氏記』云：祠在河中，積石為基，河水漲盛，恒与水斉。戴氏『西征記』曰：今見祠在東岸臨河，累石為壁，其屋宇容身而已，殊似無霊，不如孟氏所記，将恐言之過也。

河水又東北，逕伍子胥廟南，祠在北岸，頓丘郡界，臨側長河，廟前有碑，魏青龍三年立。

河水又東北，為長寿津。『述征記』曰：涼城到長寿津六十里。河之故瀆出焉。『漢書』溝洫志曰：河之為中国害尤甚，故導河自積石，歴龍門，醞二渠以引河。一則漯川，今所流也。一則北瀆，王莽時空，故世俗名是瀆為王莽河也。故瀆東北逕戚城西。『春秋』哀公二年：晋趙鞅率師，納衛太子蒯聵于戚，宵迷。陽虎曰：右河而南，必至焉。今頓丘衛国県西戚亭是也。為衛之河上邑。漢高帝十二年，封将軍李必為侯国矣。故瀆又逕繁陽県故城東，『史記』：趙将廉頗伐魏，取繁陽者也。北逕陰安故城西。漢武帝元朔五年，封衛不疑為侯国。故瀆又東北，逕楽昌県故城東，『地理志』，東郡之属県也。漢宣帝封王稚君為侯国。故瀆又東北，逕元邑郭西。『竹書紀年』：晋烈公四年，趙城平邑。五年，田公子居思伐邯鄲，囲平邑。十年，斉田汾及邯鄲韓挙戦于平邑，邯鄲之師敗逋，獲韓挙，取平邑・新城。又東北逕元城県故城西北，而至沙丘堰。」（『水経注』巻五・河水注五）

28) 新修『濮陽県志』には「境内有黄河故道両条；其一由浚県進入県境後，経小屯荘・張荘・聶固村，

至戚城折向西北，入内黄県境。此故道為周定王五年（BC602）始，至新莽始建国三年（AD11）止，為首次黄河経濮陽之故道，史称西漢故道」とある。なお光緒『開州志』巻一・地理志にも「故道有二。一，自河南滑県流入，北下過内之小屯荘・張家荘・聶堌等村，経戚城西転而東北入清豊県界。此西漢以前黄河経行之故道也」と，ほぼ同内容の記述がある。唯一異なるのは濮陽県へ入る前の県名（浚県と滑県）だが，濮陽県と接しているのは滑県なので，新修『濮陽県志』側の引用ミスであろう。

29） 『水経注』河水注五（前掲注27）によれば，戚城の西側には前漢河道と推測される大河故瀆が走っているとされる。さらに『左伝』哀公二年伝にも戚城と黄河の位置関係に関する記述がある（前掲注24）。該当箇所の杜注には「是時河北流，過元城界。戚在河外。晋軍已渡河。故欲出河右而南。」とあり，戚が黄河の東側（晋国から見て外側）にあるとしている。伝文の「右河而南」とは，黄河を右手に見て南へ進むとの意であろうか。とすると趙鞅一行は西にある晋から来て黄河に行き当たるが，黄河を渡って右（南）に曲がり，そのまま河沿いに進んで戚城に出たことになる。つまり戚城は杜注の言うように，黄河の東側に位置することになる。しかしこの図では『水経注』の記述とは逆に，戚城は黄河の西側に位置している。戚城の位置比定がずれているのか，それともRSデータの古河道抽出が誤っているのか，この時点では判別できない。詳細は第2部第1章を参照。

30） クラスタリング（教師なし分類）については本章第3節を参照。

31） 「TPC/ONC」をはじめとした航空図について詳しくは『航空図のはなし』を参照［太田弘2009］。

32） 外邦図については軍事目的に作成されたため極秘に行われており，作成過程についてはわずかに『測量・地図百年誌』［日本測量協会1970］で触れられたのみで，従来ほとんど知られることがなかった。しかし2002年6月から小林茂（大阪大学）を中心として開催された外邦図研究プロジェクトにおいて研究が進み，日本や諸外国における外邦図の所蔵状況整理や目録作成，作図過程などが縷々解明されてきている［小林2009］。また陸地測量部と参謀本部の関係については金窪敏知ほかを参照［金窪2004，外邦図研究会2005，箱岩2008］。

33） 長岡正利によれば，外邦図の作製，特に当時すでに敵地であった中国大陸における測量は軍事目的であるため，「秘密測図」と称して公的な立場ではなく個人的な立場で（例えば商用目的などに偽装して）秘密裏に地図作製が進められたという［長岡2009］。外邦図では郷・鎮あるいは村等の小地名については現地での聞き取りに拠らざるを得なかったのか，音通による誤字が時折見られる。また牛越（李）国昭によれば，外邦図作成に関する「秘密測図」の過程については，当時の測量手であった村上千代吉氏の手帳が発見されたことで，近年急速に研究が進んでいる［牛越（李）2009］。

34） 地名やランドマークからの検索も可能。なお中国におけるインターネット検索の最大手である「百度」の地図サービスはこのmapbarから情報提供を受けており，百度地図検索でも同様のサービスを受けられる。

mapbar（http://www.mapbar.com）

百度地図検索（http://map.baidu.com）

35） ただし道路については「mapbar」には情報が少ない。国道クラスの大道がカバーされているのみで郷・鎮・村間の移動経路を知りうるのは難しく，この情報だけで現地へ行くのは不可能である。やはり以前と同様に現地の文管処の方々に依頼する以外にたどり着く方法はない。本研究で実施した現地調査については補論第1〜6章を参照。

36） Google Earthサイト（http://earth.google.co.jp/）で公開される。なお山田崇仁は本ソフトを利用した新たな中国歴史地理研究方法を提案している［山田2008］。

78　第1部　前漢期黄河古河道復元に向けて

37）　省単位以上の広域地図では緯線・経線が記されている場合が多いが，県クラスの地図には緯線・経線とも記されていないことが多い。前述した「中国分省系列地図冊」には緯線・経線は記されていない。

38）　なおここで紹介するのはあくまでの本研究での利用方法であり，「黄河古河道復元」という研究に特化した手法である。一般的な研究における RS データの利用方法とは必ずしも一致しない。

39）　衛星搭載のセンサー類や衛星自体の技術的特性等については『リモートセンシング概論』等を参照［宇宙開発事業団地球観測センター 1990，土屋 1990，高木ほか 1991，日本リモートセンシング協会 1996・1997，長谷川 1998，星 2003，田中ほか 2003］。

40）　LDCM について詳細は以下の Web サイトを参照（2014.10.17）

　　NASA（アメリカ航空宇宙局）：Landsat Science

　　http://ldcm.gsfc.nasa.gov/

　　USGS（アメリカ地質局）：Landsat Mission

　　http://landsat.usgs.gov/index.php

41）　日本では産業技術総合研究所（AIST）と東海大学情報技術センター（TRIC）の Web サイトで，中国華北地域や長江下流域，朝鮮半島，台湾を含む日本周辺の画像をダウンロードできる。

　　産業技術総合研究所：Landsat-8 直接受信・即時公開サービス

　　http://Landsat8.geogrid.org/l8/index.php/ja/

　　東海大学情報技術センター（TRIC）：Landsat8 観測画像

　　http://www.tsic.u-tokai.ac.jp/Landsat8/l8MapView.php

42）　現在ではアメリカ地質研究所（USGS）の Web サイト「Earth Explorer」で購入が可能。当時の撮影には 1 回の撮影に銀塩フィルム 1 本を使用するため，購入画像は緯線方向に細長い形状となっている。CORONA の画像的特徴については渡邊三津子を参照［渡邊 2002］。なお 2002 年時点では CORONA 画像の購入は銀塩フィルムからの焼き付けによるアナログ写真での提供が主流であったが，現在（2015年 9 月時点）では USGS 側でのスキャン作業によるデジタルデータでの提供のみとなった。これにより購入後のスキャン作業が不要になっただけでなく，デジタルデータのネット経由でのダウンロードが可能となり，到着までの日数が大幅に短縮され，利便性が向上した。

　　USGS・EarthExplorer：http://earthexplorer.usgs.gov/

43）　ALOS など近年の RS データには配布時点で地理情報が付加されており，幾何補正をすることなく位置合わせやモザイク加工が可能となっている（未補正データの入手も可能）。CORONA 画像も幾何補正処理を施すことで他の RS データとの位置合わせやモザイク加工ができるようになる。

44）　上記経緯は『地球地図ニューズレター』［国土地理院地球地図国際運営委員会編 1997］より。データのダウンロードは以下のサイトで可能である（無料公開）。

　　http://lta.cr.usgs.gov/gtopo30/

45）　このミッション（STS-99）に使用されたスペースシャトル・エンデバーには，日本人宇宙飛行士の毛利衛（日本科学未来館館長）も参加していた。

46）　南北極域が除外されているのはスペースシャトルの飛行経路による。なおこの範囲で陸域の 80％，人口密集地の 95％を占めている。

47）　2015 年 8 月時点では「Earth Explorer」で検索・ダウンロードが可能（前掲註 42）。なお NASA ジェット推進研究所（JPL）でデータの概要が公開されている。

　　USGS・SRTM 公開サイト：http://dds.cr.usgs.gov/srtm/

NASA・JPL：http://www2.jpl.nasa.gov/srtm/

48）　SRTM-DEM を用いた山東省聊城市付近の古河道復元については第 2 部第 5 章を参照。

49）　一般財団法人宇宙システム開発利用推進機構の G-DEM サイトで配付している。

http://www.jspacesystems.or.jp/ersdac/GDEM/J/

50）　SRTM でも当初の Version1 では各所にデータ欠損が見られ，実用レベルになったのは大規模な補正作業を経た現行の Version2 である。G-DEM についても今後のデータ補正・使用法等の進展が期待される。

51）　1978 年 12 月の第 11 回三中全会で鄧小平によって提案された政策で，これ以後中国の農村は急速に開発が進んだ。陳振雄によれば 1980〜85 年の第 1 次産業の GDP 成長率は 150％に達しており，この時期以降農地の区画整理が進んだと思われる［陳振雄 2005］。

52）　濮陽調査の際に訪れた「黒龍潭」や邯鄲調査の「馬頬河」は段丘状に畑地が形成されていた。また延津調査では高速道建設のために削り取られた太行堤の痕跡を実見した。さらに民国期に製作された「一万分之一黄河下游地形図」で収録されていた「博平古城牆」も，平原調査の際に訪れたが現地にはそれらしき痕跡は見つからなかった。濮陽調査については補論第 2 章，邯鄲調査は補論第 3 章，延津調査は補論第 4 章，平原調査は補論第 6 章を参照。「一万分之一黄河下游地形図」と「博平古城牆」については第 1 部第 2 章「地図資料」や第 2 部第 5 章を参照。

53）　前節で述べたように，第二次大戦前の日本軍によって作成された「外邦図」や，民国政府による「一万分之一黄河下游地形図」にも同様のことが言える。

54）　以下に登場する「NDVI」「クラスタリング」「教師付き・教師なし分類」等の画像処理に関する専門用語について，詳しくは『リモートセンシング概論』等を参照［土屋 1990，宇宙開発事業団地球観測センター 1990，日本リモートセンシング協会 1996・1997，長谷川 1998，星 2003］。

55）　ここで紹介しているのはあくまで本書の研究上で使用した手法である。地図投影法については『地図投影法』，幾何補正の技術的仕様については『新編画像解析ハンドブック』等を参照［政春 2011，高木・下田 2004］。

56）　クラスタリングとは複数枚の画像を重ね合わせて特徴を分析・色分けし，目に見える形にするための処理方法である。この分析時に特定の条件（山岳や城市など，特徴的な箇所）を指定して，同様の地形を強調するのが「教師付き」分類であり，特に条件を指定せずに全体の特徴を色分けするのが，本節で活用した「教師なし」分類である。

57）　やはり現地調査で確認できたことだが，黄河の古河道には河流時に堆積した沙地がそのまま残される場合が多い。そのため沙地での栽培に適した果樹や桑樹，落花生，綿花などが栽培されている個所を確認できた。

58）　河北省大名県〜館陶県における現地調査の詳細は補論第 3 章，沙地を使った解析データに基づいた河道特定は第 2 部第 2 章を参照。

59）　なおこの手法は一般に推奨できる方法ではない。本研究での対象地域は標高 60m 以下の平原地帯であり，数 m，下手をすると m 以下の単位での高低差を視認する必要がある。そこで本研究では高さ方向の差異を数 100〜1000 倍単位で強調することで，数 m 単位の高低差の視覚化を実現している（図 5 の左上に位置する太行山脈が極端に隆起しているのに注意。これほど高さ方向の強調を行わないと，黄河由来微高地の抽出はできない）。しかしその際に，本来 DEM データが保有している精度はどうしても犠牲にせざるを得ない。起伏に富んだ通常の地形を対象とした分析であれば，GIS ソフトを利用した 3D モデル作成機能を使うことをお勧めする。

第 2 部　前漢期黄河の地域別検討

第1章　河南省北東部・滑県〜濮陽市

はじめに

　本章ではRSデータを用いた前漢期古河道復元の端緒として，現在の河南省北東部・滑県〜濮陽市（図1・範囲A）における前漢期の黄河古河道復元を試みる。この範囲においては大規模なもので3回の改道があったとされる。『漢書』溝洫志に「禹之行河水，本随西山下東北去。『周譜』云，定王五年河徙，則今所行非禹之所穿也」という記述がある。この「定王五年」は春秋期の周定王5年（BC602）のこととされる。文献に見られる最初の黄河改道記録であるこの事例は，戦国以前の河道から前漢河道への変動と考えられている。このときの河道変化は，『水経注』によれば現在の滑県南東に位置する「宿胥口」という地点で決壊が起こったためとある[1]。改道が生じる前の河道は譚其驤によれば『禹貢』に記される河道とされ，「禹河」と称される。そして改道後の河道は『漢書』に記載のあることから，「漢志河」と称される。本書での検討対象がこの「漢志河」である。

　次に変化が起きたのは後漢初頭である。前漢末から繰り返した黄河の氾濫は，後漢明帝期に実施された王景の治水事業によって治められ，これにより濮陽付近で河道が東へと変化した。この河道は南北朝を経て唐代まで維持され，治水を行った人物から「王景河」と称される。『水経注』河水注五によれば，唐代の河津つまり渡し場であった「長寿津」で変化したとされる[2]。

　五代〜北宋期は黄河が幾度も決壊し，河道が繰り返し変動するという事態が起こった時期である。そのなかでも濮陽の周辺においては改道に関わる大規模な決壊として，「商胡埽」「小呉埽」「曹村」の3ヵ所で起きたという記述が『宋史』河渠志に見られる[3]。このうち商胡埽は濮陽の東側に位置するため前漢河道から外れ[4]，「小呉埽」「曹村」[5]は濮陽の西側にあたるため，前漢河道上に位置すると考えられる。

図1　対象地域

84　第2部　前漢期黄河の地域別検討

このように，本章で検討する濮陽近辺においては各時代で河道の変動が発生しており，黄河の河道変遷を検討するうえで重要な地域である。しかしこれらの河道変化が発生した地点に関する文献記述は少なく，正史や地理書等には具体的な位置を示す記述はほとんど見つからない。そのため従来の研究では，文献記述に基づく決壊地点の詳細な検討は非常に少ない[6]。本書では従来の文献記述による歴史地理研究を踏まえたうえで，現地調査やRSデータによって得られる情報を合わせて総合的に検討し，具体的な決壊地点や前漢黄河の河道特定を行う。

第1節　文献にみる前漢河道

前漢黄河の経由地点については，『水経注』河水注に詳しい。『水経注』は北魏以降の成立とされ，当時の中国全土の河川経路が記されるが，第1部第1章で述べたとおり，黄河本流は後漢初期に改道が発生しており，『水経注』に記される黄河（本流）は前漢河道とは一致しない。しかし河水注五に「大河故瀆」として本流とは別の河道が記されている。『漢書』溝洫志に記される黄河の決壊記事と合わせると，この「大河故瀆」が前漢期の河道を示していると考えられる。

この他，『史記』『漢書』『左伝』等の渡河記事も利用できる。本章の範囲においては春秋末期の趙簡子・陽虎の戚城入りや，楚漢戦争期の秦軍による濮陽城籠城の記事などが挙げられる。これらの記事は全体的な数量は少ないが，河道と城市の位置関係や年代を特定できる貴重な情報である。

1　『水経注』河水注

先に触れたように，黄河は後漢初に濮陽近辺において改道が発生した。対象地域における主要な変化としては，濮陽県付近で北へと流れを変えていた河道が東へ抜けるようになったことである。

河水注によると，黄河は上流方向から順番に「大伾山・黎陽県・鹿鳴城・白馬・涼城・濮陽・長寿津」という方向に流れていた[7]。そして濮陽・長寿津付近で「大河故瀆」として北へと流れを変え，「戚城」を通過している。以下に判断材料となる情報を列挙する。

・北魏期には前漢河道に水が流れていなかったが，形状が明瞭にわかる痕跡（堤防など）が残っていた[8]。（a）
・後漢黄河は前漢河道から濮陽付近（長寿津）で変化する。（b）

2　黄河と戚城

今回の検討対象範囲では，古くは『左伝』の注から黄河河道に関する記述が存在する。それは第1部第1章冒頭で挙げた『左伝』哀公二年（BC493）の記述に基づくものである。

六月乙酉，晋趙鞅納衛大子于戚。宵迷，陽虎曰：「右河而南，必至焉」。（『左伝』哀公二年伝）

趙簡子と陽虎[9]は晋に亡命していた衛の大子蒯聵[10]を衛都帝丘に入れようと画策し，衛都の北

側に位置する戚城へと向かった。一行は宵の暗い中に黄河を渡ったため予定とは違う地点に上陸して道を見失って迷ったが，陽虎の献言によって無事に戚城に入ることができたという記述である。ここで重要になるのが，この陽虎の「右河而南，必至焉」という献言である。以下に『左伝』の主要な注釈を挙げる。

　　是時河北流，過元城界，戚在河外，晋軍已渡河，故欲出河右而南。(西晋・杜預『春秋経伝集解』)
　『土地名』云：「河経河内之東界，東北経汲郡・魏郡・頓丘・陽平・平原・楽陵之東南入海。」是言晋時河所経也。春秋之時，河未必然。故云「是時河北流過元城界」，与晋時河道異也。
　『土地名』又云：「戚，頓丘衛県西戚城，在枯河東。」是春秋時戚在河東也。従晋而言，河西為内，東為外，故云「戚在河外」也。是時晋軍已渡河矣，師人皆迷，不知戚処。陽虎憶其渡処在戚之北，河既北流，拠水所向，則東為右，故欲出河右而南行也。(唐・孔穎達『春秋左伝正義』)
　『漢書』溝洫志云：「周譜云「定王五年（公元前六〇二年）河徙」，則今所行，非禹之所穿也。」当時黄河流径自河南滑県東北流経浚県・内黄・館陶之東。是時晋軍尚未渡河，其軍当自晋境直東行至今内黄県南，其右為河，渡河而南行即戚，再南行即鉄与帝丘。(楊伯峻 1981)
　右，為人之右。河北流。戚在河東。晋在河西。渉河而南行則河在人右。是時晋軍未渡河也。蓋以東西相望，渡当至戚，暗中不知其地相当可渡之地。陽虎知軍行已在戚之北。云不必卜度戚之所在，但渡耳，右河而南必至也。杜以戚在河東，人人可知，不応云迷，故云軍已渡河，不知必至云者，亦迷中決之之詞，若渡河迷而北，因悟導之廻軍而南。其詞不如是。今大名府治元城県，府南一百六十里為開州，戚城在州城北七里，禹河本不至此，杜云是時過元城者，定王五年河徙，非禹時故道也。(日本・竹添光鴻『左氏会箋』)

『左伝』および以上の注釈から黄河と戚城の位置関係，および趙簡子一行の移動ルートを推測した（図2）。趙簡子一行は，楊伯峻によれば「其軍当自晋境直東行，至今内黄県南」とあるように黄河の北西側太行山脈の方面から来たと思われる（矢印①）。そして黄河の屈曲する戚城の対岸から黄河に入って渡った（点線が予定ルート）。しかし黄河の豊富な水量によって下流方向，つまり少し北に流されて上陸することとなった（矢印②）。上陸地点は予定と違う地点であったため趙簡子は位置を見失ったが，同行していた陽虎が，自分たちが黄河の下流方向に流されたことに気がついた。戚城は「河上邑」，すなわち黄河の畔に位置する[11]。つまり陽虎の進言とは，「黄河を右手に見ながら進めば黄河上流方向に向かうことになり，すなわち南へ行くことができる。そうすれば，黄河の畔（東岸）に位置する戚城にたどり着くことができる」となる。一行は陽虎のこの言に従い，戚城へ入ることができた（矢印③）。

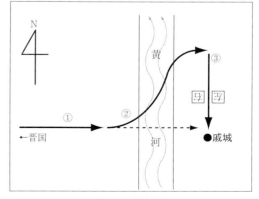

図2　戚城渡河

これらの記事から，以下のことが読み取れる。

・この付近の河（黄河）は南北方向に流れていた（南が上流，北が下流）。（c）
・趙簡子一行は黄河の下流方向に流されたため，戚城の北側に上陸した。（d）
・杜預注に「是時河北流」とあることから，趙簡子・陽虎の活動していた春秋末と，杜預や『春秋正義』に引く『春秋土地名』の著者である京相璠の生きていた西晋では，この地域の黄河河道は一致しない。（e）
・孔穎達は前漢河道のことを「枯河」と呼んでいる。つまり，前漢河道は唐代には枯れていた[12]。（f）
・杜預は（黄）河の西を「内」，東を「外」と呼んでおり，戚城は「河外」，つまり杜預や京相璠が言うところの黄河の東側に位置した。孔穎達は「戚城在枯河東」と記している。（g）

この記述は，趙簡子が黄河の東側に自己の勢力を確保しておくという戦略，すなわち斉をはじめとする東方諸国への対策と考えられる[13]。実際にこの事件の2ヵ月後に，斉が范氏と中行氏（晋の六卿だが，趙簡子と対立して斉と手を結んでいた）へ送った兵や武器食料等の援助を，趙簡子などが衛国内の「鉄（鉄丘）」で妨害することに成功した[14]（鉄丘の戦い，魯哀公二年・BC493）。

『孫子』にも示されているように，軍隊は河を渡る際が最も狙われやすい[15]。黄河は大河であり，他の河川よりも渡河に手間がかかる。そのため渡河時点での襲撃を防ぐために，対岸に橋頭堡としての拠点を確保する必要がある。実際に濮陽では，時代を下って北宋期に「徳勝北城」「徳勝南城」の2つの城を黄河を差し挟むように南北岸に築き，間を浮橋で繋いだという記述が『旧五代史』にある[16]。

趙はこの後にも，戚城の約40km北側の黄河東岸に「平邑」を築き，自領内の中牟（現在の河南省鶴壁市か）との道を通じさせようと画策した[17]。これもまた斉への対抗手段として，黄河東岸を確保するための方策と解される。

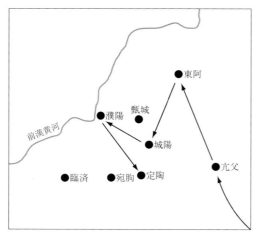

図3　楚軍転線路

3　黄河と前漢濮陽城

『史記』高祖本紀に，濮陽と黄河の位置に関する記述がある。秦に対抗して決起した楚軍と東郡を守る秦軍との対決の際の記事である。

> 聞陳王定死，因立楚後懐王孫心為楚王，治盱台。項梁号武信君。居数月，北攻亢父，救東阿，破秦軍。斉軍帰，楚独追北，使沛公・項羽別攻城陽，屠之。軍濮陽之東，与秦軍戦，破之。秦軍復振，守濮陽，環水。
> （『史記』巻八・高祖本紀）

盱台（現在の安徽省盱眙県）に都を置いた項梁率いる楚軍は，亢父を攻めて東阿を救った。さ

第1章　河南省北東部・滑県～濮陽市　**87**

らに劉邦（沛公）と項羽を別働隊として城陽を攻めて秦軍を破り，秦軍は濮陽に逃げ込んだ。劉邦と項羽は引き続き濮陽を攻めたが，秦軍は「環水」して濮陽を守った。

　ここには「東阿」「亢父」「城陽」などの城市が登場する。また曹相国世家や絳侯周勃世家には，この後に「甄城」「都関」「定陶」「宛胸」「臨済」などの城市を巡ったとある[18]。これらはすべて黄河の南側もしくは東側に位置する（図3）。これらの記述から，楚軍は黄河を渡らずに秦軍と戦ったと考えられる。つまりこのとき秦軍が逃げ込み，楚軍が囲んだ濮陽城もまた黄河の南側もしくは東側に位置すると推測できる。

　この「環水」については『史記集解』と『史記正義』に以下の注釈が存在する。

　　文穎曰「決水以自環守為固也。」張晏曰「依河水以自環繞作塁。」（『史記集解』）

　　按：二説皆通。其濮陽県北臨黄河，言秦軍北阻黄河，南鑿溝引黄河水環繞作壁塁為固，楚軍
　　乃去。（『史記正義』）

先ほどと同様に，以下のことが読み取れる。

・秦～漢初の濮陽は黄河の南もしくは東側に位置した。（h）

・濮陽城からは黄河を決壊させずに水を引くことができた。つまり距離的にも地形的にも黄河から水を引きやすい箇所に位置した。（i）

4　「瓠子河決」

　今回の対象範囲には，黄河河道に関連する重要な記述がある。「瓠子河決」と呼ばれる前漢期最大の決壊記事である[19]。

　　元光之中，而河決於瓠子，東南注鉅野，通於淮・泗。【中略】自河決瓠子後二十余歳，歳因
　　以数不登，而梁楚之地尤甚。天子既封禅巡祭山川，其明年，旱，乾封少雨。乃使汲仁・郭昌
　　発卒数万人塞瓠子決。於是天子已用事万里沙，則還自臨決河，沈白馬玉璧于河，令群臣従官
　　自将軍已下皆負薪寘決河。是時東郡焼草，以故薪柴少，而下淇園之竹以為揵。【中略】於是
　　卒塞瓠子，築宮其上，名曰宣房宮。而道河北行二渠，復禹旧迹，而梁・楚之地復寧，無水災。
　　（『史記』巻二九・河渠書）

　武帝元光3年（BC132）に起きたこの決壊はかなり大規模なものであり，以後20余年間にわたって水が引かない状態が続いた。汲仁・郭昌の両名に命じ，徒卒数万人を投入して決壊地点の閉塞工事を行うことで，ようやくにして決壊を治めることができた。この治水事業完成を記念して，決壊した地点に「宣房宮」という宮殿を造営した。

　興味深いのは，この「瓠子河決」は前漢濮陽城の直近で起きたにもかかわらず，『史記』『漢書』等への濮陽城への被害に関する記載が見られない点である。宋代には，黄河の決壊により澶州北城（2項で触れた徳勝北城）が毀たれるという記述が『宋史』に見える[20]。このような記述，また大規模な修繕・移転等の記述が見られないことから，濮陽城は「瓠子河決」の際に大規模な被害を受けなかったと考えられる。

　先ほどと同様に，以下のことが読み取れる。

・瓠子で決壊した黄河の水は東南方向へ向かい，鉅野沢を越えて淮水・泗水に達した。(j)
・瓠子を塞ぐに当たっては，東郡が旱魃に見舞われていたことから近隣に薪や柴が少なく，やむを得ず淇園[21]から竹を切り出して骨組みとした。(k)
・「瓠子河決」の地点には宣房宮という宮殿が造営された。(l)
・瓠子河決の際には濮陽城への大規模な被害が及んでいない。(m)

5 従来説との比較

中国では地図学または制図学として，古くは漢代以前から地図が作成されてきた。本章ではこのなかでも，清代以降に西洋より流入した近代測量技術に基づいて作成された[22]地図を対象として，比較検討を行う。中国史研究における代表的な歴史地図としては『水経注図』[楊守敬 1967]，そしてそれを発展させた『中国歴史地図集』[譚其驤 1982] が挙げられる。ただし前者は測量に基づく地図ではないため，直接の比較対象とすることはできない[23]。ここでは『中国歴史地図集』を比較対象とする。また特に黄河河道の変遷を対象とした地図としては，『黄河流域地図集』[水利部黄河水利委員会 1989]，『歴史時期黄河下游河道変遷図説』[鈕仲勛ほか 1994] などが挙げられる。また『黄河下游河流地貌』[葉青超ほか 1990]，『黄淮海平原歴史地理』[鄒逸麟 1993] など黄河を研究対象とした文献にも，黄河変遷図が掲載されている。さらに，地質学分野での黄河河道復元を試みた呉忱ほかの説［呉忱ほか 2001］がある[24]。前述した文献記述を踏まえ，各地図を比較してみる。

各氏の河道説を重ね合わせてみた（図4）。各説とも，滑県付近までは変化は見られない。葉説は滑県の東側からそのまま真っ直ぐ北東の濮陽へと向かうが，それ以外の5説は浚県の東まで北上している。ここで東，または南東へと激しく屈曲し，濮陽へと向かう。濮陽の西側で北へと流れを変え，そのまま内黄・清豊両県の間を北へと流れていくが，各説で微妙に異なるのは，濮陽の西側での北へと転じるポイントと，濮陽から内黄・清豊両県の間を抜けて北へと流れる河道の2点である。

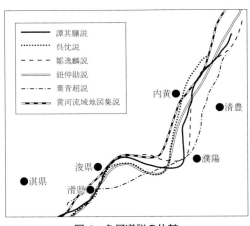

図4 各河道説の比較

前者の北転ポイントを見ると，譚其驤・鄒逸麟の両説は現在の濮陽市にかなり近づいた箇所で流れを転じている。これは3項や4項で挙げた『史記』の濮陽城や「瓠子河決」などの記述を十分に考慮した結果と考えられる。特に譚説では濮陽の南西にまで達したところで河道を曲げているが，これは特に4項の決壊地点である宣房宮[25]の位置を考慮に入れた結果と思われる。

対して他3者はもう少し西側で北へと転じている。現在の地図と重ねると，「はじめに」で触れた「曹村」に該当する。この曹村の少し北

側の内黄県内には，現在でも一目でわかる帯状の砂地帯があり，現地では「黄河故道」と称されている[26]。さらにこの砂地帯に平行して走る堤防跡があり，現地では「金堤」と称されている。これらの情報を考慮したと思われる。

　次に濮陽から北へと向かう河道だが，この地域には故堤防などの明確な黄河の痕跡は見あたらない。唯一関連するものとしては，濮陽市のすぐ北側から清豊県を抜けてほぼ真北に直進する小河川（現地では馬頬河と呼称）があるが，この馬頬河を前漢河道とみなしているのは葉説のみであり，その他の説では馬頬河と平行して北進したと考えている[27]。これはおそらく清豊県・南楽県のさらに北側に位置する大名県（河北省）での黄河の痕跡と併せて検討した結果と思われる。

　以上のように，各説ともに微妙な違いはあるものの，おおむね似通った河道を推定している。しかし残念なことに，どの説も今ひとつ決め手に欠けている。これは上記の説すべてが同じく『水経注』等の文献記述に基づいて推定しているためである。譚説はそこに宣房宮遺跡の位置というプラスアルファを加えることで，他とは異なる自説を立てている。呉説は主に黄河によって形成された堤防などを地質面から類推しているが，最終的な河道推定は文献記述に依っている。

　これらの地図とは別に，実際に現地を巡って地形・地質状況を確認し，河道の復元を行った研究者としては徐海亮が挙げられる。これによると，滑県から濮陽市にかけての範囲は周囲よりも若干高くなっている。それを「滑澶段」（澶州は濮陽地域の旧称）と称し，前漢・後漢期の黄河由来の地形であるとしている［徐海亮 1982］。

　また現地を踏査して滑県付近・大伾山西部における禹河の復元を試みた研究者としては，史念海が挙げられる。徐と同様に実際に現地を回り，地形を実見したうえで文献記録と照合して河道を推測するという手法を探っている［史念海 1984］。しかしこれらの手法は実地を訪れての調査であるため，調査可能な範囲が限定される。そのため河道復元の際に重要となる広域的な視点が欠落し，他地域との連携をとりにくいという難点がある。

　以上のように，現在では各研究ごとに個別の難点が指摘される。本研究ではこれらの成果を踏まえたうえで，さらに RS 技術の導入を試みる。具体的には，文献記述と現地調査に基づく河道復元という従来の研究での手法を踏襲しつつ，RS データという新たな情報を活用することで，地形や地質等，現地の実態に沿ったかたちでの精密な河道復元を試みる。

第 2 節　文献記述の検討

　本研究における各資料の扱いは第 1 部第 3 章で詳述しているが，具体的には以下のとおりである。

　基本的な河道の河道把握には，文献資料を用いる。本研究では特に『史記』『漢書』等に散見される黄河関連記事，および『水経注』河水注五にある「大河故瀆」と称される河道を基準とする。経由する箇所については『元和郡県志』『太平寰宇記』『嘉慶重修一統志』『読史方輿紀要』などの地理書や明清あるいは近年編纂された地方志を参考にして詳細な位置情報を検討する。

90　第2部　前漢期黄河の地域別検討

　現地調査では，主に現在残る城市遺跡，および堤防などの黄河に関連する遺跡を訪れ，周囲の地形や地質などの状況を確認する。ただしこれらの遺跡の位置や歴史的状況については，調査の事前準備として文献資料を利用して考察する。現地調査完了後に，収集した遺跡の位置情報をRSデータとの比較検討に使用する[28]。

　RSデータには一般的な衛星画像のほかにも，DEMと呼ばれる標高データなどさまざまな種類のデータが存在する。これらを調査対象となる地域の地形・地質状況に応じて使い分けることになる。今回の濮陽周辺においてはSRTM-DEMと呼ばれる標高データを主に利用した。利用方法および文献記述との比較検討は第3節で行う。

1　城市位置の詳細検討

　本節では現地調査実施時に行った事前準備の1つである「文献記述や考古発掘情報を用いた黄河古河道の近隣に位置する城市遺跡の検討」を行う。文献記述の詳細検討を，河道の近隣に位置する城市別に行う。この城市に関しては，前節1項で述べたように，主に『水経注』河水注五の「大伾故瀆」の記述に拠る。大伾山などの自然地形も加えると，上流から順に大伾山・黎陽・鹿鳴城・白馬・涼城・濮陽・長寿津・戚城の順番となる。このなかで『漢書』地理志に記載があるのは，黎陽・白馬・濮陽の3県である[29]。

　これらに加えて，隋代の成立であるため『水経注』には記述がないが，黎陽と白馬の間に位置する「臨河県」，前節4項で取り上げた前漢武帝期の黄河決壊である「瓠子河決」の地点とされる宣房宮も，検討材料とする。

ア．大伾山

　『尚書正義』巻六・禹貢編に「東過洛汭，至于大伾。伝，洛汭，洛入河処。山再成曰伾。至于大伾而北行」とある。この「洛入河処」は洛水が黄河に合流する地点を示しており，『尚書正義』では河南鞏県の東としている[30]。同様に鄭玄は「大伾在修武武徳之界」とし，張揖は「成皋県山也」としている。『水経注』では張揖の説を引き，「河水又東，逕成皋大伾山下」としているように，現在の河南省滎陽県付近に比定している。

　しかし『漢書音義』は臣瓚の説を挙げ，異論を出している。この記述は黄河の河道を広範囲に示しており，大伾山とこの「洛汭」が隣接している必要はないとし，大伾山を黎陽県にあるとしている[31]。『元和郡県志』では『漢書音義』の説を採り，大伾山を黎陽県の項に挙げている[32]。『嘉慶重修一統志』は両者の説を採用し，衛輝府（黎陽県）と開封府（滎陽県）の両方に記述が存在する[33]。清代の地方志である清嘉慶『濬県志』では臣瓚の説を採っている（漢代の黎陽県は，現在の河南省濬県，清代の行政区分で濬県に当たる）[34]。

　大伾山は現在でも同じ名称の山として河南省濬県に存在している。位置関係からすると，これは臣瓚の説に言うところの黎陽県の大伾山と考えられる。大伾山の西隣には，浮丘山という名の山が寄り添うように並んでいる。この状態を「再成」と称していると思われる[35]。

イ．黎陽

『漢書』地理志に引く晋灼の説によると，黎山の近隣にあり，かつ黄河の「陽」，つまり黄河の北側に位置することから「黎陽」と名づけられた[36]。

「黎陽」という地名は，『史記』『左伝』『戦国策』では本文には登場しない。『漢書』では地理志に記されているので前漢初置の県と考えられる。『漢書』では他に溝洫志の賈譲の治河策中に6ヵ所[37]，儒林伝に1ヵ所登場する[38]。これは両方とも前漢末の哀帝期の記述である。正史に頻出するようになるのは『後漢書』以降になる。

「黎陽営」という記述が『後漢書』順帝紀などに見られる[39]。鄧訓伝の注に引く『漢官儀』では，光武帝が幽州・冀州・并州の兵をもって天下を定めたので，黎陽に営を建てたとある。黄今言や陳金鳳によれば，光武帝が北方民族への対策として設置した軍営だと言う［黄今言 1997，陳金鳳 2008］。以後，黎陽は黄河の渡し場「黎陽津」とともに，河南と河北を結ぶ重要な拠点となる。

後漢末の袁紹と曹操の抗争である「官渡の戦い」では，その前哨戦において幾度か黎陽が登場する[40]。南北朝期の一時期に滑台に郡治が移転したが[41]，北魏期に黎陽郡が建てられて再び戻り[42]，北宋期に黄河の水災に遭って移転する[43]までこの地域の中心であり続けた。

『読史方輿紀要』によれば，黎陽故城は現在の浚県の東北にある[44]。さらに『括地志』を引き，現在の大伾山よりも東側に位置することを記している[45]。新修『浚県志』ではこれらの記述に基づき，大伾山の東北に位置するとしている[46]。

ウ．鹿鳴城

『水経注』によれば，鹿鳴城は逯明の城，すなわち逯明塁であると言う[47]。逯明塁については『太平寰宇記』などに記述が見られる[48]。宋代には遺跡が存在したとあるが，現在の位置は不明である。

清嘉慶『濬県志』には逯明＝六明鎮とある。この六明鎮は，『旧五代史』によれば黄河の渡河地点とされる[49]が，詳細は不明である。新修『浚県志』では『河南省古今地名詞典』を引き，現在の浚県酸棗廟村と馬村の間に位置するとしている[50]。

エ．臨河県

近隣にすでに黎陽県および頓丘県が設置されていたためか，漢代には臨河県の場所に県は設置されていない。『元和郡県志』によれば隋開皇6年（586）に初めて置かれた[51]。『太平寰宇記』に「南臨黄河為名」[52]とあるように，隋代当時の黄河に隣接していたことから県名が名づけられたことがわかる。前漢末〜後漢初にかけての河道変動は濮陽以東で発生したことから，濮陽よりも西側に当たる臨河県付近では，臨河県が設置された隋代でも前漢期の河道は変化せずにそのままであったと考えられる。そのため，『水経注』の記述には含まれないが検討対象に加えることとした。なお『太平寰宇記』では「（澶州の）東六十五里」とあるが，呉宏岐・郭用和によればこれは「西」の誤りであるという［呉宏岐・郭用和 2004］。確かに臨河村遺跡は澶州（現在の濮陽市）の西側に位置する。

周到によれば，現地調査で訪れた臨河村の南側に隋代臨河故城遺跡があるという［周到 2004］[53]。

92 第2部 前漢期黄河の地域別検討

この遺跡と前漢河道の位置関係は RS データと合わせて考察する。

オ．白馬県

『史記正義』高祖本紀に引く『西征記』によれば，もともとは衛の曹（漕）邑であるという[54]。衛の曹（漕）邑への移転に関しては，『左伝』に詳細な記述がある[55]。

魯閔公2年（BC660），狄（『史記』では翟）によって衛都（朝歌）が壊滅させられた後，衛の遺民は宋桓公に迎えられて夜中にこっそりと黄河を渡った。そして黄河の東側に位置する曹（漕）邑に「廬」した。杜預の注によれば「廬」とは舎，つまり仮住まいのこととある。この2年後の魯僖公2年（BC658）に，斉桓公の呼び掛けで諸侯の協力を得て，楚丘に城を築いて移転した[56]。

『史記』や『戦国策』などでは「白馬津[57]」「白馬之口[58]」などと呼ばれているが，県としての記述は『漢書』地理志からとなる[59]。後漢〜西晋期は県として存続していたが，北魏期に滑台城が建てられたことで白馬県は併入され，廃置となった[60]。唐代の『括地志』には「白馬故城」として記されている[61]。

民国『重修滑県志』では『嘉慶重修一統志』の記述を参照して，滑県留固集の白馬牆であると推定している[62]。これは現在でも滑県留固鎮白馬牆村として地名が残っている。

カ．涼城県

『宋書』巻二・武帝紀中に「（東晋義熙十二年・416）公又遣北兗州刺史王仲徳先以水軍入河。仲徳破索虜於東郡涼城，進平滑台。十月，衆軍至洛陽，囲金墉」とあり，滑台と同じ側，つまり南北朝期当時の黄河の南側に位置すると思われる。『嘉慶重修一統志』によれば，北魏期に東郡の治所が置かれ，滑県の北東側に位置する[63]。しかし『魏書』地形志には，東郡に涼城県があるという記述はあるが，郡治が置かれたという記述は見られない[64]。『宋書』州郡志には聊城（現在の山東省聊城県）との関連が指摘される[65]が，胡阿祥が指摘するように両者の関連はないと思われる［胡阿祥2006][66]。また現時点で該当する遺跡は発見されておらず，詳細な位置は不明である。

キ．濮陽県

濮陽は前節2項で取り上げたように，前漢期の黄河古河道を復元するうえで非常に重要な場所である。第1部第3章では新修『濮陽県志』に従い，前漢濮陽城は現在の濮陽市新習郷故県村とした。しかし2004年3月に行った現地調査の際に発見した資料により，新たな見解を得た。同様の考察を呉宏岐・郭用和が行っている［呉宏岐・郭用和2004]。これらの情報を総括すると，濮陽は春秋期の帝丘，秦漢〜西晋の湾子村，東晋以降の新習郷故県村，北宋期の徳勝城と，おおまかにみて4回の移転が行われている。衛都の移転から数えると，計7ヵ所になる（図5）。

河南省文物考古研究所によれば，2006年11月に濮陽県高城村で「衛国城市」が発見された［河南省文物考古研究所2008]。この遺跡が前述の帝丘とされる。こちらに関しては RS データと合わせて比較検討を行う。

ク．長寿津

南北朝期に使用した黄河の渡し場とされるが，正史には3回しか登場しない[67]。この場所が重要なのは『水経注』の「河之故瀆出焉」という記述による[68]。つまり前漢河道はここから東へ流

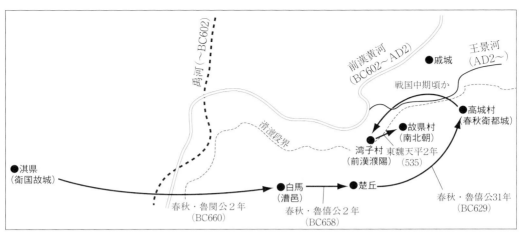

図 5　衛都〜濮陽移転と黄河

れ出して後漢河道となる。『嘉慶重修一統志』等の地理書や清光緒『開州志』[69]・新修『濮陽県志』等の地方志にも詳しい記述は見られず，詳細な位置は不明である。

ケ．戚城

春秋時代において諸侯の会盟が 7 度開かれた場所であり，なおかつ衛国の大夫である孫林父など孫氏の居城でもある[70]。つまり衛国の副都ともいうべき重要な城市である。前漢期に県として建てられなかったのは，すでに近隣に濮陽等の県が在ったためか。

2004 年の現地調査の際に，濮陽市戚城区に位置する「戚城公園」という公園を訪れた。ここは春秋戦国期の城市が現在に残るきわめて貴重な遺跡である[71]。現存するのは四方の城壁のみであり，現在では城壁内部を含めて公園として開放されている。廖永民によれば城内からは新石器〜漢代にかけての遺物が豊富に出土しており，そのなかでも特に西周〜春秋・戦国期の陶器が大量に発見されているという［廖永民 1978］。『左伝』に記載される時期とも合致することから，ここが『左伝』の戚城と特定されている。

コ．繁陽

『史記』趙世家で，趙の廉頗が攻め取った魏の邑として記される[72]のが文献に登場する最初である。漢代には東郡の県として建てられる[73]。『続漢書』郡国志では城としてのみ記されている[74]ことから，県は立てられていないと思われる。『晋書』地理志，『魏書』地形志に記されている[75]ことから北魏期までは県として存続していたが，『旧唐書』地理志によれば唐初には廃された[76]。

城市遺跡や特定できる遺物などは発見されていないため，詳細な位置は不明である。新修『内黄県志』では「楚旺鎮北」「楚旺鎮」「田氏郷高城」と 3 ヵ所の説を紹介している[77]。

サ．陰安

『史記』等戦国以前の記述に見られないことから，前漢期に初めて置かれた県と考えられる。『漢書』地理志によれば，東郡に属する県である[78]。新修『清豊県志』によれば，清豊県西北 10

km に位置する古城集の東北に基台遺跡がある。これが陰安故城であるとしている[79]。

シ．楽昌

こちらも陰安同様に『史記』等戦国以前の記述に見られないことから，前漢期に初めて置かれた県と考えられる。『漢書』地理志によれば，東郡に属する県である[80]。前漢期においては，張耳の孫・張寿と前漢宣帝の舅・王武の2名が楽昌侯に封ぜられている[81]。『続漢書』郡国志には記載がなく，前漢のみの置県と考えられる。

『魏書』地形志によれば，北魏太和21年（497）に「昌楽県」が立てられ，永安元年（528）に郡に昇格したが，東魏天平期（534～537）にまた県へと戻ったとある[82]。『元和郡県志』には「北魏の孝文帝が漢の昌楽城の場所に昌楽郡および昌楽県を置く」とある[83]。新修『南楽県志』では『元和郡県志』の記述から，この北魏（新修『南楽県志』では「晋設」とあるが，『晋書』に該当する記述は見られない）に建てられた昌楽県が前漢の楽昌県と同一の場所であるとし，現在の南楽県治の北西18km，河北省大名県との県境付近に位置する蒼頡陵の北側にあるとしている（行政村では呉村）[84]。

ス．平邑

『史記』趙世家に，趙献侯13年（BC414）に平邑に城を築いたとある[85]。趙世家にはその後何度か登場し，また『竹書紀年』にも記されている[86]。これらすべてが斉と趙の争いとして記されていることから，第1節2項で採り上げた戚城と同様に黄河を挟んで対峙する両国にとって重要な戦略拠点であったことが窺える。近隣に陰安・楽昌・元城等の県が多く置かれたためか，前漢以降は（東魏および隋の一時期を除いて）県が置かれなかった。新修『南楽県志』によれば，現在の南楽県穀金楼郷平邑村に位置するとある[87]。

第3節　RS データ・DEM との比較

本節では現地調査の情報に加えて DEM の利用を試みる。DEM にはいくつかの種類があるが，本書で利用したのは SRTM-DEM である[88]。

SRTM-DEM では高低差を白黒の濃度で確認でき，明るい箇所は高く，暗い箇所は低く表現される（図6）。これによれば，図左下に見える2つ並んだ明るい箇所は滑県にある大伾山と浮丘山という2つの山であり，両山の右側に見える暗い帯が溝状に凹んだ河道の痕跡であることがわかる。また滑県から濮陽市の南側にかけて極端に明度の変わるラインが見られるが，これは徐海亮が言うところの「滑澶段」である［徐海亮1982］。このように現地調査では確認し得なかった微高地，そしていくつかの溝状に凹んだ地形が見受けられた。これはいわゆる天井川の痕跡であり，おそらく『漢書』溝洫志で「高四五丈[89]」と称されている，古代の黄河によって形成された自然堤防の名残である。つまりこの溝状地形こそが黄河古河道そのものと言える[90]。

ただし，これらすべてが前漢期に流れていた古河道というわけではない。現在に至るまでにこの地域を流れたすべての時代における古河道であり，ここから前漢期の古河道を抽出する必要が

ある。

1 濮陽周辺の古河道

ここではこれらの溝状地形を河道に応じていくつかのパーツに分類し、それぞれの前後関係を判別する。この前後関係の判別には、考古学で言うところの「切り合い関係[91]」を利用する。これらの結論と文献記述を照合し、古河道の所属年代推定を試みる。

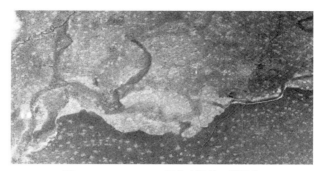

図6　SRTM-DEM・河南省滑県〜濮陽市

黄河の河道が幾度も移動しているのはすでに述べたとおりだが、そのすべてが滑県や濮陽を通過していたわけではない。『中国歴史地図集』の説に従うと、今回の対象範囲で関連する河道は禹河（BC602以前）・前漢河（BC602〜AD2頃）・王景河（60頃〜唐末）、そして北宋期に決壊したとされる小呉埽・曹村の3路1地点である。各河道を見分けるポイントは以下のとおりになる。

戦国以前と最も古い「禹河」は、河南省新郷市から汲県を経て滑県へと入り、そのまま北進して湯陰県へと抜ける。戦国から前漢末期にかけての「前漢河」は滑県付近で河道を東へと変え、濮陽付近で北へと転ずる。後漢・王景の治水事業によって定められた「王景河」は濮陽からさらに東へ抜けていく。宋代に小呉埽・曹村で起こった決壊により黄河は北へと流れを変えた。

以下、SRTM-DEMを利用して抽出した濮陽周辺の古河道を、文献記述と照合して詳細に検討を行う（図7）。

浚県付近

禹河および前漢・後漢〜唐代・宋代の各河道が流れていたとされる。『禹貢錐指』によれば禹河は滑県の南西から来て浚県を通り、北側の湯陰県へと流れていくとある[92]。前漢・後漢〜唐代・宋代の3本の河道の違いは、滑県からさらに下流の濮陽で北に流れるか（前漢）、東に流れるか（後漢〜唐代）、または濮陽の手前で北に流れるか（宋代）の違いとなるため、浚県での変化はないと考えられる。ここでは禹河および漢代以降の2本の河道の違いを見極める。

SRTM-DEMを見ると、南から流れてくる2本の溝が絡まりあっているように見える（図7①）。交差地点を見ると、東へ流れるライン（実線）が北へ流れるライン（点線）の溝を切っている。ここから点線よりも実線のほうが新しいと特定した。

臨河村付近

文献によればまっすぐ北へと流れる北宋期の河道と、この付近で東へと曲がる前漢以降の稼働の2つに大別できる。SRTM-DEMを見ると、東西に流れる溝（実線）に対して、中央付近で分かれて上へと向かう溝（鎖線）が見て取れる（図7②）。浚県の例と同様に見ると、鎖線のほうが新しいと特定できる。

96　第 2 部　前漢期黄河の地域別検討

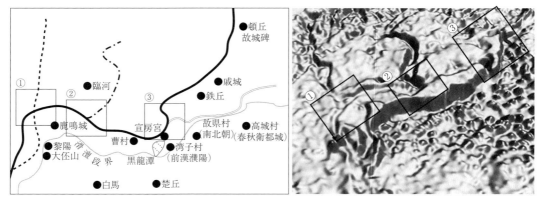

図 7　切り合い関係を利用した古河道の前後関係

濮陽付近

西から流れてきた溝が湾曲して北へと抜ける溝（実線）と，湾曲の途中で分岐して東へ抜ける溝（二重線）が見える（図 7 ③）。同様に，二重線のほうが新しいと特定した。

以上のことをまとめると，以下のようになる。

　　（古）　点線→実線→二重線・鎖線　　（新）

二重線と鎖線は交わっていないため，切り合いから直接の前後関係を類推することはできない。しかし両者ともに実線よりも後の時代の河道であることは判明している。この結果を文献と照合すると，各河道の所属年代は以下のように特定できる。

　　点線：周定王 5 年に徙る以前の河道（禹河）

　　実線：周定王 5 年以降〜前漢期の河道（前漢河）

　　二重線：後漢・王景が定めて唐代に至る河道（王景河）

　　鎖線：北宋期に派生した河道の一流か

禹河は黎陽県の西北で前漢河道と交わっているが，地形データを見ると分流したのはここではない。前漢河道を西に貫き，現在の滑県と西隣の延津県の県境付近で交わる。おそらくはこの県境付近が「宿胥口」と思われる[93]。

後漢河道は宣房宮のすぐ北で前漢河道と分かれる。おそらくはここが「長寿津」と思われる[94]。

鎖線部分は北宋期の河道と思われるが，詳細は不明である。前述した小呉埽・曹村の決壊とも思われるが，SRTM-DEM に見られる分流地点は現在の曹村からは若干西に位置する。

2　濮陽城と黄河の位置関係

濮陽市の西部に位置する濮陽市五星郷高城村で，2006 年に春秋戦国期のものと思われる大規模な城市遺跡が発見された。河南省文物考古研究所によれば，高城遺跡からは新石器〜漢代の遺物が出土している。そのなかでも特に春秋から戦国期にかけてのものが多いことから，この遺跡を『左伝』でいうところの「帝丘」，すなわち春秋衛国の城市であるとしている。さらに漢代の

遺物も若干出土していることから，この城市が漢代まで使われていたと推定している［河南省文物考古研究所 2008］[95]。

遺跡自体は以前から知られていたものであり，新修『濮陽県志』には「顓頊城遺址」として記載されているが，近代にはすでに遺跡は失われていた[96]。この「顓頊城」については『太平寰宇記』にも記述がある[97]ところから，古くから（少なくとも『太平寰宇記』の成立する宋代には）遺跡の位置と内容が伝承されていたと思われる。上2書では神話時代の顓頊帝の城市とされていた。

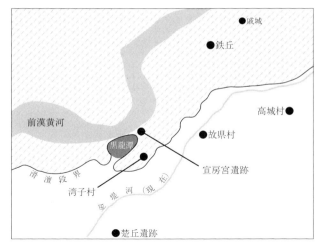

図8　前漢黄河と関連遺跡

この遺跡が，今回の発掘調査によって戦国期の衛国城市と推定された。すなわち『左伝』に言うところの「帝丘」である[98]。『漢書』地理志を見ると，戦国衛都の帝丘がすなわち前漢の濮陽県であるとしている[99]。しかし高城遺跡が前漢濮陽県城とすると，第1節3項で述べた『史記』の「黄河の水を引いて濠とした」という記述と齟齬が生じる。

高城遺跡＝衛都帝丘城＝前漢濮陽城とすると，前漢河道との距離が離れており（約20km），敵に攻められてからの短期間の工事で決壊させることなく黄河の水を引き込むことが難しい。実際にこの付近では前漢武帝期に「瓠子河決」と呼ばれる前漢最大の黄河決壊が発生していることからも，この説は考えがたい。湾子村遺跡＝前漢濮陽城とすると黄河との距離も近く（約5km），また平原部ではなく滑澶段の上に位置するため，黄河の水を引いた掘割工事を比較的容易に実施できる（図8）。

また『史記正義』の「北臨黄河」という記述と比較すると，高城遺跡は前漢河道の東側に位置し，方角が異なる。湾子村遺跡は前漢河道の東南側となり，おおむね記述と合致する[100]。

以上の点から，衛都＝高城遺跡＝前漢濮陽城ではなく，前漢濮陽城＝湾子村遺跡であるとした。次に問題となるのは移転の時期である。これは「濮陽」という呼称が使われ始めた時期と重なると思われる。

前述したように『左伝』には「帝丘」という呼称は記述されているが，「濮陽」という呼称は見られない。本文ではなく杜預の注に5ヵ所登場している[101]が，これは杜預の生きた西晋期の認識と考えられる。

『史記』衛康叔世家では戦国の最末期に「嗣君五年，更貶号曰君，独有濮陽」という記事がある以外には，「濮陽」は見られない。『史記』全体でも高祖本紀や項羽本紀，秦始皇本紀といった統一秦以降の記述では散見されるが，統一秦以前の記事ではわずかに「刺客列伝」に2ヵ所見え

98　第2部　前漢期黄河の地域別検討

るのみである[102]。『戦国策』巻七・秦策五では呂不韋に関する記述で「濮陽人呂不韋，賈於邯鄲，見秦質子異人」という記事が見えるが，やはり戦国末期のものである[103]。

また前述した『史記正義』高祖本紀の記述によれば，濮陽城は黄河を臨む場所にあったとあるが，衛に関する記述のなかで黄河と関連するものが見られない。これらを総合すると，「濮陽」という呼称は戦国末期頃から使用されたと考えられる。

第4節　綜合考察

以上の検討をまとめて，濮陽付近の前漢河道図を作成した（図9）。第1節で拾い上げた特徴と照合しつつ検討を行う。

戚城は黄河の東側，岸に近い箇所に位置する①。また戚城付近の黄河は南から北へと南北に流れている（厳密には南西から北東へ流れる）②（a，b，e）。また前漢河道は濮陽—戚城の間付近で東へと転進し，後漢河道へと変化する③（c，d，m）。

秦漢濮陽城（湾子村）は黄河の東南側④（f）に位置する。前漢河道からさほど離れない（約5km）場所に位置し，堤防（滑澶段）上であるため⑤，環濠工事は容易だったと思われる（g）。

「瓠子河決」は黄河の南岸で決壊し，自然堤防を越えて南東方向へと展開した⑥（h）。前漢濮陽城は堤防（滑澶段）上に位置したため⑤，被害が及ばなかった（k）。決壊地点には宣房宮が造営された⑦。この宣房宮遺跡からは木柱に混じって大量の竹が出土している[104]（i，j）。決壊した地点にはお椀型の窪地が残り，「黒龍潭」と呼ばれて近代まで残存していた⑧[105]。

濮陽以北の地域では，黄河が移転したあとも痕跡が残っていた。『水経注』では「大河故瀆」と呼ばれ，『元和郡県志』等唐代の地理書や石碑などに「枯河」と記されている（l）。

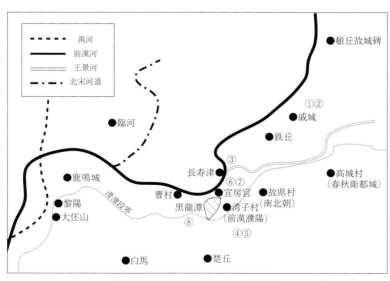

図9　復元河道と文献記述の関連性

また第2節で述べた『水経注』における各城市と黄河との位置関係も，1ヵ所を除いて合致した。臨河県は黄河の北側，つまり「南臨黄河為名」と記述のとおりであった。

従来説，特に『中国歴史地図集』と比べると，河道がかなり南に寄ることとなる［譚其驤1982］。これは特に，2004年の現地調査に

よって「宣房宮」の位置が特定できたことが決め手となった。さらに SRTM–DEM による地形モデルを作成したことで，微細な高低差のなかから古河道由来と思われる溝状地形を見出すことに成功した。これにより，宣房宮周辺の詳細な古河道，さらに現在は消滅している「黒龍潭」の位置が判明した。

では濮陽から北に転じた河道はどうか。こちらは SRTM–DEM 上でもほぼ平坦であり，溝状地形を確認することはできなかった。先ほど推測したように，直行する箇所では黄土の堆積が進まず，堤防は形成されなかったと思われる。そこで濮陽以北では，主に Landsat5 TM データに教師なし分類（最尤法）を用いて河道様地形を判読，抽出した[106]。すると濮陽からほぼ真北に流れるライン，現在の馬頬河とほぼ一致するラインが見つかった。しかしこれだけで前漢河道とは断定できない。そこで次に清豊県で見つけた「頓丘故城碑」[107]の記述と比較する。これにより，唐代に「古河」または『水経注』では「大河故瀆」と呼ばれていた前漢河道と頓丘故城の位置関係が判明したことから，Landsat5 TM データから読み取ったラインを前漢河道と特定した。

おわりに

以上のように文献記述と現地調査，RS データの 3 種類の情報を検討して濮陽周辺の復元河道図を作成した。最後に河道復元の過程で判明した黄河（特に前漢期の黄河）の特性について挙げておく。

松本ほかによれば RS データを用いた古河道などの埋没地形判読においては，画像解析を利用した土地被覆変化に基づく地質判読が一般的だが［松本ほか 2008］，黄河を対象とした本研究でこの手法を用いたところ明瞭な河道痕跡を確認できなかった。そこで本章で述べたように視点を変えて地形データを利用したところ，河道痕跡を確認できた。これらの点から，前漢黄河の痕跡は堤防など高さ方向に残存していることが判明した。

現在の河南省滑県から濮陽市にかけての範囲には周囲より数ｍ程度高くなっている微高地（滑澶微高地）が存在する。これは黄河，特に戦国～前漢期の黄河の堆積作用によって形成された自然堤防の集積であり，『漢書』溝洫志に「至淇水口，乃有金堤，高一丈。自是東，地稍下，隄稍高，至遮害亭，高四五丈」と記される状況と一致する。

一般的な河川は，堤防と河道の間に「高水敷」と呼ばれる，河川水位が低い時期には露出する低平地があるが，SRTM–DEM で確認した滑澶微高地では堆積が極限まで進行しており，高水敷の地表高度が自然堤防堤頂部にまで到達し，一体化していた。本章第 2 節で考察したように，微高地の上面には凹んでいる帯状地形が存在し，文献資料と比較することでこれらの帯状地形が当時の黄河河道であったことが確認できた。

また災害考古学によれば，河川の決壊地点には「落堀」と呼ばれる特徴的なお碗型の地形が形成される［吉越 1995］。現地調査で訪れた「瓠子河決」地点と SRTM–DEM から作成した 3D 地形モデルを重ねたところ，お碗型窪地が確認でき，さらにこの窪地が文献に記される「黒龍潭」

100　第 2 部　前漢期黄河の地域別検討

であることが判明した。「黒龍潭」を字義どおりに解釈すると，底が深くて黒々としている様を
示しており，滝壺のような風景が想像できる。『嘉慶重修一統志』には「黒龍潭」に関連する記
述がいくつかあるが，そのほとんどは山岳地帯に位置しており，滝やそれに類する中上流河川で
形成されたものである。しかし前述した濮陽の例に見られるように，平野部に位置する例も若干
だが記されており，これもまた古河道復元の情報として利用できる可能性がある[108]。

　一概に RS データといっても実際には多くの種類のデータが存在し，解析対象の特性に合わせ
た検討手法が必要となる。本章では河南省濮陽市を対象として，文献資料・現地調査・RS デー
タの 3 種類の情報を綜合的に活用して前漢期黄河古河道の復元を試みたところ，この地域では
SRTM-DEM を用いた地形解析が有効であることが判明した。また地形解析から，黄河の特性
である自然堤防や決壊の痕跡である「落堀」地形を判読することで，文献には記されていない決
壊状況や河道変化などの詳細な情報を得ることができることも判明した。これらの点は特に文献
記述では読み解くことが不可能または非常に困難な情報であり，黄河古河道復元においても重要
な要素を占めると考えられる。

【付記】
　　本章は財団法人福武学術文化振興財団「歴史学・地理学助成」の 2002 年度研究助成「衛星画像による
　　黄河古河道復元の研究（研究代表者・鶴間和幸）」による研究成果の一部である。

注

1)　「又有宿胥口，旧河水北入処也。」（『水経注』第五・河水注五）

　　　　この宿胥口は本来第 3 章の範囲に該当するが，ここから分流した禹河および前漢黄河の河道は検討
　　範囲に含まれるため，ここに挙げた。

2)　「河水又東北，為長寿津。『述征記』曰，涼城到長寿津六十里。河之故瀆出焉。」（『水経注』第五・河
　　水注五）

　　　　長寿津に関する文献記述について，詳しくは第 2 節で検討する。

3)　「（慶歴）八年（1048）六月癸酉，河決商胡埽，決口広五百五十七歩，乃命使行視河隄。」（『宋史』巻
　　九一・河渠志一）

　　　「（熙寧十年・1077）乙丑，遂大決於澶州曹村，澶淵北流断絶，河道南徙，東匯于梁山・張沢濼，分
　　為二派，一合南清河入于淮，一合北清河入于海，凡灘郡県四十五，而濮・斉・鄆・徐尤甚，壊田逾
　　三十万頃。」

　　　「（元豊）三年（1080）七月，澶州孫村・陳埽及大呉・小呉埽決，詔外監丞司速修閉。」

　　　「（元豊）四年（1081）四月，小呉埽復大決，自澶注入御河，恩州危甚。」（『宋史』巻九二・河渠志二）

4)　喩宗仁ほかによれば，現在の濮陽県岳村郷昌湖村（現在の濮陽市区の東側）とされる（商胡と昌湖
　　の音通か）［喩宗仁ほか 2004］。この「昌湖」は，黄河の決壊によって形成された湖を指すとも考えら
　　れる。

5)　周魁一によれば，大小呉埽と曹村埽は黄河の南北岸に相対して位置する［周魁一 2002］。曹村埽は現
　　在でも地名が残っており（滑県四間房郷曹村），滑県の北東端，濮陽市との境界近くに位置する。

6)　現地の文物管理処や研究者が独自に特定している場合がある。実際に，本章で採り上げた「宣房宮」

第1章　河南省北東部・滑県〜濮陽市　**101**

「湾子村濮陽城」は，濮陽在地の研究者である王培勤の研究成果による［王培勤2001・2002］。王培勤の著作および「宣房宮」「湾子村濮陽城」の検討に関しては補論第2章を参照。

7)　「又東北過黎陽県南。

黎，侯国也。『詩』式微，黎侯寓于衛是也。晋灼曰：黎山在其南，河水逕其東，其山上碑云：県取山之名，取水之陽以為名也。王莽之黎蒸也。今黎山之東北故城，蓋黎陽県之故城也。山在城西，城憑山為基，東阻于河。故劉楨『黎陽山賦』曰：南陰黄河，左覆金城，青壇承祀，高碑頌霊。昔慕容玄明自鄴，率衆南徙滑台，既無舟楫，将保黎陽，昏而流澌冰合，于夜中済訖，旦而冰泮，燕民謂是処為天橋津。東岸有故城，険帯長河。戴延之謂之逯明壘，周二十里，言逯明，石勒十八騎中之一，城因名焉。郭縁生曰，城，袁紹時築，皆非也。余按：『竹書紀年』梁恵成王十三年，鄭釐侯使許息来致地平丘・戸牖・首垣諸邑，及鄭馳地，我取枳道与鄭鹿，即是城也。今城内有故台，尚謂之鹿鳴台。又謂之鹿鳴城。王玄謨自滑台走鹿鳴者也。済取名焉，故亦曰鹿鳴津。又曰，白馬済。津之東南，有白馬城，衛文公東徙渡河，都之，故済取名焉。袁紹遣顔良攻東郡太守劉延于白馬，関羽為曹公斬良以報效，即此処也。白馬有韋郷・韋城，故津亦有韋津之称。『史記』所謂下修武，渡韋津者也。

河水旧于白馬県南泆，通濮・済・黄溝，故蘇代説燕曰：決白馬之口，魏無黄・済陽。『竹書紀年』梁恵成王十二年，楚師出河水，以水長垣之外者也。金隄既建，故渠水断，尚謂之白馬瀆。故瀆東逕鹿鳴城南，又東北，逕白馬県之涼城北。【中略】河水自津東北，逕涼城県，河北有般祠。『孟氏記』云，祠在河中，積石為基，河水漲盛，恒与水斉。戴氏『西征記』曰，今見祠在東岸臨河，累石為壁，其屋宇容身而已，殊似無霊，不如孟氏所記，将恐言之過也。

河水又東北，経伍子胥廟南，祠在北岸，頓丘郡界，臨側長河，廟前有碑，魏青龍三年立。

河水又東北，為長寿津。『述征記』曰，涼城到長寿津六十里。河之故瀆出焉。『漢書』溝洫志曰，河之為中国害尤甚，故導河自積石，歴龍門・醹二渠以引河。一則漯川，今所流也。一則北瀆，王莽時空，故世俗名是瀆為王莽河也。故瀆東北逕戚城西。『春秋』哀公二年，晋趙鞅率師，納衛太子蒯瞶于戚，宵迷。陽虎曰：右河而南，必至焉。今頓丘衛国県西戚亭是也。為衛之河上邑。漢高帝十二年，封将軍李必為侯国矣。故瀆又逕繁陽県故城東，『史記』：趙将廉頗伐魏，取繁陽者也。北逕陰安県故城西。漢武帝元朔五年，封衛不疑為侯国。故瀆又東北，逕楽昌県故城東，『地理志』，東郡之属県也。漢宣帝封王稚君為侯国。故瀆又東北，逕平邑郭西。『竹書紀年』：晋烈公四年，趙城平。五年，田公子居思伐邯鄲，囲平邑。十年，斉田肸及邯鄲韓挙戦于平邑，邯鄲之帥敗逋，獲韓挙，取平邑・新城。」（『水経注』巻五・河水注五）

8)　『史記正義』などを見ると，唐代にはすでに前漢河道は枯れていたと思われる。唐代の地理書である『元和郡県志』には，旧黄河や支流の河道痕跡と思われる「王莽枯河」「鬲津枯河」「張甲枯河」等の記載が見られる。

『水経注』では「大河故瀆」という表記になっていることから（1項で詳述），その当時（北魏）にはすでに「故瀆」と称されていたと考えられる。なお濮陽の現地調査を行った際に，清豊県故城村で見つけた「頓丘故城碑」にも，同様の「古河」という記述が見られた。補論第2章参照。

9)　陽虎は魯の季孫氏に仕えていたが，魯定公9年（BC501）に魯を出奔し，この哀公2年（BC493）時点では趙簡子に仕えている。そのため魯の近隣に位置する衛の地理に関する知識があったものと思われる。

「孟懿子・陽虎伐鄆。注，陽虎，季氏家臣。伐鄆，欲奪公。」（『左伝』昭公二七年伝）

「（定公）九年，魯伐陽虎。陽虎奔斉，已而奔晋趙氏。」（『史記』巻三三・魯周公世家）

102 第2部 前漢期黄河の地域別検討

10) 衛霊公の子，後の衛荘公。霊公夫人の南子と対立して衛霊公39年（＝魯定公14年，BC496）に衛を出奔して宋に行き，当時は晋の趙簡子の元に身を寄せていた。

「（衛霊公）三十九年，太子蒯聵与霊公夫人南子有悪，欲殺南子。蒯聵与其徒戯陽遫謀，朝，使殺夫人。戯陽後悔，不果。蒯聵数目之，夫人覚之，俱，呼曰：「太子欲殺我。」霊公怒，太子蒯聵奔宋，已而之晋趙氏。」（『史記』巻三七・衛康叔世家）

「衛世子蒯聵出奔宋。」（『左伝』定公一四年経）

11) 「戚，衛河上邑。公欲以喩文子居河上而為乱。」（『左伝』襄公一四年伝杜注）

12) 前掲注8参照。

13) 晋国の東方，斉国方面への対策に関しては銭林書［銭林書1990］等を参照。

14) 鉄丘は2004年の現地調査の際に訪れている。詳しくは補論第2章参照。

「秋八月甲戌，晋趙鞅帥師及鄭罕達帥師戦于鉄。鄭師敗績。注，皆陳曰戦，大崩曰敗績。鉄，在戚城南。」（『左伝』哀公二年経）

15) 「絶水必遠水；客絶水而来，勿迎之於水内，令半渡而撃之，利。」（『孫子』行軍第九）

16) 徳勝城に関する文献記述については第1部第3章を参照。なお古代の浮橋に関しては王子今に詳しい［王子今1998］。

17) 「悼襄王元年，大備魏。欲通平邑・中牟之道，不成。」（『史記』巻四三・趙世家）

18) 「北救阿，撃章邯軍，陥陳，追至濮陽。攻定陶，取臨済。」（『史記』巻五四・曹相国世家）

「撃秦軍阿下，破之。追至濮陽，下甄城。攻都関・定陶，襲取宛朐，得単父令。」（『史記』巻五七・絳侯周勃世家）

19) 「瓠子河決」に関しては浜川栄を参照［浜川1993］。また決壊によって生じた被害および復興，その後の財政政策に関しては，浜川および段偉を参照［浜川1994，段偉2004］。

20) 「（淳化）四年（993）十月，河決澶州，陥北城，壊廬舎七千余区，詔発卒代民治之。」（『宋史』巻九一・河渠志一）

21) 「是時東郡焼草，以故薪柴少，而下淇園之竹以為楗。集解，晋灼曰，衛之苑也。多竹篠。」（『史記』巻二九・河渠志）

22) 中国の地図学史，および近代測量技術の導入等に関しては盧良志ほかを参照［盧良志1984，蕭椒2002］。

23) 『歴代輿地図』を基にして『中国歴史地図集』を編纂した中国国家プロジェクトの経緯に関しては吉開将人を参照［吉開2003］。

24) 呉忱の黄河古河道復元に関する研究はいくつか公表されているが［呉忱ほか1991a・b］，本章では主に2001年に発表された地図との比較を行う［呉忱ほか2001］。

25) 『中国歴史地図集』第二集の「西漢　兗州・豫州・青州・徐州刺史部」濮陽の箇所を見ると，小さく「宣房宮」および「瓠子」という記述が見られる。宣房宮については，2004年の現地調査で訪れた。詳しくは補論第2章を参照。

26) 内黄県の黄河故道については2004年の現地調査で訪れた。詳しくは補論第2章を参照。

27) 河北省大名県での前漢河道の検討については第2部第2章を参照。

28) 具体的な調査内容および調査方法に関しては補論第1章参照。

29) 「東郡，秦置。莽曰治亭。属兗州。戸四十万一千二百九十七，口百六十五万九千二十八。県二十二：濮陽，衛成公自楚丘徒此。故帝丘，顓頊虚。莽曰治亭。（畔）観，莽曰観治。聊城，頓丘，莽曰順丘。

発干，莽曰戢楯。范，莽曰建睦。荏平，莽曰功崇。東武陽，禹治漯水，東北至千乗入海，過郡三，行千二十里。莽曰武昌。博平，莽曰加睦。黎，莽曰黎治。清，莽曰清治。東阿，都尉治。離狐，莽曰瑞狐。臨邑，有（涷）〔沛〕廟。莽曰穀城亭。利苗，須昌，故須句国，大昊後，風姓。寿良，蚩尤祠在西北（涷）〔沛〕上。有朐城。楽昌，陽平，白馬，南燕，南燕国，姞姓，黄帝後。廩丘。」

「魏郡，高帝置。莽曰魏城。属冀州。戸二十一万二千八百四十九，口九十万九千六百五十五。県十八：鄴，故大河在東北入海。館陶，河水別出為屯氏河，東北至章武入海，過郡四，行千五百里。斥丘，莽曰利丘。沙，内黄，清河水出南。清淵，魏，都尉治。莽曰魏城亭。繁陽，元城，梁期，黎陽，莽曰黎蒸。即裴，侯国。莽曰即是。武始，漳水東至邯鄲入漳，又有拘澗水，東北至邯鄲入白渠。邯会，侯国。陰安，平恩，侯国。莽曰延平。邯溝，侯国。武安，欽口山，白渠水所出，東至列人入漳。又有滏水，東北至東昌入虖池河，過郡五，行六百一里。有鉄官。莽曰桓安。」（『漢書』巻二八上・地理志上）

30）「洛汭，洛入河処，河南鞏県東也。『釈山』云：「再成英，一成岯。」李巡曰：「山再重曰英，一重曰岯。」伝云「再成曰岯」，与『爾雅』不同，蓋所見異也。鄭玄云：「大岯在修武・武徳之界。」張揖云：「成皋県山也。」」（『尚書正義』禹貢）

31）「『漢書音義』有臣瓚者，以為：「修武・武徳無此山也。成皋県山，又不一成，今黎陽県山臨河，豈不是大岯乎。」瓚言当然。」（『尚書正義』禹貢）

32）「大岯山，正南去県七里。即黎山也，『尚書』云「東過洛汭，至于大岯。」注曰：「山再成曰岯。」」（『元和郡県志』巻一六・河北道一・黎陽県条）

33）「大岯山　在濬県東南二十里。山高四十丈，周五里。亦曰黎山。峯巘秀抜，若倚屏障。『書』禹貢，至于大岯。『漢書』注，臣瓚曰，今黎陽県山，臨河。乃大岯也。『唐書』地理志，山，一名黎陽山。『通典』，今名黎陽東山，又名青壇山。在県南七里。『禹貢錐指』，山上有青壇。漢光武平王郎，還至黎陽。築壇祭告天地百神。劉公幹賦，所謂青壇承祀，高碑頌霊者也。」（『嘉慶重修一統志』巻一九九・衛輝府一）

「大岯山　在氾水県西北一里，有大澗九曲，又名九曲山。上有成皋旧城，山之東尽於玉門山。為氾水入河処。西去洛口裁四十里。按『禹貢』大岯。『漢書音義』以為黎陽県山，在今衛輝府濬県。『水経』以為在成皋非是。」（『嘉慶重修一統志』巻一八六・開封府一）

34）「大岯山　一名黎山，又名黎陽山，又黎陽東山，青壇山。」（清嘉慶『濬県志』巻九・山水攷）

35）滑県付近の地形および黄河古河道との位置関係は，史念海作成の地図に詳しい［史念海1984］。

36）「晋灼曰，黎山在其南，河水逕其東。其山上碑云県取山之名，取水之陽以為名也。」（『漢書』巻二八上・地理志上・魏郡条・顔師古注）

37）賈譲は前漢哀帝期に黄河の治水法を提案した人物で，「治河三策」と呼ばれる上中下三策を提案した。黎陽は戦国以前の「禹河」と前漢河道の分流点に位置し，賈譲の上策においては重要な地点であった。賈譲の治河三策に関しては本書第1部第1章や張慶元等を参照［張慶元1982，張偉兵・徐歓2000］。

38）「（尹）更始伝子咸及翟方進・胡常。常授黎陽賈護季君，哀帝時待詔為郎，授蒼梧陳欽子佚，以左氏授王莽，至将軍。」（『漢書』巻八八・儒林伝）

39）「（永建元年・126）鮮卑犯辺。庚寅，遣黎陽営兵，出屯中山北界。」（『後漢書』本紀巻六・順帝紀）

「会上谷太守任興欲誅赤沙烏桓，（烏桓）怨恨謀反，詔訓将黎陽営兵屯狐奴，以防其変。注，『漢官儀』曰：「中興以幽・冀・并州兵克定天下，故於黎陽立営，以謁者監之。」狐奴，県，属漁陽郡也。」（『後漢書』巻一六・鄧訓伝）

「（建武）十九年（43），妖巫維氾弟子単臣・傅鎮等，復妖言相聚，入原武城，劫吏人，自称将軍。於

104　第2部　前漢期黄河の地域別検討

是遣宮将北軍及黎陽営数千人囲之。」（『後漢書』巻一八・臧宮伝）

　「顕宗初，西羌寇隴右，覆軍殺将，朝廷患之，復拝武捕虜将軍，以中郎将王豊副，与監軍使者竇固・右輔都尉陳訢，将烏桓・黎陽営・三輔募士・涼州諸郡羌胡兵及弛刑，合四万人撃之。」（『後漢書』巻二二・馬武伝）

　「先是朔方以西障塞多不修復，鮮卑因此数寇南部，殺漸将王。単于憂恐，上言求復障塞，順帝従之。乃遣黎陽営兵出屯中山北界，増置縁辺諸郡兵，列屯塞下，教習戦射。」（『後漢書』巻八九・南匈奴伝）

40)　「乃先遣顔良攻曹操将劉延於白馬，紹自引兵至黎陽。【中略】紹与譚等幅巾乗馬，与八百騎度河，至黎陽北岸，入其将軍蔣義渠営。」（『後漢書』巻七四上・袁紹伝）

41)　劉裕（後の南朝宋の武帝）が河南を平定した際に，この地域に兗州を置いて滑台を郡治としたという記述が『宋書』州郡志に見られる。列挙された県名（白馬，涼城，東燕）から考えると，この時宋武帝は黄河の南岸までを領有したと思われる。

　「兗州刺史，後漢治山陽昌邑，魏・晋治廩邱。武帝平河南，治滑台。」

　「東郡領白馬，涼城，東燕。三県。」（『宋書』巻三五・州郡志一）

42)　「黎陽郡　孝昌中分汲郡置，治黎陽城。」（『魏書』巻一〇六上・地形志上）

43)　「（政和五年・1115）八月已亥，都水監言：「大河以就三山通流，正在通利之東，慮水溢為患。乞移軍城於大伾山・居山之間，以就高仰従之。」従之。」（『宋史』巻九三・河渠志三）

44)　「黎陽廃県　県西二里。又有故城，在今県東北。漢県治此，相伝以黎侯失国，寓衛時居此而名。」（『読史方輿紀要』巻一六・北直七・濬県条）

45)　「『括地志』：「黎陽城西南有故倉城，相伝袁紹聚粟之所，亦即隋開皇中置倉処也。」是時黎陽城蓋在大伾以東矣。」（『読史方輿紀要』巻一六・北直七・濬県条）

46)　「黎陽城　据文物調査資料，今大伾山東北有黎陽城遺址。遺址南北長約1500米，東西寬約1000米，面積約150万平方米，文化層厚度4至5個目，曾有大量漢至宋代瓷器等遺物出土，未正式発掘。」（新修『濬県志』第一篇　建置）

47)　逯明とは南北朝期・後趙を立てた石勒に仕えた武将，いわゆる石勒十八騎の1人である。『水経注』の記述については前掲注7を参照。

48)　「逯明塁，即石勒之将所築，逯明名姓因為塁名，今遺址尚存。」（『太平寰宇記』巻九・河南道九・滑州）

49)　「晋天福初，范延光拠鄴叛，以暉為馬歩都将，孫鋭為監軍，自六明渡河，将襲滑台。」（『旧五代史』巻一二五・周書一六・馮暉伝）

50)　「据『河南省古今地名詞典』（濬県詞条）稿載：逯明塁在今濬県城東七公里酸棗廟与馬村間，後趙石勒大将軍逯明所筑。位于古黄河東岸，与黎陽津隔河相望，為南北朝所期軍事要冲。今有遺址，已支離破砕。」（新修『濬県志』第一編　建置）

51)　「臨河県　本漢黎陽県地，隋開皇六年分置臨河県，属衛州。其城本春秋時衛新築城，十六年改属黎州，大業二年又改属衛州。武徳二年，重置黎州，県属焉。貞観十七年廃黎州，以県属相州。」（『元和郡県志』巻一六・河北道一・相州）

52)　「臨河県　東六十五里。旧十二郷，今三郷。古東黎県也。魏孝昌年中分汲郡置黎陽郡，領県三，黎陽・東黎・頓丘，此即東黎也。斉属司州。周建徳六年改州為相州。隋開皇五年郡罷，置臨河県，南臨黄河為名。唐武徳二年重置黎州，県属焉。貞観十七年州廃，県隷相州。天祐三年属魏州。晋天福九年隷澶州。」（『太平寰宇記』巻五七・河北道六・澶州）

第1章　河南省北東部・滑県～濮陽市　105

53）　2004年の濮陽調査で訪れた。補論第2章参照。

54）　「白馬城，故衛之曹邑。」（『史記正義』高祖本紀引『西征記』）

55）　「（閔公二年・BC660）冬十二月，狄人伐衛。【中略】及敗，宋桓公逆諸河，宵済。衛之遺民男女七百有三十人，益之以共・滕之民為五千人。立戴公以廬于曹。」（『左伝』閔公二年伝）

56）　「（僖公）二年（BC658）春，諸侯城楚丘而封衛焉。」（『左伝』僖公二年伝）

57）　「漢四年，漢王之敗成皋，北渡河，得張耳・韓信軍，軍修武，深溝高塁，使劉賈将二万人，騎数百，渡白馬津入楚地，焼其積聚，以破其業，無以給項王軍食。正義，『括地志』云：「黎陽，一名白馬津，在滑州白馬県北三十里。」按，賈従此津南過入楚地也。」（『史記』巻五一・荊燕世家）

58）　「決白馬之口，魏無済陽，決宿胥之口，魏無虚・頓丘。」（『戦国策』巻三〇・燕策二）

59）　前掲注29（『漢書』地理志）参照。

60）　「白馬故城　在滑県東二十里。本衛漕邑。『詩』言至于漕。『左伝』閔公二年，衛人立戴公以廬於曹。陸璣『詩疏』，衛本河北，東徙渡河，則在河南是也。秦置白馬県。『史記』，高祖西与秦将楊熊戦白馬。漢属東郡，晋属濮陽国，後魏置兗州於滑台，白馬亦随州徙治，故城遂廃。」（『嘉慶重修一統志』巻二〇〇・衛輝府二）

61）　「白馬故城在滑州衛南県西南二十四里。」（『史記正義』高祖本紀引『括地志』）

62）　「一統志謂「在滑県東二十里」，即今城東之白馬牆在留固集東北三里。距今滑境之衛南坡西南二十余里。与『括地志』里数相符。」（民国『重修滑県志』巻四・輿地　第二・古蹟）

63）　「涼城廃県　在滑県東北。後魏置県，為東郡治。『宋書』，晋義熙十二年，遣北兗州刺史王仲徳，破魏於東郡涼城。『水経注』，河水東北逕白馬県之涼城北。『耆旧伝』云，東郡白馬県之神馬亭，実中層峙。『隋志』，白馬旧置東郡。後斉，并涼城県入焉。」（『嘉慶重修一統志』巻二〇〇・衛輝府二）

64）　「涼城。有源城・南中城・西王母祠。」（『魏書』巻一〇六上・地形志上）

65）　「東郡領白馬，別見。涼城。二漢東郡有聊城県，『晋太康地志』無，疑此是。東燕，別見。三県。」（『宋書』巻三五・州郡志一）

66）　胡阿祥は「東郡領白馬・東燕的同時，不可能又間隔濮陽等郡而遠領聊城県」とし，聊城と涼城は別のものとしている［胡阿祥2006］。

67）　「石季龍済自長寿津，冠梁国，害内史荀闓。」（『晋書』巻一〇四・載記　石勒上）

　　「（賈顕智）率衆達東郡，仍停不進，於長寿津為相州刺史竇泰所破，還洛。」（『魏書』巻八〇・賈顕智伝）

　　「（竇）泰・（婁）貸文与顕智遇於長寿津，顕智陰約降，引軍退。軍司元玄覚之，馳還，請益師。魏帝遣大都督侯幾紹赴之，戦於滑台東，顕智以軍降，紹死之。」（『北斉書』巻二・神武紀下）

68）　前掲注7（『水経注』河水注五）参照。

69）　開州は濮陽の古名。金～清にかけての呼称である。

70）　戚城の文献記述については第1部第3章第1節を参照。戚城と孫氏に関する詳細は張新斌［張新斌2002］を参照。

　　「五月辛酉朔，晋師囲戚。六月戊戌，取之，獲孫昭子。注，昭子，衛大夫，食戚邑。」（『左伝』文公元年伝）

71）　補論第2章参照。

　　「春秋時代，衛国的重要都市—"戚"的遺址，在濮陽県城北八華里戚城村北面。」（新修『濮陽県志』第七編　文化・第六章　文物）

106　第2部　前漢期黄河の地域別検討

72)　「(孝成王) 二十一年 (BC245), 孝成王卒。廉頗将攻繁陽, 取之。集解, 徐広曰, 在頓邱。正義, 『括地志』云, 繁陽故城在相州内黄県東北二十七里。応邵云, 繁水之北, 故曰繁陽也。」(『史記』巻四三・趙世家)

73)　前掲注29 (『漢書』地理志) 参照。

74)　「外黄, 有葵丘聚, 斉桓公会此。城中有曲棘里, 有繁陽城。」(『続漢書』志二一・郡国三・陳留郡条)

75)　「頓丘郡, 頓丘・繁陽・陰安・衛。」(『晋書』巻一四・地理志上)

　　　「繁陽　二漢属, 晋属頓丘。真君六年併頓丘, 太和十九年復。天平二年属, 治繁陽城。」(『魏書』巻一〇六上・地形志上・司州)

76)　「貞観元年, 省繁陽, 又以澶水来属。」(『旧唐書』巻三九・地理志二・衛州・黎陽県条)

77)　「繁陽城　在県北30里楚旺鎮北, 戦国趙将廉頗攻魏繁陽即此, 与内黄同為漢置県, 歴経三置三廃, 作為県治共有700余年, 最後一次"廃繁陽入内黄", 距今已有1360多年。遺址一説楚旺鎮北, 一説即楚旺鎮, 一説在田氏郷高城, 有待出土文字考証。」(新修『内黄県志』第一篇　建置・第三章　県城, 集鎮, 古城)

　　　「高城, 据曹氏家譜記載, 始祖曹伯昌, 原籍山西洪洞曹大街, 永楽年間遷来, 因観地勢較高, 又似古城堡遺址 (一説即古繁陽), 故名曹高城。耿高城・劉高城亦縁于此, 因姓而別。」(新修『内黄県志』第一篇　建置・第四章　地名)

78)　前掲注29 (『漢書』地理志) 参照。

79)　「陰安, 漢置県并封侯国, 属魏郡。其故城遺址在今県西北10公里的古城集東北。城為方形, 周長3公里許, 城牆厚10米余。50年代初, 城西南角残垣尚存：城中偏東北処有高台遺迹1処, 高5米余, 広約300平方米, 伝説為点将台。」(新修『清豊県志』第六編　文化・第四章　文物)

80)　前掲注29 (『漢書』地理志) 参照。

81)　「楽昌　王稚君, 家在趙国常山広望邑人也。以宣帝舅父外家封為侯, 邑五千戸。平昌侯王長君弟也。」(『史記』巻二〇・建元以来侯者年表)

　　　「元王弱, 兄弟少, 乃封張敖他姫子二人, 寿為楽昌侯。」(『史記』巻八九・張耳陳余伝)

82)　「昌楽　太和二十一年分魏置, 永安元年置郡。天平中罷郡, 復。有昌城。」(『魏書』巻一〇六上・地形志上・司州)

83)　「昌楽県　本漢旧県, 属東郡, 後漢省。後魏孝文帝於漢旧昌楽城置昌楽郡及昌楽県, 周武帝改属魏郡, 隋罷郡, 改属魏州。」(『元和郡県志』巻一六・河北道一・相州)

84)　「昌楽城　昌楽城有二。一為晋城, 即晋設昌楽県治所, 与楽昌城同垣。」

　　　「楽昌城位于今南楽県城西北18公里処蒼頡陵北側。」(新修『南楽県志』第一巻　地理・第二章　建置　政区)

　　　「蒼頡陵古文化遺址　位于県西北18公里呉村北, 其上有蒼頡陵和蒼頡廟。」(新修『南楽県志』第二一巻　文物　古迹)

85)　「(趙献侯) 十三年 (BC411), 趙城平邑。」(『史記』巻四三・趙世家)

86)　「(恵文王) 二十八年 (BC271), 藺相如伐斉, 至平邑。」

　　　「悼襄王元年 (BC244), 大備魏, 欲通平邑・中牟之道, 不成。」

　　　「(悼襄王) 五年 (BC240), 傅抵将居平邑, 慶舎将東陽, 河外師, 守河梁。」(『史記』巻四三・趙世家)

　　　「(威烈王) 十一年 (BC415), 田公子居思伐邯鄲, 囲平邑。」

「（威烈王）十六年（BC410），斉田肹及邯鄲，韓挙戦于平邑。邯鄲之師敗逋，遂獲韓挙，平邑新城。」（『今本竹書紀年疏證』巻下）

87) 「平邑城　在県東 7 華里，唐『括地志』載位于唐代昌楽城東北 40 里。平邑城始築于戦国時期，為晋国趙氏所築。邑，即城和県的意思，平邑取意于平原之城邑。漢魏以前，平邑城是兵家必争之地。東魏天平二年（535 年）設平邑県于此。北斉廃，隋開皇十六年重置，大業初并入貴郷県，城池日趨頽廃，北宋名平邑瞳和平邑村，属賢相郷。今分為前・後・中・東平邑四個自然村落。」（新修『南楽県志』第二一巻　文物　古迹）

88)　SRTM–DEM のデータ的特徴および SRTM–DEM を使って 3D 地形モデルを作成する手順については第 1 部第 3 章第 3 節を参照。

89) 「臣窃按視遮害亭西十八里，至淇水口，乃有金隄，高一丈。自是東，地稍下，隄稍高，至遮害亭，高四五丈。」（『漢書』巻二九・溝洫志）

90)　厳密には他河川の河道も含まれる可能性は残る。しかし前述した「高四五丈」等の記述を考えると，これほどの規模の自然堤防を形成する河川が，黄河のほかに存在するとは考えがたい。

　なお「丈」は『漢書』律暦志によれば 10 尺に当たり，1 尺 = 23.3 cm とすると「四五丈」は 9～12 m となる。漢代の度量衡制については『中国科学技術史　度量衡巻』を参照［丘光明ほか 2003］。

91)　たとえば遺跡内で，城壁 A が城壁 B によって途中で断ち切られていた場合，まず城壁 A が先に建設され，後の時代に城壁 B を建設する際に城壁 A の遺構を破壊して建設したと推測される。つまり城壁 B のほうが A よりも新しいことがわかる。このようにして遺跡内での区画の前後関係を判断する手法を「切り合い」と呼ぶ。

92) 「以今輿地言之，河自濬県西南，折而北歴内黄・湯陰・安陽・臨漳・魏県・成安・肥郷・曲周・平郷・広宗，至鉅鹿県大陸沢在焉。」（『禹貢錐指』巻一三中之下）

93)　SRTM–DEM によれば，現在の滑県の南西側，前漢河道と禹河の絡み合う範囲一帯に窪地が確認できる。現在はこの窪地を「白寺坡滞洪区」「長虹渠滞洪区」として，衛河が決壊した際の遊水地としている。白寺坡・長虹渠の両滞洪区をはじめとした衛河の蓄滞洪区に関する詳細は新修『浚県志』水利篇や，韓鳳霞ほかを参照［韓鳳霞ほか 2000］。

94)　筆者は後漢以降の河道検討に際して，RS データを利用して現在の濮陽市街と「長寿津」の位置関係について考察を行っている［長谷川順二 2016］。

95)　河南省文物考古研究所によれば，遺跡からは新石器から漢代にかけての遺物が出土しているという。ただし周代以前の遺物のほとんどが城の内側から出土しているのに対して，漢代の遺物については城牆の内外から出土している。ここから漢代に黄河の洪水によって破壊された（洪水によって遺物が城牆の内外に散乱した）と推測していると思われる［河南省文物考古研究所 2008］。

　「均出土于城牆内側或外側的淤土層中。」（河南省文物考古研究所 2008・二，出土遺物）

　「在城牆外側及頂部発現大量夾雑較多漢代瓦片的淤土，由此分析，該城址是在漢代毀于黄河洪水。」

　「根拠目前掌握的資料，高城遺址可能是春秋時期的衛国城市，在戦国時期為濮陽城，這是目前可以確認的歴史上最早的濮陽城，他也応是秦代和西漢的東郡治所。」（河南省文物考古研究所 2008・三，結語）

96) 「該処屢被黄土淤没，已無遺迹可考。」（新修『濮陽県志』第七編　文化・第六章　文物）

97) 「顓頊城。在県東北三里。」（『太平寰宇記』巻五七・河北道六・澶州）

98)　衛成公のときに楚丘より移る。なお『史記』には「帝丘」の記述は見られない。

108　第2部　前漢期黄河の地域別検討

「(僖公三一年・BC629)　十有二月，衛遷于帝丘。注，辟狄難也。」(『左伝』僖公三一年経)

99)　「文公徙楚丘，三十余年，子成公徙於帝丘。故春秋経曰，衛遷于帝丘。今之濮陽是也。本顓頊之虚，故謂之帝丘。」(『漢書』巻二八下・地理志下)

100)　『史記正義』の注釈者である裴駰(南朝宋の人物)が後漢河道(図7の二重線)，つまり自身の生きている当時の河道と勘違いをしていた可能性はある。濮陽から東へと流れる後漢河道であれば，高城村・湾子村・故県村の3ヵ所すべてで「北臨黄河」という条件に合致する。

101)　『左伝』に見られる「濮陽」記事は，以下のようにすべて杜預の注釈に地名の解説として登場する。

「公会斉侯・宋公・陳侯・衛侯・鄭伯・許男・曹伯于鹹。注，鹹，衛地。東郡濮陽県東南有鹹城。」(『左伝』僖公一三年経)

「十有二月，衛遷于帝丘。注，辟狄難也。帝丘，今東郡濮陽県。故帝顓頊之虚，故曰帝丘。」(『左伝』僖公三一年経)

「晋人・宋人・衛人・曹人，同盟于清丘。注，晋・衛，背盟，故大夫称人。宋華椒承羣偽之言，以誤其国，宋雖有守信之善，而椒猶不免讉。清丘，衛地，今在濮陽県東南。」(『左伝注』魯宣公一二年経)

「衛，顓頊之虚也。故為帝丘。注，衛，今濮陽県，昔帝顓頊居之，其城内有顓頊冢。」(『左伝』昭公一七年伝)

「衛侯夢于北宮，見人登昆吾之観。注，衛有観在於昆吾氏之虚。今濮陽城中。」(『左伝』哀公一七年伝)

102)　聶政に仇討ちを頼んだ厳仲子(韓厳)が濮陽に居していたという記述が『史記』刺客列伝にある。韓哀侯の時代(BC379〜374)の話とあるので，戦国中期に当たる。『戦国策』にも同様の記述が見られる。

「聶政者，軹深井里人也。殺人避仇，与母姉如斉，以屠為事。久之，濮陽厳仲子事韓哀侯，与韓相侠累有郤。」(『史記』巻八六・刺客列伝)

103)　『史記』では呂不韋は韓の陽翟の賈人とあり，濮陽の記述は見られない。

「呂不韋者，陽翟大賈人也。」(『史記』巻八五・呂不韋伝)

104)　補論第2章参照。

105)　『嘉慶重修一統志』や清・嘉慶年間に編纂された『開州志』には記述があるが，1991年に編纂された新修『濮陽県志』には記されていない。現地調査(補論第2章)の際に地元の方に尋ねたところ，昔はまだ水が貯まっていたが，ここ十数年の間に消滅したということであった。

「黒龍潭　在開州西南，瓠子河口。大旱不竭，俗称龍湫。又有蓮花潭，在黒龍潭南三里，方五六頃。毎秋水泛溢，則二潭相通。」(『嘉慶重修一統志』巻三五・大名府一)

106)　Landsat5 TM データの特性および取り扱い，画像解析等の手法については第1部第3章第3節を参照。

107)　現地調査(補論第2章)時に収集した清豊県旧城村所在の「頓丘城遺址」碑に記された唐代頓丘城比定の根拠となる文は以下のとおり。

「位于清豊県城西南三公里固城郷旧城村，経文物調査和鑽探得知村北附近距地表一.八米—二.一米為灰土層，以下為厚度一.二—二米的文化層，出土大量的漢，唐，宋代的陶器，瓷器，磚瓦，貝殻，草木灰，紅焼土塊和房基等文物遺迹。村東南今存高台建築基址，為旧時池設施。従遺址東馬頼河出土的唐代柳信墓志有“元和六年朱明六月二十五日迂疾，終于頓丘県広孝場私第，其年辛卯歳玄英十月十二日卜地是寔于城東一里徳茂郷之原，先世之旧茔。東接古河，西臨広陌，前望澶泉之邑，北臨横路通堤”句。

又在遺址西南東郭村出土唐代陳弼墓志有"元和九年歳在甲午八月己亥朔二十三日丁酉終于澶州頓丘県広孝坊之私第…夫人歿于府君知命之歳。"句等佐証，確指唐代頓丘城在此無疑。頓丘城遺址歴史悠久，内涵豊富，対研究漢唐頓丘一帯的政治，経済，文化以及城市演変均有重要意義。」

108）　山東省聊城市付近の黄河古河道復元では，荏平県賈寨郷に位置する「黒龍潭」記述および SRTM-DEM の地形解析結果を利用して，文献記述に詳細が記されていない黄河決壊および河道の部分変化を特定した。詳細は第 2 部第 5 章を参照。

第2章　河北省大名県～館陶県

はじめに

　本章で主に扱う河北省大名県および館陶県の周辺（図1・範囲Ⓑ）は2005年春に現地調査にて訪れた[1]箇所であり，その際に得られた遺跡等の情報も合わせて活用する。

　『漢書』溝洫志では館陶県にて決壊し，そこから屯氏河が分流したという記述がある[2]。『水経注』では前漢黄河は「大河故瀆」と呼ばれ，元城県・沙邱堰・五鹿・館陶県を流れていたとある[3]。『中国歴史地図集』ではこれらの記事に基づき，大名県からほぼ真北に流れ，館陶県の北西側を回りこんで東へと曲がる河道を想定している［譚其驤1982］。これらの文献記述に加え，Landsat5 TM や SRTM–DEM などの RS データおよび現地調査で得られた位置情報を総合し，この元城県（現在の大名県）から館陶県までの前漢河道を復元する。

　今回の研究対象となる大名県～館陶県の地域には前漢黄河本流の他に，複数の河川が流れていた。前漢には黄河から屯氏河が分流し，その後は魏の曹操によって白溝[4]が，隋の煬帝によって永済渠[5]が建設された。さらに宋代以降に衛河・漳河などの河川が流れ込むといったように，この地域は現代に至るまで河川が複雑に入り乱れてきた箇所である。Landsat5 TM を用いて判読した河道痕図（図2）[6]を見ても，該当箇所は

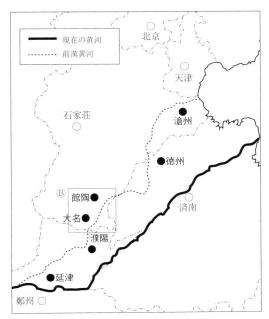

図1　対象地域

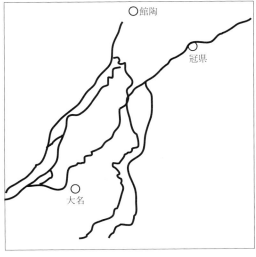

図2　河道痕・Landsat5 TM

複数の河川が錯綜しており，河道の特定は容易ではない。最初にこれらの河道を弁別し，年代や河川名等それぞれの所属を明確にしておく必要がある。各河道の所属を明らかにするには文献資料を使用する[7]。

河道の位置を特定するには，まず関連する都城の位置を特定する必要がある。前述した『水経注』をはじめとした地理書には，河道の位置を記す基準として都城が使われているためである。しかし文献資料に記された都城の位置は，そのまま RS データと重ね合わせることはできない。文献資料の記述を，現代の緯度経度を利用した位置記述に置き換える必要がある。以下に，文献記述と遺跡を利用した緯度経度情報への置換の例を挙げる。

第1節　都城の位置比定

ここでは『水経注』の記述に基づき，元城県・館陶県の2ヵ所を比定する。これらの都城は文献記述，主に『大名県志』『館陶県志』などの地方志にある都城遺跡，またはそれに類する記事を利用して位置を特定する。最終的には現地に赴き，地図上で位置を確認した。

漢代元城県は，『水経注』や民国『大名県志』によれば「沙麓」の近傍にあるとしている（沙麓は同書では大名県の上馬頭郷石家寨村にあるとしている）[8]。実際に現地の文物局の方に依頼したところ，案内されたのは確かに石家寨村であった。この村には特に石碑など遺跡の証拠となるものは存在しない。唯一関連するものとして，地元で「沙廟」と呼ばれる廟が存在した（「泰山行宮碑」の碑がある。碑文によれば明代の建造物である）。この石家寨一帯は「沙丘」と称される地域だということから，ここを沙麓とみなして漢代元城県を比定したのだろうか。

新修『大名県志』によれば，大名県にはこの「沙丘」と称される沙地が多く見受けられ，そのほとんどは衛河の東側・大名県の南東部に集中している（図3）[9]。『水経注』によれば，この辺りには「沙鹿（麓）」の他に「沙邱堰」と呼ばれる地もあったという。これらの沙丘が古代の沙地の状態をそのままとどめてきたものかは不明だが，この記述との相関は興味深い。

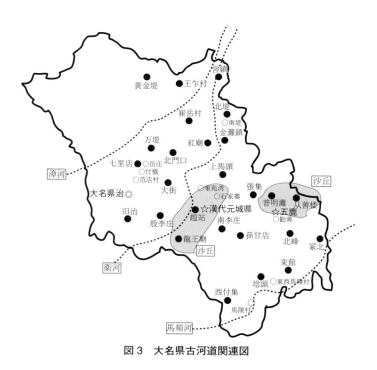

図3　大名県古河道関連図

漢代館陶県は前述したように，前漢期に黄河が決壊したという記述が『漢書』溝洫志にあることから，前漢黄河の位置を特定するためには必須の場所である。新修『館陶県志』によれば，漢代館陶県は冠県（山東省）の東古城郷にある。現在の館陶県から衛河を渡って東へ行き，さらに衛東干渠と呼ばれる渠道を越えて東側に位置する（図4）。

『元和郡県志』によれば，この漢代館陶県の東四里に大河故瀆（＝前漢黄河）が位置するとある[10]。新修『館陶県志』に掲載されている清代の館陶県地図には，県の東部に南北に走る帯状の沙地帯が書かれている[11]。『元和郡県志』の「東四里」

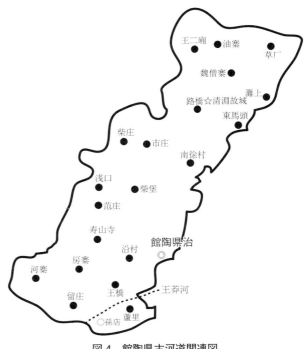

図4　館陶県古河道関連図

という記述とおおむね合致するが，この沙地帯がすなわち前漢黄河の河道であると，一概には言えない。沙地は北東方向へとほぼ直進しているが，前漢黄河は館陶県から東に位置する漢代霊県（現在の山東省高唐県）へと流れるためである[12]。

また県城ではないが，『水経注』に「五鹿」という地が登場する。春秋時代，晋文公が放浪していたときに食を乞うたが，食の代わりに土塊を与えられたという記述が『左伝』にある[13]。杜預によれば現在の大名県であるという説と，もう1つ濮陽県の南という2つの説が存在する[14]。ここでは民国『大名県志』の説[15]に従い，大名県の普明灘郷勧善村を五鹿とした。

さらに『水経注』には登場しないが，大名県の南端に「馬陵」という地がある。現在の埝頭郷東西馬陵村，および西付集郷馬陵村の一帯である。戦国時代，ここで斉の孫臏が魏の龐涓を破ったという記述が『史記』にある[16]。黄盛璋によれば，この馬陵は黄河の東側に位置するという［黄盛璋1982］。これもまた前漢黄河の位置を特定するための情報として活用できる。

第2節　王莽金堤遺跡

前漢黄河を復元するうえで重要なのが，「金堤」と呼ばれる堤防遺跡である。これは漢代（またはそれ以降）に黄河の水害を防ぐことを目的として作られた堤防であるため，この遺跡の近隣に前漢黄河が流れていた可能性が高い。新修『大名県志』によると，大名県には南北に貫いている金堤が存在する[17]。現在の漳河・衛河とは異なる道を採るこの堤防は，各所で削り取られて寸

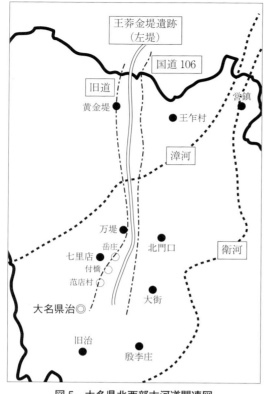

図 5 大名県北西部古河道関連図

断されているが，これらの残存堤防をつなぐことで，ある程度の範囲に位置を絞り込むことは可能である。

2005 年春の現地調査で実際に金堤遺跡を訪れたところ，確かに一部箇所では数 m 高の盛土部が確認できた[18]。しかし，この盛土がすなわち漢代の建造物であるかどうかは，簡単には判別できない。金堤は漢代以降も修築作業が連綿と続けられてきたためである[19]。しかし漢代以降にこのような南北の河道を採った河川は見いだせず，現在の漳河も金堤を貫いて南西〜北東へと流れていることを考えると，金堤の南北直進ルートは前漢黄河である可能性が高い。

これらの金堤はほぼ南北に直進し，脇には堤防に沿う形で街道が走っていた（図 5）。堤防の東側にも道路は通っているが，こちらは近年完成した国道 106 号線である。新修『大名県志』掲載の「大名県地図」には東側の国道は記されておらず，西側の旧道のみとなっている。集落が旧道を中心とした堤防の西側に点在し，東側には見受けられないことを合わせて考えると，この金堤に沿っていた河川（おそらくは前漢黄河か）は堤防の東側を流れていたと推測できる。

第 3 節　RS データとの比較

以上の手順を踏み，古代以来の文献に記述される城市・堤防その他の位置を現在の地図上にマッピングし，緯度経度を確認した。最後にこれらの緯度経度情報を使って，Landsat5 TM や SRTM-DEM などの RS データと重ね合わせて比較検討を行う。

前章で検討した河南省濮陽市周辺では，SRTM-DEM を利用して作成した 3D 地形モデルおよび Landsat5 TM データを解析して割り出した河道痕から前漢河道を特定した[20]。今回の大名県・館陶県でもまずこの 2 つの手法を試してみたが，残念ながら期待したほどの効果は得られなかった。濮陽周辺と今回の調査範囲では地形的・地質的条件が異なるためであろう。

そこで視点を変えてみた。前述したように，大名県は「沙丘」と称される沙地が多い地域である。『水経注』にも「沙鹿」「沙邱堰」と言う地名が登場するように，この地域には古代から沙地が多く見られる。この沙地の情報を RS データの解析に利用する。

現地調査で大名県石家寨村にある「沙廟」と呼ばれる廟を訪れた際に，地図上の緯度経度を特定してきた。また 2003 年に濮陽付近を調査した際に，河南省内黄県に現存する帯状の沙地帯（現地では「黄河故道」と称される）を訪れた。この地点の緯度経度も収集済みである。これらの地点を基礎情報とし，Landsat5 TM 上で同様の特性をもつ箇所を拾い上げる「教師付き分類」という解析方法[21]を使った（図6）。

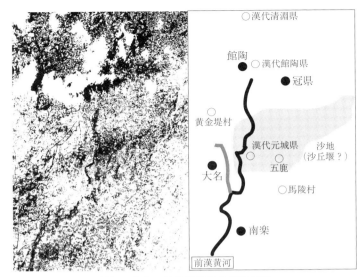

図6　大名・館陶県付近の復元河道

　この解析結果を見ると，まず画面中央を縦に走る流れがうっすらと見て取れる。河道痕では見えなかったラインである。漢代元城県の西側を通って館陶県へと流れるこのラインは『水経注』他の文献記録と合致することから，おそらくこれが前漢黄河の河道だと思われる。さらに画面中央，前漢河道から画面右にかけて黒の濃い範囲が見て取れる。この範囲は現在でも「沙丘」「沙廟」などと呼ばれる箇所に重なる。この範囲が「沙鹿」「沙邱堰」か。河道の屈曲と合わせて見ると，漢代元城県のすぐ北側で決壊し，そこから東へと流れ出したとも見える。

　さらに前漢河道の屈曲の度合いおよび現・大名県へと流れるラインから，前漢黄河から分岐する川筋が見て取れる。これは『漢書』溝洫志や『水経注』に記述のある「屯氏河」であろうか。

　今回の大名～館陶に，以前復元した河南省滑県～濮陽市～清豊・南楽県の前漢河道をつなげてみた（図7）。この復元河道のうち，滑県～濮陽市の範囲は 3D 地形モデルから，濮陽市～南楽県は「教師なし分類」によって割り出した河道痕から復元した。今回の大名～館陶では「沙地」をキーとして解析するという「教師付き分類」という手法を用いた。このように，解析方法は対象となる地域の地形・地質特性によって異なり，近接した範囲でもまったく異なってくる可能性もある。つまり対象となる地域に適したデータや解析方法をいかにして把握するかがキーとなる。

おわりに

　RS データとの比較を行う際に注意するのは，データはあくまで文献記述の補助的な立場として扱うという点である。衛星画像と DEM は，両方とも近年開発された技術によって計測されたものであり，現代のデータである。対して復元を試みている前漢時代の黄河河道は，約 2000 年

図7　滑県〜館陶県の復元河道・譚説との比較

前のものである。この時代の情報を知るには，やはり同時代資料である『史記』『漢書』などの史書，あるいは時代が多少下るが北魏期の『水経注』，または唐代以降に製作された各種地理書に拠ることとなる。つまりRSデータよりも文献記述のほうを優先して検討するというのが主なスタンスとなる。

しかし実際に文献とRSデータとの比較検討を進めていくと，文献記述とそぐわない箇所も出てくる。これは今後も確実に遭遇することが予測できる問題である。資料批判の観点からみて，文献記述の誤りであるという可能性も考えられるが，簡単に結論を出せる問題ではない。実例をひとつひとつ慎重に検討し，解決していくことになるだろう。

今回の復元作業において，河道本体だけでなく「屯氏河」や「沙丘」など周辺の地形も同時に確認できた。このように範囲を広げることで，黄河を含めた古代の環境全体を復元できる可能性が見えてきた。今後もこの方法を用いた研究を進めることで，古代中国の環境復元を目指す。

注
1) 2005年3月21〜28日に河北省館陶県〜邯鄲市〜臨漳県〜大名県の範囲を回り，現地調査を行った。詳細は補論第3章を参照。なお本調査は学習院大学東洋文化研究所プロジェクト「黄河下流域の生態環境と古代東アジア世界」による。
2)「自塞宣房後，河復北決於館陶，分為屯氏河。」(『漢書』巻二九・溝洫志)
3)「又東北逕元城県故城西北，而至沙丘堰。『史記』曰：魏武侯公子元，食邑于此，故県氏焉。郭東有五鹿墟，墟之左右多陥城。『公羊』曰：襲邑也。『説』曰：襲陥矣。『郡国志』曰：五鹿故沙鹿，有沙亭。【中略】『春秋左伝』，僖公十四年：沙鹿崩。【中略】一水分大河故瀆出，為屯氏河，逕館陶県東，東北出。」(『水経注』巻五・河水注五)
4)「曹公開白溝，遏水北注。方復故瀆矣。」(『水経注』巻九・清水注)
5)「(大業) 四年 (608) 春正月乙巳，詔発河北諸郡男女百余万開永済渠，引沁水南達於河，北通涿郡。」(『隋書』巻三・煬帝紀上)
6) Landsat5 TM「教師付き分類」を行ってリニアメントを抽出し，河道様地形を判読した図。詳しく

は第1部第3章第3節「リモートセンシングデータ」を参照。

7) 文献資料の河川記述から河道を読み取り，所属年代を明らかにする手法については第1部第3章第1節「文献資料」を参照。

8) 「元城故城 其地，有三。一為漢県治，近沙麓。」（民国『大名県志』巻六 城池）

9) 「沙邱主要分布在黄河故道。龍王廟・趙站・従善楼・晋明灘等郷鎮較多。」（新修『大名県志』第一編 地理・第四章 地質地貌）

10) 「大河故瀆，俗名曰王莽河，在県東四里。」（『元和郡県志』巻一六・河北道一・魏州館陶県条）

11) 清代の館陶県は現在よりも東側に広く，冠県の一部の領域を含む。そのため東古城（漢代館陶県）と沙地帯は館陶県の領域に含まれていた。新修『館陶県志』参照。

12) 「元帝永光五年，河決清河・霊・鳴犢口，而屯氏河絶。」（『漢書』巻二九・溝洫志）

13) 「過衛，衛文公不礼焉。出于五鹿，乞食于野人，野人与之塊。公子怒，欲鞭之。」（『左伝』僖公二三年伝）

14) 「五鹿，衛地。今衛県西北有地，名五鹿。陽平元城県東，亦有五鹿。」（『左伝』僖公二三年伝・杜預注）

15) 「五鹿城，在今城東四十五里。春秋時，衛地。亦与斉晋接境。按，五鹿在今九区勧善村東北里許。」（民国『大名県志』巻六 城池）

16) 「斉因起兵，使田忌・田嬰将，孫子為帥，救韓・趙以撃魏，大敗之馬陵，殺其将龐涓，虜魏太子申。」（『史記』巻四六・田敬仲完世家）

17) 金堤

「即漢時旧堤。勢如岡嶺，自東南入県界。按『漢書』：文帝十二年，河決酸棗，東潰金堤。成帝建始四年，河決東郡金堤。次歳，改元河平元年。以王延世為堤河使者，塞河決堤繞。古黄河歴開州・清豊・南楽，自大名東北趨館陶。計長二百余里。明弘治間知府李瓚，重築。」（民国『大名県志』巻七 堤堰）

「大名県境内有“漢堤”（亦称金堤），即黄河古堤。左堤従魏県曹村向東北，過大名城向北経付橋村・岳荘・万堤至黄金堤村，進入館陶県境；右堤由河南省南楽県王崇灘村向東北，過大名県東苑湾，経金灘鎮・南堤村進入山東冠県境。」（新修『大名県志』第二編 経済・第四章 水利）

王莽金堤遺跡

「据史載，王莽簒位称帝後，為防黄河洪水淹其祖墳瑩為築堤，俗称“漢金堤”。此堤位于今城北范店村・付橋村・黄金堤一線，残断連綿。残高約2米，残寛約40米。残断面見明顕夯土層。」（新修『大名県志』第四編 文化・第一章 文化芸術）

18) 2005年春の現地調査については補論第3章を参照。

19) 民国『大名県志』巻七・堤堰の項に，「明弘治間知府李瓚，重築」とある（前掲注17）ことから，明代にも修築がなされていたことがわかる。

20) 第2部第1章参照。

21) このように特定の条件を与えて要素を抽出する解析方法を，「教師付き分類」と呼ぶ。先に河道痕を拾い上げた際に使ったのは，抽出条件を特定せずに解析を行った「教師なし分類」であった。後者の「教師なし分類」でもある程度の地質情報を得られるが，今回の「沙地」のように特定の条件を与えることで，より精密な結果を得ることを可能にするのが「教師付き分類」である。現地調査を行い，現地の詳細な地質情報を実見できていたからこそ取りうる方法である。画像処理に関しては第1部第3章第3節「リモートセンシング」を参照。

第3章　河南省武陟県～延津県～滑県

はじめに

　本章の河南省武陟～新郷～延津～滑県に至る範囲（図1・範囲ⓒ）には第1章（濮陽）・第2章（館陶）の古河道復元とは異なる条件が存在する。それはこの地域での河道の安定性である。ここより下流の滑県以降では，例えば滑県では禹河から前漢河道への改道地点である宿胥口[1]が位置し，黎陽県付近では宋代河道群[2]が分流し，濮陽では前漢最大の黄河決壊である「瓠子河決」[3]が発生している。そして後漢～唐のいわゆる「王景河」[4]への改道もやはり濮陽においてであった。文献記録に残る大規模な改道に限っただけでも，70 kmに満たない範囲で戦国～北宋期の1500年間にこれだけの大規模改道が起きている。しかし今回の140 kmにわたる河道においては，同じ時期であるにもかかわらず前漢文帝期に酸棗県にて起こった1回を除いては，ほとんど決壊記録が見られない。この範囲で決壊および大規模な河道変動が発生するのは北宋期以降である。この違いは何に由来するのか。

　黄河河道の安定という点では，王景河の安定性に関する研究が数多く発表されている[5]。確かに王景による治水事業が完了した後漢明帝永平13年（70）から南北朝・隋を経て唐に至る800年間の長きにわたって同じ河道を維持できたというのは，変動著しい黄河史においては特筆すべき事例である。しかしこれらの研究では黄河下流平原全体や変動の激しい濮陽市から東側の渤海へと至る地域を対象としており，今回の対象となる洛陽に近い地域に関する考察はあまり行われていない。そこで本章では視点を変え，この河南省武陟～新郷～延津～滑県に至る地域に焦点を絞って安定性の要因に関する考察を試みる。

　今回の対象範囲における復元河道は，今までに復元を完了した前漢河道[6]とは滑県の西側でつながる。禹河が北流を開始したポイントとされる宿胥口もこの河道に位置することから，禹河が北流する以前からほぼ同じ河道

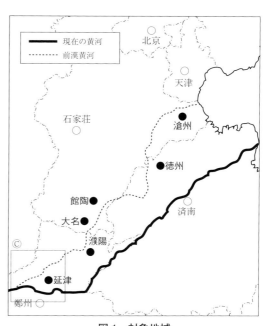

図1　対象地域

を流れていたと推測されている[7]。そうすると戦国以前〜北宋末に至る1000年以上にわたってひとつの河道を維持していたことになり，前述した後漢〜唐末の王景河より長期間となる。なぜこれほど長期にわたって河道が安定していたのか。さらに言えば，黄河の決壊記事が頻発する最初の時期である前漢期においても，この範囲での決壊記事は酸棗で起きた1件以外には見つからない。それほどまでに安定していた理由はどこにあるのか。そしてそこから進め，前漢期に濮陽付近で決壊が頻発した理由もあわせて考えてみる。

第1節　対象地域の概要

この地域は，黄河の北岸は春秋時代に晋の文公が「南陽」を領土に得て[8]以来晋の領域であり，南岸は衛および鄭が領有していた。戦国時代に入って三晋が分裂した頃には衛・鄭の勢力が衰え，三晋から分かれた魏が黄河南岸と併せて領有した。戦国末期に秦の領有となり，始皇帝によって「河内」と名を改められる[9]。漢代に入り，河内郡が置かれる。「南陽」「河内」の両方とも，北に太行山脈を備え，南に黄河を抱くという当地の地形に由来する呼称である。

この地域において黄河は長い間安定していたが，北宋末になって変化が始まった。その契機となったのは人為的要因であった。金が北宋の首都・汴京を攻めてきたことで，北宋は黄河沿いに首都の最終防衛線を展開した。そのなかの1人である東京留守の杜充が黄河堤防を自ら破壊した[10]。結果として，この建炎2年（1128）以後黄河河道は不安定となり，金・章宗明昌5年（1194）8月に陽武県にて決壊した黄河は東へ向い，淮水方面へと向うこととなる[11]。以後は「黄河南流」と呼ばれる時期が清・咸豊5年（1855）まで続く。しかし南流期に入っても，この地域にはしばらく黄河が流れ続けていた。最終的にこの地から黄河が去ったのは明代である。成化14年（1478）に決壊した黄河は翌年に南へと移動し，延津県を中心とした河内地域における黄河河道は途絶した。

第2節　文献資料にみる前漢河道

『水経注』巻五　河水注五によれば，この地域の古河道は「扈・巻県・武徳県・酸棗県・燕県・遮害亭・宿胥口・滑台城」がキーとなる[12]。これらの場所を個別に検討してみる。

（1）扈

春秋時代，鄭国の邑[13]。7回に及ぶ盟の開催地である[14]。『竹書紀年』によれば，春秋・晋出公22年（BC455）に河（黄河）がこの地点で「絶」したとある[15]。『続漢書』志一九・郡国志一によると巻県に扈城亭という地名があり，唐代の李賢注によればこの扈城亭が「扈」である[16]。『春秋地理考実』でも「今開封府原武県西北扈亭，是也」としており，新修『原陽県志』もこの説を採用している。

第3章　河南省武陟県〜延津県〜滑県　121

（2）巻県

『漢書』巻二八上・地理志上に，河南郡の県とある。『史記』巻六九・蘇秦列伝や秦本紀にも登場しており，戦国時代には魏国の邑であった[17]。『史記』巻五・秦本紀に引く『括地志』には「鄭州原武県の西北七里」とあり，新修『原陽県志』ではこの記述に基づいて現在の原陽県原武鎮の西北4kmに位置する「圏城村」としている（巻と圏は同音）[18]。

（3）武徳県

『漢書』巻二八上・地理志上の孟康注によると，秦始皇帝の設置であるという[19]。三国期には，魏文帝曹丕が父・曹操から魏王を継いだときに太子である曹叡（後の魏明帝）を武徳侯に封じている[20]。新修『武陟県志』では現在の圪壋店郷大城村にあたるとしている[21]。

（4）酸棗県

『左伝』に「廩延」という鄭国の邑がある。杜預によると，この廩延が酸棗県の前身である[22]。また鄭国を出奔して晋に向かった游吉を駟帯が追い，酸棗にて追いついたという記事がある[23]。游吉が酸棗で河（黄河）に珪を捧げて子上（駟帯）と盟を結んでいることから，酸棗が黄河の畔，それも南側に位置することがわかる。

また『史記』巻四四・魏世家に，魏文侯32年（BC411）に魏が酸棗に城を築いたとある[24]。さらに蘇秦が魏襄王を説得する際に魏の領域について触れ，酸棗は前述の巻県とともに魏国の北辺に位置すると説明している[25]。これらのことから，黄河南岸に位置する酸棗は，延津という黄河渡し場を近くに抱えていることからも，河南側にとっては河北からの侵攻に備えるための防衛拠点，河北側にとっては河南へと進出するための橋頭堡として，ともに戦略的に重要な地点だったことがわかる。戦国末には秦の将軍蒙驁が全国統一の過程で酸棗を攻め落とし，周辺の県とまとめて「東郡」が置かれた[26]。

『史記』巻二九・河渠書によると，この酸棗で前漢文帝期に黄河の決壊が起こっている[27]。この「金堤」は『史記正義』によると別名十里隄と呼び，白馬県（現・滑県白馬牆村）の東五里とある。新修『延津県志』によると酸棗は現在の会安鎮にあるとしている[28]が，現在の延津県には「会安鎮」という地名は存在せず，詳細な位置は不明である。延津県内に位置すると仮定しても，直線距離で60km以上離れている。酸棗で決壊した黄河の水は黄河の南岸に沿って60km以上東へ走り，白馬県の十里堤を潰したということになる。前漢最大の決壊である「瓠子河決[29]」では淮水・泗水に到達したとあり，直線距離で実に300km以上になる。さすがにこの例には及ばないが，かなりの規模の決壊である。金堤は黄河の沿岸各地に点在するため，あるいは酸棗の近隣にも金堤と呼ばれる箇所が存在した可能性も考えられる。

（5）燕県

『左伝』隠公五年伝に，衛国が「燕師」を以て鄭を伐つとある[30]。注および正義によれば，戦国七雄の燕国とは別の「南燕国」を指すとある。『漢書』巻二八上・地理志上・東郡条に「南燕県」の記述がある[31]。『嘉慶重修一統志』には延津県の北，「故胙城」の東側に位置するとある[32]。『中国文物地図集』河南分冊によれば胙城故城は現在の延津県胙城郷胙城村の北側に位置するこ

122　第2部　前漢期黄河の地域別検討

とから［国家文物局 1991］，南燕はその東側にあると思われる。

(6) 遮害亭

いわゆる「賈譲三策」の上策[33)]で，黄河下流の堤防を決壊させるポイントとして挙げられている箇所である[34)]。『漢書』巻二九・溝洫志では，この遮害亭の西 18 里に「淇水口」，つまり前漢黄河と淇水の合流ポイントがあるという。『嘉慶重修一統志』では，濬（浚）県の西南 50 里にあるとしている[35)]。

(7) 宿胥

『水経注』巻五・河水注五によると戦国以前の黄河河道（『尚書』禹貢編にて述べられていることから「禹河」と称される）が，前漢河道に切り替わるポイントである[36)]。禹河はここから北へ流れるが，前漢河道は東へ抜けて濮陽方面へと向かう[37)]。

『史記』巻六九・蘇秦列伝では蘇代が燕昭王に語った言葉として，「宿胥之口」にて黄河を決壊させることで，秦はその北側に位置する魏の虚と頓丘を攻め落とせるとしている[38)]。後漢末には曹操が「宿胥之口」から「白溝」という運河を開削して，袁一族の本拠である鄴城侵攻に際しての兵糧輸送に備えている[39)]。この白溝は後に隋煬帝が建設した大運河の一部である永済渠，別名御河となり，現在の衛河につながるとされる[40)]。つまり宿胥は淇水と衛河の合流地点近くに位置すると思われるが，『嘉慶重修一統志』によると痕跡はすでに埋没しており，詳細な位置は不明である[41)]。

(8) 滑台城

『元和郡県志』巻八・河南道四によれば春秋時代に衛霊公が築いた小城が原形とあるが[42)]，民国『重修滑県志』にはさらにその前，西周初期に封建された周公の子である滑伯が最初に邑を築いたという[43)]。前漢期にはこの場所には県は建てられず，近隣に白馬県および黎陽県が置かれていた[44)]。「滑台」という呼称が登場するのは『晋書』巻九・孝武帝紀以降である[45)]。新修『滑県志』によれば，現在の滑県道口鎮（県城）の西 4 km に位置する[46)]。

次に渡し場「津」について検討する[47)]。先ほど使用した『水経注』河水注の同じ範囲には「延津・霊昌津・棘津・石済津・南津」と 5 ヵ所の名称が記されている。しかし順序や位置など，記述に多少の混乱が見られる。以下に 1 つずつ整理してみる。

(9) 延津

後漢末の曹操と袁紹のいわゆる「官渡の戦い」において，幾度か登場している。先陣として派遣した顔良が撃破されたことで袁紹は自ら黄河を渡り，延津の南側に布陣した[48)]。袁紹軍の第2陣として進撃してきた文醜を延津にて破った徐晃は，このときの功によって偏将軍を拝している[49)]。その後曹操は于禁に命じ，兵 2000 人とともに延津に派遣した。このとき曹操自身は官渡まで引いていたが，劉備が徐州にて叛旗を翻したためにそちらの討伐へと赴く。その間，于禁は延津で袁紹軍の進撃を防いでいた[50)]。

このように，黄河の北側に位置する鄴城から攻めてくる袁紹に対して，許昌に本拠を置く曹操としては，黄河の渡し場である延津が重要な防衛拠点だったことがわかる。なお，現在の河南省

新郷市に延津県があるが，唐以前においてはこの地域には「酸棗」「胙城」の2県が置かれており，県の名称になったのは北宋期，政和7年（1117）以降である[51]。

（10）霊昌津

五胡十六国の1つ，後趙の石勒が暴風に荒れる河（黄河）に至った。渡ろうとしたところ河の荒れは治まり，問題なく渡河ができた。渡り終えると元のように荒れ始めた。これを吉兆と考えた石勒が，この渡し場の名前を「霊昌津」とした[52]。後に石季龍（石虎：石勒の従子で後趙第3代皇帝）が同じ場所に橋を架けようとしたが，大小の石が流れており工事ができる状態ではなかった。そこで河に璧を沈めて祭祀を行ったところ，地震が起きて渡し場にあった建物がすべて倒壊し，100余人が圧死した。そこで季龍は怒り，工匠を斬って工事をやめさせた[53]。『元和郡県志』巻八・河南道四に，この霊昌津は前述の延津と同じものとある[54]。

（11）棘津

春秋時代，晋の荀呉が軍隊を率いて渡った場所であり[55]，商末に太公望呂尚が困窮した場所である。「石済津」「南津」とも呼ばれる[56]。新修『延津県志』では，現在の延津県東屯郷汲津鋪としている[57]。

また，上記の他に位置の基準として，調査範囲に含まれる以下の遺跡にも触れておく。

（12）枋頭城

「枋」とは堤防を築く際に支柱として使われる大きな木柱を指す。『水経注』巻九・淇水注によれば，「宿胥」の項にて触れた曹操が白溝を築いたときに「大枋木」を用い，それが地名となった[58]。『中国文物地図集』河南分冊によれば，現在の浚県の西南端，前枋城鎮に位置する［国家文物局2001][59]。

2006年9月に現地を調査した[60]際に，この地点を訪れた。すでに遺跡は埋没しており，詳細な位置は不明となっていたが，現地の人に枋城鎮の最奥部にあった淇水の畔に案内していただいた。おそらくはこの辺りが城址だったのだろうとのことだが，ここが枋頭城だったとすれば淇水の直近に立てたことになる。白溝は曹操の本拠となる鄴城へとつながるという。鄴から白溝へ，そして枋頭城を経て黄河へと連なる流通ルートが想定できる。

（13）汲県故城

戦国時代，魏国の邑[61]。「河内」と呼ばれる前漢黄河の北側に位置する[62]。前漢では河内郡に属す[63]。新修『衛輝市志』によると衛輝市の西南12kmに位置する汲城村に遺跡がある[64]。

（14）杏園鎮遺跡

唐代，特に安史の乱の時期における渡河記録がいくつか見られる[65]。新修『衛輝市志』によれば，衛輝県城から東南15kmの李源屯郷白河村附近に位置するとある[66]。

（15）呉起城（沙門城）遺跡

『嘉慶重修一統志』巻二〇〇・衛輝府二によれば，延津県の西北20里にある。名称である「呉起城」は戦国時代の高名な兵家である呉起が，魏に仕えていたときにこの近辺に将兵を駐屯させていたという伝説に因る[67]。新修『延津県志』によれば現在の沙門および十八里荘の間に位置し，

現地では「沙門城遺跡」と呼ばれる[68]。この遺跡は清代以前から知られていたが，2006年8月から詳細調査が行われ，2007年1月に中国の新聞に報道された[69]。

第3節　RSデータを用いた考察

前述したように，この地域の黄河は戦国〜北宋期に至る長期間においてほとんど河道変化がなかったとされる。つまり，その分だけ黄河の痕跡が他地域よりもくっきりと見えることになる。実際にSRTM-DEMを用いて作成した3D地形モデル[70]（図2）を見ると，ほぼ一直線に堤防様地形が見える。堤防の外側にはほとんど凹凸が見られないことから，戦国〜宋代の永きにわたり，黄河は大幅な変化をすることなく一貫してこの堤防様地形の内側を流れていたことが推測できる。河道の概要はこのデータで判明したので，次に問題となるのは「現在の黄河河道との分岐点」「黄河南徙の契機となる金代における新郷付近での決壊の痕跡」の2点である。まず前者の「現在の黄河との分岐点」について考察する。

この3Dモデルでは範囲外となって見えないが，この分岐点の少し手前に当たる西側には黄河と洛河の合流点がある（図3）。現在の黄河はほぼ西から東へ一直線となっているが，漢代当時の黄河はむしろ洛河と一直線とも言える河道を採っている。

洛河と黄河の関係性を考えると，前漢河道は本来洛河の河道ではないかと思われる。この河道を見る限りでは洛河の河道といわれても不思議はない。黄河には南流時に淮水の河道を奪い[71]，北流回帰時に大清河の河道を奪った[72]という事例がある。もし洛河の河道を奪ったとすれば，洛陽付近から滑県の近くまでほぼ一直線に走る河道痕が説明できる。

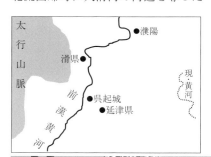

また同時に，前漢期に頻発した黄河の決壊が黎陽以東，特に濮陽付近で集中して起こっていることにも説明がつく。第2部第1章で復元した滑県〜濮陽の河道は，かなり曲がりくねった状態となっている。河川の決壊が発生するのは，曲がりくねった屈曲部の外側である。屈曲部は直進部と比べて水流速度が落ちるため，河道の他箇所よりも滞留が起こりやすい。つまり，決壊が起きやすい状態になる。対して，黎陽以西では酸棗の1件以外に決壊の記事は見つからない。記録に残らなかったとも考えられるが，この対比は興味深い（図4）。

つまり河道が直線状であったために武陟〜延津では河道が安定しており（＝決壊が起き

図2　3D地形モデル

第3章　河南省武陟県〜延津県〜滑県　125

図3　洛河と前漢黄河

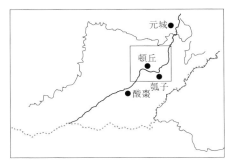
図4　前漢黄河の決壊地点

ない)[73]，屈曲が始まる黎陽〜濮陽〜頓丘において決壊が頻発したということである。濮陽の周辺，特に南側や東側は現在では見渡す限り起伏のない平原地帯だが，古代においては文献に見える限りにおいても「楚丘」「帝丘」「頓丘」「鉄丘」「馬陵」[74](図5)などの丘陵に因んだ地名がいくつも見られる。史念海によれば，黄河下流平原の範囲全体では39ヵ所の丘陵地名が存在するという［史念海 1999］。これらの地名はほとんどが春秋〜戦国期のものである。つまり戦国期に黄河河道が移動してくるまで，この近辺は起伏に富んだ丘陵地帯であったと考えられる。そこから以下のように考察を進めることができる。

　黄河は洛河の河道を奪って北東方向へと直進したが，滑県の付近で大伾山などの山塊にぶつかり，北へと向きを変え，太行山脈のすぐ東側に沿って安陽〜邯鄲を経る河道を形成した。『禹貢』に記載される禹河のルートである[75]。

　河川は屈曲部において流勢を落とし，その際に含有土砂を両岸に残して堤防を形成する。これにより滑県付近には自然堤防が形成される。しかし屈曲部において最も大きな力が加わるのも堤防部である。常態では問題ないが，ひとたび上中流で何かが起こって流量が増した場合，その増水分の力はすべて堤防部に加わることとなる。周定王5年（BC602）には自然形成された滑県付近の堤防部において決壊し，そこから東へ進むこととなった。

　滑県から東へ流れた黄河は濮陽付近の丘陵地帯（図5）にぶつかって北へと向きを変え，館陶県方面へと流れた。これが前漢河道である。しかしこの河道は安定性が低く，前漢期においては濮陽や頓丘，館陶近辺で黄河の決壊が繰り返し起こった[76]。この決壊によって丘陵は洗い削られ，濮陽の東側や南側は現在のような平原地帯となる。平原になったということは，周定王5年の時点では存在した河道の阻害要因が消えたということである。後漢期に王景が東へ抜ける河道を誘導できるようになったのは，実にその点においてであった。

　次に，金代に延津県付近で起こった決壊について考察する。「災害考古学」という研究分野がある。それによ

図5　濮陽付近の丘陵地名

126　第2部　前漢期黄河の地域別検討

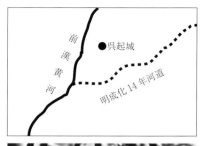

図6　呉起城付近の3D地形モデル

れば，大河が決壊したときはその箇所にはお椀型の窪地が形成されるという[77]。2003年の濮陽調査の際に「瓠子」の痕跡とされる「黒龍潭」を見学した。実地では判別できなかったが，後ほどSRTM-DEMを利用して3D地形モデルを作成したところ，まさにこのお椀型の窪地となっていた。今回の範囲においてもこのお椀型地形を探すことがポイントとなるが，これだけでは情報が不足している。

　2007年1月に，黄河故道に関する重要な遺跡が発見された。前節にて取り上げた「呉起城」または「沙門城址」と呼ばれる遺跡である。明章5年（1194）に始まる決壊の頻発によって黄河の本流は南へと流れ，淮水の河道と合していわゆる「黄河南流」の状態となった。しかしこの地域においてはその後も小規模な変動が繰り返されたようである。『明史』地理志によれば，沙門城が黄河の南岸から北岸へと移ったのは明成化14年（1478）のことである[78]。

　このことから，明成化14年の決壊は延津県（沙門城）よりも上流（西側），それも沙門城からさほど遠くない箇所で起こったことが推測できる。前述したお椀型地形をこの地域で探してみると，やはり延津県の西側，上流部で発見できた（図6）。おそらくはここから決壊した黄河は『水経注』に見られるような小河川の河道（奪流時に水が流れていたかは不明）を淮水のごとく奪い取り，南へと流れるようになったのだろう。

おわりに

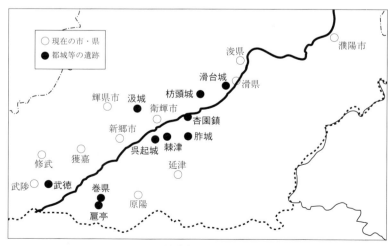

図7　前漢黄河と城市遺跡

　以上のように，文献記録および発掘遺跡・RSデータを利用して，前漢期黄河の河道復元を行った。これにより，今までの復元分と含めて河南省武陟県〜新郷市〜衛輝市〜滑県〜濮陽市〜南楽県〜河北省大名県〜館陶県に至る前漢河道の特定が完了した（図7）。同時に，

武陟〜延津〜滑県においてなぜ河道が安定していたのか，そして濮陽付近でなぜ決壊が頻発したかの原因を，周辺部を含めた地形などから考察を行った。

　黄河の河道は，地形的な条件によって決まる。例えば濮陽付近では滑県の大伾山や，頓丘・鉄丘・馬陵等の丘陵地帯によって河道が限定されていたことが判明した。逆に阻害要因のない河南省武陟県〜新郷市〜衛輝市では，伊河・洛河から連なる河道がほぼ一直線に走っていた。さらに人為的な要因，古くは禹に始まり後漢・王景による治水事業，北宋期には南下する金の軍隊を阻むために黄河を決壊させた杜充のように，人間活動によって黄河改道が発生した事例も存在する。古河道を考察するうえでは，これらさまざまな要因を考慮に入れる必要がある。

　しかし逆の影響もあるのではないか。ある地点の黄河が別の場所に移動することで人々の生活や政治・軍事などへの影響を及ぼすことも十分に考えられる。今後はそうした「黄河改道によって生じる社会への影響」についても考察を広げようと思う。

注

1) 「有宿胥口，旧河水北入也。」(『禹貢錐指』巻一三中之上)

2) 清・胡渭『禹貢錐指』，岑仲勉『黄河変遷史』などを参照［岑仲勉 1957］。

3) 第2部第1章参照。

4) 第1部第1章参照。

5) 王景河の安定性に関しては譚其驤の発表［譚其驤 1962］以来，さまざまな論戦が交わされてきた。この論戦については浜川栄が経緯をまとめている［浜川 2006］。

6) 第2部第1・2章参照。

7) 第1部第1・2章参照。

8) 「晋於是始啓南陽。」(『左伝』僖公二五年伝)
　　晋の南陽政策については陳偉を参照［陳偉 2002］。

9) 「河内修武，古曰南陽，秦始皇更名河内，属魏地。」(『史記』巻五・秦本紀・徐広注引)

10) 「是冬，杜充決黄河，自泗入淮以阻金兵。」(『宋史』巻二五・高宗本紀二)

11) 「(章宗明昌五年・1194・八月)河決陽武故堤，潅封丘而東。」(『金史』巻二七・河渠志)
　　また北宋から金代にかけての黄河改道に関しては，『黄河水利史研究』第2編・三「金代的黄河下游」［姚漢源 2003］を参照。

12) 「河水又東北，逕巻之扈亭北。『春秋左伝』曰：文公七年，晋趙盾与諸侯盟于扈。『竹書紀年』：晋出公十二年，河絶于扈。即是也。【中略】河水又東，逕巻県北。晋楚之戦，晋軍従済，舟中之指可掬。楚荘祀河，告成而還。即是処也。【中略】又東北，過武徳県東，沁水従西北来注之。河水自武徳県(漢献帝延康元年，封曹叡為侯国。即魏明帝也)東至酸棗県西，濮水東出焉。漢興三十有九年，孝文時，河決酸棗，東潰金隄，大発卒塞之。故班固云：文埋棗野，武作『瓠歌』。謂断此口也。今無水。河水又東北，通謂之延津。石勒之襲劉曜，途出于此，以河冰泮為神霊之助，號是処為霊昌津。【中略】河水又逕東，燕県故城北。河水于是有棘津之名，亦謂之石済津，故南津也。【中略】河水又東，淇水入焉。又東，逕遮害亭南。【中略】河水又東，右逕滑台城北。城有三重，中小城謂之滑台城。旧伝，滑台人自修築此城，因以名焉。城即故鄭廩延邑也。下有延津。」(『水経注』巻五・河水注五)

13) 「(荘公二三年・BC671)十有二月甲寅，公会斉侯盟于扈。注，扈鄭地。在滎陽巻県西北。」(『左伝』

128　第2部　前漢期黄河の地域別検討

荘公二三年経）

14）　以下，扈盟の記事。前掲注13と合わせて7回となる。

　　「（文公七年・BC621）秋八月，公会諸侯，晋大夫盟于扈。注，扈鄭地。滎陽巻県西北，有扈亭。不分別書会人總，言諸侯晋大夫盟者，公後会而及其盟。」（『左伝』文公七年経）

　　「（文公一五年・BC613）冬十有一月，諸侯盟于扈。注，将伐斉，晋侯受略而止。故総曰諸侯，言不足序列。」（『左伝』文公一五年経）

　　「（宣公元年・BC609）宋人之弑昭公也。晋荀林父以諸侯之師伐宋，宋及晋平，宋文公受盟于晋。又会諸侯于扈，将為魯討斉，皆取略而還。注，文十五年・十七年二扈之盟，皆受略。」（『左伝』宣公元年伝）

　　「（宣公九年・BC601）九月，晋侯・宋公・衛侯・鄭伯・曹伯会于扈。」（『左伝』宣公九年経）

　　「（成公一六年・BC576）十有二月乙丑，季孫行父及晋郤犨，盟于扈。」（『左伝』成公一六年経）

　　「（昭公二七年・BC516）秋，晋士鞅・宋楽祁犂・衛北宮喜・曹人・邾人・滕人，会于扈。」（『左伝』昭公二七年経）

15）　「晋出公二十二年（BC455），河絶于扈。」（『水経注』巻五・河水注五引『竹書紀年』）

16）　「巻県，有扈城亭。」（『続漢書』志一九・郡国志一・河南尹条）

17）　「拠衛取巻，則斉必入朝。」（『史記』巻六九・蘇秦列伝）

　　「（昭襄王）三十三年（BC274），客卿胡傷，攻魏巻・蔡陽・長社，取之。正義，『括地志』曰，「故巻城，在鄭州原武県西北七里，即衡雍也。」」（『史記』巻五・秦本紀）

18）　「今原武鎮西北4公里処之圏城村。"巻""圏"同音。」（新修『原陽県志』第一編　地理・第一章　区域　建置）

19）　「武徳。孟康曰，秦始皇東巡置，自以武徳定天下。」（『漢書』巻二八上・地理志上）

20）　「（延康元年・220）五月戊寅，天子命王追尊皇祖太尉曰太王，夫人丁氏曰太王后，封王子叡為武徳侯。」（『三国志』巻二・魏書・文帝紀）

21）　「武徳県故城，秦始皇統一中国後，于公元前219年置武徳県，治所，在今圪壋店郷大城村。」（新修『武陟県志』第一編　建置区画・第三章　県城　郷鎮）

22）　「（隠公元年・BC722）太叔又収貳以為己邑，至于廩延。杜注，廩延，鄭邑。陳留酸棗県北，有延津也。」（『左伝』隠公元年伝）

23）　「（襄公三〇年・BC543）八月甲子（游吉）奔晋。駟帯追之，及于酸棗。与子上盟，用両珪質于河。」（『左伝』襄公三〇年伝）

24）　「（魏文侯）三十二年（BC414），伐鄭，城酸棗。」（『史記』巻四四・魏世家）

25）　「又説魏襄王曰：大王之地，南有鴻溝・陳・汝南・許・郾・昆陽・召陵・舞陽・新都・新郪，東有淮・潁・煮棗・無胥，西有長城之界，北有河外・巻・衍・酸棗，地方千里。」（『史記』巻六九・蘇秦列伝）

　　また張儀が魏襄王の息子である哀王に対して秦に仕えるよう説得する際に，同様の論法を使っている。「大王不事秦，秦下兵攻河外，拠巻・衍・燕・酸棗。」（『史記』巻七〇・張儀列伝）

26）　「（秦始皇）五年（BC242），将軍（蒙）驁攻魏，定酸棗・燕・虚・長平・雍丘・山陽城，皆抜之，取二十城。」（『史記』巻六・秦始皇本紀）

27）　「漢興三十九年，孝文時河決酸棗，東潰金堤，於是東郡大興卒塞之。正義，『括地志』云，金隄一名十里隄，在白馬県東五里。」（『史記』巻二九・河渠書）

28) 「酸棗廃治，在県西北会安鎮。」（新修『延津県志』地理編・第三章　県城及著名村荘）

29) 第2部第1章参照。

30) 「（隠公五年・BC718）四月，鄭人侵衛牧，以報東門之役。衛人以燕師伐鄭。杜注，南燕国。正義，燕有二国，一称北燕，故此注言南燕別之。」（『左伝』隠公五年伝）

31) 「南燕。注，南燕国，姞姓，黄帝後。」（『漢書』巻二八上・地理志上・東郡条）

32) 「南燕故城：在延津県北，故胙城東。」（『嘉慶重修一統志』巻二〇〇・衛輝府二）

33) 「賈譲三策」の上策とは，この遮害亭から黄河を北に向けて人為的に決壊させることで，下流の氾濫を永続的に抑えるという方策である。賈譲三策に関しては第1部第1章「秦漢期黄河変遷史」を参照。

34) 「今行上策，徙冀州之民当水衝者，決黎陽遮害亭，放河使北入海。」
「臣窃按視遮害亭西四十八里，至淇水口，乃有金堤，高一丈。」（『漢書』巻二九・溝洫志）

35) 「遮害亭在濬県西南五十里。旧為大河所経。」（『嘉慶重修一統志』巻二〇〇・衛輝府二）

36) 「又有宿胥口，旧河水北入処也。」（『水経注』巻五・河水注五）

37) 第2部第1章参照。

38) 「決榮口，魏無大梁。決白馬之口，魏無外黄・済陽。決宿胥之口，魏無虚・頓邱。」（『史記』巻六九・蘇秦列伝）

39) 「（建安）九年（204）春正月，済河，遏淇水入白溝以通糧道。」（『三国志』巻一・魏書・武帝紀）
「淇水右合宿胥故瀆，瀆受河于頓邱県遮害亭東・黎山西北。会淇水処，立石堰遏水，令更東北注。魏武開白溝，因宿胥故瀆而加其功也。」（『水経注』巻九・淇水注）

40) 「白溝水，本名白渠。隋煬帝導為永済渠，亦名御河。西去県十里。」（『元和郡県志』巻一六・河北道一・館陶県条）
「隋煬帝導為永済渠，一名御河，今称衛河者也。」（『禹貢錐指』巻一三下・附論歴代徙流）

41) 「宿胥水　在濬県西南，今堙。【中略】按宿胥故瀆，即淇水合衛水処。」（『嘉慶重修一統志』巻二〇〇・衛輝府二）

42) 「州城，即古滑台城。城有三重，又有都城，周二十里。相伝云衛霊公所築小城。」（『元和郡県志』巻八・河南道四・白馬県条）

43) 「周公次八子伯爵始封之国。」（民国『重修滑県志』巻二　興地）

44) 『漢書』地理志によれば白馬県は兗州東郡に属し，黎陽県は冀州魏郡に属す。

45) 「（太元一五年・390）龍驤将軍朱序攻翟遼于滑台，大敗之，張願来降。」（『晋書』巻九・孝武帝紀）

46) 「滑台城　滑県城俗称旧県城，或曰古滑台城遺址，西距道口鎮（今県城）4公里。」（新修『滑県志』第一篇　区域建置・第三章　県城　郷鎮）

47) 秦漢時期の黄河の渡し場に関しては王子今を，唐代の渡し場および交通路については『唐代交通図考』を参照［王子今1988，厳耕望1985〜2006］。

48) 「曹操遂救劉延，撃顔良斬之。紹乃度河，壁延津南。」（『後漢書』巻七四・袁紹伝）

49) 「従破劉備，又従破顔良，抜白馬，進至延津，破文醜，拝偏将軍。」（『三国志』巻一七・魏書・徐晃伝）

50) 「太祖壮之，乃遣歩卒二千人，使禁将，守延津以拒紹，太祖引軍還官渡。劉備以徐州叛，太祖東征之。紹攻禁，禁堅守，紹不能技。復与楽進等将歩騎五千，撃紹別営，従延津西南縁河至汲・獲嘉二県，焚焼保聚三十余屯，斬首獲生数千，降紹将何茂・王摩等二十余人。」（『三国志』巻一七・魏書・于禁伝）

51) 「延津。畿，旧酸棗県，政和七年改。」（『宋史』巻八六・地理志二・開封府条）

130　第2部　前漢期黄河の地域別検討

52)　「命石堪・石聡及予州刺史桃豹等各統見衆会滎陽，使石季龍進拠石門，以左衛石邃都督中軍事，勒統歩騎四万赴金墉，済自大堨。先是，流澌風猛，軍至，冰泮清和，済畢，流澌大至。勒以為神霊之助也，命曰霊昌津。」(『晋書』巻一〇五・載記・石勒下)

53)　「先是，季龍起河橋於霊昌津，采石為中済，石無大小，下輒隨流，用功五百余万而不成。季龍遣使致祭，沈璧于河。俄而所沈流于渚上，地震，水波騰上，津所殿観莫不傾壊，圧死者百余人。季龍恚甚，斬工匠而止作焉。」(『晋書』巻一〇六・載記・石季龍上)

54)　「延津，即霊昌津也。」(『元和郡県志』巻八・河南道四・霊昌県条)

55)　「晋荀呉帥師渉自棘津。」(『左伝』昭公一七年伝)

56)　「呂尚困於棘津。正義，『尉繚子』云太公望行年七十，売食棘津云。古亦謂之石済津，故南津。」(『史記』巻一二四・遊侠列伝)

57)　「汲津鋪　在県城西北21公里処，大沙河北岸，属東屯郷，古称“棘津”，為黄河渡口。」(新修『延津県志』地理編・第三章　県城及著名村荘)

58)　「漢建安九年（204），魏武王于水口，下大枋木以成堰，遏淇水東入白溝，以通漕運，故時人号其処為枋頭。」(『水経注』巻九・淇水注)

59)　『禹貢錐指』にも場所の記述が見られる。

　「淇水注云，淇水東流逕枋城南。『元和志』，枋頭故城在衛州衛県東一里。建安九年，魏武在淇水口下大枋木為堰，遏淇水，令入白渠，以開運漕。故号其処為枋頭。今在濬県之西南，即所謂淇門渡也。」(『禹貢錐指』巻一三中之上)

60)　学術振興会アジア研究教育拠点事業「東アジア海文明の歴史と環境」(拠点機関：学習院大学（日本），復旦大学（中国），慶北大学校（韓国）による。調査地点等については補論第4章を参照。

61)　「(荘襄王三年・BC247) 蒙驁攻魏高都・汲，抜之。正義，『括地志』云，汲故城在衛州所理汲県西南二十五里。」(『史記』巻五・秦本紀)

62)　「秦固有懐・茅・邢丘，城垝津以臨河内，河内共・汲必危。」(『史記』巻四四・魏世家)

63)　『漢書』地理志より。

64)　「汲城旧址　在城西南12公里今汲城村，春秋時称汲，漢高祖二年始置汲県，直至北斉，県治均在此，其間汲郡也曾在此設過治中。東漢順帝時汲県県令崔瑗築県城，総周長4522米（即9里13歩），東長1122米，南長900米，西長1000米，北長1500米，現存城牆長200米，高約5米，原城門楼刻石“東観東海”尚保存完整。」(新修『衛輝市志』第一一編　教科文衛・第四章　文物)

65)　「十月，子儀自杏園渡河，囲衛州。」(『旧唐書』巻一二〇・郭子儀伝)

　「時彰，移鎮杏園渡，遂為思明所疑。思明乃遣所親薛発統精卒囲杏園攻之。」(『旧唐書』巻一二四・令孤彰伝)

　「拝濮州刺史・縁河守捉使，移鎮杏園渡。」(『旧唐書』巻一四五・李忠臣伝)

66)　「杏園渡遺址　城東南15公里，旧黄河渡口処，有杏園鎮，也称杏園渡。唐乾元間，郭子儀追剿安禄山之子安慶緒，曾由此渡河，大破安兵于衛州，後黄河改道，渡口湮没。該渡口在県東南白篙渡一帯，即今李源屯郷白河村附近。」(新修『衛輝市志』第一一編　教科文衛・第四章　文物)

67)　「呉起城，在延津県西北二十里。相伝，（呉）起仕魏，曾将兵屯此。因名。」(『嘉慶重修一統志』巻二〇〇・衛輝府二)

68)　「位于県城西北25公里的沙門与十八里荘之間。【中略】建国後，当地群衆在此仍不断挖取石頭，而在城南挖出的石頭上多有穿孔，据伝為古代纜舟系縄時所鑿。現今遺址瓦礫遍地，既有秦磚漢瓦和粗礦的

第 3 章　河南省武陟県～延津県～滑県　131

陶器塊礫，又有色彩鮮明的磁器砕片。可以想見，在金明昌五年（1194）黄河改道後仍有人居住于此。」
　　（新修『延津県志』教科文衛編・第四章　文物）

69）「人民網」「中原網」等，著名な中国ニュースサイトでも報道された。黄河故道の底から発掘された
　　遺跡として，内黄県の三楊荘遺跡と並んで「中国的龐貝（ポンペイ）故城」として紹介された。なお
　　この発掘は 2006 年 4 月に「呉起城盗掘記事」として報道されたように，盗掘のさらなる拡大を懸念し
　　て発掘が開始・促進されたという。現在の中国で遺跡の発掘が盛んに行われているのは，高速道等の
　　開発と，このような盗掘対応の 2 点が大きい。
　　　「中原網（『鄭州晩報』より転載）：黄河古渡口重見天日　延津沙門城址填考古空白」（URL は 2014 年
　　9 月 27 日時点，以下同様）
　　　http://www.zynews.com/2007-01-26/content_437520.htm

70）SRTM–DEM を利用した 3D 地形モデルでは高さ方向を数十倍に拡大することで，現地でも見分けら
　　れない微細な地形的特徴を拾い上げることが可能になる。データの特徴，3D 地形モデルの作成方法な
　　ど詳細については第 1 部第 3 章第 3 節「リモートセンシング」を参照。

71）「由曹・単而極之，或溢鉅野，浮済・鄆，挟汶・済以入海，或経豊・沛，出徐・邳，奪淮・泗以入
　　海。」（『禹貢錐指』巻一三下・附論歴代徙流）
　　　「初，淮自安東雲梯関入海，無旁溢患。迨与黄会，黄水勢盛，奪淮入海之路，淮不能与黄敵，往往避
　　而東。」（『明史』巻八七・河渠志五）

72）「（咸豊）五年（1855）六月，決蘭陽銅瓦廂，奪溜由長垣・東明至張秋，穿運注大清河入海，正河断
　　流。」（『清史稿』巻一二六・河渠志一）

73）厳密には一直線の河道とはなりえない。現在の黄河河道を見るとわかるが，一定範囲の間を小蛇行
　　しつつ流れることになる。これにより，数km単位の幅をもつきわめて幅の広い微高地形が直線状に形
　　成されることになる。

74）楚丘は春秋・衛の 2 番目，帝丘は 3 番目の都で後の濮陽（前漢）とされる。頓丘，鉄丘と併せて詳
　　しくは第 2 部第 1 章参照。馬陵については第 2 部第 2 章を参照。

75）「禹河」については第 1 部第 1 章を参照。

76）BC602 に形成された河道が，なぜ 400 年後になって決壊が頻発したのかという疑問は残る。濮陽～
　　邯鄲にかけての一帯は戦国諸国の領域としては斉・趙・鄭・衛といった強国のちょうど緩衝地帯に当
　　たり，大きな城郭都市が築かれることはなかった。おそらく戦国期にも決壊は起きていたのだが，人
　　の住まない（＝国家にとって影響の少ない）地域での決壊であれば，記録に残す必要はないと当時の
　　人々が考えていたとも推測できる。

77）阿子島功氏（災害考古学）より指摘を受けたように，河川地理学で言う「押（落）堀」地形である
　　ことが後に判明した。

78）「延津　府西北。大河旧経県北。成化十四年，河決，徙流県南，而県北之流遂絶。」（『明史』巻
　　四二・地理志三・河南開封府）

第4章　河北省東光県〜滄州市〜黄驊市〜渤海

はじめに

　本章では前漢黄河が渤海へと流れ込む河北省滄州市を中心とした範囲を対象とした前漢河道の復元を行う（図1・範囲Ⓓ）。

　すでに第2部第1章から第3章で復元を完了した3地域では，主に『水経注』等の文献資料から前漢河道の記述を拾い上げ，RSデータから判読した河道痕との比較検討を行い，河道を特定した。しかし本章の範囲においてはその手法が適用できない。『水経注』に代表される文献における前漢黄河に関する記述が，他の地域よりもきわめて少なく，かつ記述自体が乱れているためである。

　しかし逆に他の地域にはないが，今回の検討範囲だけで使用可能な情報がある。前漢時代の黄河は，この範囲において渤海に流れ込む。つまり大河の河口部に形成される「三角州」が存在することになる。この三角州については，ボーリング調査に基づいて地質学方面から検討した呉忱ほかの研究［呉忱ほか1991c］がある。

　また，「貝殻堤」と呼ばれる地形がある。大河の河口部において，河から海へと流れ込む際にその流勢によって逆流現象を起こし，近海の海底に生息する貝殻等を河口の脇に積み上げるという現象が起こる。この現象によって形成された地形を貝殻堤と呼ぶ。この貝殻堤は河川と垂直に形成され，時代を追って成長する。特に黄河などの大河が流出する場合は際だった成長を示す。そのため陸地から流出する河川に改道が発生すると，貝殻堤はその時点での海岸線の形状をとどめることになる。このようにして各時代の海岸線を記録した貝殻堤もしくはその痕跡が渤海には複数存在する。このなかから本章の検討対象となる前漢期の海岸線抽出を試みる。これらの地質情報に関しては，第3節で検討する。

図1　対象地域

第1節　対象地域の概略

　この地域での黄河復元における最大の問題は、文献記述が今までの地域と比べて極端に少なくなることである。第1～3章において主に利用してきた『水経注』巻五・河水注五には、この地域に関して「北与漳水合」という記述があり、前漢黄河とされる「大河故瀆」が東光県の北にて清河と合流したことがわかる[1]。そしてこの合流した清河側の記述は同じく『水経注』巻九・淇水注[2]に見えるが、分流や合流を繰り返し、かなり河道が乱れていたと考えられている。

　『水経注図』を見ると、前漢河道である「大河故瀆」は東光県付近で「清河」と合流している。清河は東光県から北東へ流れて南皮県付近で「無棣溝」という分流を生じ、そのまま北東へと流れて北皮亭付近にて「浮水故瀆」という分流を生じる。清河は北へと流れ、途中で南西から流れてきた「滹沱別河故瀆」、北西から流れてきた「清漳枝津（濊水）」と合流する。清河はさらに北へと流れ、青県付近にて「清河枝津」を生じる（図2）。ここで登場した7つの河川のうち、確実に前漢黄河が流れていたと言えるのは最初の「大河故瀆」1本である。最初に挙げた清河との合流点で記述が途切れているため、以降の前漢黄河の河道は不明である。

　この地域は現在でも多くの水路・渠道等が網の目のように走っており、上記の河道が現在のどの地形に該当するかは判じがたい。しかしあえてそのなかでも可能性の高いものを挙げてみれば、「清河」は古くは「衛河」とも呼ばれ、現在では「南運河」の一部となっている河道と考えられる。また「無棣溝」は現在の河北省と山東省の境に流れる「漳衛新河」と一致する。さらに南運河から現在の滄州市付近で分流する「南大排河」「黄浪渠」等が、「浮水故瀆」に該当する可能性が高い。しかし、現在の徳州市付近を北上してくるという「大河故瀆」、すなわち前漢河道は見あたらない。

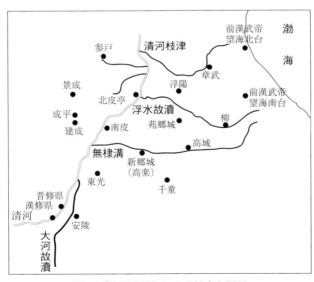

図2　『水経注図』にみる城市と河川

　対象地域に関連する『水経注』以外の文献記述としては、他に『史記』巻四三・趙世家[3]がある。これは戦国趙国の領域を示したもので、斉との国境を黄河に置き、黄河以北に位置する「東平舒・中邑・文安・束州・成平・章武」という各県を趙国が領有したとある。同様に、『漢書』地理志では斉の領域として「高楽」「高城」の2地点を挙げている[4]。これらに記された都城は、すべて現在の滄州周辺に位置する。つまり滄州市区域においてここに記述される

趙と斉の都城の間が斉趙の国境線，すなわち前漢河道と考えられる。

1 文献にみる対象地域

河北省北部は，春秋戦国期においては「燕」と呼ばれる国の領域であったと考えられている。燕国の中心地域は「薊」と呼ばれる現在の北京周辺地域であり，今回の検討対象である滄州地域にまで領有が及んでいたかについては不明である。前述した『史記』『漢書』等の記述を見ると，むしろ斉と趙の領域が及んでいた可能性も考えられる。

本地域に関する具体的な記述が登場するのは，『史記』巻三二・斉太公世家に見える斉桓公の記事が最初となる[5]。

春秋期，斉の桓公が「山戎」と呼ばれる北方民族の襲撃に頭を悩ませていた燕国を救援

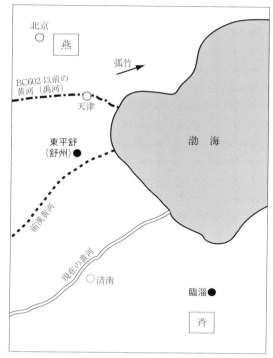

図3　春秋期の燕・斉と黄河

するために，北方に遠征し，「弧竹」と呼ばれる場所まで達した[6]。無事に山戎を撃退した遠征の帰途に燕荘公が斉桓公を見送ったところ，気づかずに国境を越えて斉の領域に入っていた。周王以外の国君が互いに国境を越えて見送ることは，礼に外れる[7]。そこで斉桓公は一計を案じ，燕荘公が見送った今の地点までを燕に譲り，国境線を引き直すことにした[8]。こうすることで，燕荘公が斉桓公を送ったのはあくまで燕国内であり，礼に適った行為としたのである。ここから斉桓公当時の燕と斉の国境は，河川のような明確な目印がなく判然としていなかった。つまり当時の黄河を国境とはしていなかったと考えられる。

『史記正義』の引く『括地志』によれば，この国境線を引き直した場所に「燕留城」という城を築いたとある[9]。この燕留城は『嘉慶重修一統志』巻二五・天津府二によれば現在の滄州市の東北に位置する[10]というが，遺跡は現存しないため詳細な位置は不明である[11]。

また春秋期の姜姓斉君を放逐して戦国時代に「田斉」と呼ばれる国を建てる田氏は，春秋末期には「舒州」を領有していたという記述が『左伝』哀公一四年経や『史記』巻三二・斉太公世家に見られる[12]。この「舒州」は今回の対象地域内に位置する。つまりこの渤海に面する地域は春秋末期には斉の領域，正確には斉の家臣である田氏の邑であった。

春秋時代，それも斉桓公の在位期間（BC685～643）は，黄河はまだ前漢河道へと変化していない。つまり斉桓公当時の黄河は胡渭の言う「禹河」河道であり，滄州市よりも北側の天津付近を流れていた。斉は舒州を中心として，禹河（現在の天津付近）の河口付近まで勢力を伸ばしてい

136　第2部　前漢期黄河の地域別検討

たと考えられる（図3）。

　戦国後期に入って趙武霊王が中山国（現在の河北省石家荘市付近）を滅ぼし，この地域へと進出してきた。黄河に沿って北上した趙は，渤海にまで到達した。雁侠によれば，このときの趙武霊王による領域拡大はおよそ現在の河北省覇州市まで達したとされる［雁侠1991］。

　『史記』巻四三・趙世家に，趙孝成王19年（BC247）に燕と「易土」，すなわち城市の交換を行ったという記事がある[13]。これらのうち臨楽については，滄州地域に位置するとされる。また前述した「東平舒・中邑・文安・束州・成平・章武」という記述からも，趙国が戦国後期には渤海付近まで達していたものと思われる。以上のように，戦国後期における滄州地域は燕・斉・趙の交界地であったことが窺える。

　秦始皇帝の統一を経て前漢期には，この地域に勃海郡が置かれる[14]。前漢期を通じて頻発した黄河の決壊はこの地域にも及び，武帝元封2年（BC109）に館陶付近で起こった決壊で分流した屯氏河は，この勃海郡にまで達した[15]。また譚其驤等によれば，前漢末には海水が陸地を侵す「海侵（浸）」が起こったとされる[16]。後漢に入り，王景の治水事業によって黄河本流が滄州から東の利津付近へと移った。以後は滄州に黄河が流れることはなかった[17]。

　近年の考古発掘成果から春秋戦国期の諸国の影響範囲を復元するという試みが行われている。陳隆文によれば，燕国の鋳造と思われる貨幣が滄県肖家楼（現在の滄州市街南東）から出土している［陳隆文2005］。後暁栄・陳暁飛は出土資料の銘文から燕国のものと思われる都城を抽出した［後暁栄・陳暁飛2007］。また陳平によれば，天津市から滄州市北辺に点在する戦国遺跡の遺物に，燕国都城である燕下都から出土した遺物と似た特徴が見られるという［陳平2006］。

第2節　文献記述の詳細検討

　前述したように，本章における前漢河道の検討は主に『史記』巻四三・趙世家，『漢書』巻二八・地理志および『水経注』河水注・淇水注・濁漳水注の記述による。しかし河水注以外の『水経注』は「乱流」が目立つため，前後関係が不明瞭となっており，前章までのように記述の順序から河道を比定することは難しいと思われる。そこでひとまずこの地域内に該当する県城を列挙しておき，前後関係については後ほど検討することにする。

1　『史記』趙世家

A. 東平舒

　『漢書』地理志に勃海郡の県として記述される[18]。顔師古の注として，勃海郡と代郡の両方に「平舒」県があるため，東側に位置する勃海郡の県を「東平舒」としたとある。つまり前漢以前には「平舒」と称されていたことになる。

　戦国期には「舒（徐）州」と称されていた。『史記』巻四六・田敬仲完世家に，斉威王24年（BC332）に斉威王と梁（魏）恵王が互いの宝を披瀝しあったという記事がある[19]。このとき，

第4章　河北省東光県〜滄州市〜黄驊市〜渤海　**137**

斉威王が自身の3人の臣下を宝として紹介している。そのなかに「黔夫」という吏に「徐州」を守らせたところ，北門では燕の人が，西門では趙の人が祭りを行ったという。他に「檀子」という臣に南城を守らせて楚を防ぎ，「肦子」という臣に高唐を守らせて趙を防いだとある。

　斉は戦国諸侯とは南で楚と接し，西で趙と接し，北で燕と接している。檀子が南（楚），肦子が西（趙）であれば，残るは北（燕）である。黔夫の記事は北に燕，西に趙とあることから，残る北側の国境と考えられる。この徐州が現在の徐州（江蘇省徐州市）では斉の南西になり，北に燕・西に趙という位置関係と合致しない。しかし斉の北辺に当たる（東）平舒をこの徐（舒）州とすれば，記述と合致する。

　また前節で触れたように，『左伝』にも「舒州」という記述が見られる（『史記』では「徐州」に作る）。斉の陳恒（田常，田成子）が斉君である簡公を舒州で捕えたという記事である。この舒州が前漢東平舒であれば，斉の北西辺，黄河の北側で斉君を捕えて殺したことになる。『史記』巻四六・田敬仲完世家に，斉簡公が逃亡して捕えられた際の地名が「東平県」とある[20]。しかし現在の山東省西部に位置する泰安市東平県ではない。「勃海郡」でありかつ「斉の西北界」なので，おそらくは前述した『漢書』巻二八上・地理志上にある東平舒県の誤記と思われる。

　上記の説に従えば，舒州（東平舒）は春秋末期には斉の領有だったことになる。新修『大城県志』によれば，BC284に燕国が斉を攻めて舒州（東平舒）を領有したが，5年後のBC279に斉将田単によって奪還されたとある[21]。これは『史記』に記される，楽毅による斉占領である[22]。BC247には燕と趙の城邑交換が行われ，戦国末期の時点では趙が領有していたとある[23]。

　前漢高祖による統一後，勃海郡の県として置かれる[24]。後漢では河間国[25]，西晋は章武国[26]に移されている。北魏以降，隋唐をとおして平舒と称される[27]。五代・後晋天福年間に遼国に奪われたが，後周顕徳6年（959）に奪還し，以後は大城県と称されるようになる[28]。

　天津市に程近い静海県の西釣台村北西400mのところに古城遺跡があることは，昔から知られていた。新修『静海県志』によれば1978年に本格調査がなされ，いくつかの事実が判明した[29]。

　まず城址内部からは戦国期遺物が少量含まれていたがおおむね前漢期の遺物であり，後漢以降の遺物はほとんど見つかっていない。このことは，この場所は戦国以前から使用されていたが，前漢期に入ってから城が建設され，本格的に使用されたことを示唆している。そして西辺の磚室墓から発見された貨泉（王莽期の貨幣）やその他の遺物から，後漢初頭までは使用されていたことがわかる。

　戦国期の遺物には燕国文化の特徴が多く見られるが，一部分においては斉国文化の要素が含まれるという。特筆すべきは，出土した遺物のなかに「陳和鍵左敔」という文字の入った陶器片が見つかったことである。この「陳和」は田斉初代の太公である。つまりこの地域が陳和，すなわち田斉陳氏と関連があったことがわかり，『左伝』の記述と一致する。また他の陶片に見られた「得」という文字が，山東省鄒県紀王城にて発見された陶文と同じ特徴をもつことも報告されている。これらの状況は，春秋末期に斉が領有していたという前述の文献記述と合致している。

　文献には後漢期の県城移転に関する記述は見られないが，韓嘉谷は前漢末期に発生した渤海の

138 第2部 前漢期黄河の地域別検討

「海侵」によって移転したと推測している［韓嘉谷2006］。また『水経注』巻一〇・濁漳水注の「東平舒県故城」という記述からも，『水経注』の成立した北魏以前に県城が移転したことを示唆している[30]。

B. 中邑

中邑に関する記述はきわめて少ない。『漢書』巻二八上・地理志上に記載のある[31]ことから，前漢高祖期に県として立てられたことがわかる。また『史記』巻一九・恵景間侯者年表には呂后期に朱通が中邑侯として封ぜられたとある[32]が，この他に記事は見られない。『続漢書』郡国志に見られないことから，後漢期には省されたと思われる。『太平寰宇記』によれば，浮陽県に併せられたとある[33]。周振鶴は「治今河北滄州市東北」としているが［周振鶴2006］，詳細は不明である。

C. 文安

東平舒と同様に，『漢書』巻二八上・地理志上および『続漢書』志二・郡国志二に記載のあることから，前後漢をとおして県として立てられていたことがわかる[34]。『漢書』巻六三・武五子伝によれば武帝期には燕王旦の食邑だったが，燕王旦が武帝の怒りを買ったことで良郷・安次・文安の3県を削減されたとある[35]。

『太平寰宇記』に，唐貞観元年（627）に豊利県と合併した際に文安旧城，つまり前漢文安県城が廃されたとある[36]。この文安旧城は，新修『文安県志』によれば現在の文安県大柳河郷富各荘村の北に位置する[37]。

後暁栄・陳暁飛によれば，戦国時代の璽印「文安都司徒」が，この文安県に当たるという［後暁栄・陳暁飛2007］。

D. 束州

束州も東平舒・文安と同様に，『漢書』地理志および『続漢書』郡国志に記載のあることから，前後漢をとおして県として立てられていた[38]。また西晋〜北魏にかけても県として立てられていた[39]。『太平寰宇記』巻六六・河北道一五・瀛州によれば，西晋期には県城を南に35里移転させたが，北魏明帝期には前漢故城に復した[40]。

現在の河間市に「束城鎮」という鎮がある。新修『河間県志』によれば，この鎮が古代の束州県城であった[41]。『読史方輿紀要』巻一三・北道四によれば，県城遺跡はすでに埋没したとある[42]。

E. 成平

『漢書』地理志および『続漢書』郡国志に記載のあることから，前後漢をとおして県として立てられていた[43]。また『史記』巻二一・建元以来王子侯者年表によれば，元朔3年（BC126）に河間献王の子・劉礼が成平侯に封ぜられたとある[44]。西晋は河間国に属す[45]。

『太平寰宇記』巻六六・河北道一五に，北魏延昌2年（513）に県治を県南20里に位置する景城に徙すとある[46]。この景城はもともと前漢期に成平県城として建てられた[47]もので，隋開皇18年（598）には県名を景城へと改称している。

新修『泊頭市志』によれば，北魏期に景城へと移転する前の成平県城は「滄県境内高川両側」に位置するとある。発掘報告によれば，現在の泊頭市斉橋鎮大傅村付近に位置する[48]。

F. 章武

『漢書』地理志および『続漢書』郡国志によれば，前後漢を通じて勃海郡に属するとある[49]。後に章武郡が置かれる。この章武郡の初置は定かではないが，『晋書』巻一四・地理志上によれば後漢末に曹操が北方を治めた際に置いた 12 郡の 1 つに章武郡が含まれているという[50]。以後西晋～北朝の諸王朝で郡が置かれている。『魏書』巻一〇六上・地形志上によると，北魏正光年間に章武郡内に「西章武県」が置かれたとある[51]。また封国としては，前漢景帝が即位したときに先帝（文帝）皇后である竇皇后の弟，竇広国が章武侯に封ぜられている[52]。また西晋～北朝の諸王朝では数名が章武王に封ぜられている。このように県・郡・侯国が入り交じって設置されており，章武県城あるいは章武郡治所の正確な位置は不明となっている。

新修『黄驊市志』によれば，前漢章武故城は現在の常郭郷故県村に位置するとある[53]。しかし韓嘉谷はこの故県村の遺跡は後漢期のものと考え，前漢期の故城は黄驊市の北西に位置する郛堤城としている［韓嘉谷 2006][54]。

2 『漢書』地理志（「斉地」記述）

G. 高楽

『漢書』地理志に，勃海郡の県とある[55]。『漢書』巻一五・王子侯表および巻一八・外戚恩沢侯表によれば，斉孝王の子と師丹[56]の 2 名が高楽侯に封ぜられている[57]。『続漢書』以降には記述がないため，廃されたと思われる。

『水経注』巻九・淇水注に，無棣溝が新郷城の北を経るという記述がある。この新郷城が前漢高楽故城だという[58]。また『太平寰宇記』巻六五・河北道一四に，宋代には「思郷城」「西郷城」という別称があったことが記されている[59]。新修『南皮県志』によれば，前漢高楽故城は現在の南皮県董鎮村に位置するという[60]。

H. 高城（高成）

『漢書』地理志および『続漢書』郡国志によれば，前後漢を通じて勃海郡に属するとある[61]。『漢書』巻一五王子侯表に，長沙傾王の子・梁が高城侯に封ぜられたとある[62]。また『漢書』巻五八・公孫弘伝によれば，公孫弘の封ぜられた「平津郷」が高成（城）県にあるという[63]。

新修『塩山県志』によると，現在の塩山県城東南に位置する大傅荘郷故城趙村の東北に遺跡がある[64]。

3 『水経注』河水注（大河故瀆）

I. 修県

『漢書』巻二八上・地理志上には「修市」と表記され，勃海郡の侯国とある[65]。また『漢書』巻一六・高恵高后文功臣表に，周勃の子周亜夫を修侯に封ずとある[66]。『続漢書』志二〇・郡国

志二には「脩」[67]，『晋書』巻一四・地理志上には「蓨」[68]と表記され，ともに勃海郡に属す。

『水経注』巻九・淇水注によると，脩県故城と脩国故城は別々の故城として存在する[69]。記述によると淇水の支流である清河は脩県故城の南を東に流れた後で河道を北へと変え，東北へと向かって脩国故城の東へと流れるとある。つまり脩国故城が北側に位置することになり，そのため「北脩城」と呼称されるとある。『水経注』巻一〇・濁漳水注に引く『地理風俗記』には「脩県西北二十里有脩市城，故県也」とある。

新修『景県志』には，「南脩城」「脩市県城」とある[70]。両方とも前漢の県城とされているが，位置関係から考慮するとおそらくは「南脩城＝脩県故城＝後漢・西晋脩県」「脩市県城＝脩国故城＝前漢脩市県」と想定できる。

J. 安陵

安陵は前漢恵帝の陵だが，それとは異なる。『漢書』巻二八上・地理志上では「安，侯国」とあり[71]，王子侯表にある「安都侯」が該当するという[72]。『後漢書』には見られない。『晋書』巻一四・地理志では「東安陵」とある[73]が，『晋書』巻六・明帝紀[74]や『元和郡県志』巻一七・河北道二[75]では「安陵」と表記されている。『太平寰宇記』巻六四・河北道一三によれば，北魏期に「東」字を省いたとある[76]。『嘉慶重修一統志』巻二三・河間府二によると，北斉期に一旦廃されたが隋開皇6年（586）に再置された。しかしこの隋代以降の県は北魏以前のものとは別の場所に築かれ，さらに唐永隆2年（681）に「柏杜橋」に移ったとある[77]。

新修『呉橋県志』には「安陵故城遺址」の記述があり，それによれば現在の呉橋県安陵鎮に遺跡がある[78]。

K. 東光

『漢書』地理志および『続漢書』郡国志，『晋書』地理志，『魏書』地形志に記載のあることから，前漢〜北魏を通して県として立てられていた[79]。後漢建武6年（30）に耿純が東光侯に封ぜられている[80]。『水経注』巻九・淇水注に「東光故城」とあり，北魏期にはすでに移転していたと考えられる。『太平寰宇記』巻六八・河北道一七によれば北斉天保7年（556）に移転したとある[81]。

新修『東光県志』によれば，前漢東光故城は現在の東光県城の東10kmに位置する找王村の南側に遺跡がある[82]。2007年の現地調査で訪れたが，現在は畑のなかに埋没しており，遺跡の痕跡は確認できなかった[83]。

4　その他の県城

L. 臨楽

『史記』巻四三・趙世家に，趙孝成王19年（BC247）に燕と「易土」，すなわち都城の交換を行ったという記事がある[84]。このとき趙が燕に与えた都市のなかに「臨楽」が含まれている。『中国歴史地図集』第一冊によれば，同じく燕に与えた龍兌と汾門は，ともに易水長城（燕南長城）の近辺に位置している。しかし臨楽は長城から離れて渤海沿岸に近い場所に位置する。なお

『水経注』巻一一・易水注には『史記』趙世家の該当箇所が引用されているが，そこでは「臨楽」が欠落している[85]。

『漢書』巻二八上・地理志上には勃海郡に記され，「侯国」とある[86]。『史記』巻二〇・建元以来侯者年表によれば，前漢武帝元朔4年（BC125）に中山靖王の子・劉光が臨楽侯に封ぜられている[87]。

新修『東光県志』によれば東光県耿武圏村にあるとしている[88]が，詳細は不明であった。2007年の現地調査の際には現地文物局から「今は遺跡も何もない」と伝えられ，そのときには訪れなかった。しかし2008年9月12日付の燕趙都市報に，「滄州発現数座大型古城遺址」と題した記事が掲載され，そのなかに「臨楽故城遺址」の記事があった[89]。新修『東光県志』では龍王李郷耿家圏村一帯とあったが，今回見つかった遺跡は耿家圏村の北側約30mで発見されたという。

M. 南皮

『太平寰宇記』巻六五・河北道一四によれば，前述した斉桓公の孤竹遠征の際に，桓公がこの場所で皮革を修繕したことから名づけられたという[90]。楚漢戦争期，覇王を名乗った項羽は趙王の下で働いた陳余を南皮に封じている[91]ことから，前漢以前から県として建てられていたことがわかる。

前漢に入り，文帝皇后・竇氏の長兄の子・竇彭祖が南皮侯に封じられる[92]。後漢末，曹操が袁紹の長男・袁譚を討ったのは，この南皮においてであった[93]。また魏文帝に即位する以前の曹丕がこの地で「雉」を射たという瑞祥記述が『太平寰宇記』巻六五・河北道一四に見られる[94]。

新修『南皮県志』によれば，前漢南皮県城は現在の県城から北に6kmの張三撥村西に位置するとある[95]。この記述によれば，県城の北側城壁が高さ3〜5mの台として一部残存しているとあるが，2007年の現地調査で訪れた際に確認できたのは高さ2m弱のものであった[96]。

N. 浮陽

『漢書』巻二八上・地理志上に勃海郡の県とある[97]。後漢・光武帝期に劉植の従兄である劉歆が浮陽侯に封ぜられている[98]。『元和郡県志』巻一八・河北道三によれば，隋開皇18年（598）に浮陽県から清池県へと改名したとある[99]。さらに幾度かの州郡改編を経て，唐貞観元年（627）に滄州治となった。以後，宋〜元代にかけてこの地域の拠点であった[100]。

新修『滄県志』によれば，現在の滄州市の南西に位置する旧州鎮東関村の西側に旧城遺跡があるという[101]。2007年の現地調査で訪れたのはこの城址の南側城壁であった[102]。

O. 饒安（千童）

『史記』巻四三・趙世家に，「（悼襄王）四年，龐煖将趙・楚・魏・燕之鋭師，攻秦蕞，不抜。移攻徐，取饒安」とあり，『史記正義』には「饒安，滄州県也。七国時属斉，戦国時属趙」とある（またここでいう「徐」とは，1項Aにて取り上げた「舒州」，すなわち東平舒と推測できる）。つまりこの饒安は戦国期に斉国の邑として建てられ，趙悼襄王4年（BC241）の時点では斉に属している。後，秦始皇帝の徐福派遣に因んで千童と改称した。後漢霊帝によって饒安に戻され，唐代に至るまで県城あるいは郡城として使用された[103]。新修『塩山県志』によれば現在の塩山県旧城

142　第2部　前漢期黄河の地域別検討

鎮に位置する[104]。

　当時の斉趙は黄河を国境としていたと考えられるため，斉の邑である饒安は黄河の南岸に位置することになる。呉忱ほかの復元した前漢黄河三角州は孟村回族自治県の県城から北東に延び，旧城鎮へと到達している［呉忱ほか1991c］。つまりこの説に従えば，饒安は戦国末期当時の黄河（前漢河道）南岸にあたり，斉の邑としては最も北西に位置していたと考えられる。

　P. 武帝台

　『水経注』巻九・淇水注によれば，清河の枝津（浮漬）が前漢武帝の望海台の東側を経て海に注ぐとある[105]。『水経注』に引く『魏氏土地記』によると，前漢武帝が海を望むために築いたとされる[106]。新修『黄驊県志』によれば，台の基部は確かに前漢期のものだが，上部は後代の増築だという[107]。

　2007年の現地調査で訪れたが，畑のなかに位置した1m前後の盛土部が基台址なのだろうか。周囲を含めてとうもろこし畑で覆われており，外側からだとまったく気づかない状況にあった[108]。韓嘉谷によると，武帝台はこの箇所のほかにもう1ヵ所，子牙河の北側にあるという［韓嘉谷2006］。前述した『魏氏土地記』によれば南北2台が存在したというので，このとき訪れたのは南側に位置するものと思われる。

　Q. 参戸

　『漢書』地理志に，勃海郡の県とある[109]。『漢書』巻一五・王子侯表によれば，河間献王の子・免が参戸侯に封ぜられている[110]。『元和郡県志』巻一八・河北道三によれば，木門城とも呼ばれるという[111]。ここから『左伝』襄公二七年に登場する「木門」につながる。

　『左伝』によれば，魯襄公27年（BC547），衛献公（実際は公孫免余）が権臣の甯喜を殺したため，子鮮（甯喜が帰国・即位させた衛献公の弟）は衛を出奔して晋へ逃げた。献公は使者を立てて追ったが，黄河に達したところで追いついた。そこで子鮮は使者と盟を交わし，黄河に対して誓った[112]。杜預注によれば，子鮮が2度と衛に帰らないことを誓ったという。そして木門に「託」した。『左氏会箋』によれば，「託」とは仕えずに寄寓することを指す[113]。杜預注に，木門は晋の邑とある。つまり子鮮は晋邑である木門に住み着いたが，晋に仕えることはしなかったということである。

　『太平寰宇記』巻六五・河北道一四によれば，木門古城は北宋・清池県[114]の西北四六里に位置するとある[115]。『嘉慶重修一統志』巻二五・天津府二によれば，参戸古城は青県の南に位置するとある[116]。現在の青県の南側には，木門鎮という地がある。新修『青県志』では，この木門鎮を前漢参戸故城としている[117]。

　しかし鄭国英ほかは異論を出している［鄭国英ほか2002］。そもそも「参戸＝木門」としたのは『元和郡県志』の記述1点に依るが，「（長蘆）県西北四〇里」という記述は現在の木門鎮では該当しない。この記述および『水経注』巻一〇・清漳水注の記述[118]と併せて検討すると，方角・距離ともに該当するのは大城県の「完城古遺址」[119]であるという。

第4章　河北省東光県〜滄州市〜黄驊市〜渤海　143

第3節　地質学的検討

1　貝殻堤にみる海岸線の変化

　貝殻堤とは，大河が海へと流れ出す河口付近に形成される地形である。大河川の豊富な流量が海へと流れ込む際，河口の両側に対して逆流現象を起こす。その際に海底に生息・あるいは堆積している貝殻等を河口両脇の海岸線へと巻き上げ，河川に直交する形で堤防状の地形をなす[120]。黄河によって形成された渤海湾の貝殻堤は，世界にも類を見ない規模のものである。近年，中国ではこの渤海湾の貝殻堤[121]，特に構成物である貝殻を対象として，C^{14}年代測定法を使って貝殻堤の形成された時代を推定する研究が盛んに行われている[122]。

　C^{14}年代測定法[123]は多くの場合木片等を対象として測定を行うが，測定可能な対象はそれだけではない。C^{14}年代測定法では測定対象の生命活動（呼吸を行うことで体内と大気中の炭素を交換する）が停止した時点の年代を測定する。つまり①生命活動を行っていた，②炭素が多く含まれる，という2つの条件さえ整っていれば測定は可能である。そのなかでも生命活動が停止した時点での数値を測定できる動物遺体，特に骨片や貝殻等が最適と考えられるが，動物遺体は資料的価値が高いものが多く，測定の過程で対象資料を破壊する[124]C^{14}年代測定には使用しにくいのが現状であった。

　従来，多く木片が計測対象となっていたのは，①比較的多くの点数が出土する，②考古学的な視点での研究価値が低い（出土物が多い），という2つの好条件を備えていたためである。また1947年にシカゴ大学のリビー教授によって開発された当初の年代測定法（β線計測法)[125]では，年代測定を行うためにはある程度の分量（木片であれば100g程度）の試料が必要であったという点も，大量に出土する木片を使った測定が多く行われた要因と考えられる。

　しかし木片の場合は，①伐採してから各細胞の生命活動が停止するまでの期間が比較的長い，②伐採してから住居・器物等への加工が行われると，使用期間が付加される，③明らかに使用されていた（＝使用年代が明確）と思われる器物等の場合，逆に資料的価値から破壊測定が困難，等のマイナス要因が存在する。

　その点，貝殻は①生命活動が停止してから貝殻堤へと堆積するまでの期間が短い，②人為的に加工された貝殻が混入する確率が低い，といった利点が見られる。特に淡水である河水と海水が混ざり合う河口付近は貝類の生息に適しており，非常に多くの貝類が生息することが多い。つまり河口付近で誕生・死亡した貝の死骸である可能性が高く，C^{14}年代測定に適していると考えられる。

　また1970年代末に粒子加速器を使って年代測定を行うAMS法が開発され，少量の試料（1〜10mg程度）での年代測定が可能となった[126]。これは，貝殻1枚を対象とした年代測定が可能となったことを意味する。従来のβ線測定法では試料の最低必要量を満たすために，複数の貝殻片をまとめて1つの試料とし，この試料に対して測定を行っていた。これにより異物の混入する可

能性が高く，ひいては年代測定自体の精度が低い要因となっていた。しかしこのAMS法を使うことで，年代測定の精度が飛躍的に向上した。

　これらの要因から，貝殻堤に含まれる貝殻を使ったC^{14}年代測定では，この地域に黄河が流れていた時期と非常に近い結果が得られると考えられる。

　文献資料の記述から，前漢期の黄河が流れていたのは東周定王5年（BC602）から前漢末期（紀元前後）の間と想定される[127]。これをC^{14}年代（BP）に置き換えると，2550cal BP～1950cal BPの間となる[128]。測定誤差等を勘案したとしても，測定結果は3000cal BP～1500cal BPの間に収まると考えられる。

　貝殻堤を道別に見ると，王宏ほかによれば現在の海岸線とほぼ重なる第一道が主に1200～800cal BP前後となり［王宏ほか2000a］，歴史年代でいう紀元1000年頃の北宋期に当たる。これはおそらく黄河の乱流した北宋期に，乱流のなかの一流がこの近辺に流れ込んできたと想定される[129]。

　次に第二道だが，これは新修『黄驊市志』によれば現在の海岸線から約30km陸地側に入り，現在の黄驊市街区のすぐ東側に位置する（図4）。この黄驊市から天津市軍糧城にかけての貝殻堤を第二道と呼称し，彭貴ほかは主に2500～1500年前という結果とした［彭貴ほか1980］。王宏ほかも同様の数値としている［王宏ほか2004］。

　この第二道に関しては，歴史学的観点からの検討も行われている。韓嘉谷は漢代の成立とし［天津市文化局考古発掘隊1966］，王穎は後漢王景の治水事業以降としている［王穎1964］。王宏ほかは測定結果から第二道を「Ⅱ-1」「Ⅱ-2」と細分化して，それぞれの年代を割り出し，前者が韓嘉谷の説と一致する紀元前10～5世紀頃であり，後者は王穎の説と一致する紀元前3～後3世紀だとしている［王宏ほか2000b］。

　しかし王穎の説である後漢河道は，『水経注』河水注によれば漯沃県～千乗城を通って海に入るとある[130]。胡渭の説では利津県を通って渤海に入るとしている[131]。どちらも現在の河口近辺と考えられ，本章での検討対象である黄驊市よりも南東に位置することになる。『中国歴史地図集』では『水経注』や『禹貢錐指』の説に則り，現在の山東省利津県付近を後漢河道の河口としている。つまり，今回の対象である滄州市とは関連が薄い。「Ⅱ-2」の紀元前3～後3世紀は，黄河が渤海西岸（黄驊市）に流れ込む前漢期が妥当と考えられる。

2　前漢河道の三角州

　次に，前漢河道三角州に関する検討を行う。河川の海へと流れ込む箇所には，三角州と呼ばれる地形が形成される。中国第2の大河である黄河もまた，三角州を形成している。現在の河口ではおよそ80km四方に及ぶ規模の三角州が形成されている。現行黄河は1855年以来，

図4　黄驊市内の貝殻堤

160年の歴史を経ているが，前漢黄河はその約4倍，600年超の歴史を刻んでいる。その前漢河道においてもまた，同等以上の規模をもつ三角州が形成されていたと考えられる。

前漢黄河の三角州に関しては，すでに地質学分野での復元研究が行われている。呉忱ほか［呉忱ほか1991c］は現在の滄州市孟村回族自治県を頂点として，北〜北東方向に広がっているとしている（図5）。しかも現在の黄河三角州と同様に，単一ではなく複数の三角州が段階的に形成された複合三角州であるという。

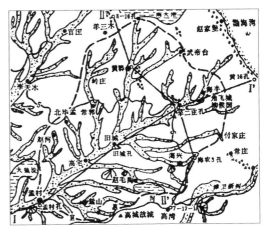

図5　孟村古三角州

各三角州の形成年代については，古貝殻堤を利用している。黄驊市街区のすぐ南に位置する苗荘子村および羊二荘鎮の西北に位置する劉荘村の貝殻堤（第四道）にて採取したサンプルのC^{14}年代測定結果から，紀元前8〜5世紀の間に形成された三角州としている。さらに常荘・武帝台（南台）の貝殻堤の測定結果から，紀元前5〜3世紀の間に形成された三角州としている。後者の測定試料に関して情報が少ないので断定はできないが，前述した第二道（II-2）の貝殻堤と一致すると思われる。

古三角州の上にはいくつかの遺跡があるが，秦代の柳県故城，前漢代の柳丘侯故城・高城県故城・章武県故城・平津侯故城，前漢武帝の建造したと伝えられる望海台など，特に秦漢期の遺跡が集中している。ここから三角州は戦国末期にはある程度成長が完了し，県城が建てられる状態になっていたと推測できる。

3　SRTM-DEMにみる対象地域

SRTM-DEMを利用して3D地形モデルを作成し，堤防の痕跡を探ってみた[132]。すると南西部に大きな台地（周囲との高低差は1〜2mと非常に小さいが），および4本の堤防様地形が確認できた。南西部の台地は平原県付近の前漢黄河と連なっていることから，おそらく前漢黄河によって形成された台地と推測される。この台地は南西方面では高低差がはっきり見られるが，東へ向かうにつれて差が不明瞭となり，塩山県の南側付近ではほとんど差が見られなくなる。前漢黄河が移転してくるまではこの付近までが渤海だったと思われる。なお2007年の現地調査の際に訪れた「斉堤」は，この台地の北縁部分に当たる[133]。

4本の堤防様地形（図6）のうち，Aは『水経注』易水注に見る「燕之長城」，つまり戦国期の燕国が建設した長城と思われる[134]。燕国南界の長城，いわゆる「燕南長城」は河北省北部の各地にて遺跡が発見されており，張維華や王彩梅は，現在の河北省易県から文安県に至る範囲と推測していた［張維華1979，王彩梅2001］。新修『大城県志』には，県北側の大阜村郷後杏林村の東

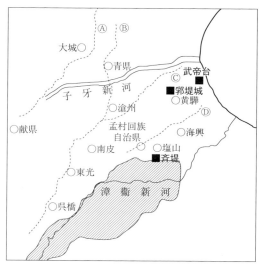

図6　堤防様地形（SRTM-DEMに基づく）

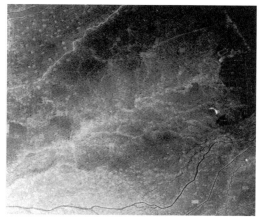

図7　孟村古三角州・SRTM-DEM

に，西北－東南方向へと走る堤防状の地形があると記されている[135]。劉化成・趙兆祥は，新修『大城県志』で南限とされた大城県から文安県の長城遺跡を連ね，廊坊市内での燕南長城のラインを想定している［劉化成・趙兆祥2001］。しかしこのAはさらに南へと下り，子牙河の北辺に沿って献県付近へと連なっている。この献県内のラインは，2007年の現地調査のときに案内された長城堤と推測される[136]。

B・Cは現在の滄州市南西付近で北方向（B）と東方向（C）の2本に分岐している。『中国歴史地図集』では，このCに連なるラインを前漢黄河としている。南皮県の西端に「堤口張」という村がある。新修『南皮県志』によれば，村名は村の西に残る古黄河の堤防から採られたという[137]。しかしこのラインでは，前述した台地との連携が難しい。また前節にて述べた呉忱などの「黄河古三角州」とも重ならない。

残るはDである。これは孟村回族自治県の県城付近を通って北東方向へと伸びている。つまり古三角州と一致する。SRTM-DEMで孟村回族自治県付近を詳細に観察すると，呉忱ほかの「黄河古三角州」と思われる枝状の痕跡が見て取れる（図7）。他の箇所には見られないこの特徴的な地形から，前漢黄河の三角州と特定した。

3D地形モデルを見ると，もう1つ興味深い地形が見られる。東光県付近から東方向を見ると，前述した黄河由来の微高地形を無棣県に向かって東西に貫いている溝が確認できた（現在の「漳衛新河」と一致）。この溝は，経由地を見ると『水経注』に記された「無棣溝」と合致する。つまり，この無棣溝は前漢黄河由来の微高地形を浸食して形成されたものであると推測される。

おわりに

以上のように細部の検討を行い，前漢河道を特定した（図8）。今回のキーポイントは「三角

第4章　河北省東光県〜滄州市〜黄驊市〜渤海　147

州」および「河口」部分である。これらは第3節にて考察したように，地質学分野での成果およびSRTMから作成した3D地形モデルから割り出した。塩山県以南の前漢黄河由来と思われる台地のどこに河道が走っていたかは，残る平原県側の河道復元が完了したあとで，そちらの結果と合わせて精査する。

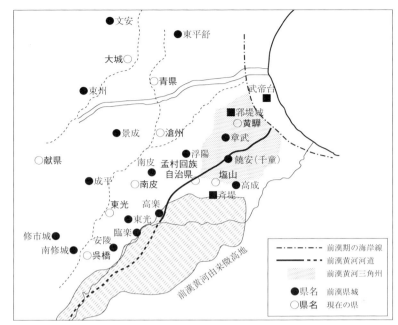

図8　滄州周辺の復元河道

　『中国歴史地図集』での前漢河道は，図6左下部分の前漢河道由来の微高地から外れた箇所となっている。これは，以下のような要因によると考えられる。

　宋代以降，中国全土で地方志と呼ばれる州県単位での歴史書編纂が盛んに行われるようになった。この地方志には，各県に属する県城や山川・古蹟などの位置が記されている。本研究でも多数利用している新修地方志と呼ばれる資料の基になったものである。このなかに，地質情報に基づいて黄河故道に関して考察を行っている箇所がいくつかある。本章の範囲でも，呉橋・東光・泊頭・南皮・滄州などの県志（地方志）などが該当する。

　確かに，これらの考察を行うには現地での調査が不可欠であり，実際に本研究でも現地調査は行っている。そして現地での詳細な調査を行うには，県政府の協力がなければ不可能である。しかし県単位での調査は，逆に黄河河道全体というマクロレベルでの視点を失う。県志での黄河河道特定は，まさにその視点が欠けていたと思われる。

　新修『東光県志』に収録されていた基底構造図を見るとよくわかる（図9）。北西・南東に隆起部分があり，中央を斜めに「黄驊凹陥」と呼ばれる低地部分が走っている。そして北西側隆起（滄県隆起）のすぐ東側を，現在の京杭大運河が流れている。常識的には，河川は低い場所に流れる。さらに現在は大運河も流れているため，中央の凹陥部に黄河が流れていたと考えることも可能である。

図9　東光県周辺の基底構造図

148 第2部 前漢期黄河の地域別検討

　しかしその黄河は，東光県だけでなく周辺全体を視野に入れれば前漢期ではなく，おそらくは
北宋期のものであることがわかる。さらに前節にて提示したSRTMデータを見れば，南東部の
隆起（埕寧隆起）は前漢黄河によって形成された堤防地形と推測できる。また前述した前漢黄河
の三角州は，孟村回族自治県と塩山県の二県に跨っているが，両県の県志とも三角洲に関する記
述は確認できなかった。これもまた県ごとに別個の調査を行っているために生じることである。
　『中国歴史地図集』では，これら県志の情報を総合して前漢河道を特定したと思われる。一方，
本書では県志の情報から，前漢～北魏期の故城遺跡・堤防等の特徴的な地形等の情報を拾い上げ
たうえで，これらの情報とRSデータを総合的に検討してマクロレベルでの視点から見直すこと
で，前漢黄河の河道を復元した。そのため，このような差が生じた。
　この地域では『水経注』の記述がかなり混乱し，前漢黄河の河道を資料上から特定するのが困
難であることは最初に述べたとおりである。また，後漢～北魏期にはこの滄州地域では県置の減
少が目立つ。これもまた，前漢河道復元を困難にする要因の1つである。そこで本章では従来の
研究方法とは視点を変え，現地調査による遺跡の位置および地形情報から河道を絞り込み，そこ
に『史記』『漢書』『水経注』等の記述を当てはめて検討することとした。結果として，『水経注』
の記述の混乱に惑わされない検討，そして河道復元ができたと思われる。

注

1) 「大河故瀆又北，逕脩県故城東，又北，逕安陵県西。本脩之安陵郷也。『地理風俗記』曰：脩県東
　　四十里有安陵郷，故県也。又東北，至東光県故城西，而北与漳水合。」（『水経注』巻五・河水注五）

2) 「又東北，右会大河故瀆，又逕東光県故城西。後漢封耿純為侯国。初平二年，黄巾三十万人，入渤海，
　　公孫瓚破之于東光界，追奔是水，斬首三万，流血丹水，即是水也。
　　　又東北過南皮県西。
　　　清河又東北，無棣溝出焉。東逕南皮県故城南，又東逕楽亭北。地理志之臨楽県故城也。王莽更名楽亭。
　　『晋書地道志』・『太康地記』，楽陵国有新楽県，即此城矣。
　　　又東逕新郷城北。即地理志高楽故城也。王莽更之曰為郷矣。無棣溝又東分為二瀆。無棣溝又東逕楽
　　陵郡北。
　　　又東屈而北出，又東転，逕苑郷県故城南，又東南，逕高成県故城南，与枝瀆合。瀆上承無棣溝，南
　　逕楽陵郡西，又東南，逕千童県故城東。『史記』建元以来王子侯者年表曰：故重也，一作千鍾，漢武帝
　　元朔四年，封河間献王子劉陰為侯国。応劭曰，漢霊帝改曰饒安也。魏滄州治。
　　　枝瀆又南東屈，東北注無棣溝。無棣溝又東北，逕一故城北，世謂之功城也。又東北，逕塩山，東北
　　入海。『春秋』僖公四年，斉楚之盟于召陵。管仲曰：昔召康公賜命先君太公履，北至于無棣。蓋四履
　　之所也。京相璠曰：旧説無棣在遼西孤竹県。二説参差，未知所定，然管仲以責楚，無棣在此，方之為近。
　　既世伝已久，且以聞見書之。
　　　清河又東北逕南皮県故城西。『十三州志』曰：章武有北皮亭，故此曰南皮也。王莽之迎河亭。『史記』
　　恵景侯者年表云：漢景帝後七年中，封孝文后兄子彭祖為侯国。建安中魏武擒袁譚于此城也。
　　　清河又北，逕北皮城東，左会滹沱別河故瀆，謂之合口，弌謂之合城也。『地理風俗記』曰：南皮城北
　　五十里有北皮城，即是城矣。

又東北過浮陽県西。

清河東北流，浮水故瀆出焉。按『史記』，趙之南界，有浮水出焉。浮水在南，而此有浮陽之称者，蓋浮水出入津流，同逆混并・清漳二瀆河之旧道，浮水故瀆又自斯別，是県有浮陽之名也。首受清河于県界，東北逕高成県之苑郷城北，又東逕章武県之故城南。漢文帝後七年，封孝文后弟竇広国為侯国。王莽更名桓章。晋太始中，立章武郡，治此。浮水故瀆又東逕選簁山北。『魏土地記』曰：高城東北五十里有簁山，長七里。浮瀆又東北，逕柳県故城南。漢武帝元朔四年，封斉孝王子劉陽為侯国。『地理風俗記』曰：高城県東北五十里有柳亭，故県也。世謂之辟亭，非也。浮瀆又東北，逕漢武帝望海台，又東注于海。応劭曰：浮陽浮水所出，入海。潮汐往来日再。今溝無復有水也。

清河又北分為二瀆，枝分東出，又謂之浮瀆。

清河又北，逕浮陽県故城西，王莽之浮城也。建武十五年，更封驍騎将軍平郷侯劉歆為侯国。魏浮陽郡治。又東北，溥沱別瀆注焉。謂之合口也。」(『水経注』巻九・淇水注)

3) 「又得勃海郡之東平舒，中邑，文安，束州，成平，章武，河以北也。」(『漢書』巻二八下・地理志下)

4) 「斉地，虚・危之分墅也。東有甾川・東萊・琅邪・高密・膠東，南有泰山・城陽，北有千乗・清河以南，勃海之高楽・高城・重合・陽信，西有済南・平原，皆斉分也。」(『漢書』巻二八下・地理志下)

5) 「斉桓公伐山戎，次于孤竹。正義，『括地志』云：孤竹故城在平州盧龍県十二里。殷時諸侯孤竹国也。」(『史記』巻五・秦本紀)

「(斉桓公)二十三年，山戎伐燕，燕告急於斉。斉桓公救燕。遂伐山戎，至于孤竹而還。」(『史記』巻三二・斉太公世家)

6) 『史記』には，本文で取り上げた斉桓公の記事の他にも，周文王・武王と関連する記述がある。『史記』伯夷列伝によれば，伯夷・叔斉は孤竹君の子であったが，後継問題を避けるために孤竹から出奔した。周文王が善政を敷いていたため，その徳を慕って周に来訪したという。後に文王が死去し，武王が喪の明けないうちに殷を攻めることを諌めたが，武王は聞き入れずに殷を滅ぼした。この孤竹について『史記正義』は『括地志』を引き，「孤竹故城，在平州盧龍県南一十里」と注を付けている。ここから，『中国歴史地図集』では現在の河北省盧龍県付近（河北省と遼寧省の省境付近）に位置したと推測している。また『史記正義』の注には「殷時諸侯，孤竹国也。姓，墨氏也」ともあり，殷代には諸侯国であった。一説には殷王室と同じく子姓であったともいう。

1973年に遼寧省喀喇沁左翼蒙古族自治県にて，商代晩期のものと思われる銘文入りの青銅罍が発見された。李学勤などによればこの銘文は「父丁，孤竹，亜微」と解釈し，前述の『史記』伯夷列伝等に記される孤竹国のものであるという［李学勤1983，金耀1983，曹定雲1988］。

王玉亮は，この3氏の説を受けて孤竹の領域に関する再検討を行い，前述の青銅罍が出土した遼寧省喀喇沁左翼蒙古族自治県付近を東限とし，従来の灤河下流域を中心とした河北省北東辺の盧龍県付近から遼寧省西部までを含む広大な領域を孤竹国と想定している［王玉亮1998・2000］。

7) 「桓公曰：非天子，諸侯相送不出境。吾不可以無礼於燕。」(『史記』巻三二・斉太公世家)

8) 「(燕荘公)二十七年，山戎来侵我。斉桓公救燕，遂北伐山戎而還。燕君送斉桓公出境，桓公因割燕所至地，予燕。」(『史記』巻三四・燕召公世家)

9) 「『括地志』云，燕留故城在滄州長蘆県東北十七里。即斉桓公分溝割燕君所至地与燕，因築此城。故名燕留。」(『史記』巻三四・燕召公世家)

10) 「燕留城 在滄州東北。」(『嘉慶重修一統志』巻二五・天津府二)

11) 燕留城に関する記述の大本として前掲注9の『史記正義』に引く『括地志』には「在長蘆県東北

150　第2部　前漢期黄河の地域別検討

十七里」とある。長蘆県は『隋書』地理志に「開皇初置」とあり，唐代以降はこの地域の中心として発展した。民国『滄県志』巻四・方輿志　古蹟では「按『括地志』成於唐初時長蘆県，猶治河西隋城。燕留城当在今治北稍東十三・四里。又『寰宇記』，稍燕留城在楽陵。考斉北界無棣・長蘆県在無棣溝北。燕君至此並未踰界，何得割以与燕。似在楽陵近是。但『寰宇記』無去県方向・里数，未詳楽氏所本」とあり，『太平寰宇記』の燕留城に関する記述が楽陵県の項にあることから，従来よりかなり南の宋代楽陵県（現在の山東省楽陵市付近）に位置するとの説を提示している。しかし『太平寰宇記』には楽陵県からの方角や里数などの詳しい情報がないため，それ以上の考察は行われていない。

　　「無棣溝」とは『水経注』にも見られる河川で，現在の河北省・山東省の省境付近を東西に流れている。推測するに，民国『滄県志』では斉桓公と燕君が越えた国境をこの無棣溝とみなしたと思われる。しかしSRTM–DEMを見ると，無棣溝は前漢黄河由来の微高地を東西に断ち切る形で流れている。つまり無棣溝は前漢黄河が移動した後漢以降に発生した河川である。斉桓公がこの地域を通過したのは前漢黄河によって微高地が形成される以前なので，無棣溝を『史記』斉太公世家に記される国境とみなすことはできず，民国『滄県志』の説は成立しない。

12)　『左伝』では「舒州」とあるが，『史記』では「徐州」に作る。『史記』斉太公世家に，陳氏（田常）は斉簡公を「徐州」で捕えたとあり，この「徐州」は『史記索隠』に陳氏の邑とある。「舒（徐）州」の位置に関しては第2節で検討する。この「舒（徐）州」に関しては劉幼錚に詳しい［劉幼錚1983］。

　　「（魯哀公一四年・BC481）夏四月，斉陳恒執其君，寘于舒州。」（『左伝』哀公一四年経）

　　「（斉簡公四年・BC481）庚辰，田常執簡公于徐州。公曰：余蚤従御鞅言，不及此。甲午，田常弑簡公于徐州。『索隠』，徐音舒，其字従人。左氏作舒。舒，陳氏邑。」（『史記』巻三二・斉太公世家）

13)　「（孝成王）十九年（BC247），趙与燕易土。以龍兌・汾門・臨楽与燕，燕以葛・武陽・平舒与趙。」（『史記』巻四三・趙世家）

14)　「勃海郡。高帝置，莽曰迎河。属幽州。戸二十五万六千三百七十七，口九十万五千一百一十九。県二十六：浮陽，莽曰浮城。陽信。東光，有胡蘇亭。阜城，莽曰吾城。千童。重合。南皮，莽曰迎河亭。定，侯国。章武，有塩官。莽曰桓章。中邑，莽曰検陰。高成，都尉治。高楽，莽曰為郷。参戸，侯国。成平，虖池河，民曰徒駭河。莽曰澤亭。柳，侯国。臨楽，侯国。莽曰楽亭。東平舒。重平。安次。修市，侯国。文安。景成，侯国。束州。建成。章郷，侯国。蒲領，侯国。」（『漢書』巻二八上・地理志上）

15)　「自塞宣房後，河復北決於館陶，分為屯氏河，東北経魏郡・清河・信都・勃海，入海。広深与大河等，故因其自然，不隄塞也。」（『漢書』巻二九・溝洫志）

　　なお鴻嘉4年（BC17）に起きた決壊でも，このときと同様に清河・信都・勃海の各郡が被害に遭っている。

　　「後九歳，鴻嘉四年，楊焉言"従河上下，患底柱隘，可鐫広之。"上従其言，使焉鐫之。鐫之裁没水中，不能去。而令水益湍怒，為害甚於故。是歳，勃海・清河・信都河水溢溢，灌県邑三十一，敗官亭民舎四万余所。」（『漢書』巻二九・溝洫志）

16)　前漢末期の「海侵（浸）」については譚其驤などを参照［譚其驤1965，陳可畏1979，劉立鑫1993，王守春1998，王子今2005］。

17)　黄河の乱流期である北宋期に，一時的に滄州～天津付近まで黄河が流れたことはあった。

18)　前掲注14（『漢書』地理志）参照。

19)　「（斉威王）二十四年（BC333），与魏王会田於郊。魏王問曰：王亦有宝乎。威王曰：無有。梁王曰：若寡人国小也，尚有径寸之珠，照車前後各十二乗者十枚，奈何以万乗之国而無宝乎。威王曰：寡人之

所以為宝与王異。吾臣有檀子者，使守南城，則楚人不敢為寇，東取，泗上十二諸侯皆来朝。吾臣有盼子者，使守高唐，則趙人不敢東漁於河。吾吏有黔夫者，使守徐州。則燕人祭北門，趙人祭西門，徙而従者七千余家。吾臣有種首者，使備盗賊，則道不拾遺。将以照千里，豈特十二乗哉。梁恵王慙，不懌而去。」（『史記』巻四六・田敬仲完世家）

20)　「簡公出奔，田氏之徒追執簡公於徐州。正義，斉之西北界上地名，在勃海郡東平県也。」（『史記』巻四六・田敬仲完世家）

21)　「公元前 284 年，燕出師伐斉，攻克城邑 70 余座，徐州帰燕。

　　公元前 279 年，斉将田単撃敗燕軍，徐州帰斉。」（新修『大城県志』第一編　政区建置・第一章　位置沿革）

22)　「楽毅留徇斉五歳，下斉七十余城，皆為郡県以属燕。唯独莒・即墨，未服。」（『史記』巻八〇・楽毅列伝）

23)　「公元前 247 年，燕趙両国交換辺城，平舒帰趙。」（新修『大城県志』第一編　政区建置・第一章　位置沿革）

　　この記述は『史記』趙世家の記述に依ると思われる（前掲注 13）。

24)　前掲注 14（『漢書』地理志）参照。

25)　「河間国，文帝置，世祖省属信都。和帝永元二年復故。雒陽北二千五百里。十一城，戸九万三千七百五十四，口六十三万四千四百二十一。楽成。弓高。易，故属涿。武垣，故属涿。中水，故属涿。鄚，故属涿。高陽，故属涿，有葛城。文安，故属勃海。束州，故属勃海。成平，故属勃海。東平舒，故属勃海。」（『続漢書』志二〇・郡国志二）

26)　「章武国。泰始元年置。統県四，戸一万三千。東平舒・文安・章武・束州。」（『晋書』巻一四・地理志上）

27)　「章武郡，晋置章武国，後改。領県五，戸三万八千七百五十四，口一十六万二千八百六十。成平，前漢属勃海，後漢・晋属河間国，後属。治京城。有成平城・楽平城。平舒，前漢勃海，後漢属河間国，晋属。二漢・晋曰東平舒，有章武城・平郷城，有城頭神・里城神。束州，前漢属勃海，後漢属河間国，晋属。有束州城。文安，前漢属勃海，後漢属河間国，晋属。有文安・平曲城・広陵・趙君神。西章武，正光中分滄州章武置。有章武城。」（『魏書』巻一〇六上・地形志上）

28)　「大城県，在府南，少東二百九十里。東西距四十八里，南北距六十五里。東至天津府青県界二十三里，西至河間府任邱県界二十五里，南至河間府河間県界二十五里，北至天津府静海県界四十里。東南至青県治二十里，西南至河間県治一百二十里，東北至静海県治九十里，西北至文安県治五十里。漢置東平舒県，属勃海郡。後漢属河間国。晋泰始元年于県置章武国。後魏曰平舒，仍為章武郡治。隋属漳河郡，後属河間郡。唐武徳四年，属景州。貞観元年，還属瀛州。五代晋天福初，入遼。周顕徳六年，収復改曰大城，属霸州。宋金元明倶因之。本朝属順天府。」（『嘉慶重修一統志』巻六・順天府一）

29)　「西釣台西漢古城遺址　在県城南 15 公里，西釣台村西北 400 米処，城垣基本呈方形，東垣 518 米，西垣 519 米，南垣 501 米，北垣 508 米。方向：北偏東 8 度。牆基経夯築而成，夯層 30 ～ 40 厘米，円形夯窩。直径 7 厘米，牆基寛 18 米，城垣外壁夯筑一段斜坡牆基，底部総寛 1.7 ～ 2.5 米。南牆中部有城門欠口，寛 21.5 米。文化層厚 0.5 ～ 1.1 米，被淤土埋在地表下 1.4 米処，内有戦国和西漢時期遺物。該址有 5 処台地。上有縄紋板瓦，素面半瓦当，巻雲紋瓦当，縄紋簡瓦等建築材料和陶制生活用具。出土一塊印有 "陳和志左敷" 図形戳記的泥質紅陶量器的残片和一方漢代 "李柯私印" 的銅印。城周有多処漢代墓葬及戦国時期遺址，西側有多処古代陶井。1982 年，該遺址被列為市級文物保護単位。」（新修

152 第2部 前漢期黄河の地域別検討

『静海県志』第二〇編 文化・第五章 文物古迹）

　　1978 年の発掘に関しては華向栄ほかに詳しい［華向栄・劉幼錚 1983］。

30)　『水経注』の「注」部分は北魏期の酈道元によるものだが，原書とされる「経」部分は『新唐書』芸
　　文志によれば前漢の人物である桑欽の筆という。つまり前述した考古成果と合わせると，『水経』の書
　　かれた前漢期の県城が前漢末〜後漢期にかけて移転した。そのため『水経』には「東平舒県」と記さ
　　れていたが，北魏期の県城は前漢県城とは別の場所に移転したことで『水経注』の記述が「東平舒県
　　故城」となったと考えられる。
　　　「又東北過章武県西，又東北過東平舒県南，東入海。」（『水経』濁漳水）
　　　「一水逕（参戸）亭北，又逕東平舒県故城南。」（『水経注』巻一〇・濁漳水注）

31)　前掲注 14（『漢書』地理志）参照。

32)　「中邑　以執矛従高祖入漢，以中尉破曹咎，用呂相侯，六百戸。四年四月丙申，（貞）侯朱通元年。」
　　（『史記』巻一九・恵景間侯者年表）

33)　「中邑，漢県。高后封呂相朱進為侯。王莽改曰検陰。後漢省，併浮陽。旧地理書並失其所在，即今県
　　地是也。」（『太平寰宇記』巻六五・河北道一四・滄州）

34)　前掲注 14（『漢書』地理志）および注 25（『続漢書』郡国志）参照。

35)　「旦壮大就国，為人弁略，博学経書雑説，好星歴数術倡優射猟之事，招致游士。及衛太子敗，斉懐王
　　又薨，旦自以次第当立，上書求入宿衛。上怒，下其使獄。後坐臧匿亡命，削良郷・安次・文安三県。
　　武帝由是悪旦，後遂立少子為太子。」（『漢書』巻六三・武五子伝）

36)　「文安県　西北去州五十五里。旧二十二郷，今四郷。漢文安県，属渤海郡。後漢属河間国，至和帝二
　　年置瀛州，県属焉。晋分瀛州之東平舒・束州・文安・章武四県置章武国，県在古文安城。至後魏太平
　　十一年置瀛州，以統章武郡，県遂帰瀛州。北斉廃章武入文安。隋大業七年征遼，途経于河口，当三河
　　合流之処，割文安・平舒二邑戸于河口置豊利県。隋末乱離，百姓南移就是城。唐貞観元年以豊利・文
　　安二県相逼，遂廃文安城，仍移文安名就豊利城置文安県，即今理也。周朝改属覇州。」（『太平寰宇記』
　　巻六七・河北道一六・覇州）

37)　「文安県故城遺址　位于大柳河郷富各荘村北。東西長 500 米，南北寛 200 米，面積為 1 万平方米，略
　　高出地面。史料記載，漢高祖五年（公元前 202 年）建文安県。此即其故址。」（新修『文安県志』第五
　　編　文教，体育，衛生・第一章　文化）

38)　前掲注 14（『漢書』地理志）および注 25（『続漢書』郡国志）参照。

39)　前掲注 26（『晋書』地理志）および前掲注 27（『魏書』地形志）を参照。

40)　「束城県　東北六十五里，旧二十一郷，今五郷。本漢束州，属渤海郡。『続漢書』，属河間国。今県東
　　北十四里有束州故城，即漢為理所。西晋移束州于城南三十五里。魏明帝孝昌二年，復理漢故城。高斉
　　天保七年省併文安。隋開皇中，置束城県于今理，因束州為名。按『郡国県道記』云，其束城故城，今
　　有三重県城，周五六里。故州外城，周約二十里。迄今宛然不改。」（『太平寰宇記』巻六六・河北道
　　一五・瀛州）

41)　「束州県城遺址，位于今河間県城東北束城鎮。」（新修『河間市志』巻一八　文化・第五章　文物古
　　迹）

42)　「束州城　府東北六十里。俗名如林郷。漢県，属勃海郡，後漢因之。晋属章武国，後魏属章武郡，高
　　斉廃。隋開皇十六年復置，属瀛州，尋改曰束城，唐因之。五代周顕徳五年，成都帥郭栄攻契丹束城，
　　抜之是也。宋熙寧六年廃為束城鎮，元祐初復置県。金復廃為鎮，元置巡司於此。『水経注』：「易水東経

束州県南。」其城旧有三里，今故址已堙。」（『読史方輿紀要』巻一三・北直四・河間府）

43）　前掲注14（『漢書』地理志）および注25（『続漢書』郡国志）参照。

44）　「成平侯礼。表在南皮。河間献王子。三年十月癸酉，侯劉礼元年。」（『史記』巻二一・建元以来王子
　　　侯者年表）

45）　「河間国，楽城・武垣・鄭・易城・中水・成平。」（『晋書』巻一四・地理志上）

46）　「景城県　北七十二里。旧十三郷，今五郷。漢旧県，属渤海郡，後漢省。後魏延昌二年自今県南二十
　　　里徙成平県来理之。隋開皇十八年改成平為景城，復漢旧名也。唐大中之後，割属瀛州。」（『太平寰宇記』
　　　巻六六・河北道一五・瀛州）

47）　『漢書』地理志には「景成」とある。前掲注14（『漢書』地理志）参照。

48）　「成平故城　漢置。漢元朔三年（公元前126年），封河間献王子礼為侯国，属渤海郡，後漢改入河間
　　　国。『畿輔通志』載：成平廃県在献県東南92里，在建城県（今斉橋）北，二城相直。『太平寰宇記』故
　　　城在県南20里。按其方位・距離推，成平故城在今滄県境内高川両側。（金時，在交河境内）。」（新修
　　　『泊頭市志』第一七編　教育，科技・第一二節　文物保護）

　　　なお2008年9月12日付の燕趙都市報にて発見が報道された。

　　　（http://yanzhao.yzdsb.com.cn/system/2008/09/12/000860697.shtml）2014.09.14 閲覧。

49）　『漢書』地理志については前掲注14参照。

　　　「勃海郡。高帝置。雒陽北千六百里。八城，戸十三万二千三百八十九，口百十万六千五百。南皮。高
　　　城，侯国。重合，侯国。浮陽，侯国。東光。章武。陽信，延光五年復。修，故属信都。」（『続漢書』志
　　　二〇・郡国志二）

50）　「魏武定覇，三方鼎立，生霊版蕩，関洛荒蕪，所置者十二。新興・楽平・西平・新平・略陽・陰平・
　　　帯方・譙・楽陵・章武・南郷・襄陽。」（『晋書』巻一四・地理志上）

51）　「西章武。正光中分滄州章武置。有章武城。」（『魏書』巻一〇六上・地形志上）

52）　「孝景帝立，乃封（寶）広国為章武侯。索隠，地理志，県名，属勃海。正義，括地志云，滄州魯城
　　　県。」（『史記』巻四九・外戚世家）

53）　2007年の現地調査で案内していただいたのは，この故県村の章武故城であった。現地調査の詳細は
　　　補論第5節参照。

　　　「章武県故城　位于常郭郷故県村北200米。据『塩山県志（同治版）』記載，西漢至北斉400多年間，
　　　為章武（郡）県治所，『塩山新志』載："章武之名，昉自漢初，郡県併設始于曹魏，而郡之廃在于隋，
　　　県之廃亦在隋前。" 今故城遺址，輪廓依稀可辨：大城在北，小城在南，総面積6.3平方米，地面建築已
　　　蕩然無存，表層辟為農田，採集遺物有雲紋瓦当・灰陶紡輪。竜泉瓷片，刀幣等。」（新修『黄驊県志』
　　　第六編　文化・第五四章　文物古迹）

54）　楊馨遠ほかは各時期の県・郡治変遷を総括している［楊馨遠・郝建新2004］。

55）　前掲注14（『漢書』地理志）参照。

56）　哀帝の皇太子時代の太傅で，哀帝即位後は左将軍となる。さらに王莽に代わって大司馬となり，高
　　　楽侯に封ぜられた。『漢書』巻八六に伝が立てられている。

　　　「成帝末年，立定陶王為皇太子，以丹為太子太傅。哀帝即位，為左将軍，賜爵関内侯・食邑・領尚書
　　　事。遂代王莽為大司馬，封高楽侯。月余徙為大司空。」（『漢書』巻八六・師丹伝）

57）　「高楽康侯，斉孝王子。不得封年薨，亡後。」（『漢書』巻一五・王子侯表）

　　　「高楽節侯，師丹。綏和二年七月甲午封，一年，建平元年，坐漏泄免，元始三年二月癸巳更為義陽侯，

154 第2部 前漢期黄河の地域別検討

　二月薨。」(『漢書』巻一八・外戚恩沢侯表)

58)　前掲注2(『水経注』淇水注)参照。

59)　「高楽故城，漢県，後漢省。故城在今県東南三十里。今謂之思郷城，亦曰西郷城。」(『太平寰宇記』
　　巻六五・河北道一四・滄州・南皮県条)

60)　「漢・高楽城　董村所在地。」(新修『南皮県志』第八編　文化・第三章　文化)

61)　前掲注14(『漢書』地理志)および注49(『続漢書』郡国志)参照。

62)　「高城節侯梁，長沙傾王子。六月乙未封。」(『漢書』巻一五・王子侯表)

63)　「其以高成之平津郷。戸六百五十，封丞相弘，為平津侯。」(『漢書』巻五八・公孫弘伝)

64)　「西漢高祖五年(前202年)　高成県，県治在今県城東南10公里故城趙村東北。」(新修『塩山県志』
　　大事記)

　　　「高城県城遺址　古県城遺址位于塩山県城東南9.7公里処，座落在大伝荘郷故城趙村東北，宣恵河南
　　岸。」(新修『塩山県志』第一六篇　文化・第五章　文物)

65)　前掲注14(『漢書』地理志)参照。

66)　「修，後(二)年，侯亜夫以没子紹封，十八年，有罪，免。」(『漢書』巻一六・高恵高后文功臣表)

67)　前掲注49(『続漢書』郡国志)参照。

68)　「勃海郡。南皮・東光・浮陽・饒安・高城・重合・東安陵・修・広川・阜城。」(『晋書』巻一四・地
　　理志)

69)　「又東過修県南，又東北過東光県西。
　　　清河又東北，左与張甲故瀆合。阻深堤高障，無復有水矣。又逕修県故城南，屈逕其城東。修音條。
　　王莽更名之曰治修。郡国志曰，故属信都。清河又東北，左与横漳枝津故瀆合。又東北，逕修国故城東。
　　漢文帝封周亜夫為侯国。故世謂之北修城也。」(『水経注』巻九・淇水注)

70)　「南修城　西漢時修県県城，在今県城南十余里楊院郷胡荘。
　　　修市県城　西漢時設修市県，県城在今県城西三十里大温城。」(新修『景県志』第二七篇　文化芸術・
　　第五章　文物古迹)

71)　「平原郡，高帝置。莽曰河平。属青州。戸十五万四千三百八十七，口六十六万四千五百四十三。県
　　十九；平原，有篤馬河，東北入海，五百六十里。鬲，平当以為鬲津。莽曰河平亭。高唐，桑欽言漯水
　　所出。重丘。平昌，侯国。羽，侯国，莽曰羽貞。般，莽曰分明。楽陵，都尉治。莽曰美陽。祝阿，莽
　　曰安成。瑗，莽曰東順亭。阿陽。漯陰，莽曰翼成。朸，莽曰張郷。富平，侯国。莽曰楽安亭。安悳。
　　合陽，侯国。莽曰宜郷。樓虚，侯国。龍額，侯国。莽曰清郷。安，侯国。」(『漢書』巻二八上・地理志
　　上)

72)　「安都侯志，斉悼恵王子。」(『漢書』巻一五・王子侯表)

73)　前掲注68(『晋書』地理志)参照。

74)　「(太寧元年三月)丙戌，隕霜，殺草。饒安・東光・安陵三県災，焼七千余家，死者万五千人。」(『晋
　　書』巻六・明帝紀)

75)　「安陵県，本漢蓚県地。晋立安陵県，属渤海郡。本蓚県之安陵，故以為名。高斉省。隋開皇六年重置，
　　属冀州。九年立観州，県属焉。皇朝因之。貞観十七年，観州廃，県割属徳州。」(『元和郡県志』巻
　　一七・河北道二・徳州)

76)　「安陵県，西北一百里。旧二十三郷。本漢蓚県地，属渤海郡。漢立安県，旧地理書但云蓚県，並失安
　　県理所，今県東七里晋所置東安陵県城，即漢安県旧理也。後魏省「東」字。今微有遺址。高斉天保七

年省。隋開皇六年又分東光県于今県東二十二里新郭城再置，今安陵故県是也。大業二年廃。唐武徳四年復立，貞観十七年廃観州，与蓚県同隷徳州。永隆二年移于柏杜橋，即今理。」（『太平寰宇記』巻六四・河北道一三・徳州）

77) 「安陵故城，在呉橋県西北。漢置安県為侯国。文帝四年，封斉悼恵王子志為安都侯，即此。後漢省。晋改置東安陵県。後魏去東字。水経注，本修県之安陵郷。『地理風俗記』曰，修県東四十里有安陵故県，是也。隋大業初，併入東光。唐武徳四年，復以宣府鎮置安陵県，属観州。貞観十七年，改属徳州。永徽二年，移治白社橋。『寰宇記』，安陵県在徳州西北一百里，本漢安県。旧地理書並失理所。今県東七里，晋所置東安陵県，即漢安県旧理也。今微有遺址。高斉天保七年省。隋開皇六年又分東光県於今県東二十二里新郭城，再置安陵県。大業二年廃。唐武徳四年，復立。永隆二年，移於柏杜橋。即今理也。『宋史・地理志』，景祐二年，廃安陵県入将陵。『九域志』，将陵県有安陵鎮。旧志在今呉橋県西北二十五里，衛河東窰場店南里許。漢晋故県也。其唐所移之柏杜橋治，在今景州東十七里，衛河西岸。」（『嘉慶重修一統志』巻二三・河間府二）

78) 「安陵古城遺址，位于呉橋県政府（桑園鎮）北7.5公里，西北側緊靠南運河，京滬鉄路・京福公路在東1公里処南北通過，安景公路緊沿遺址南側，横跨運河大橋，通往景県。」（新修『呉橋県志』第六編　文化・第八章　文物）

「安県故城在今水波郷窰廠店。」（新修『呉橋県志』第一編　地理・第一章　政区建置）

79) 『漢書』『後漢書』『晋書』については，前掲注14および注49，注68参照。

「渤海郡，漢高帝置，世祖初改為滄水郡，太和二十一年復。領県四。戸三万七千九百七十二，口一十四万四百八十二。

南皮，二漢・晋属。有渤海城。東光，二漢・晋属。修，前漢晋属。号修，後改。有董仲舒祠。安陵，晋置。」（『魏書』巻一〇六上・地形志上）

80) 「六年，定封為東光侯。注，東光，今滄州県也。『続漢書』曰：六年，上令諸侯就国。純上書自陳，前在東郡案誅涿郡太守朱英親属，今国属涿。誠不自安。制書報曰：侯前奉公行法，朱英久吏，暁知義理，何時当以公事相是非，然受堯舜之罰者不能愛己也。已更択国土，令侯無介然之憂，乃更封純為東光侯。」（『後漢書』巻二一・耿純伝）

81) 「東光県，旧十四郷，今四郷。本漢旧県也，属渤海郡，故城在今県東二十里東光故城。高斉天宝七年移于今県東南三十里，陶氏故城。隋開皇三年又移於此後魏廃渤海郡郡城，即今県理。」（『太平寰宇記』巻六八・河北道一七・定遠軍）

82) 「漢高帝四年（前203）東光建県時，故県城在今県城東10公里処的找王村南。至北魏初，県治遷至故県城西南将陵故城（今山東省陵県地）。北魏文成帝太安四年（458）渤海郡治由南皮遷至東光，今東光県城始為郡治。」（新修『東光県志』第一篇　建置・第三章　城鎮郷村）

83) 2007年の現地調査に関しては補論第5節を参照。

84) 本章第2節1項・A「東平舒」の項，および前掲注13（『史記』趙世家）を参照。

85) 「又東流，南逕武隆県南・新城県北。『史記』曰，趙将李牧伐燕，取武隧・方城。是也。俗又謂是水為武隆津。津北対長城門，謂之汾門。『史記』趙世家云，孝成王十九年趙与燕易土，以龍兌・汾門与燕，燕以葛城・武陽与趙。即此也。亦曰汾水門，又謂之梁門矣。」（『水経注』巻一一・易水注）

86) 前掲注14（『漢書』地理志）参照。

87) 「臨楽。『索隠』，韋昭曰：県名，属渤海。中山靖王子。四年四月甲午，敦侯劉光元年。『索隠』，善行不怠曰敦。」（『史記』巻二一・建元已来王子侯者年表）

156 第2部　前漢期黄河の地域別検討

88) 「武帝元朔元年（前128），劉光為臨楽侯，領東光地（故城在耿武圏一帯）。」（新修『東光県志』大事記）

89) 第2節1項E「成平」の項および前掲注48参照。

「東光県臨楽故城遺址：東光県龍王李郷耿家圏村北30米処。這塊地比平地高出四五米，現在已有村中公路，也種著荘稼，有5個村荘落戸遺址上。目前，城池北面100多米及南側，均有堅固城牆直立。遺址面積約400万平方米。

文物普査隊員在遺址剖面北壁，距地表深50釐米処発現，文化層厚度為3至4米，其中包含大量磚瓦碎塊，紅焼土顆粒及草木灰顆粒；遺物紋飾有縄紋，布紋等；可辨器型有灰陶縄紋瓦，灰陶敞口罐等。種種跡象表明，這里有人類活動的痕跡。拠當地文物部門普査隊員所採集的標本推測，該遺址応為漢代。拠東光県志記載，西漢時期，耿家圏村是"臨楽故城"。」（『燕趙土地報』2008年9月12日付）

（http://yanzhao.yzdsb.com.cn/system/2008/09/12/000860697.shtml）

90) 「古皮城，在県北四里。『史記』，斉桓公北伐山戎至此，繕修皮革。因築焉。」（『太平寰宇記』巻六五・河北道一四・滄州）

91) 「項羽以陳余不従入関，聞其在南皮。即以南皮旁三県以封之，而徙趙王歇王代。」（『史記』巻八九・陳余列伝）

92) 「（竇）長君前死，封其子彭祖為南皮侯。」（『史記』巻四九・外戚世家）

93) 「十二月，曹操討譚，軍其門。譚夜遁，奔南皮，臨清河而屯。明年正月，急攻之。譚欲出戦，軍未合而破。譚被髪駆馳，追者意非恒人，趨奔之。譚墮馬顧曰，咄，児過我。我能富貴汝。言未絶口，頭已断地。」（『後漢書』巻七四下・袁譚伝）

94) 「魏書云，文帝為五官中郎将，射雉于南皮。」（『太平寰宇記』巻六五・河北道一四・滄州）

95) 「古皮城　在今県城北6公里張三撥村西約300米処。春秋時斉桓公繕皮革于此。秦置県，漢及魏皆為渤海郡治，北朝東魏時移郡治于東光，城遂移今址，原城廃。陳余，竇彭祖曾封侯于此。城址呈方形，東西長465米，南北寛426米，面積19.8万平方米。北城垣残高3-5米，牆厚20米。城東北隅有高出地面8.5米"望海楼"遺址。」（新修『南皮県志』第八編　文化・第三章　文化）

96) 2007年の現地調査に関しては補論第5節参照。

97) 前掲注14（『漢書』地理志）参照。

98) 「（劉）喜卒，復以歆為驍騎将軍，封浮陽侯。」（『後漢書』巻二一・劉植伝）

99) 「清池県，本漢浮陽県，属渤海郡。在浮水之陽。後魏，属滄州。隋開皇十八年，改為清池県，以県東有仵清池。因以為名。」（『元和郡県志』巻一八・河北道三・滄州）

100) 滄州故城や滄州郡治などの変遷については，邢承栄ほかを参照［邢承栄・路秀霞1998］。

101) 「浮陽県，清池県故城，在今旧州鎮東関村西旧城址。据『漢書・地理志』載："浮陽，西漢高帝五年（前202）置，因在浮水之陽故名。"」（新修『滄県志』第一編　地理・第三章　県城，郷鎮）

102) 2007年の現地調査に関しては補論第5節参照。

103) 「饒安故城，在滄州東南。漢置千童県。元朔四年，封河間献王王子擔為侯国，属勃海郡。後漢，霊帝改置饒安県。晋仍属勃海郡。後魏属浮陽郡。熙平二年置滄州治此。後又為浮陽郡治。隋開皇初，郡廃。大業初，州廃仍属勃海郡。唐武徳元年，移治故千童城仍移滄州治焉。六年，州移治胡蘇，以県属之。貞観十二年，移治故浮水城，此城遂廃。『元和志』，饒安県，北至滄州九十里。即秦千童城。始皇遣徐福，将童男女千人入海，求蓬莱。置此城，以居之。故名。『金史・地理志』，清池県有旧饒安鎮，即此。『南皮県志』，饒安故城在県東南八十里。按『水経注』・『元和志』，此城本在旧滄州南。南皮東南，塩山西南，

楽陵西北界。『寰宇記』，以千童城在無棣県。輿地記，謂之卯兮城，在塩山東北。旧志，又以為在州東北。皆誤。又按『後漢志』，無饒安県。『前漢志』注・『水経注』，皆引，応劭曰霊帝改曰饒安。『元和志』謂，即千童城，則饒安。与千童即是一城。而『旧唐志』・『寰宇記』，皆云唐武徳初移治故千童城，疑是霊帝時改置，本非一城。或唐以前甞移治也。」(『嘉慶重修一統志』巻二五・天津府二)

なお唐貞観12年に移治した浮水城は，新修『孟村回族自治県志』によれば現在の孟村回族自治県の県城南10 km（新県村東）に位置するとされる。

「唐饒安県城址　唐貞観十二年（638），饒安県治移此。宋熙寧五年（1072），撤銷饒安県制，并入清池県，期間為唐饒安県城。位于今県城南一〇公里（新県村東）。」(新修『孟村回族自治県志』第一七篇　文化芸術・第七章　文物勝迹)

104)　「千童県城遺址　千童県城遺址位于塩山県城西南23.5公里処旧城鎮，座落在漳衛新河北岸約1公里処。戦国時斉之饒安。」(新修『塩山県志』第一六篇　文化・第五章　文物)

105)　「浮瀆又東北，逕漢武帝望海台，又東注于海。」(『水経注』巻九・淇水注)

106)　「章武県東一百里，有武帝台。南北有二台，相去六十里。基高六十丈。俗云，漢武帝東巡海上所築。」(『水経注』巻九・淇水注引『魏氏土地記』)

107)　「武帝台　位于中捷友誼農場総場東偏北5公里，相伝為漢武帝東巡観海所筑。【中略】据考，武帝台下部基址為西漢遺迹，上部系後世修築。台往東至海辺的土地是西漢時黄河在此入海造成的河口沖積扇。故此台在漢初正是臨海建築。『魏土地記』載："章武県東百里有武帝台，南北有二台，相距六十里，俗云漢武帝東巡海上所築"。『大清一統志』載，此為南台，北台在今沙井子村（今天津大港），已被夷為平地。」(新修『黄驊県志』第六編　文化・第五四章　文物古迹)

108)　2007年の現地調査に関しては補論第5節参照。

109)　前掲注14（『漢書』地理志）参照。

110)　「参戸節侯免，河間献王子。十月癸酉封。四十六年薨。」(『漢書』巻一五・王子侯表)

111)　「参戸故城，一名木門城。在（長蘆）県西北四十里。」(『元和郡県志』巻一八・河北道三・滄州)

112)　「子鮮曰，逐我者出，納我者死。賞罰無章，何以沮勧。君失其信，而国無刑，不亦難乎。且鱄実使之。遂出奔晋。公使止之，不可。及河，又使止之，止使者而盟於河。託於木門，不郷衛国而坐。」(『左伝』襄公二七年伝)

113)　「託而不仕之謂託。与羈不同。羈則其仕焉者也。」(『左氏会箋』襄公二七年)

114)　清地県は隋開皇18年（644）に前漢浮陽県から改名した。詳細は第2節1項N.浮陽県の項を参照。

115)　「古木門城，在県西北四十六里。春秋襄二十七年，衛侯之弟鱄出奔晋，託於木門。蓋此城也。輿地志云，中有大樹，因名木門。」(『太平寰宇記』巻六五・河北道一四・滄州)

116)　「参戸故城　在青県南。漢元朔三年，封河間献王子免為侯国。属勃海郡。後漢省。」(『嘉慶重修一統志』巻二五・天津府二)

117)　「漢高帝五年（公元前202年），設置参戸県（今県境木門店旧址），隷属渤海郡。」(新修『青県志』大事記)

なお同書第一編　地理・第二章　建置では前漢高祖5年に置かれた参戸県の治所は「清州鎮」にあるとしているが，根拠は不明。

118)　「平舒県西南五十里有参戸亭，故県也。世謂之平虜城。」(『水経注』巻一〇・濁漳水注)

119)　「完城古遺址　位于県城西南19公里的完城村正南50米処，面積為360,000平方米。遺址高于地面0.6米左右，中心処面積約2667平方米，称之為"南台"，地面有大量陶器砕片，縄紋筒瓦，獣形図案瓦

当。1956年于南台高地出土一枚両厘米見方，半厘米厚篆刻陰文"別部司馬"的銅印。従前毎経暴雨，就有很多銅鏃現露。在遺址東南称"東城"処，曾出土過群葬尸骨多具。西南角有古代錬鉄遺迹，村北古墓葬中，出土有刀幣・銅車・馬具・銅剣等文物。経考証均属戦国至秦・漢時期器物。対此遺址東漢前属何類別尚未確定，而以出土的東漢時期的"別部司馬"軍印，可証為東漢屯兵点。1982年10月該遺址被確定為県級重点文物保護単位。」（新修『大城県志』第二二編　文化・第五章　古迹文物）

120)　渤海湾の貝殻堤はアメリカ・ルイジアナデルタとブラジル・スリナムデルタと並ぶ世界三大古貝殻堤の1つとされる。大河川河口と貝殻堤の関係性については堀和明などを参照［堀・斉藤2003，蔡明理1993］。

121)　通常の河口では河川の流向と平行して堆積地をなすが，貝殻堤の場合は河川に直行した堆積地が伸び，その陸地側に海水の池が残る場合がある。現在の渤海湾西岸に位置する黄驊市では，海岸線の内側に入り込んでいる海水を利用して形成した広大な塩池から取れる塩業が古くから盛んに行われていた。黄驊市の前身である前漢期の章武県には塩官が置かれたという記述が，『漢書』地理志にある。さらに『漢書』『水経注』に以下の記述が見られる。

　　「頃之，使行流民幽州，挙奏刺史二千石労倈有意者，言勃海塩池可且勿禁，以救民急。」（『漢書』巻七一・平当伝）

　　「清河又東逕漂楡邑故城南。俗謂之角飛城。『趙記』云，石勒使王述煮塩于角飛。即城異名矣。『魏土地記』曰，高城県東北百里，北尽漂楡東臨巨海，民咸煮海水，藉塩為業。即此城也。」（『水経注』巻九・淇水注）

　　『漢書』平当伝では「勃海塩池」とのみあるが，『水経注』淇水注を合わせると勃海郡のなかでも滄州付近に位置することがわかる。『水経注』の引く『趙記（趙書）』『魏土地記』は五胡十六国期の書物だが，『漢書』平当伝と合わせることで，前漢当時から滄州地域で塩池を利用した製塩業が営まれていたことがわかる。なお『魏土地記』に見える「高城県」は隋文帝期に「塩山県」と改称している（県名の由来は県内に位置する「塩山」という山から）が，これは塩業の盛んな様を示したものか。黄驊市の塩業史に関する詳細は劉洪升などを参照［劉洪升1995，張宝剛2007］。

122)　渤海湾西北岸には，現在第六道までの貝殻堤の存在が確認されている。2007年の現地調査では，現在の海岸線と同一ラインに位置する貝殻堤（第一道）を訪れ，実地で確認した。詳細は補論第5節参照。また渤海湾の貝殻堤とC^{14}年代測定結果に関する研究に関しては，彭貴などを参照［彭貴ほか1980，徐家声1994］。

123)　C^{14}年代測定法に関する詳細は，木越邦彦などを参照［木越1978，遠藤1978，中国社会科学院考古研究所1983］。

124)　1998年に学習院大学年代測定室を訪れ，木越邦彦氏の好意により実際の試料加工から測定の手順を閲覧させていただいた。資料を測定機器にかける加工過程は以下のとおりである。

　　木片等の資料はまず化学的処理を施し，炭素を抽出する。最初の段階で試料を炭化する，つまり燃やすので試料を破壊せざるを得ない。燃やして炭素を抽出した試料に対してさらに複数の段階を経て夾雑物を除去した後，測定機器に24〜48時間かけてC^{14}の崩壊を測定する。このとき測定されたβ線から崩壊の個数を割り出し，年代を算出するのである。

125)　従来のβ線測定法では，崩壊した原子の個数をβ線計測器によって間接的にカウントしていた。そのため崩壊確率を上げるために，木片＝100gなど大量の試料が必要であった。

126)　タンデトロン加速器質量分析計（Accelerator Mass Spectrometry: AMS）を用いることで，試料中

に含まれる C^{14} の個数を直接測定することが可能となった。これにより，C^{14} 年代測定の精度および測定回数が飛躍的に増加した。AMS 法の概要および少量試料での測定が可能となった点に関しては中村俊夫などを参照［中村俊夫 1993，吉田 1999］。

127) 黄河変遷の時期については本論第 1 部第 1 章「秦漢期黄河変遷史」を参照。

128) C^{14} 年代測定法では，算出した結果を B.P.（Before Present または Before Physics）で表記する。これは 1960 年代以降に頻発した核実験等による大気組成の変化への影響を極力減らすため，1950 年の大気を基準として年代を算出しているためである。つまり紀元前 600 年であれば 1950 ＋ 600 ＝ 2550B.P. となる。また「樹輪年代校正」と呼ばれる，樹木の年輪等によって実年代に近づける年代較正法があり，これによって再計算された値は「cal B.P.」と表記される。

129) 岑仲勉『黄河変遷史』によれば，北宋仁宗慶暦 8 年（1048）に派生した「北流」と称される河道が，現在の滄州付近を経て渤海湾に流れたとしている。また嘉祐 5 年（1061）に派生した「東流」は，現在の無棣県付近から渤海へと流れたとしている［岑仲勉 1957］。『中国歴史地図集』第五冊でも同様に，前者は天津付近まで北上し，後者は無棣付近で海に入ったとしている。

130) 「河水又東北，為潔沃津。在潔沃県故城南。王莽之延亭者也。『地理風俗記』曰：千乗県西北五十里有大河，河北有潔沃城，故県也。魏改為後部亭。今俗遂名之曰右輔城。河水又東逕千乗城北。伏琛之所謂千乗北城者也。又東北過蓼城県北，又東北過甲下邑。済水従西來注之。又東北入于海。」（『水経注』巻五・河水注五）

131) 「以今輿地言之，滑県・開州・観城・濮州・范県・朝城・陽穀・荏平・禹城・平原・陵県・徳平・楽陵・商河・武定・青城・蒲台・高苑・博興・利津，諸州県界中，皆東漢以後大河之所行也。」（『禹貢錐指』巻一三下・附論歴代徙流）

132) SRTM–DEM の詳細および 3D 地形モデルへの加工方法に関しては，第 1 部第 3 章第 3 節「リモートセンシング」を参照。

133) 2007 年の現地調査では塩山県内の斉堤を確認したが，新修『孟村回族自治県志』によれば，隣の孟村回族自治県までつながっているようである。2007 年の現地調査に関しては補論第 5 節参照。

「斉堤 遺址位于県城東南 17.5 公里処（在石橋郷王帽圏村南 30 米），長 200 米，寛 22 米，高 4.5 米。斉堤是春秋時期斉桓公為御水災所築，据中華民国五年版『塩山新志』載："斉堤，俗呼長城堤，旧志以古堤烟柳為邑中八景之一者也，堤，来自西南，綿亘数郡。" 又据中華民国二十二年版『滄県志』載："宣恵河南，古堤一道，西自南皮県境之龍潭村入境横貫西東，過璋壁，何家堤口・長堤・北良・羅疃・楊村・石橋・堤東・由王帽圏村入塩山境。"（後 5 村皆本県境）据此，原堤当長達百里。」（新修『孟村回族自治県志』第一七篇 文化芸術・第七章 文物勝迹）

134) 「易水又東歴燕之長城，又東逕漸離城南。蓋太子丹館高漸離処也。易水又東，逕武陽城南。」（『水経注』巻一一・易水注）

135) 「"長城堤" 遺址 県北大阜村郷後杏林村東，有一条起伏綿延，時断時続的土崗。50 年代初期，土崗高達数米，残断縦面底部寛 12 米，向西北入文安県境韓村方向延伸，向東南，経西窨頭村転向東，到王軸北村北，再向東偏南于万灯村東，直向南繞県城東南半径，向西過繳荘東向南，過減・楊・高堤到東迷堤村東，与子牙河西堤相接。」（新修『大城県志』第二二編 文化・第五章 古蹟文物）

136) この地点は地図上には掲載されておらず，周辺の村落名も不明である。そのためこのとき献県の方に案内していただいた「長城堤」の正確な場所は不明である。2007 年の現地調査に関しては補論第 5 節参照。

160　第2部　前漢期黄河の地域別検討

137) 「堤口張　明永楽二年（1404），張氏応詔由山東省遷此産立村，因村西臨古黄河堤口処，遂取村名為
堤口張。」（新修『南皮県志』第三編　地理・第三章　聚落）

　　なお新修『南皮県志』においては，周～唐の古黄河はすべてこの堤口張村の近隣を通る，すなわち
現在の南運河と一致する河道を採ると考えられている。

第5章　山東省聊城市～平原県～徳州市

はじめに

　本章で扱う山東省西部の平原県付近は黄河下流平原のほぼ中央に位置し，前漢黄河はこの地域で幾度か決壊を起こしている（図1・範囲Ⓔ）。胡渭『禹貢錐指』によれば，この範囲では前漢河道および後漢～唐代の王景河，北宋期河道が流れていたとされる。

　今回の対象地域には，今までの対象地域では見られない興味深い点がある。先行研究で想定される前漢河道に，大きなズレが見られるのである。前漢河道の復元には，主に『水経注』「大河故瀆」および『史記』『漢書』の黄河関連記述が用いられる（文献記述については第2節で詳述）。ここには黄河の経由した地点の城市が列挙され，それらの城市位置を復元することで河道の経路復元を行う。そのため想定された河道のうち城市に近い場所では大きな差が生じないのだが，この地域に限っては顕著な差が見られる。以下に主な河道説を列挙する。

　①譚其驤説（『中国歴史地図集』第二冊　秦・西漢・東漢）

　『水経注』大河故瀆の記述をベースに，『漢書』溝洫志等の決壊記述と合わせて経路を検討。決壊記述のある「館陶」「清河・霊・鳴犢口」「平原」の3地点を経由している。

　②鈕仲勛説［鈕仲勛ほか1994］

　現在の地形をベースとして，黄河由来堤防等から経路を検討。「館陶」「平原」は経由しているが，「霊県（現在の聊城市）」は経由せず。

　③呉忱説［呉忱ほか2001］

　①②の手法を合わせた検討。

　重ねてみると相違点は一目瞭然である（図2）。①は文献記述にある「霊県」を経由するルートを採り，3説のなかでは最も東側を取っている。②は逆に堤防跡や「沙河」と称される旧河道に基づいて河道を想定したためか，最も西側になる。前述した「霊県」を経由し

図1　対象地域

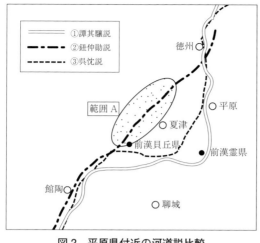

図2 平原県付近の河道説比較

ていないことから、この説は文献記述の詳細な検討を行っていないためと思われる。最後の③は②と同様に地形から河道を想定しているが、極力文献記述との齟齬を少なくしようとしたのか、①②の中間を通っている。

この地域の河川は、黄河に限らずほぼすべての河道が南西→北東方向へと流下している。そのため地形的には②の河道は無理がない。一方、文献記述を重視して「霊県」を経由する①③の河道とする場合、河道の直進を阻害する丘陵や高地等の地形的要因が必要となる（図2・範囲A）。南北朝以前には夏津県の西南に「貝丘」という県が存在しており、『中国歴史地図集』第一冊・戦国斉魯宋図には「浿丘」という地が置かれている。もしこれが戦国以前から存在する丘陵に由来する地名だとすれば、これが阻害要因となったとも考えられる。この点については後ほどRSデータと合わせて検討を行う。

第1節　文献資料にみる黄河古河道

前述したように、本章の検討範囲は各時代の河道が流れている。ここではそのなかでも前漢河道に関する文献記述を取り上げて検討する。

1　『水経注』河水注

『水経注』によれば、前漢河道は「発干県・貝丘県・甘陵県・艾亭城・平晋城・霊県・鄃県・平原県・繹幕県・鬲県」の各県・城を経由したとある[1]。このうち『漢書』地理志に記述のある県は「発干（東郡）、平原・鬲・高唐（平原郡）、繹幕・霊・鄃・貝丘（清河郡）」の8ヵ所である[2]。記述のない県のうち、甘陵県は『漢書』地理志では厝県とされる。艾亭城・平晋城に関しては前漢期の状況は不明である。

2　戦国時代：趙斉の対立

春秋末～戦国時代において、この地域は晋（趙）と斉の交錯地であった。春秋末期、斉はすでに高唐[3]・霊丘[4]を領有し、前漢黄河の東岸に達していた。対して晋は趙簡子の東方進出政策により太行山脈の東へと展開し、戦国初期頃に黄河下流平原へと到達した[5]。これにより黄河を挟んで晋（趙）と斉が直接対峙する図式となった（図3）。

両国は、主に黄河の東西岸にて争うこととなる。春秋末期の哀公2年（BC493）、晋の趙簡子

が衛霊公の死去に乗じて大子である蒯聵を衛都の北側に位置する戚城に送り込み，衛君に即位させた。これにより，趙簡子は斉国へと攻め込むための黄河東岸の橋頭堡を確保した[6]。またその8年後である哀公10年（BC485）には，趙が斉国の高唐を攻め，その郭を毀つという記述が『左伝』に見られる[7]。他にも趙が「平邑」という城市を黄河東岸に築いたという記述が『史記』趙世家にある[8]。

さらに，『戦国策』趙策に，燕が趙を攻めた際に，趙王が盧・高唐・平原の3城を割譲

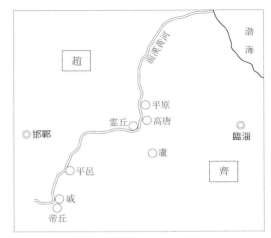

図3　戦国期の斉趙と黄河

して斉に助けを求めたという記述がある[9]。この3城はいずれも黄河の東岸に位置し，もともと斉の領有であったが，この記述の時点では趙が有していたと思われる。

3　平原津をめぐる人々

戦国末期から前漢初期にかけて，この地域には「平原津」と称される黄河の渡河地点が存在した。『史記』『漢書』によれば，秦始皇帝や韓信など著名な人物がこの渡し場を利用している（図4）。

①司空馬

『戦国策』によれば，司空馬は秦を出国した文信侯呂不韋とともに趙国に入った[10]。その後，秦が趙を攻めてきた。司空馬は秦への対応策を趙王へと上奏したが，聞き入れられなかった。そこで司空馬は東へと向かい，平原津にて黄河を渡って趙を去った[11]。

ここで注目すべきは，「平原津令」の存在である。彼は司空馬が去ったあとで趙が秦に敗れたことを知り，「嗟嗞乎」したとある[12]。『広韻』に「嗞嗟」は憂声とあり，この語が倒置した形であるという。つまり司空馬の言ったとおりになったことで，趙の運命を憂いたのである。これらのことから，この平原津令は趙側の人物と推測される。

②始皇帝

秦始皇37年（BC209），中国全土を統一した始皇帝は巡行を行い，全国を巡った。しかし途中の平原津で病を発し，沙丘霊台にて病没した。

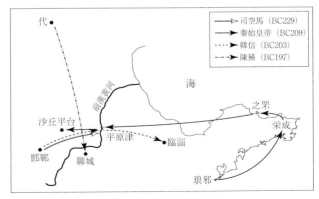

図4　平原津をめぐる人々

164　第2部　前漢期黄河の地域別検討

このときのルートは『史記』秦始皇本紀によれば，山東省の琅邪から栄成山（『史記正義』によれば莱州にある）を通り，之罘にて巨魚を射殺した。そして平原津に到ったところで病を発し，最終的に沙丘平台にて崩じたとある[13]。つまり山東半島を逆時計回りに巡ったことになる。そして西へ向かうために平原津で黄河を渡ったが，そこで病を発して結局沙丘（現在の広宗県付近か）の平台で病没した。

　③韓信

　前漢高祖4年（BC203），高祖の命により韓信は斉国を攻めた。しかし高祖は同時に酈食其も派遣し，弁舌をもって斉王を降伏させようとした。首尾良く斉王を口説き落とし，漢への服属を確約させた酈食其は，韓信に斉の降伏を通達して兵を引き上げるようにと連絡した。韓信はこの通達を黄河を渡る前の平原津にて受けたが，謀臣の蒯通の言に従い，通達を無視して黄河を渡り，斉へと攻め込んだ[14]。

　新修『平原県志』によれば，韓信が酈食其からの通達を受けた野営地が，現在の「東・西韓営村」であるという[15]。

4　陳豨の反乱

　項羽を倒して前漢王朝を建てた劉邦は，王朝創立の功臣を地方へと封建した。功臣の1人である陳豨は代の相国に任ぜられたが，高祖10年（BC197）8月に代の地で反乱を起こした[16]。陳豨は配下の将を各地に攻め入らせたが，そのなかの1人，張春について「渡河撃聊城」という記述がある[17]。

　このとき陳豨は代にて挙兵した。代は現在の河北省蔚県付近に当たる。蔚県付近を本拠とした陳豨は張春を南下させ，中山・鉅鹿付近を通り，黄河を渡って聊城を攻めさせたと考えられる。つまり前漢期の聊城は黄河の南側に位置したと思われる。

5　黄河の決壊関連

　本章での検討対象地域では，前漢期において幾度か決壊が発生している。そのうち決壊地点が判明しているのは，以下の2度の決壊記述である。1つは「清河霊鳴犢口」での決壊である[18]。前漢元帝永光5年（BC39）に起こった決壊は，「鳴犢河」という支流を発生させた。

　もう1つは，平原県での決壊記事である[19]。ここでいう「後二歳」とは，『漢書』溝洫志の前段に述べられている館陶・東郡金堤での決壊，および治水事業のことを指す。このとき成帝は，三旬・36日間で決壊を塞いだ王延世の功績を称え，翌年を河平元年（BC28）と改元している[20]。つまりこの平原県での決壊が起こったのは，改元の2年後に当たる河平3年（BC26）になる。

　このとき，前漢黄河は平原県にて決壊し，済南・千乗に流入したとあるので，平原県から東方向へと決壊して，おそらくは後漢河道に似た河道を取ったと思われる。

　また前漢期中最大規模の黄河決壊である「瓠子河決」[21]の際に，興味深い記述がある。当時の丞相である武安侯田蚡は，「鄃」を食邑としていた。鄃は黄河の北側に位置するため，黄河の南

側へと決壊した「瓠子河決」では郫に被害は及んでいないという記述が『漢書』溝洫志にある[22]。

第2節　城市位置の検討

　第1節1項にて取り上げた『水経注』に記述のある「発干県・貝丘県・甘陵（厝）県・艾亭城・平晋城・霊県・鄃県・平原県・繹幕県・鬲県・修県・安陵県」の各県，および第1節4項に記述のある聊城県，第1節5項にて決壊したとされる「鳴犢口」に関して，正史や地理書等の記述を拾い上げて検討する。

①　発干県

　前漢武帝期に匈奴との戦いで功績を挙げた衛青が大将軍となったときに，彼の一族もそれぞれ侯に封ぜられた。発干侯に封ぜられたのは，衛青の息子の衛登である[23]。後漢時代には，当時幽州を拠点としていた公孫瓚が冀州の袁紹を牽制するために，発干に陶謙を配したという記述が『三国志』にある[24]。なおこのとき高唐に劉備を配し，平原に単経という人物を配している。つまりこの一帯が，当時の公孫瓚と袁紹の交界地であったということになる。また後漢末期の建安17年（212）に曹操は魏公となった際に魏郡の領域を拡張したが，そのなかに発干の記述が見られる[25]。新修『莘県志』によれば，現在の河店郷馬橋村付近に位置する[26]。

②　貝丘県

　『水経注』河水注を見ると，応劭が『左伝』を引き，斉侯が田猟を行った場所としている[27]。杜預注や『春秋地名考略』などを見ると[28]，この「貝丘」は現在の臨清市ではなく博昌県の貝丘，すなわち『続漢書』郡国志に記される「貝中聚」であるという[29]。同じく田猟の地として記される「姑棼」は臨淄の北に位置する「薄姑」とされる。しかし臨淄から200kmは離れている臨清市の貝丘は，同じ「田猟地」として記すには不自然であり，これらは杜預注等に記される博昌県の貝丘と思われる。

　また『史記』楚世家に「浿丘」という地名が莒・即墨・午道と並んで登場する。『史記集解』は徐広を引いて「在清河」としているが，『史記正義』は『括地志』を引いて臨淄の近く，前述した博昌県の「貝丘」としている[30]。なお『中国歴史地図集』第一冊で現在の臨清市（漢代清河郡）付近に「浿丘」を置いているのは，おそらくこの『史記』楚世家の徐広注に依拠すると思われる。

　『漢書』地理志に清河郡の県として記される[31]。『続漢書』郡国志では清河国に属するとある[32]。『後漢書』党錮伝によれば，巴肅という人物が「貝丘長」に任じられている[33]。

　『太平寰宇記』によれば，北魏の時代に城市を東北10里の場所に移したという[34]。『魏書』地形志を見ると，貝丘は「清河郡」「東清河郡」の2ヵ所に記されている[35]。後者には「劉裕置，魏因之」と注されていることから，この東清河郡は劉裕（南朝宋の創始者）の北伐によって建てられた郡と思われる[36]。民国『臨清県志』によれば，前漢貝丘故城は現在の臨清市大辛荘郷近古村に位置するという[37]。

166 第2部　前漢期黄河の地域別検討

③　聊城県

『左伝』によれば，斉の西端の邑とある[38]。『史記』燕召公世家によれば，燕昭王28年（BC284）に楽毅によって斉が占領された際には，この聊城と莒・即墨の3城を残してすべて燕に下った[39]。しかし田単は魯仲連の協力を得て[40]この聊城を奪回し，最終的に斉の全土を回復した。

前漢に入り，高祖が建国の功臣粛正を開始すると，代の相国に封ぜられていた陳豨は反乱を起こして配下の将・張春に黄河を渡って聊城を攻めさせた（第1節4項参照）。

新修『聊城市志』によれば，聊城の古城は「聊古廟」「王城」「巣陵城」「孝武渡西城」の4ヵ所があるという。そのうち最も古い「聊古廟」は北魏以前の城市とされ[41]，現在の聊城市区内の申李村に位置する[42]。『水経注』河水注に「漯水又北，逕聊城県故城西」とあるのは，『水経注』の成立当時，すでに聊古廟から次の王城へと城市が移転していたためと思われる。

④　甘陵（厝）県

前漢期には厝県と称し，清河郡に属す[43]。『続漢書』郡国志によれば，後漢安帝のときに甘陵に改めるとある[44]。しかし『後漢書』桓帝紀を見ると，建和2年（148）6月に「清河（国）を改めて甘陵（国）とする」とある[45]。甘陵とは安帝の父・清河孝王劉慶に追尊して陵を立てたものであり，清河孝王伝によれば追尊されたのは鄧太后が崩じたとき[46]，鄧皇后紀によれば永寧2年（121）になる[47]。つまり清河孝王劉慶に追尊して陵を立てたときに陵邑として厝県の名を甘陵県に改め，その後，建和2年（148）に桓帝が甘陵国に国号を改めたと考えられる。『太平寰宇記』に「後漢桓帝，改めて甘陵県と為す」とあるのは，桓帝が甘陵国に改めたことを誤認していると思われる[48]。

⑤　艾亭城

『嘉慶重修一統志』に「博平県の北」とある[49]が，この他に該当する記述はなく，詳細は不明である。

⑥　平晋城

『晋書』載記・石勒上によれば石勒が「平晋王」に封ぜられている[50]。新修『荏平県志』には，石勒が最初に挙兵したのが荏平県だったとある[51]。『晋書』に石勒が奴隷となったのは荏平県の師懽という人物とあるので，ここから引いてきたか[52]。

『太平寰宇記』によれば，永嘉の乱の後に石趙が郡理を宋代の清平県にあたる平晋城に移したとある[53]。宋代の清平県は新修『高唐県志』によれば高唐県旧城鎮に当たる[54]。

⑦　霊県

第1節2項にてすでに触れたように，春秋時代には霊丘と呼ばれ，斉の西辺の邑であった[55]。前後漢を通じて清河郡（後漢は清河国）に属す[56]。第2節5項にて触れたように前漢期に決壊が発生して，鳴犢河という支流が発生した箇所でもある[57]。

新修『高唐県志』によれば，現在の高唐県南鎮村にある[58]。

⑧　鄃県

前後漢を通じて清河郡（後漢は清河国）に属す[59]。前漢初期には呂它と欒布が鄃侯に封ぜられ

ている[60]。また武帝期の丞相・田蚡がこの鄗県を食邑としていたという記述が『史記』河渠書に見られる[61]。後漢期には，馬武が光武帝建武13年（37）に鄗侯に封ぜられている[62]。

新修『平原県志』に，現在の腰站鎮王双堂村の北に位置するとある[63]。

⑨　平原県

戦国期，趙恵文王の弟・公子勝が，戦国四君子の1人とされる「平原君」に封ぜられる。清乾隆『平原県志』によれば，これが平原の名が歴史に登場する最初とある[64]が，位置的には現在の平原県ではない。『史記正義』平原君伝に「今貝州武城県也」とある[65]ように，実際に封ぜられたのは「東武城」である。現在の平原県の西隣に位置する武城県の付近かと思われる。

前漢黄河を考察する際に重要なのは，当時の黄河は平原県を南北に貫いていたという事実である。『水経注』河水注によれば漢代平原県は前漢河道の東側に位置するとある[66]。第1節2項で触れたように，趙は黄河東岸を確保するために，前漢黄河の東に位置する高唐県を幾度か攻めている。ここで趙王の弟が封ぜられたのが，黄河の東側に位置することから斉の領域に当たる前漢平原県ではなく，黄河の西側に位置する東武城であるということは，すなわち趙は黄河西岸を領していたことになる。

新修『平原県志』によれば，前漢平原故城は現在の王廟郷張官店東に位置するとある[67]。

⑩　繹幕県

前後漢を通じて清河郡（後漢は清河国）に属す[68]。新修『平原県志』によれば，城市遺跡は未発見だが，平原県王杲舗郷内と推測されている[69]。

⑪　鬲県

『太平寰宇記』に引く『郡国県道記』によれば，夏王朝の時代の鬲国であるという[70]。『左伝』によれば，夏王朝が羿・寒浞によって一旦滅ぼされた際に，夏の大臣であった靡が鬲国（有鬲氏）の力を借りて夏の王族である少康を立て，夏王朝を復興させたとある[71]。

新修『商河県志』によれば，現在の商河県懐仁鎮と張坊郷の間に位置するとある[72]。

第3節　RSデータによる検討

本研究で使用するRSデータは，対象となる地域の地形・地質的特性によって決定する。例えば下流側の滄州市（第2部第4章）ではSRTM-DEMを使用して作成した3D地形モデルからの河道判読が有効であった。一方，上流に当たる館陶〜大名県（第2部第2章）においてはSRTM-DEMでは見極めができなかった[73]。そのため現地調査で収集した沙地要素の地理情報を使い，Landsat5 TMに対してクラスタリング（教師付き分類）を施すことで，河道を判読・特定した。ここでは滄州市と同様に，SRTM-DEMを利用して3D地形モデルを作成することとした。

1　黄河由来微高地

SRTM-DEMを利用して3D地形モデルを作成したところ，平原県の周辺に南西—北東方向に

168　第2部　前漢期黄河の地域別検討

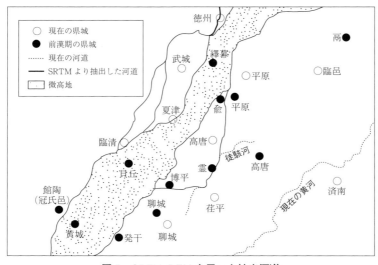

図5　SRTM-DEM を用いた抽出河道

走る微高地が認められた（図5）。地形モデル上では高さ方向を強調することで視認可能としたが，この微高地の周囲との高低差は1～2m程度と，実際には現地に立っても気づかないほどの微細な差異でしかない。しかしこの微細な差異が今までの検討範囲でも鍵となってきた。

　SRTM-DEMを用いて判読した微高地は，現在の河北省館陶県からほぼ北東に向かって延びている。今までの復元作業では，河道はこの微高地の範囲内におおむね収まる形であったが，今回は少し状況が異なる。館陶県付近からほぼ北東に向かうのは『水経注』の記述からも，誤りではない。ただし，途中の経由地点が文献記述と若干異なっている。

　今回の検討範囲内で前漢期に決壊を起こした地点は，すでに第1節5項で紹介したとおりである。このうち，微高地の範囲から外れる地点が1ヵ所だけある。「霊県（霊丘）」である。たった1ヵ所だが，決壊が発生した地点であり，外れるには問題がある。

　そこでデータをさらに詳細に検討し，台地状の微高地だけでなくもっと幅の狭い，堤防状の微高地をも拾い上げることとした。すると臨清県の北側付近から北へ向かう2本と，聊城から霊県を通って平原へと向かう南東側の1本の，計3本が見て取れた。このうち，『水経注』の記述と合致するのは最後の東へ向かうラインである[74]。

2　前漢河道の特性

　過去にSRTM-DEMを利用して特定した復元河道は，すべて微高地内に収まっていた。これは微高地が前漢期の黄河によって形成された自然堤防に由来する地形だったためである。しかし今回の対象地域における復元河道は今までとは違ってすべてが微高地内に収まってはおらず，一部では微高地外に飛び出ている。これにはいくつかの要因が考えられる。

　ひとつは，本来微高地であった場所が後年の黄河改道や決壊によって削り取られた可能性である。前漢河道が流れていた当時，そして改道が発生したあともしばらくは黄河由来の微高地が残っていたのだが，以降に発生した改道や決壊等（黄河に限らず）によって痕跡が削り取られてしまったことが考えられる。特にこの地域では北宋期においてかなり黄河の河道が乱れたとされるので，そのときに削り取られたことは十分想定できる。地形的に見ても，夏津県の辺りは黄河由

来微高地が狭く，東西両面が微妙に挟れているようにも見受けられる。また後漢期の河道（東漢河）は平原県へとかなり近づいていたという記述が『史記』に見られる[75]。

　もうひとつは，前漢河道自体が本流から外れていた可能性である。微高地の形状を見ると，前述したように館陶県からまっすぐ北東に延びている。河道としてはきわめて自然な形状である。対して，先ほど文献記述に基づいて復元した前漢河道を見ると，現在の夏津・高唐県付近を避けるような形状を為している。

　『読史方輿紀要』川瀆異同二に，興味深い記述がある[76]。これによれば，前漢以前の黄河は魏郡から清河・信都を経由して渤海に入っており，平原郡・県は経由していない。つまり，SRTM-DEM で見出した微高地を経由していたことになる。

　逆に微高地の箇所が前漢黄河の本流であったと仮定して，文献記録を探してみた。すると前漢期にこの箇所を流れていた河道が見つかった。「屯氏河」という，「瓠子河決」の閉塞工事が完了した直後に館陶にて発生した決壊により派生した黄河の分流河道である。『漢書』溝洫志に「東北して魏郡・清河・信都・渤海を経，海に入る」とあるように，微高地と合致している[77]。

　上記記事の続きに興味深い記述が見つかった。「広・深，大河と等し」，つまり屯氏河の河幅や深さが黄河本流と同等であったという記事である。現在の黄河下流，例えば山東省済南市付近では河幅は 500 m 前後となる[78]。このような大規模な河道が短期間に形成されるとは考えがたく，むしろ黄河本流であった「故瀆」に流れ込んだことで，「広・深，大河と等し」と称される屯氏河になったと考えられる。

　次に問題となるのが，①館陶〜聊城への東転河道の流れたライン，②東転河道の発生した時期の 2 点である。まず，流れた箇所について考察を行う。

3　館陶〜聊城の東転河道

　微高地から流出して霊県へと向かったラインはすでに考察済みだが，微高地内のラインが不明である。この箇所については 3D 地形モデル単体での詳細な考察は困難なので，視点を変えて文献資料，特に地方志の記述を利用する。この周辺に位置する冠県や臨清市，夏津県等の地方志，特に民国以前の県志を見ると，興味深い記述が見つかる。いずれも現在は河流や堤防が見当たらないはずの，冠県や聊城市・臨清県付近を東西に走る堤防に関する記事である[79]。

　次に，台湾中央研究院所蔵の「一万分之一黄河下游地形図」を利用してみる[80]。この地図は民国期に作製された地図で，1980 年代以降の農業開発が行われる以前の状態を確認できる。つまり，現在には痕跡の残らない微細な地形が記されている可能性がある。館陶

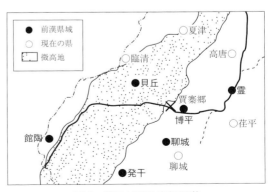

図 6　聊城付近の東転河道

県～堂邑県～博平県[81]）にかけて東西方向に走る「趙王河[82]）」という河川が地図上に確認できた。微高地から東へ流れて馬頬河へと合流する形状となっており，『漢書』や『水経注』，さらには前述した地方志の記述と一致する。

　さらに現在または文献に残る地名から考察を進めてみる。中国には各地に「黒龍潭」と呼ばれる地形が散見される。「黒龍」は水底が暗く深い様を表し，滝壺や急流等で急激に掘り下げられた跡に水の溜まった状態の地形と思われる。通常は山岳地帯の水深が深い「淵」「沼」「湖」等に付けられる[83]）が，平原地帯であるはずの黄河下流にも「黒龍潭」と称される地名が散見される。

　一方，地形学で「押堀（落堀）」と呼ばれる地形が存在する。これは河川の下流平原に見られる地形で，河道または旧河道の脇に形成されるお椀型の窪地を指す。河川決壊時に発生する局地的な急水勢によって掘り下げられ，形成されたものと考えられる。

　この地形的特徴を考慮すると，黄河下流平原に点在する「黒龍潭」は黄河（またはその支流）によって形成された落堀地形である可能性が高い。黄河下流平原では，黄河本流以外の箇所は小河川や人工的な渠道に限られ，落堀地形を形成する規模の水勢を得ることは難しい。そのため，これらの「黒龍潭」は過去のある時期における黄河，もしくは前漢武帝期に派生した屯氏河のような大規模分流での決壊によって形成されたと考えられる。

　上記の条件に該当するのは河南省濮陽市西南と山東省荏平県賈寨郷である。前者は前漢武帝期に発生した「瓠子河決」の痕跡であることがすでに判明している[84]）。後者については『嘉慶重修一統志』『読史方輿紀要』などの地理書には記述がなく，状況が不明である。新修『荏平県志』を見ると，「決口扇形地」という地形が洪官屯・楊官屯・肖荘・菜屯・賈寨の五郷にわたって分布しているとある[85]）。つまり賈寨郷を中心として東方向に決壊が起こったことが想定できる。

　SRTM-DEM を見ると，前漢黄河によって形成された微高地の東端に位置し，微細ではあるがお椀型の窪地を確認できた。また「一万分之一黄河下游地形図」から読み取った「趙王河」とも連なっている（図6）。

　つまり，館陶から東へ転じた前漢初期の黄河が賈寨郷付近にて微高地から突出し，高唐方面へと流れ出して前漢後期の河道へ移動したと推測される。この微高地から突出して決壊した際に形成されたのが，現在の賈寨郷周辺の落堀地形である。決壊した黄河は東へ流れて徒駭河とぶつかる。ここで北へと進路を変えたのは，この徒駭河の河道を奪ったためである。

　そのまま徒駭河の

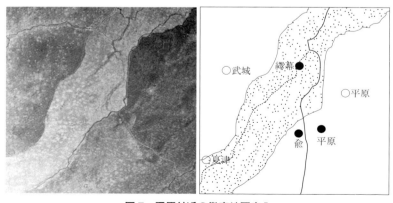

図7　平原付近の微高地再突入

河道を流れて平原県付近を流れる箇所までは確認できたが，平原県以北の河道はどうなるか。微高地を越えて再び合流することは考えがたいが，3D地形モデルには平原県付近から微高地へと突入した痕跡が確認できたため（図7），再度合流したと判断した[86]。

　この賈寨郷から高唐を経て平原県へと流れる黄河の痕跡，すなわちSRTM-DEMから読み取った微高地の幅は，底部の最も広い箇所でも500m程度と，他の箇所と比べて非常に狭く低いものである。幅が狭いのは主に2つの理由が考えられる。1つは流れた期間が短かったためと，もう1つは当時の黄河の流量が少なかったためである。

　なお本章「はじめに」にて提起した「直進を阻害する丘陵や高地等の地形的要因」と想定された「貝丘」は，SRTM-DEMでは突出した丘陵等は確認できなかった。第2節で検討したように戦国期ではなく前漢以降の設置であるため，むしろ黄河によって形成された微高地を「丘」と称したと思われる。また実際には上述したようにBC132以前は黄河が直進していたため，阻害要因は存在しなかったのだろう。

4　東転河道の発生時期

　次にこの東転河道が発生した時期について考察する。春秋末～前漢期における黄河河道に関する記事を整理すると，以下のようになる。

　　①黄河本流が禹河から変動し，濮陽から館陶・徳州を経て渤海へと入る（BC602～）。
　　②趙簡子・陽虎が濮陽付近にて渡河し，衛太子を戚城に入れる（BC493）。
　　③秦が項羽・劉邦に攻められた濮陽城防衛のために黄河から水を引いて濠を巡らす（BC208）。
　　④東郡・酸棗にて決壊する（BC168）。
　　⑤頓丘の東南にて決壊し，河道が「徙」る（BC132春）。
　　⑥濮陽の西南・瓠子にて決壊が発生する（BC132年）。
　　⑦館陶にて決壊し，屯氏河が派生する（武帝末～宣帝期）。
　　⑧霊県鳴犢口にて決壊し，鳴犢河が派生する（BC39）。
　　⑨魏郡にて決壊する（AD11）。

胡渭『禹貢錐指』や『中国歴史地図集』に代表される近年の説では，戦国～前漢を通じて黄河改道は発生していないとされていたが，微高地形成および屯氏河の状況を考慮すると，戦国末～前漢初期頃に改道が発生していたことが判明した。他の決壊記事との関連を考慮すると，前漢期に黄河が移動したのは⑤BC132春の可能性が最も高い。決壊記事に「徙」とあることから，南宋の程大昌や清代の焦循はこの記事をもって改道の証拠としている[87]。

　このBC132春に黄河は館陶から東へと転じたが，この時期以降の前漢中後期は黄河の決壊が頻発した時期でもある。同年夏には瓠子河決が発生した。この決壊は20余年にわたって放置されたが，武帝自ら乗り出してようやく閉塞工事は完了する。しかしこの後館陶県付近にて決壊して，屯氏河が派生した。この屯氏河は70数年間の長きにわたって分流として維持され，黄河の

172　第2部　前漢期黄河の地域別検討

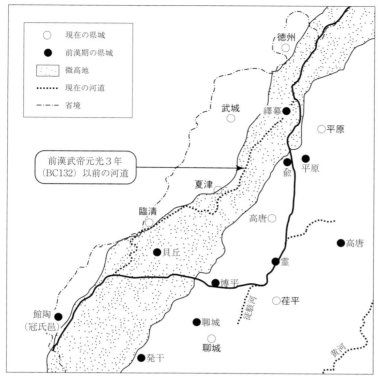

図8　戦国～前漢期の復元古河道

安定化に貢献したとされる[88]。

またこの屯氏河が途絶したのと時期を同じくして、霊県付近にて鳴犢河が派生する。文献記事を考慮すると、鳴犢河は黄河からいったん分流した後、すぐに再び合流した。おそらく前述の賈寨郷で決壊した河道は微高地の東縁を流れ、「鳴犢河匯口」にて「前漢後期の黄河」に合流したのであろう[89]。

最終的に黄河が後漢河道に転じたのは王莽新・始建国3年（AD11）である。この140余年のうち、館陶～高唐の東転河道に黄河の全水勢が押し寄せたのはわずか数年間のみである。そのため、痕跡としての微高地形成があまり進行しなかったと考えられる。

おわりに

　以上のように、山東省徳州市～平原県～聊城市に至る河道を特定した。微高地上の戦国～前漢初期の河道については現地で「沙河」と呼ばれ、現在も臨清市～夏津県～徳州市に残存する帯状の沙地帯に基づいて特定した。

　今回の検討では、他地域では前漢河道由来としていた微高地が、従来説とは異なるラインを描いていた。ここから従来説にはなかった前漢初期・武帝元光3年春の部分改道を導き出すことに成功した。この箇所は現在では山東省夏津県や武城県などが設置されているが、『史記』や『戦国策』等を見ても該当する箇所の記述が見当たらず、前漢以前における記述の空白地帯であった。文献から判読できなかった事例を、RSデータや現地調査・地図・地質等の情報を総合して読み取った。

　また今回の河道復元によって、もう1つのことが判明した。前漢期は200年間で11回の決壊が発生しているが、そのうち7回が今回の検討範囲である館陶・清河・平原に影響が及んでい

第 5 章　山東省聊城市～平原県～徳州市　**173**

る[90]。特に屯氏河分流が発生した宣帝期以降では，鳴犢口決壊以外の 5 回で清河・平原が被害地域となっている。従来の説では例えば木村正雄は前漢王朝成立後 100 年以上を経過したことで黄河管理機構が疲弊し，機能が低下していたためとし［木村 1941］，今村城太郎は「河身の老廃は覆うべくもなかった」として河道の経年劣化に決壊頻発の要因を求めた［今村 1966］。しかし今回の復元河道および微高地を用いると別の側面が見えてくる。

　館陶から聊城・靈県を経由して平原へと流下する河道は，BC132 春の部分改道によって成立した河道であった。そのため 500 年超をかけて形成された自然堤防をもつ箇所よりも河水量変化に対して脆弱であり，上中流域の気候変化やその他の箇所での決壊等の影響を受けやすい状態にあったと考えられる。

注

1)　「河水故瀆東北，逕発干県故城西，又屈逕其北，王莽之所謂「戰楯」矣。漢武帝以大将軍衛青破右賢王功，封其子登為侯国。

　　大河故瀆又東，逕貝邱丘県故城南。応劭曰：『左氏伝』「斉襄公田于貝邱」是也。余按：京相璠・杜預並言在博昌，即司馬彪『郡国志』所謂貝中聚者也。応注于此事近違矣。

　　大河故瀆，又東逕甘陵県故城南。『地理志』清河之厝也。王莽改曰「厝治」者也。漢安帝父孝徳皇，以太子被廃為王，薨于此，乃葬其地。尊陵曰「甘陵」，県亦取名焉。桓帝建和二年，改清河国曰「甘陵」。是周之甘泉市地也。陵在瀆北，丘墳高巨，雖中経発壊，猶若層陵矣。世謂之「唐侯冢」，城曰「邑城」，皆非也。昔南陽文叔良以建安中為甘陵丞，夜宿水側，趙人蘭襄夢求改葬。叔良明循水求棺，果于水側得棺，半許落水。叔良顧親旧曰，若聞人伝此，吾必以為不然。遂為移殯，醊而去之。

　　大河故瀆又東，逕艾亭城南。又東，逕平晋城南，今城中有浮図五層，上有金露盤，題云：趙建武八年，比釈道龍和上竺浮図澄，樹徳勧化，興立神廟。浮図以壊，露盤尚存，煒煒有光明。

　　大河故瀆又東北，逕靈県故城南。王莽之「播亭」也。河水于県別出，為鳴犢河。

　　河水故瀆又東，逕鄃県故城東。呂后四年，以父嬰功，封子佗襲為侯国。王莽更名之曰「善陸」。

　　大河故瀆又東，逕平原県故城西，而北絶屯氏三瀆。

　　北逕繹幕県故城東北。西流逕平原鬲県故城西，『地理志』曰「鬲津」也。王莽名之曰「河平亭」，故有窮后羿国也。応劭曰：鬲，偃姓，咎繇後。光武建武十三年，封建義将軍朱祜為侯国。」（『水経注』巻五・河水注五）

2)　「東郡，秦置。莽曰治亭。属兗州。戸四十万一千二百九十七，口百六十五万九千二十八。県二十二。濮陽，衛成公自楚丘徙此。故帝丘，顓頊虚。莽曰治亭。（畔）観，莽曰観治。聊城。頓丘，莽曰順丘。発干，莽曰戰楯。范，莽曰建睦。茌平，莽曰功崇。東武陽，禹治漯水，東北至千乗，過郡三，行千二十里。莽曰武昌。博平，莽曰加睦。黎，莽曰黎治。清，莽曰清治。東阿，都尉治。離狐，莽曰瑞狐。臨邑，有〔沛〕廟。莽曰穀城亭。利苗，須昌，故須句国，大昊後，風姓。寿良，蚩尤祠在西北〔沛〕上。有朐城。楽昌，陽平。白馬。南燕，南燕国，姞姓，黄帝後。廩丘。」

　　「平原郡，高帝置。莽曰河平。属青州。戸十五万四千三百八十七，口六十六万四千五百四十三。県十九。平原，有篤馬河，東北入海，五百六十里。鬲，平当以為鬲津。莽曰河平亭。高唐，桑欽言漯水所出。重丘。平昌，侯国。羽，侯国。莽曰羽貞。般，莽曰分明。楽陵，都尉治。莽曰美陽。祝阿，莽曰安成。瑗，莽曰東順亭。阿陽。漯陰，莽曰翼成。朸，莽曰張郷。富平，侯国。安悳。合陽，侯国。

茀曰宜郷。楼虚，侯国。龍額，侯国。茀曰清郷。安，侯国。」

「清河郡，高帝置。茀曰平河。属冀州。戸二十万一千七百七十四，口八十七万五千四百二十二。県十四。清陽，王都。東武城。繹幕。霊，河水別出為鳴犢河，東北至蓨入屯氏河。茀曰播。厝，茀曰厝治。鄃，茀曰善陸。貝丘，都尉治。信成，張甲河首受屯氏別河，東北至蓨入漳水。慇題。東陽，侯国。茀曰胥陵。信郷，侯国。繚。棗彊。復陽，茀曰楽歳。」

「勃海郡，高帝置。茀曰迎河。属幽州。戸二十五万六千三百七十七，口九十万五千一百一十九。県二十六。浮陽，茀曰浮城。陽信。東光，有胡蘇亭。阜城，茀曰吾城。千童。重合。南皮，茀曰迎河亭。定，侯国。章武，有塩官。茀曰桓章。中邑，茀曰検陰。高成，都尉治。高楽，茀曰為郷。参戸，侯国。成平，虖池河，民曰徒駭河。茀曰沢亭。柳，侯国。臨楽，侯国。茀曰楽亭。東平舒。重平。安次。修市，侯国。茀曰居寧。文安。景成，侯国。束州。建成。章郷，〔侯国〕。蒲領，侯国。」（『漢書』巻二八上・地理志上）

3）　斉霊公 28 年（BC554）に崔杼が荘公を立てた際の乱に乗じて，晋が斉を攻めて高唐に至ったという記述が『史記』斉太公世家に見える。またこのとき公子牙の傅であった夙沙衛が高唐に逃げて反乱したという記述が『左伝』にある。

「（斉霊公二八年）八月，崔杼殺高厚。晋聞斉乱，伐斉，至高唐。」（『史記』巻三二・斉太公世家）

「（魯襄公一九年）夏五月壬辰晦，斉霊公卒。荘公即位，執公子牙於句瀆之邱，以夙沙衛易己，衛奔高唐以叛。」（『左伝』襄公一九年伝）

また，この 6 年後に斉荘公が崔杼のクーデターにより殺害された時もまた，晋が斉の高唐を攻めたという記述が『史記』に見える。

「（晋平公）十年（BC548），斉崔杼弑其君荘公。晋因斉乱，伐敗斉於高唐去，報太行之役也。」（『史記』巻三九・晋世家）

さらに戦国時代に入り，韓魏趙の 3 国が斉の高唐を攻めたという記述が『史記』に見える。

「（趙粛侯）六年（BC344），攻斉抜高唐。」（『史記』巻四三・趙世家）

また『史記』田敬仲完世家には斉威王 24 年（BC333）に威王が梁（魏）恵王と会談を行った記事がある。その際に威王は 3 人の臣下を挙げ，彼らが国境を守り，国内の治安を維持していることこそが自国の宝であるとした。この時挙げられたうちの 1 人が田肦（肦子）であり，彼が斉の西端に位置する高唐を守ることで，西隣の趙国の民は河（黄河）で漁をしようとしないという記述が見られる。

「吾臣有肦子者，使守高唐。則趙人不敢東漁於河。」（『史記』巻四六・田敬仲完世家）

4）　『史記』に登場する「霊丘」は以下のように，『史記索隠』や『史記正義』などによってすべて「蔚州」の霊丘であるという注釈が付されている。この「蔚州」霊丘は現在の山西省に当たり，当時は燕国の領域内に位置する。しかし以下の記述はすべて斉と戦国諸国，特に韓・魏・趙つまり三晋との戦争に関する記事である。これらの記事に登場する霊丘が現在の山西省に位置し，なおかつ斉国の領域であると考えるには無理がある。李暁傑のように，むしろ斉の西辺に位置する「霊県」が，この霊丘に当たると考えられる［李暁傑 2008］。

「（趙敬侯）二年（BC385），敗斉于霊邱。集解，地理志云代郡有霊邱県。」

「（趙恵文王）十四（BC285），相国楽毅将趙・秦・韓・魏・燕攻斉，取霊邱。索隠，年表及韓魏等系家，五国攻斉，在明年。然此下文，十五年，重撃斉。是此文為得，蓋此年同伐斉耳。正義，霊邱蔚州県也。」（『史記』巻四三・趙世家）

「（魏武侯九年・BC387）使呉起伐斉，至霊丘。正義，霊丘蔚州県也。時属斉故三晋伐之也。」（『史記』

巻四四・魏世家）

「（韓文侯）九年（BC378），伐斉至霊丘。正義，霊丘蔚州県也。此時属燕。」（『史記』巻四五・韓世家）

「斉威王元年（BC356），三晋因斉喪来伐我霊丘。正義，霊丘河東蔚州県。案：霊丘此時属斉，三晋因喪伐之。韓・魏・趙世家云「伐斉至霊丘」，皆是蔚州。」（『史記』巻四六・田敬仲完世家）

5）趙の独立および黄河下流平原への進出については陳昌遠を参照［陳昌遠 1989］。

6）趙簡子と戚城については第 2 部第 1 章参照。

7）「（哀公一〇年）夏，趙鞅帥師伐斉，大夫請卜之。趙孟曰：「吾卜於此起兵，事不再令，卜不襲吉。行也！」於是乎取犂及轅，毀高唐之郭，侵及賴而還。」（『左伝』哀公一〇年伝）

8）平邑は濮陽の北，黄河の東岸に位置し，趙献侯 13 年（BC411）に趙が城を築いて以来，斉・魏・趙の争奪地となっていた。詳細は第 2 部第 1 章参照。

「（献侯）十三年，城平邑。」

「（恵文王）二十八年，藺相如伐斉，至平邑。」

「悼襄王元年，大備魏。欲通平邑，中牟之道，成不。」（『史記』巻四三・趙世家）

9）「燕封宋人栄蚠為高陽君，使将而攻趙。趙王因割済東三城令盧・高唐・平原陵地城邑市五十七，命以与斉，而以求安平君而将之。」（『戦国策』巻二一・趙策四）

10）文信侯呂不韋が秦を出国したのは，繆文遠によれば秦王政 10 年（BC237）に相国を免ぜられたときとある［繆文遠 1998］。

「文信侯出走，与司空馬之趙。趙以為守相。」（『戦国策』巻七・秦策五）

11）繆文遠は林春溥『戦国紀年』・黄式三『周季編略』・于鬯『戦国策年表』等を引き，司空馬が平原津を通って趙を去った年を秦始皇帝 18 年（BC229）としている［繆文遠 1984］。この年，趙は秦の謀略にかかって李牧（武安君）を誅殺し，翌年秦によって滅ぼされる。

「司空馬去趙，渡平原。平原津令郭遺労而問「秦下趙，上客従趙来，趙事何如？」司空馬言「其為趙王計而弗用，趙必亡。」平原令曰「以上客料之，趙何時亡？」司空馬曰「趙将武安君，期年而亡，若殺武安君，不過半年。趙王之臣有韓倉者，以曲合於趙王，其交甚親，其為人疾賢妬功臣。今国危亡，王必用其言，武安君必死。」」（『戦国策』巻七・秦策五）

12）「平原令見諸公，必為言之曰"嗟嗞乎，司空馬"。」（『戦国策』巻七・秦策五）

13）「自琅邪北至栄成山，弗見。至之罘見巨魚，射殺一魚。遂並海西。至平原津而病。始皇悪言死，郡臣莫敢言死事。上病益甚，乃為璽書，賜公子扶蘇曰，与喪会咸陽而葬。書已封，在中車府令趙高行符璽事，所，未授使者。七月丙寅，始皇崩於沙丘平台。」（『史記』巻六・秦始皇本紀）

14）「信引兵東未渡平原，聞漢王使酈食其已説下斉，韓信欲止。范陽弁士蒯通説信曰，将軍受詔撃斉。而漢独発間使下斉，寧有詔止将軍乎，何以得毋行也。且酈生一士，伏軾掉三寸之舌下斉七十余城。将軍将数万衆，歳余乃下趙五十余城。為将数歳，反不如一豎儒之功乎。於是信然之，従其計，遂渡河。斉已聴酈生，即留縦酒罷備漢守禦。信因襲斉歷下軍。」（『史記』巻九二・淮陰侯列伝）

15）「西漢建村，韓信夜渡平原津，襲撃斉之歷下軍時，曾在此扎営，故取名韓信営，後簡称韓営，現分東西韓営両村。」（新修『平原県志』第一編・第二章　行政区画）

16）「（高祖一〇年・BC197）八月趙相国陳豨，反代地。」（『史記』巻八・高祖本紀）

17）「十一年，高祖在邯鄲誅豨等未畢，豨将侯敞将万余人游行，王黄軍曲逆，張春渡河撃聊城。漢使将軍郭蒙与斉将撃大破之。」（『史記』巻八・高祖本紀）

18）「元帝永光五年，河決清河，霊，鳴犢口，而屯氏河絶。」（『漢書』巻二九・溝洫志）

19）「後二歳，河復決平原，流入済南・千乗，所壊敗者半。」（『漢書』巻二九・溝洫志）

20）「河隄謁者王延世使塞，以竹落長四丈，大九囲，盛以小石，両船夾載而下之。三十六日，河堤成。上曰：「東郡河決，流漂二州，校尉延世堤防三旬立塞。其以五年為河平元年。」」（『漢書』巻二九・溝洫志）

21）「瓠子河決」について，詳しくは第2部第1章を参照。

22）「孝武元光中，河決於瓠子，東南注鉅野，通於淮・泗。上使汲黯・鄭当時興人徒塞之，輒復壊。是時武安侯田蚡為丞相，其奉邑食鄃。鄃居河北。河決而南，則鄃無水災，邑收入多。」（『漢書』巻二九・溝洫志）

23）「衞子夫立為皇后，后弟衞青字仲卿，以大将軍，封為長平侯。四子，長子伉為侯世子。侯世子常侍中，貴幸。其三弟皆封為侯，各千三百戸。一曰陰安侯，二曰発干侯，三曰宜春侯，貴震天下。」（『史記』巻四九・外戚世家）

24）「瓚使劉備屯高唐，単経屯平原，陶謙屯発干，以逼紹。太祖与紹会撃，皆破之。」（『三国志』巻一・魏書・武帝紀）

25）「（建安）十七年（208）春正月，公還鄴。天子命公賛拝不名，入朝不趨，剣履上殿，如蕭何故事。馬超余衆梁興等屯藍田，使夏侯淵撃，平之。割河内之蕩陰・朝歌・林慮，東郡之衛国・頓丘・東武陽・発干，鉅鹿之廮陶・曲周・南和，広平之任城，趙之襄国・邯鄲・易陽，以益魏郡。」（『三国志』巻一・魏書・武帝紀）

26）「発干故城　位于河店郷馬橋村，南北長570米，東西寬450米，遺址中心高出四周3.5米。」（新修『莘県志』第二二編　文化・第六章　文物古跡）

27）「冬十二月，斉侯游于姑棼，遂田于貝丘。杜注，楽安博昌県南，有地名貝丘。」（『左伝』魯荘公八年伝）

28）「貝丘　臣謹按，水経注，溷水逕博昌県故城西，西歴貝丘。京相璠曰，博昌県南近溷水，有地名貝丘。在斉郡西北四十里，即斉襄公田処。楚語，沈諸梁曰，斉騶馬繻以胡公入貝水，亦即此。史記，謂之沛丘。後漢志，博昌有貝中聚是也。今博興県南五里有貝中聚，再考漢有貝丘県属清河郡。応劭曰，斉襄公田処周置貝州，今為恩県地，属東昌府。此説杜所不取，仮以為然，則遠在数百里外姑棼，不得為薄姑・葵丘，不得在臨淄。種種難合矣。酈道元斥応為誤是也。」（『春秋地名考略』）

29）「楽安国。高帝西平昌置，為千乗，永元七年更名。雒陽東千五百二十里。九城，戸七万四千四百，口四十二万四千七十五。臨済，本狄。安帝更名。千乗。高苑。楽安。博昌，有薄姑城，有貝中聚，有時水。蓼城，侯国。利，故属斉。益，侯国，故属北海。寿光，故属北海，有灌亭。」（『続漢書』志二二・郡国志四）

30）「朝射東莒，夕発浿丘，夜加即墨，顧拠午道，則長城之東収而太山之北挙矣。集解，徐広曰，在清河。正義，括地志云，浿丘，丘名也。在青州臨淄縣西北二十五里也。」（『史記』巻四〇・楚世家）

『史記正義』によれば「長城之東」「太山之北」は戦国斉国を指し，「尽挙収於楚」，つまり楚頃襄王に容易に征服できることを説いているという。「東莒」は山東半島東端，「即墨」は山東半島南部に位置する。「午道」は『史記』張儀列伝によれば「趙之東，斉之西」に位置するという。つまり斉の西端を指す。「浿丘」が徐広の言う「在清河」とすれば，午道と重複する。ここでは『史記正義』の引く『括地志』の臨淄付近，つまり『続漢書』郡国志の言う「貝中聚」を指すという説が妥当と思われる。

31）前掲注2（『漢書』地理志）参照。

32）「清河国。高帝置。桓帝建和二年改為甘陵。雒陽北千二百八十里。七城，戸十二万三千九百六十四，

口七十六万四百一十八。甘陵，故厝，安帝更名。貝丘。東武城。鄃。霊，和帝永元九年復。繹幕。広川，故属信都，有棘津城。」（『続漢書』志巻二〇・郡国志二）

33）「巴肅，字恭祖。勃海高城人也。初察孝廉，歴慎令・貝丘長。注，高城県故城在今滄州塩山県南。慎県属汝南郡。貝丘県属清河郡。」（『後漢書』巻六七・党錮伝）

34）「後魏初移県於故城東北十里。今県東，又有貝丘城。即後魏所治。」（『太平寰宇記』巻五四・河北道三・魏州臨清県条）

35）「清河郡，漢高帝置。領県四。戸二万六千三十三，口十二万三千六百七十。清河，二漢・晋属。前漢曰厝，後漢安帝改為甘陵，晋改有河城。貝丘，二漢・晋屬。侯城，太和十三年置，有侯城。武城，二漢・晋曰東武城，属，後改。有武城，有闇闔。」（『魏書』巻一〇六上・地形志上）

　「東清河郡，劉裕置，魏因之。治盤陽城。領県七。戸六千八百一十，口二万二千五百七十四。清河。繹幕，有隴水。鄃，有淳于髡冢・金雀山。零。武城，有昌国城。貝丘，有萊蕪城。饒陽，旧属青州，太和十八年分属。」（『魏書』巻一〇六中・地形志中）

36）　劉裕は東晋末の人物で，後に東晋を滅ぼして南朝宋（劉宋）を建てた。『資治通鑑』によれば劉裕は当時東晋の将軍として東晋安帝義煕5年（409）から北伐を開始し，当時山東半島に割拠していた鮮卑慕容部の「南燕」を滅ぼした。このとき東晋は山東半島全域を獲得し，黄河（後漢河道）東南岸一体を手中に収めた。しかし清河郡は当時の黄河北西側に位置し，劉裕の征服した領域からは外れている。南北朝期，特に南朝では五胡に征服された北方の地名を自分の勢力範囲（主に南方）に付ける「僑置」が実施されていた。胡阿祥によれば，このときの「東清河郡」も，実際の清河郡とは異なる地域に置かれた「僑置」と思われる［胡阿祥1989］。

37）「漢貝邱故城　在今城東南，近古村西。後漢時置，属清河国。」（民国『臨清県志』六　疆域志・八古蹟）

38）「民人苦病，夫婦皆詛，祝有益也，詛亦有損。聊・摂以東，姑・尤以西，其為人也多矣。注，聊，摂，斉西界也。平原聊城県東北有摂城。」（『左伝』昭公二〇年伝）

39）「（燕昭王）二十八年（BC284），燕国殷富，士卒楽軼軽戦，於是遂以楽毅為上将軍，与秦・楚・三晋合謀以伐斉。斉兵敗，湣王出亡於外。燕兵独追北，入至臨淄，尽取斉宝，焼其宮室・宗廟。斉城之不下者，独唯聊・莒・即墨。其余皆属燕，六歳。」（『史記』巻三四・燕召公世家）

　なお，『戦国策』斉策・燕策には「聊」はなく，斉側に残ったのは莒・即墨の2城のみとある。最終的に聊城は燕将に落とされたので，その点を考慮したのか。

　「燕攻斉，取七十余城。唯莒・即墨不下。」（『戦国策』巻一四・斉策六）

40）「燕将攻下聊城，聊城人或讒之燕，燕将懼誅，因保守聊城，不敢帰。斉田単攻聊城，歳余士卒多死而聊城不下。魯連乃為書，約之矢以射城中，遺燕将。」（『史記』巻八三・魯仲連伝）

41）「聊古廟　最早的古聊城所在地，位于今城西北7.5公里，西新河西岸。春秋時代，戦国西境。戦国時，為斉・燕争戦之地，也是斉国筑城屯兵的軍事要地。」（新修『聊城市志』第一編　建置・第四章　県城）

42）「聊古廟」は2008年の現地調査にて訪れた。補論第6章参照。

43）　前掲注2（『漢書』地理志）参照。

44）　前掲注32（『続漢書』郡国志）参照。

45）「（建和二年・148）六月，改清河為甘陵。立安平王得子経侯理為甘陵王。」（『後漢書』巻七・桓帝紀）

46）「太后崩。有司上言，「清河孝王至徳淳懿，載育明聖，承天奉祚，為郊廟主。漢興，高皇帝尊父為太上皇，宣帝号父為皇考，序昭穆，置園邑。大宗之義，旧章不忘。宜上尊号曰孝徳皇，皇妣左氏曰孝徳后，

178　第2部　前漢期黄河の地域別検討

孝徳皇母宋貴人追諡曰敬隠后。乃告祠高廟，使司徒持節与大鴻臚奉策書璽綬清河，追上尊号。又遣中常侍奉太牢祠典，護礼儀侍中劉珍等及宗室列侯皆往会事。尊陵曰甘陵，廟曰昭廟，置令・丞，設兵車周衛，比章陵。」（『後漢書』巻五五・清河孝王慶伝）

47）「永寧二年二月，寝病漸篤，乃乗輦於前殿，見侍中・尚書，因北至太子新所繕宮。還，大赦天下，賜諸園貴人・王・主・郡僚銭布各有差。詔曰「朕以無徳，託母天下，而薄祐不天，早離大憂。延平之際，海内無主，元元屍運，危於累卵。勤勤苦心，不敢以万乗為楽。上欲不欺天愧先帝，下不違人負宿心，誠在済度百姓，以安劉氏。自謂感徹天地，当蒙福祚，而喪禍内外，傷痛不絶。頃以廃病沈滞，久不得侍祠，自力上原陵，加欬逆唾血，遂至不解。存亡大分，無可奈何。公卿百官，其勉尽忠恪，以輔朝廷。」三月崩。」（『後漢書』巻一〇上・和熹鄧皇后紀）

48）「清河県　旧二十二郷，今四郷。本州之甘泉市地，秦為厝県。漢為信成県，属清河郡。後漢桓帝改為甘陵県。故城在今県西北。続漢書州郡志，省信城県属清河郡。按，郡国記云，隋清陽城内有漢清河王慶陵，在今郡東南三十里。故厝城是也。後漢安帝改名甘陵，仍為甘陵国都，後国除復為県。晋省，於厝城西南七里置清河県。魏又為清河県，并清河郡于故厝城中。高斉天保七年，又移清河県于故信成。隋開皇六年，又移清河県於州郭，即今県是也。」

　　「故厝城　在県東南三十里。按，地理志云，属清河郡。王莽改為厝治。漢安帝改為甘陵。其地先出甘草，土人号曰鵲城。」（『太平寰宇記』巻五八・河北道七・貝州）

49）「艾亭城，在博平県北。『水経注』，大河故瀆東逕艾亭城南。」（『嘉慶重修一統志』巻一六八・東昌府一）

50）「元海署匐督為親漢王，莫突為都督部大，以勒為輔漢将軍・平晋王以統之。」（『晋書』巻一〇四・載記石勒上）

51）「305 年（晋永興二年）汲桑和石勒率茌平牧民赴清河，鄃県参加公師藩義軍。公元 307 年（晋永嘉元年）公師藩失敗後，汲桑・石勒返回茌平挙行武装起義，攻打郡県，占領鄴城，殺晋新蔡王司馬騰。」（新修『茌平県志』大事記）

52）「既而売与茌平人師懽為奴。」（『晋書』巻一〇四・載記石勒上）

53）「永嘉乱後，石趙移郡理平晋県。即今博州清平県也。」（『太平寰宇記』巻五八・河北道七・見州）

54）「清平県城遺址　清平県城（現旧城鎮）遺址，1069～1940 年為清平県城，1940 年清平県城遷址康荘，此地名曰"旧城"。」（新修『高唐県志』第七編　文化・第三章　文物）

55）　霊丘に関する記述は前掲注 4 参照。

56）　前掲注 2（『漢書』地理志）および注 32（『続漢書』郡国志）参照。

57）　『続漢書』郡国志に引く『地道記』に，霊県に鳴犢河があると記されている。

　　「霊，和帝永元九年復。注，『地道記』曰，有鳴犢河。」（『続漢書』志第二〇・郡国志二）

58）「霊城遺址　即漢霊県城址，現南鎮村。位于県城東南 17.5 公里処。」（新修『高唐県志』第七編　文化・第三章　文物）

59）　前掲注 2（『漢書』地理志）および注 32（『続漢書』郡国志）参照。

60）「俞侯　呂它　四月丙申封。四年，坐呂氏誅。」（『漢書』巻一六・高恵高后文功臣侯表）

　　「俞侯　欒布　六年四月丁卯封。六年薨。」（『漢書』巻一七・景武昭宣元成功臣侯表）

61）「是時武安侯田蚡為丞相，其奉邑食鄃。鄃居河北，河決而南，則鄃無水菑，邑収多。索隠，鄃音輸。韋昭云清河県也。正義，貝州県也。」（『史記』巻二九・河渠書）

62）「十三年増邑，更封鄃侯。注，鄃，県名，属平原郡。故城在今徳州平原県西南。鄃音兪。」（『後漢書』

巻二二・馬武伝)

63) 「鄃県古城　位于腰站鎮王双堂村北，距今城市 20 公里，建于西漢。北斉時因鄃県并入平原而廃。本世紀六十年代尚在残垣数段，七十年代，連同村前古冢，都因搞農田基本建設而夷平。」（新修『平原県志』第一九編　文化・体育・第二章　文物）

64) 「戦国時，為趙所併封公子勝為平原君，食邑於此。平原之名，始見。」（清乾隆『平原県志』巻之一　疆域志・沿革）

65) 「平原君相趙恵文王及孝成王，三去相，三復位。封於東武城。集解，徐広曰，属清河。正義，今貝州武城県也。」（『史記』巻七六・平原君列伝）

66) 前掲注 1（『水経注』河水注五）参照。

67) 「平原県古城　位于今王廟郷張官店東，距城市 15 公里，西周初年已為斉国西境下邑，戦国中期成為斉国重要地名之一，秦至北斉為平原県城，漢初至北魏或為平原郡或為平原国所在地。古城牆由黄粘土夯打而成，牆下陶・瓦残片俯拾即是。民国 21 年（1932 年）張官店村民肖連慶，在古城南門里挖出石井一口。用形如車輛的青石砌成，水深而甜。建国后又在城区発現石鎌・鬲足和陶罐等。至本世紀六十年代，在尚存的残垣附近仍有一些破陶・瓦砕片。」（新修『平原県志』第一九編　文化・体育・第二章　文物）

68) 前掲注 2（『漢書』地理志）および注 32（『続漢書』郡国志）参照。

69) 「繹幕県城　『水経注』載："大河経平原県故城西，鄃県城東，北経繹幕県北，経鬲県城，再経平原県。"『山東続考』称："繹幕県故城位于今平原県城西北二十五里。"古城址应在今王杲舖郷境内，但遺址未見。『続修平原県志』疑今平原県城即古繹幕県城，不過与『水経注』不合。」（新修『平原県志』第一九編　文化・体育・第二章　文物）

70) 「故鬲城『郡国県道記』云：古鬲国，鬲姓，咎陶之後。」（『太平寰宇記』巻六四・河北道十三）

71) 「昔有夏之方衰也，后羿自鉏遷于窮石，因夏民以代夏政。恃其射也，不脩民事，而淫于原獣，棄武羅・伯因・熊髠・尨圉，而用寒浞。寒浞，伯明氏之讒子弟也，伯明后寒棄之，夷羿收之，信而使之，以為己相。浞行媚于内，而施賂于外，愚弄其民，而虞羿于田。樹之詐慝，以取其国家，外内咸服。羿猶不悛，将帰自田，家衆殺而亨之，以食其子，其子不忍食諸，死于窮門。靡奔有鬲氏。浞因羿室，生澆及豷。恃其讒慝詐偽，而不徳于民，使澆用師，滅斟灌及斟尋氏。処澆于過，処豷于戈。靡自有鬲氏，収二国之燼，以滅浞而立少康。少康滅澆于過，后杼滅豷于戈，有窮由是遂亡，失人故也。」（『左伝』襄公四年伝）

72) 「古城遺址　位于商河県城西北懐仁鎮与張坊郷的交界処，西距懐仁鎮古城村 1 公里，東距張坊郷的大姜村 1.5 公里，距県城 13 公里。遺址面積較大，共占地 9000 平方米，城牆遺址歴歴可見，院落・大型建築似有其形。城中間略低，東面有古城牆，長 100 多米，高 2.7 米，最寛処 10 多米。西面有南北大道，相伝為跑歩道。南面有高 2.7 米的点将台，遺址周囲多次発現陶盆・石夯・石磨・瓷缶・鉄獅等文物，還曾挖出一堵完好的牆壁，埋于地下 0.5 米処。牆壁用青磚白灰壘制。磚長 0.5 米，寛 0.3 米，『徳平県志』曾載，此城為古鬲城，"漢置，宋熙寧三年廃"。明『読史方輿紀要』及清『嘉慶一統志』載，東周麦丘在商河県西北。1982 年出版的『中国歴史地図集』，"麦丘"也在該遺址方位。可見東周・東漢至北宋此地均為城邑。」（新修『商河県志』第二一編　文化・第一章　文化芸術）

73) 大名～館陶地域において微高地が見いだせなかったのは，当地では北宋期に「北流」と称される黄河の分流が貫通していたためと思われる。

74) ここで見いだした河道ラインは，霊県故城付近でその一部が現在の徒駭河と重なっている。

75) 「至平原津而病。『史記正義』，今徳州平原県南六十里有張公故城，城東有水津焉，後名張公渡，恐此

180　第2部　前漢期黄河の地域別検討

平原郡古津也。『漢書』公孫弘平津公，亦近此。蓋平津即此津，始皇渡此津而病。」（『史記』巻六・秦始皇本紀）

76）「又東北逕徳州西，又東北経景州及滄州之境入於海。徳州，漢平原郡界也。河之故道本在平原以北，漢以前大概従魏郡・清河・信都・勃海界入海，皆与平原接境，不徑至平原也。」（『読史方輿紀要』巻一二五・川瀆異同二）

77）「自塞宣房後，河復北決於館陶，分為屯氏河，東北経魏郡・清河・信都・勃海入海，広深与大河等，故因其自然，不隄塞也。」（『漢書』巻二九・溝洫志）

78）ここで指す「河幅」は河川工学で「低水路」と呼ばれる範囲であり，あくまで通常時において河水の流れる幅を指す。氾濫原や自然堤防まで含めると，黄河下流平原では10km超となる箇所も少なくない。

79）「古堤　一名金堤，一名太黄堤。自冠県鴨窩村随家堤口入境，歴丘県境，東北至臨清李家倉，逾会通河，而北至柴二荘，入夏津境。歴趙家溝，韓家，侯家，張任家等堤，繞夏津東南両門，東北歴三家堤，唐家堤，至桑家店入恩県界。」（清道光『冠県志』巻一・山川）

　　「由館陶北界李官荘西・営子荘東，入県境。由興隆荘折，而西至石仏荘北・唐家荘南，又西北至畈瞳荘東，房村廠南，又東北逾河折，而東繞新旧城至威武門外，東北経十方院，郭堤之南，至管辛荘入清平県界。又東北，経松林入夏津県界。此廃河。」（民国『臨清県志』疆域志五・河渠）

80）「一万分之一黄河下游地形図」については中村威也を参照［中村威也 2007］。

81）堂邑県および博平県は民国以前に存在した県。現在は再編されて聊城市の一部となった。

82）「趙王河」は，現在では聊城市南側に位置する陽穀県から聊城市へと流れ込む河道に与えられている名称であり，同地図には陽穀県方面からの趙王河も記載されている。「一万分之一黄河下游地形図」の作者が，何故明らかに別河川とみなせるこの河道に「趙王河」の名称を与えたのかは不明である。この趙王河は現行地図や現地調査の際にも確認できなかったので，ここ50年ほどの間に埋没したのか，または渠道として再利用されたのであろう。

83）「黒龍潭」という地名は黄河下流平原以外にも雲南省麗江県や河北省密雲県，山西省陽城県などにあるが，これらはすべて山岳地帯から平野への開口地域に位置する。

84）「黒龍潭」を含む河南省濮陽市周辺の河道復元については第2部第1章を参照。

85）「決口扇形地　分布在洪官屯，楊官屯，肖荘，菜屯，賈寨五郷（鎮），面積一五二二九〇畝，占全県土地総面積的九．六％。地勢起伏不平，有局部積水和沙窪塩漬現象。海抜三二〜三四米，潜水埋四〜六米。」（新修『荏平県志』第二編　自然環境）

86）SRTM-DEMで合流の痕跡が見られたことから，高唐〜平原〜徳州に至る河道は賈寨郷決壊以前から黄河の支流として存在していたもので，決壊した河水がその河道に流れ込んだ，いわゆる「奪流」が発生したと思われる。この河道の一部が現在の徒駭河である。なお「徒駭河」は『禹貢』に記される古代黄河の分流，いわゆる「九河」の1つとされる。『禹貢』によれば春秋以前の河道「禹河」は大伾山（現在の河南省滑県）を過ぎて北へと流れ，大陸沢（現在の河北省邢台市）を抜けて「九河」に「播」，つまり多くの河道に分流したとされる。

　　「東過洛汭，至于大伾。北過降水，至于大陸。又北播為九河，同為逆河，入于海。」（『禹貢』）

　　「徒駭，今在成平県，義所未聞。太史，今所在未詳。馬頬，河勢上広下狭，状如馬頬。覆釜，水中可居，往往而有，状如覆釜。胡蘇，東莞県今有胡蘇亭，其義未詳。簡，水道簡易。絜，水多約絜。鉤盤，水曲如鉤流盤桓也。鬲津，水多阨狭，可隔以為津而横渡。九河，従釈地已下至九河，皆禹所名也。」

（『爾雅正義』釈水第一二）

87）　南宋・程大昌『禹貢山川地理図』では黄河の第 1 回改道を戦国周定王 5 年（BC602），第 2 回改道を
　　この前漢武帝元光 3 年（BC132）とし，王莽新始建国 3 年（AD11）の改道を含まない。焦循『禹貢鄭
　　注釈』では周定王 5 年をカウントせず，古代の禹河河道が前漢武帝元光 3 年まで継続したとしている。
　　詳しくは第 1 部第 1 章を参照。

88）　成帝期の清河都尉・馮逡の言による。

　　「成帝初，清河都尉馮逡奏言：「郡承河下流，与兗州東郡分水為界，城郭所居尤卑下，土壌軽脆易傷。
　　頃所以闊無大害者，以屯氏河通，両川分流也。今屯氏河塞，靈鳴犢口又益不利，独一川兼受数河之任，
　　雖高増堤防，終不能泄。如有霖雨，旬日不霽，必盈溢。」」（『漢書』巻二九・溝洫志）

89）　『水経注』河水注五に「逕鄃県故城北，東北合大河故瀆，謂之鳴犢口。」とある。

90）　発生地点だけでなく流出・被害地域を含む。11 回の黄河決壊記事については第 1 部第 1 章を参照。

第 3 部　復元古河道を利用した中国古代史の再検討

第 1 章　前漢期の黄河決壊に関する一考察

はじめに

　前漢期は黄河が猛威を奮った時期である。『漢書』溝洫志などを見ると前漢期 200 年間で 11 回の決壊記事が確認でき，特に王莽期の関並の発言に「黄河の決壊はそのほとんどが平原県・東郡付近にて発生していた」とあるように，決壊の発生地点が現在の山東省西部に偏っている。このように限定された地域で決壊が頻発した要因についてはさまざまに研究がなされ，「河道の老朽化」「水利機構の老廃化」「対象地域の脆弱地質」などの要因が挙げられている。そのなかで近年発表された劉江旺の論文に，「前漢期の黄河河道の形状に由来する」という説がある［劉江旺 2011］。

　『中国歴史地図集』によれば，前漢期の黄河は山東省西部，特に現在の聊城市付近においてほぼ直角に折れ曲がる河道をなしている。この形状ゆえに，前漢期の黄河はこの付近での決壊が頻発したという。だが決壊が発生したのは聊城市付近に限らず，北側に位置する平原県や西側の館陶県においても決壊記事が見られるため，すべての決壊を説明するには到っていない。

　前漢期の黄河河道については，『水経注』に「大河故瀆」として詳細に記されている[1]。また前述したように『漢書』には多くの決壊記事が見られる。歴史地理学では，主にこれらの文献記述に基づいて前漢黄河の河道復元が行われており，前述した『中国歴史地図集』はその成果の 1 つである。近年では，これら文献史学とは別に呉忱ほかなど地理学分野での復元研究も行われている［呉忱ほか 2001］。筆者はこれらの研究成

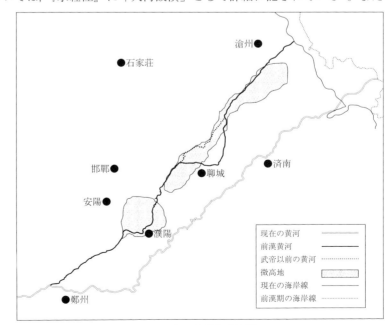

図 1　復元前漢期古河道

186　第3部　復元古河道を利用した中国古代史の再検討

果に加えて RS データを利用することで，現地の地形状況に沿った形地での河道復元を行った（図1）。本章では，この復元河道および微高地を利用して前漢期に頻発した各決壊について考察する。

第1節　復元河道の概要

最初に，本章で扱う復元河道について概説する。本章では，SRTM-DEM[2]より判読した復元河道，および微高地を用いて決壊事例を検討する。この復元河道の最大の特徴として，従来説では存在しなかった「前漢初期以前の河道（戦国河道）」が挙げられる。

SRTM-DEM を用いて対象地域の地形を精査したところ，現在の河南省滑県から濮陽市にかけて広がる丸い形状の滑澶微高地と，現在の河北省館陶県から山東省徳州市にかけて伸びる細長い形状の聊徳微高地を抽出した[3]。

前者には4本の溝状地形が確認でき，文献記述と合わせて検討して，それぞれ戦国以前の禹河・前漢・後漢・北宋期の黄河河道と特定した[4]。後者の微高地は東西幅約 20 km であり，『漢書』巻二九・溝洫志に記される賈譲の「蓋隄防之作，近起戦国，雍防百川，各以自利。斉与趙・魏以河為竟。趙・魏瀕山，斉地卑下，作隄去河二十五里」という記述と一致した[5]。また『水経注』河水注に記される大河故瀆の経由地ともおおむね一致することから，この2つの微高地が戦国〜前漢期の黄河によって形成された自然堤防および河床[6]と特定した。

しかし後者の聊徳微高地は，そのまま前漢河道と一致しない。『漢書』溝洫志に「元帝永光五年，河決清河・霊・鳴犢口，而屯氏河絶」という記述がある。この前漢霊県は前述の聊徳微高地の東側に位置しており，聊徳微高地がそのまま前漢河道であるとすれば，霊県を経由していないことになる。館陶〜霊県地域を再度 SRTM-DEM を用いて精査したところ，聊徳微高地よりも狭い幅ではあるが堤防の痕跡を確認できた。幅が狭いのは黄河本流の経由期間が短かったためか，または分流等の要因から黄河の全流勢が集中していなかったためである。ここから，従来説では存在しなかった前漢初期の部分改道の存在を導き出した。

『漢書』溝洫志に「『周譜』云：定王五年河徙，則今所行，非禹之所穿也」という記述がある。これが文献上に記される最初の黄河改道の記録である。改道記録の2回目は，『漢書』巻六・武帝紀の「（元光）三年春，河水徙，従頓丘東南流入渤海」という記述である。そして『漢書』巻九九中・王莽伝中の「河決魏郡，泛清河以東数郡。先是，莽恐河決為元城冢墓害。及決東去，元城不憂水，故遂不堤塞」という記述がある。この後，後漢期の王景による治水事業（明帝永平13年・70）を経て黄河河道は次代の王景河（後漢河道）へと移行した。この3件が前漢期の黄河改道に関する記事である。

南宋期の程大昌『禹貢山川地理図』や清道光期の焦循『禹貢鄭注釈』は武帝元光3年春の「河水徙」を重視し，BC132 の時点で前漢河道へと変化したとしている。しかし清康熙期の胡渭『禹貢錐指』や乾隆期の傅沢洪『行水金鑑』・閻若璩『四書釈地続』，光緒期の劉鶚『歴代黄河変遷図

考』等は周定王 5 年（BC602）の禹河からの変化を重視し，武帝元光 3 年春を一時的または小規模な改道と判断して，最終的には BC602 から AD11 までを前漢河道としている。

　近年の研究例としては，史念海は『禹貢鄭注釈』の説を採用し，BC602 の改道は存在せず，BC132 の頓丘での改道を歴史上第 1 回目の黄河改道としている［史念海 1978］。一方，譚其驤は『禹貢錐指』の説を採用し，前漢途中での改道はなかったとしている［譚其驤 1981］。現在は後者の説を採用している例が多く見られる［武漢水利電力学院水利水電科学研究院『中国水利史稿』編写組 1979，鄒逸麟 1993，尹学良 1995］。

　筆者の復元河道は主に後者の説に則っているが，一部分は前者の説も取り入れている。聊徳微高地の形状から，周定王 5 年（BC602）時点で禹河からそのまま前漢河道へと移行したのではなく，いったん館陶から北東方向へ向かう河道（戦国河道）が成立したことが判明した。戦国期から秦を経て前漢初期に至るまでの 400 余年間はこの河道を採っており，聊徳微高地はこのときに形成された。そして武帝元光 3 年（BC132）春に，館陶から東へと向かって霊県を経由する河道に変化したと考えられる。

　『漢書』等に見られる前漢期の黄河決壊記述はきわめて簡素であり，従来の研究では詳細な状況の検討が困難であった。本章ではこの復元河道および微高地を利用して，現地の地形状況を踏まえたうえでの決壊状況の考察を行う。

第 2 節　決壊記事の検討──武帝元光 3 年春以降──

　前漢期は長い中国の歴史上でも特に黄河の決壊が頻発しており，なおかつ地域的にも黄河下流平原全体ではなく山東省西部という限定された範囲での決壊が繰り返し発生している。この要因に関して従来の研究では，例えば木村正雄は決壊頻発の要因を国家的治水機構の老朽化に求め［木村 1959］，今村城太郎は黄河河道（堤防）の経年劣化に起因しているとした［今村 1966］。また譚其驤は秦始皇帝の時期に端を発する黄河中流域・オルドス地域の開発を取り上げた。前漢武帝期に行われた黄河中流域，特に陝北地域への移民政策による植生変化・土壌流失の激化等によって下流平原への水沙量が増加し，決壊頻発へとつながったとした［譚其驤 1962］。鄒逸麟は黄河の「天井川」という特性に着目し，これを決壊頻発の要因と考えた［鄒逸麟 1993］。

　しかし藤田勝久は木村正雄の治水機構老朽化説に対して，武帝期以降に発生した黄河決壊の対応に地元の郡単位で当たっていることを指摘し，前漢期の黄河治水機構は従来考えられていたほど整備が進んでおらず，国家規模での黄河治水機構の整備が完了したのは前漢後期頃だとした［藤田勝久 1986］。また任伯平は下流平原の排水量に着目し，前漢以前に存在した多くの黄河分流が埋没・途絶したことで排水量が低下し，決壊が頻発したと考えた［任伯平 1962］。

　前漢黄河の決壊は主に現在の山東省西部に集中しているが，復元河道に基づいて考察すると，前述のように BC132 に部分改道が発生していたとすれば，この付近の河道は改道以降に成立した箇所なので，経年劣化や天井川の過成長などといった黄河河道の老朽化を要因とすることは考

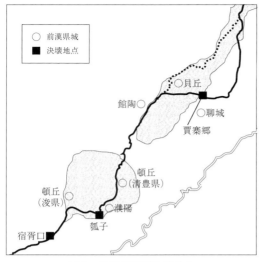

図2　前漢黄河の決壊地点

えがたい。決壊頻発の要因を探るに当たり、まずは個別の決壊事例を検討してみる。

1　武帝元光3年（BC132）春

『漢書』武帝紀に、「（元光）三年春、河水徙、従頓丘東南流入渤海」とある。頓丘の位置については諸説あるが、現在の河南省浚県もしくは清豊県付近と推定されている。両方とも復元河道の北岸に位置し、滑澶微高地の内側に当たる。浚県付近には、『水経注』によれば禹河→前漢河道へと変化したとされる「宿胥口」が位置する。SRTM-DEM を利用して対象地域の地形を見ると、浚県の南西側、衛輝市との境界付近にて河道が変化した様子が確認できる。しかしこの北へと向かう河道は『禹貢』に記される最古の河道、いわゆる「禹河」であり、ここから東方向へと向かう河道が『漢書』溝洫志や『水経注』から読み取れる前漢河道である。つまり武帝元光3年春の河道変化には該当しない。清豊県付近には「瓠子河決」の発生した濮陽があるが、清豊県（頓丘）の南西側に当たるため、こちらも記述に合致しない（図2）。

そこで場所ではなく、河道が部分的に変化した可能性を考慮してみる。前述したように、聊徳微高地は前漢霊県を経由しておらず、『水経注』や『漢書』溝洫志の河道とは一致しない。ここから、従来説には存在しない戦国末から前漢初期にかけての部分改道を推測した。

SRTM-DEM を用いて地形を確認すると、霊県は聊徳微高地の東側に位置し、微高地から500m 程度と狭い幅の堤防様地形が伸びている。この堤防様地形は高唐県付近で現在の徒駭河に

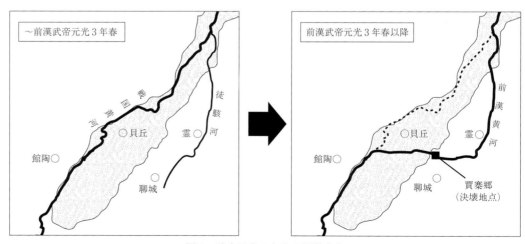

図3　武帝元光3年春の河道変化

合流し、北の平原県へと転じている。また聊徳微高地の東端付近には窪地を確認できた。災害考古学によれば、河川が決壊した際には、その水勢によって「落堀」と呼ばれる窪地が形成される[7]。新修『荏平県志』によれば、この窪地は現在の賈寨郷に位置している「黒龍潭」と呼ばれる地形で、以前河川決壊が発生した地点であったとしている[8]。つまり前漢黄河はこの地点で聊徳微高地から決壊し、そのまま東へと流れて徒駭河に合流したと思われる。現在の徒駭河は北東方向へと流れているが、SRTM-DEM では現在の徳州市付近に聊徳微高地上での再合流の痕跡が見える。つまり当時の徒駭河はもともと前漢黄河へと流れ込んでいた支流であり、BC132 の東流によって黄河本流が流れ込んだと考えられる（図3）[9]。

河道の変化地点である「頓丘」については、『水経注』によれば濮陽の北側には前漢河道→後漢河道へと変化した「長寿津」が存在する。また館陶付近には「貝丘」という県が存在し、復元河道の変化地点はこの「貝丘」の南または東南に位置する。『漢書』の著者である班固が、これらの河道変化と誤認した可能性もある。

2　武帝元光3年（BC132）5月

前漢期最大の黄河決壊とされる「瓠子河決」である[10]。『漢書』溝洫志に「孝武元光中、河決於瓠子、東南注鉅野、通於淮・泗」とある。『嘉慶重修一統志』によれば開州（現在の河南省濮陽市）の南西に「黒龍潭」という沼沢があり、これが前漢期の瓠子河決の痕跡であるという。現在は埋没して農地となっていたが、SRTM-DEM で確認したところ確かに窪地を確認できた（図4）。

つまり前漢黄河は南岸に位置する瓠子にて決壊し、鉅野沢（現在の山東省鉅野県付近、沼沢は現存せず）に流れ込み、そして「淮・泗に通ず」と記されたようにそのまま東南方向へと流下して淮水や泗水へと流れ込んだ。淮水や泗水は決壊地点の濮陽からは南東に 300 km 以上離れているが、淮北地域には南東方向に流れる淮水・泗水の支流が多数存在する。それらの支流を通じて淮

図4　前漢黄河・滑澶微高地と瓠子（黒龍潭）

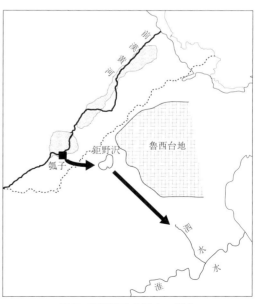

図5　瓠子河決と淮水・泗水

水・泗水、さらには黄海へと流れたのである（図5）。

　瓠子は滑亶微高地の東南端に位置するため、そこから流出した河水は容易に閉塞できなかった。『漢書』溝洫志に、瓠子河決より20余年後に武帝自ら決壊地点に赴き、閉塞作業に立ち会ったという記事が見られる。『漢書』武帝紀によれば元封2年（BC109）のこととされる。

3　武帝元封2年前後（BC109）

　『漢書』溝洫志に「自塞宣房後、河復北決於館陶、分為屯氏河、東北経魏郡・清河・信都・勃海入海、広深与大河等、故因其自然不隄塞也」とある。

　『漢書』溝洫志の該当部分には屯氏河派生の正確な年代は明記されていないが、藤田勝久によれば後述する元帝永光5年の発生時期、および屯氏河が70余年流れていたという馮逡の発言から、この屯氏河派生は前述した武帝による瓠子閉塞（元封2年）の直後であったとしている［藤田勝久 1985］。

　SRTM-DEMによれば聊徳微高地は南西→北東方向に伸びているのに対して、前漢黄河はここから東へと向かっており、一致しない。また「広深与大河等」という記述は「（屯氏河の）川幅や深度は黄河と同様であった」と解釈できるが、現在の下流平原を流れる黄河は河南省鄭州市付近で川幅500mから1km前後、両岸の自然堤防まで含めると10kmにも達する非常に巨大な地形であり、このような巨大な河道・河床が一朝一夕に形成されるとは考えがたい。微高地の形状と合わせて考えると、このとき流れ込んだ屯氏河は武帝元光3年春以前の戦国河道であったと思われる（図6）。

4　元帝永光5年（BC39）

　『漢書』溝洫志に「元帝永光五年、河決清河・霊・鳴犢口、而屯氏河絶」とある。霊県は現在の山東省西部・高唐県に位置している。この決壊記述があるために、前漢河道は大幅に東へと屈曲する形状となっている。例えば『中国歴史地図集』第二冊では、黄河の河道は霊県を囲むよう

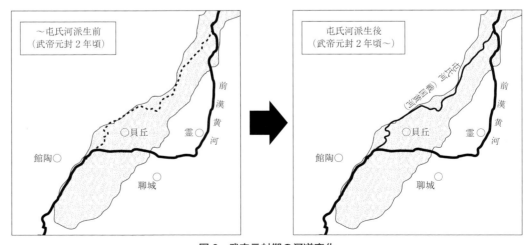

図6　武帝元封期の河道変化

に屈曲している。

　霊県は戦国期には「霊丘」と称し，戦国諸侯の1つである斉国の西端の邑として重要な防衛拠点であった。譚其驤等の従来説では戦国期から一貫して黄河の西側に位置していたことになるが，『史記』を見る限りでは斉国が黄河の西岸にまで攻め込んだ例はこの「霊丘」以外には見当たらない。しかし前述した前漢武帝元光3年春の部分改道が存在したとすれば，霊県（霊丘）は元光3年以前の戦国期には黄河の東側，すなわち斉国の側に位置することになる[11]。

図7　鳴犢河匯口（山東省平原県）

　現在の平原県張華鎮蒲河村にY字型の沼沢がある。ここには以前「相家河」という河川があり，現在はこの地形を活かして「相家河水庫」という溜池が建造されている。新修『平原県志』によれば現地では「鳴犢河匯口」と呼ばれており，鳴犢口決壊時に分流した

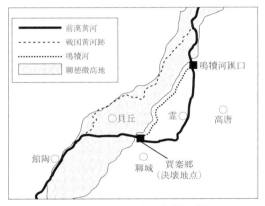

図8　元帝永光5年の鳴犢河派生

「鳴犢河」がこの地点でふたたび黄河本流と合流したとされる（図7）。
　この「鳴犢河匯口」は聊徳微高地の内側ではなく外，東側に位置する。またこの地域では現在も馬頰河や徒駭河など複数の河川が聊徳微高地と同様に南西→北東方向へと流下している。これらのことから，この鳴犢河は元光3年春に決壊した賈寨郷付近にて再び北東向きに決壊し，微高地の東縁に沿う形で流れたものと推測される（図8）。

5　成帝建始4年（BC29）

　『漢書』成帝紀に「（建始四年秋）大水，河決東郡金隄」とある。また溝洫志には「後三歳，河果決於館陶及東郡金隄，泛濫兗・予，入平原・千乗・済南，凡灌四郡三十二県」と，より詳細な記述がある。
　溝洫志に記される3郡の位置を見ると，すべて前漢黄河の北東側に位置する。決壊地点は「館陶」「東郡」の2地点とある。館陶は聊徳微高地の西側に位置するため，一見すると館陶付近から北方向へと流下したように見える。また「金隄」は『漢書』顔師古注に「黄河の堤防であり，東郡白馬県にある」とあるが，被害地域から類推すると東郡の南西端に当たる白馬県での決壊とは考えがたい。「金隄」とは黄河によって形成された自然堤防およびこれを利用・補強して建造された黄河堤防自体を指し，黄河沿道に点在していた。これらを総合すると，東郡の北東部に位置する聊徳微高地の東側にて決壊し，北東方向へと流出したと思われる[12]（図9）。

192　第3部　復元古河道を利用した中国古代史の再検討

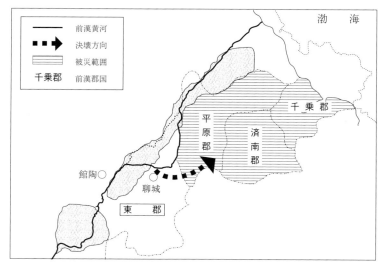

図9　成帝建始4年の決壊範囲

なおこの決壊記事では「兗州・予州が水害に遭う」とある。兗州は東郡を含み，泰山や曲阜など魯西台地一帯を指すので，被害地域としては合致する。しかし予州は現在の河南省東部から安徽省北部一帯を指し，今回の決壊で被害に遭うことは考えにくい[13]。

6　成帝河平3年（BC 26）

『漢書』溝洫志に「後二歳，河復決平原，流入済南・千乗」とある。被害範囲が成帝建始4年のときと似ているが，倒壊家屋は成帝建始4年のときの半分程度だったという。

7　成帝鴻嘉4年（BC 17）

『漢書』成帝紀に「（鴻嘉四年）秋，勃海・清河河溢，被災者振貸之」とある。また溝洫志によれ

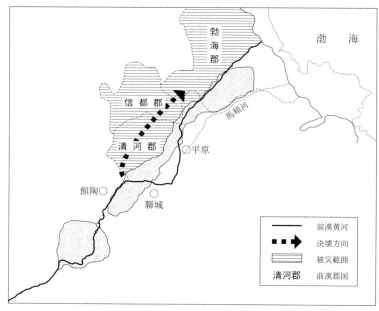

図10　成帝鴻嘉4年の決壊範囲

ば上記2郡のみならず信都郡にも被害が及び，被害は成帝河平3年のときの数倍に達したという。このとき河堤都尉の許商が丞相史の孫禁と現地を視察し，対策を練った。孫禁は平原県と金堤の間にある「篤馬河」の故道に流し込むという対策を提案したが，許商の反対によって採用されなかった。

　このとき孫禁が提案した「篤馬河」とは，『漢書』地理志によれば平原県付近から東北に向かい，渤海に流れ込んでいた。孫禁の案はこの河道を利用することで，近年頻発していた黄河決壊

の危険性を減少させるとともに篤馬河沿道地域の農業開発をも実施しようと企図していた。しかし許商の反対に遭い，孫禁の案は実現しなかった。

『太平寰宇記』によれば，この篤馬河は後代の馬頬河に該当するという。馬頬河は『禹貢』に記される前漢以前の古代黄河「禹河」の分流とされる「九河」の1つで，現在も山東省西部から渤海へと流れている（図10）。許商が孫禁の案に反対した理由の1つには馬頬河（篤馬河）の河道では黄河の膨大な水量を受け止めきれないということがあったが，孫禁の案が改道ではなく分流にあったのだとすれば，実現性の高い案であったと思われる。

第3節　黄河決壊の連鎖性

武帝元光3年春以降の黄河決壊記事を，復元河道の形状を利用して再検討を行った。従来の説ではこれらの決壊はそれぞれ個別に発生したものとされていたが，復元河道と微高地を利用した検討を行ったところ，別の側面が見えてきた。

最初に発生したのが武帝元光3年（BC132）春の「河水徙」である。これによって戦国河道は現在の臨清市付近から東向きに流れて賈寨郷にて決壊し，さらに東へと流出して徒駭河に流入する。微高地を形成した黄河本流（戦国河道）は前漢河道へと移動するが，元の戦国河道自体は巨大な微高地（聊徳微高地）として残存する。

賈寨郷付近から東へと流出した河道および霊県にて合流した徒駭河は黄河本流と比べて非常に細いため，黄河の膨大な水沙量を受け止めきれず，決壊箇所から上流方向（南）へと逆流する水勢が発生する。この水勢を受け止めたことで発生したのが，同年5月頃に発生した濮陽の「瓠子河決」である。この時「淮・泗に通ず」とあるように魯西台地の南側へと流れ込むことで，ようやくその膨大な水沙量を受け流せることとなった。

「瓠子河決」は20余年後の元封2年（BC109）にようやく塞がれるが，閉塞したことで再び水勢は北へと向かい，館陶県付近にて決壊，屯氏河という分流を発生させることとなる。このとき発生した屯氏河は，元光3年春に移動する以前の戦国河道へと流れ込んでいる。

次に決壊が発生したのは元帝永光5年（BC39）である。霊県の鳴犢口にて決壊したことで一時的に水勢が減退し，屯氏河への分流が途絶した。または『漢書』溝洫志にある記述の前後関係が逆転している可能性もある。すなわち屯氏河の閉塞が先行して発生し，屯氏河が塞がったことで水勢が東へと向かい，霊県の鳴犢口へと水勢が集中して決壊したとも考えられる。

なおこの鳴犢口決壊には，もう1つの要因も想定される。宣帝地節年間（BC69～66）に光禄大夫の郭昌という人物がこの地域を視察し，黄河の水勢が貝丘県に集中している危険性を述べたという記事が，『漢書』溝洫志に見られる。ここでは黄河南岸の東郡内に渠道を掘ることで水勢を分散させ，危険性を減らすことに成功したとあるが，視点を変えると，ここで渠道を穿って水勢を東へと受け流したことで，逆に鳴犢口への水勢集中を促したとも考えられる。

貝丘県の危険性はこの1件にとどまらない。成帝建始元年（BC32）に，清河都尉の馮逡とい

う人物が黄河の危険性を上奏している。前述の郭昌の例を引き，小規模な渠道の開削では黄河の膨大な水勢を負い切れないので，根本的な解決として近年途絶したばかりの屯氏河の復活を提案している。この上奏は丞相・御史によって検討され，博士許商による調査が行われたが，結果として屯氏河の復活・浚渫は実施されなかった。しかし馮逡の予言が当たり，この3年後である建始4年（BC29）には館陶県および東郡金堤にて決壊が発生し，平原・千乗・済南の諸郡が水害を被った。

　この決壊に対して校尉の王延世が河隄使者として派遣され，現地の堵塞に当たった。「三十六日，河隄成」とあることから非常に効率的な工事を実施したと思われるが，結果として3年後の河平3年（BC26）に再び平原にて決壊する。ただしこの決壊は王延世の失策とは言えない。建始4年の決壊は館陶および東郡金堤で発生したのに対し，河平3年は渤海に近い平原県にて決壊している。つまり王延世が建始4年の決壊箇所を完璧に閉塞したことで，水勢が下流側の平原県にまで達する事態になったと考えられる。

　また前漢中期以降には千乗・済南方向への決壊が2回（建始4年・河平3年）発生している。復元河道を見ると，平原の北側にて前漢初期の河道が形成した微高地へと乗り上げる形状になっている。微高地は数m程度の高低差であり，徒駭河の旧河道へと流れ込んだとはいえ，「高きから低きへと流れる」河流には不安定な形状であった。そのため，平原から北東方向への決壊が頻発した。

　成帝鴻嘉4年に関しては，他の決壊事例とは異なり明確な連携性は見られない[14]。唯一の特性としては，前6回の決壊がすべて微高地の南東方向へと決壊しているのに対して，この回のみ北東側へと決壊している。これは前6回他の決壊において南東側地域の決壊対策が整備されていたのに対して，北東側は対策が不十分であったと考えられる。

おわりに

　武帝期以降に頻発した決壊は，現在の山東省西部地域に集中していた。その地域は，元光3年春に新たに成立した河道およびその周辺であった。つまり前漢期，特に武帝期以降の黄河決壊が頻発したのは従来唱えられていた河道の老廃や天井川の経年劣化，水利機構の老朽化などではなく，元光3年春の中規模変動によって形成された新しい河道であったこと，それ自体が決壊頻発の要因であった。また決壊はそれぞれ個別に発生したのではなく，連鎖または関連性をもって発生していたことも判明した。

　成帝期になると，決壊地点の堵塞に限らず，黄河の河道自体に手を加えて黄河の水勢を抑えようとする案が登場する。第2節で採り上げた孫禁は篤馬河故瀆を利用したが，この他に『禹貢』に基づく「禹河」河道への回帰を唱える案が増加する。薄井俊二によれば成帝期は政治思想に儒教が強い影響を与えていた。経書の1つである『禹貢』に記される「禹河」への回帰はこの風潮に則ったものであるという［薄井 1988］。

黄河に関する禹の治績重視はこの頃に限らず，すでに武帝期より存在する。『漢書』溝洫志には，瓠子河決（第2節2）を閉塞した際に「禹の旧迹に復す」とあり，また斉人延年という人物が匈奴への対抗手段として黄河を防壁とする策を上奏した際に，「黄河は禹の定めたもので改変すべきではない」という返答をしていることからも読み取れる。しかし『禹貢』を見る限りでは禹河は太行山脈のすぐ東側を流れており，すでに前漢期の黄河とは一致しない[15]。そればかりでなく，屯氏河が前漢以前の黄河本流であったことも失われていた可能性が高い[16]。

また禹河への回帰と平行して増加したのが，今村城太郎が「天事放任論」と称する災異説に基づく放置論である。「災異説」は董仲舒の「天人相関説」に基づき，自然災害を天意による統治者への反省を促す契機とする考え方だが，これを黄河決壊に適用して，決壊自体を「或る種の人間行動によって攪乱された自然現象の反映，ないし天意の発動」として，堵塞や河道修築などの現実的な対応策ではなく，人事の是正を求めることで決壊等の自然災害の発生を抑えられるとした論である[今村1966]。第2節・成帝鴻嘉4年での孫禁の分流策を否定した許商や，同じく孫禁の策を否定した李尋・解光などが該当する。

結論として，前漢期の黄河が決壊を頻発した理由としては，①武帝元光3年春の部分改道によって黄河本流が聊徳微高地外へと流出し，河道自体が不安定な状態であった。②前漢当時の人々が眼前の黄河河道を戦国以来のものと誤認し，その河道における安定を狙った。③成帝期以降の儒教隆盛に伴う災異説，ひいては「天事放任論」の増加により，大規模な黄河治水対策の実施が不可能となった，などの要因が考えられる。

この災異説に基づく放任論は，最終的に前漢滅亡後の王莽新始建国3年（11）に魏郡で決壊が発生した際に，王莽の「黄河の被害が自家の墓所がある元城（現在の河北省大名県）に及ぶのではないかと心配していたが，この時の魏郡での決壊で黄河が東へと向かった。元城へ被害が及ぶ心配が無くなったことから，決壊を放置して閉塞工事を行わなかった」という対処につながる。この決壊は前後漢の動乱を経て70年余り放置され，解決には後漢明帝による王景の治水事業を待つことになる。

注

1) 『水経注』は北魏期に成立した地理書。詳しくは第1部第1章を参照。

2) SRTM–DEM の特性や取り扱いについては第1部第3章を参照。

3) 濮陽付近の微高地に関しては徐海亮が触れており，論文内での呼称「滑澶段」を拝借して「滑澶微高地」と呼称する［徐海亮1986］（第2部第1章）。また館陶県〜徳州市に連なる微高地は前者に倣って「聊徳微高地」と呼称する（第2部第5章）。

4) 河南省濮陽市周辺の河道復元に関しては第2部第1章を参照。

5) ここでは前漢期の里制を「一里＝300歩，一歩＝6尺，一尺＝23.2センチ」とし，一里＝約420m→二五里＝10kmと換算した。詳細は陳夢家などを参照［陳夢家1966，聞人軍1989，丘光明ほか2003，森1940］。また山東省聊城市〜平原県の河道復元に関しては第2部第5章を参照。

6) 河川工学では低水路（常時河水が流れる範囲）・高水敷（普段は露出しているが，河川増水時に水没

する可能性の高い堤外地）および左右の自然堤防を総称して「河川敷」と呼び，河川の本体とする。黄河は天井川のため，前者の高水敷が堤防と同等の高度に達して一体化している。本書では低水路を「河道」，自然堤防および一体化した高水敷，つまり河川敷を「河床」と呼称する。河川工学における河川各部の名称に関しては『新版河川工学』を参照［高橋 2008］。

7)　「落堀」地形と河川決壊の関係性については第 2 部第 1 章にて触れている。

8)　ただし新修『荏平県志』では，決壊が発生した時代や河川については言及していない。新修『荏平県志』の黒龍潭に関する記述については第 2 部第 5 章を参照。

9)　SRTM-DEM を用いた元光 3 年春の部分改道の考察については第 2 部第 5 章を参照。

10)　「瓠子河決」については浜川栄，段偉等も合わせて参照されたい［浜川 1993・1994，段偉 2004］。

11)　斉国と趙・魏その他戦国諸国との城邑争奪および戦国斉国の境域変遷については第 2 部第 5 章および李暁傑を参照［李暁傑 2008］。

12)　図 9 および図 10 の郡国境界は『中国歴史地図集』第二冊の境界を参考にした。

13)　前漢黄河の決壊で予州地域にまで被害が及んだのは，この記述以外には前漢最大の黄河決壊とされる武帝元光 3 年の「瓠子河決」において（第 2 節 2「武帝元光 3 年（BC132）5 月」）のみである。

14)　決壊との連携ではないが，『漢書』溝洫志によればこの鴻嘉 4 年に黄河中流に当たる現在の三門峡市付近にて「底柱を穿つ」という工事が行われたとある。河流の中央付近に存在した「底柱」という岩塊を削る工事と考えられるが，岩塊の除去に失敗し，結果として黄河による被害は以前よりもひどくなったという。第 2 節 7 の決壊はこの影響とも考えられる。

15)　第 1 節で挙げた『漢書』溝洫志の「『周譜』云：定王五年河徙，則今所行，非禹之所穿也」という発言は，王莽期に登場した黄河治水対策の 1 つとして挙げられた当時の大司空・王横の言である。つまりこの発言が登場する前の前漢期においては，禹河と前漢黄河が別の河道をなしていることは広く知られていなかった可能性も考えられる。

16)　第 3 節で清河都尉・馮逡により屯氏河の復活が提案されているが，あくまで黄河分流としての復活であり，本流とはみなされていない。

第2章 「中国古代専制国家の基礎条件」に関する再検討

はじめに

　前漢黄河研究において改道時期や経由地点と並んで重視されるのは，堤防など黄河治水に関する議論である。『漢書』溝洫志には「蓋堤防之作，近起戦国，雍防百川，各以自利」[1]という記述があり，「胡渭『禹貢錐指』や譚其驤・鄒逸麟・『黄河水利史述要』などはこの記述を根拠として黄河堤防の起源が戦国期にあるとしている[譚其驤1981, 鄒逸麟1993, 水利部黄河水利委員会《黄河水利史述要》編写組2003]。日本の中国古代史研究では，この「黄河堤防の起源」が重要な要素となっている。ウィットフォーゲルの「水の理論」，あるいは木村正雄の「専制国家の基礎条件」としての議論である。

　ウィットフォーゲルは黄河堤防の記述に着目し，大規模灌漑農業，引いては黄河下流全域の堤防建造という大規模工事や治水水利機構を実現するための強大な権力の存在を想定し，ここから中央権力とは無関係に成立している在地社会権力の存在を提起する「水の理論」を提唱した［ウィットフォーゲル1991］。

　木村正雄は中国の農地を2種類に区分し，「ほとんど呪術に近い治水水利技術」のみで農耕が可能で，「ほとんど自然の状態，自然的に洪水がさけられまた自然に灌漑がし易い部分」である「第一次農地」と，国家規模の治水水利機構による灌漑農業を必須条件とする「第二次農地」とし，後者を「中国古代専制国家の基礎条件」とした［木村2003］。この

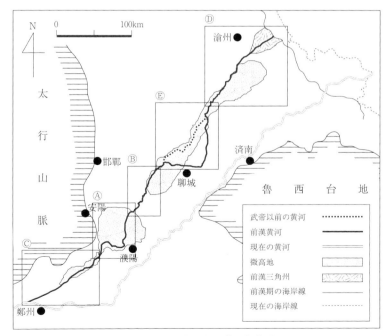

図1　復元前漢期古河道と微高地

とき木村が「国家規模の治水水利機構」の事例として依拠したのが，溝洫志に記される「戦国期から続く黄河堤防」である。

　木村の提唱した「中国古代専制国家の基礎条件」については多くの研究者が反論しているが，未だ決定的な結論を得るに至っていない。従来の研究では基本的に文献記述に基づいて検討しているが，すでに鶴間和幸が指摘しているように，これらの問題を解決するには「中国古代の文明・社会で，水がどのようにコントロールされてきたのか，渠水灌漑・河川堤防・ため池灌漑の実態に即して」[鶴間 1998] 検討する必要がある。

　筆者は黄河下流平原を 5 地域に分割し，文献記述および RS データを利用して各地域の歴史・地形両面からの検討を行い，戦国～前漢期の黄河古河道を復元した[2]（図 1）。本章では復元した戦国～前漢期の古河道および復元作業を通じて判明した前漢以前の黄河下流平原の地理状況を利用して，木村説の再検討を行う。

第 1 節　木村説と前漢黄河

　木村正雄は中国古代専制国家の基礎条件を黄河治水に求め，その淵源を戦国期とした。本節では木村説の概要およびウィットフォーゲルとの関連性を取り上げ，『史記』『漢書』等の記述に見られる前漢前後の黄河の状況と比較して，木村説の妥当性や問題点を探る。

1　木村説の概要

　木村正雄の提唱した中国古代の社会状況を簡単に述べれば，以下のようになる。

　中国古代においては，石器を利用した原始農耕では邑制国家を維持する規模の生産力にとどまっており，『詩経』や『禹貢』などに記される鯀・禹などの治水を代表とする呪術的治水水利技術しか存在しなかった。春秋から戦国にかけて鉄製農具の普及が始まり，生産力が質量ともに大きく向上した。『禹貢』や『孟子』，『史記』貨殖列伝などの記述を見ると，鉄器は戦国末から秦漢にかけて大いに普及したとあり，考古発掘資料とも一致する。

　鉄製農具の普及以前には，条件の適した限られた土地に集住して粗放的な農業を行っていたと考えられ，このような土地を木村は「第一次農地」と呼称した。この時期の人口は現在の河南省を中心とした地域に集中しており，黄河下流（華北）平原への進出には次の段階へと進む必要があった。その条件を木村は以下のように記している。

　　「乾燥と定期的洪水とを基本的特徴とした華北地域においては，その農地を有価値ならしめるために，治水と灌漑とが必須な条件であり，しかもそのような治水・水利機構は，結局個別的に分割占有し得ず，共同体，特に国家の手に握られていた。」[木村 2003，26 頁]

　この華北地域への進出を，木村は戦国時代を経て秦漢時代の初期に至るまでの間に徐々に進展したと考えた。中国が完全な鉄器時代に入るのは漢の武帝のころで，それまでは生産力の上昇期であったとみている。粗放的な第一次農地の段階ではギリシア・ローマとさほど大差はなく，中

国の独自性が発生する要因を木村は治水水利機構の成立と考え，国家規模の治水水利機構によって成立した新たな農地を，木村は「第二次農地」と呼称した。

「第二次農地とは，鉄製土木工具と新しい知識技術をもとに，今や可能になった大規模かつ極度に人為的な治水水利機構を新設することによって，第一次農地の外延に，あるいは全く新しい地域に作られた農地である。そしてこのような第二次農地は，しばしば直営の公田として専制権力の財政的基礎となる一方，そこに「初県」が設けられ古代郡県制の基礎ともなったのである。」［木村 2003, 36 頁］

第二次農地の形成は，まず比較的湿潤であった淮水中流域や漢水流域などの楚国を中心として開始した。この地域では鉄製農具によって比較的簡単に水利施設が建造でき，第二次農地の開拓が可能であった。これらの水利機構は「陂」「堨」と呼ばれる原始的な溜池施設で，『水経注』によればこの地域を中心に数多くの「陂」「堨」が確認できる。最も古いものでは春秋期にさかのぼる芍陂・甘魚陂・葉陂などがある。

一方で黄河流域は漢水・淮水流域よりも乾燥しており，第二次農地の形成は比較的遅れて始まった。この地域では陂による灌漑では不十分で，人工的な渠水施設の開削や長大な堤防が必要であった。特に黄河下流平原では灌漑よりも洪水を防ぐための長大な堤防建造が必須であった。

「洪水の害の最も甚だしかったのは黄河の下流，即ち黄河が太行山脈を出て東流する地点以東，いわゆる河北の大平野，および河水と淮水との間の平地であった。これらの地域は，山よりの，しかも平地中に小丘陵が点綴する部分を除いては，人の住むにも耕すにも値しないところで，その大部は原始時代には放置されていた。特に河北の大平野，漢代の郡国でいえば，渤海郡・平原郡・信都国・河間国・真定国・涿郡・千乗郡などの郡国には，旧国邑は全くないか，あっても極めて少なかった。ところが，鉄器が普及し，土木技術が発達すると共に，この地域にも大堤防が築かれはじめ，それと共に広大な第二次農地が形成された。そしてそこを背景に，数多い新県が設置されることになった。漢書溝洫志によると，黄河の大堤防は，戦国時代にはじまったという。即ちまず東方に斉堤が築かれ，次いでこれに対抗して魏堤や趙堤が西方に作られた。お互にその強きを競うので，所によっては数重に築堤されたという。しかし黄河の治水は容易なことではなく，堤防はしばしば決壊したので，黄河下流がほぼ安全な農地になるには漢代を待たなければならなかった。新県の大部分が漢代に設置されたのはこのためである。」［木村 2003, 43 頁］

そしてこの渠水施設や堤防建造などの大規模工事・管理を実現するために必要だったのが，国家規模の強大な権力である。

「この場合注目すべきは，このような治水水利事業が主として国家権力によって行われ，治水水利機構が国家権力によって管理されたということである。それは，このような治水水利事業，特に巨大な平野を洪水からまもり，またはそこを一面に灌漑するという場合，極めて統一的で大規模でなければ十分な機能を発揮し得ないからである。」［木村 2003, 44 頁］

さらに木村は先秦期の渠や陂などの水利施設を取り上げて，戦国当時にすでに水利施設を建造

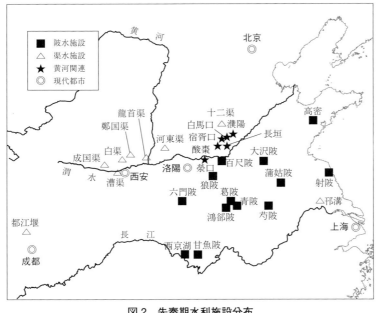

図2　先秦期水利施設分布

する技術を有していたことを示している（図2）。

以上の点を踏まえ，木村は最終的に以下のように結論づけている。

「国家は治水水利機構を支配することによって農地を支配し，農地を支配することによってそれを生産手段とする一切の農民を支配し得たといえる。特にそのうちでも強く国家的規模の治水水利機構に支えられていた第二次農地，そこを基盤とする新県，並びに新県民は，文字通り国家権力にかからざるを得なかった。」［木村2003，45頁］

以上のように，第二次農地に居住する新県民を国家権力に直結させたのは，国家的規模の治水水利機構であり，淮水・漢水流域の「陂」「堨」や黄河流域の渠水・黄河堤防であるというのが木村説の根幹をなしている。

2　ウィットフォーゲルと木村説の関連性

木村説を検討する際に必ず合わせて語られるのがウィットフォーゲルの「水の理論」である。西嶋定生は以下のように，木村の説がウィットフォーゲルの「水の理論」の流れに位置するとしている。

「この時代の変動を説明する事例として治水灌漑の問題がある。この問題は農業生産の基本条件としての人工灌漑や黄河下流の治水工事が，その地理的条件によっていずれも大規模工事たらざるを得ないため，個々の共同体や集団の力ではその築造が到底不可能であり，したがって彼等はこの工事を可能とする統一国家の出現を要請するのであると考えられている。その結果出現した国家はこの工事の施工・管理によって，農民の生死を制約することになり，これによって彼等に対する専制支配が実現するのであり，これが専制君主制の出現と個別人身的支配の成立との物的基盤であると考える。この考え方はすでにマルクスによって提唱され，ウィットフォーゲルによって継承され，現在でもたとえば木村正雄氏の所説に強く表明されているものである。」［西嶋1961，39〜40頁］

また増淵龍夫は両者の関係性を以下のように指摘している。

「治水灌漑は，華北農耕全般にわたって不可欠であり，その不可欠な治水灌漑機構は，すべて国家の管理するところであり，国家はこのような防洪・灌水の反対給付として，農耕をいとなむ一切の農民に人頭税を課したとする，（木村正雄）氏の立論は，東洋的デスポティズムの決定的基礎を，雨水の不足から治水灌漑が農耕に不可欠で或る自然的条件に求める，ウィットフォーゲル氏の一義的な理論を前提としていることは否定できない。」[増淵 1959]

しかし木村自身はウィットフォーゲルとの関連性について明言してはいない。浜川栄によれば，木村は「その諸論考において，不思議なほどにウィットフォーゲルに言及していない」とし，ウィットフォーゲルに言及する箇所を以下の例を含む 2 ヵ所のみとしている [浜川 2009]。

「われわれは第一次農地が偏在し，その一つ一つの広さが限定され，また聚落が丘の上に密集的都市的状態で存在していたことを説明した。そしてこのようないわば多数の自立して相互に同質である第一次農地を基礎に，数千年にわたる，多数の邑国家（都市国家）併存時代が続いたことを指摘した。しかしそれはウィット・ホーゲルなどが考えたような，アジア社会の停滞性理論を証明したり，肯定したりしようとするためではない。このような邑国家の点在併存は，ある歴史的条件のもとで持続したもので，その条件が変改されればやがて次の段階に発展することを主張する。即ち邑国家の分立併存を持続させたのは，第一次農地を規定した治水技術の原始性にあったのである。」[木村 1962]

一方，ウィットフォーゲルの「水の理論」に対する扱い方も決して順当なものとは言えなかった。福本勝清はマルクス・エンゲルスからマジャールとウィットフォーゲルに連なるマルクス主義の思想的潮流を取り上げ，ウィットフォーゲルの「水の理論」がその内容においてではなく思想面において批判されたとした [福本 2011]。

「しかし，だが，『オリエンタル・デスポティズム』は，様々な不幸の重なりあいにおいて登場したという意味において，十分に理解される可能性の低い著作であった。もっとも大きな皮肉は，現存の社会主義体制を批判しているばかりでなく，マルクス及びマルクス主義を批判している点において，一時，反共理論のチャンピオンとしてもてはやされたかもしれないが，その理論はあまりにも深くマルクス及びマルクス主義に依存していた。それゆえ，マルクス主義に精通しているものだけが良く理解しえるものであった。だが，マルクス及びマルクス主義を批判した著作であるがゆえに，マルクス主義者やその同調者からは，裏切り者，背教者と侮蔑され，理解される可能性をほぼ失っていた。」[福本 2011]

本来，最大の理解者であるはずの人々から侮蔑や批判を受け，正当な扱いを受ける機会を失ったウィットフォーゲルだが，1991 年のソ連崩壊以降に再評価が始まり，日本でも湯浅赳男訳版 [ウィットフォーゲル 1991] 以降，多くの研究書が出版され，従来のマルクス主義とは異なる視点での著作検討がなされるようになった [ウルメン 1995，石井 2005]。

そのなかでも湯浅赳男は，興味深い記述をしている。湯浅によれば日本では，ウィットフォーゲル以前に佐野学などによってすでに大規模治水事業と社会生産力の関係性が挙げられており，これは明治以来の日本におけるいわゆる支那学の成果であるという [湯浅 2007]。佐野学は以下

のように記している。

「国家と農民とは或る重大な部面において繋がりをもってゐた。それは治水灌漑である。中国の基本産業たる農業が少なくとも永く単純再生産を反覆し得るために，その自然条件に最も適応する生産様式を案出し一定水準の生産力を常に保持する必要があった。中国の農業は水を要する。はじめは華北の黄土帯に，後には中部及び南部の中国に，河川，湖水，運河，クリークの設備を以て灌漑が施された歴史的に見て治水灌漑の設備は個々の時代における社会の全生産力をこれを以て測定し得るほどに重要であった。全社会的意義をもった治水灌漑は一定の発達をした天文学や水利工学を要し，且つ多数の労働力を結合した協業を以てせずしては経営し得ないものであったから，個々の村落団体で行ひ得ることでなく，これを可能ならしむる権力が必要であった。」［佐野 1957，11 頁］

ここでは治水灌漑と権力の関連性が述べられており，一見するだけでウィットフォーゲルの「水の理論」との酷似が見て取れるが，佐野自身は 1953 年 3 月に死去しており[3]，1957 年に刊行されたウィットフォーゲル『東洋的専制主義』の影響を受けていないことがわかる。湯浅は「これらの命題はわが国の中国学の研究の成果であるが，これをアカデミズムに乱入したマルクス主義は正当に評価し，尊重し，発展させるどころか，退歩させてしまったのである」と述べ，本来日本の中国学の独自成果であったはずの大規模治水事業と社会生産力の関係性は，ウィットフォーゲルの登場以後はマルクス主義の議論との関係で評価されることとなったとした。

ウィットフォーゲルの再評価は始まったばかりであり，未だ評価は定まっていないが，従来述べられていた停滞性理論と発展史観のような二項対立に基づく「木村正雄はウィットフォーゲルの「水の理論」を批判的に継承した」という単純な継承関係では捉えきれない可能性が考えられる。本章ではウィットフォーゲルとの関係性を従来のような継承関係と捉えず[4]，木村説自体を対象とした再検討を行う。

3　木村説への反論

木村の説は発表当初よりすでにさまざまな方面からの批判がなされている。

天野元之助は黄河流域における天水農業の可能性を取り上げて木村の灌漑農業が不可欠であるという点を批判した。『管子』や『史記』・『漢書』等を引いて，当時の黄河下流平原においては天水農法が十分に可能であったとし，灌漑が必須ではなかったという結論を出した。

「木村君はこの人頭支配を可能ならしめる条件として，華北農業生産を支える治水灌漑機構を，国家が支配管理したからだとせらる。『歴研』217 号の誌上でも，氏は「国家は，土地を使用して農耕を営む一切の農民に対して，防洪・灌水の反対給付として，租・賦・役という人頭税を課するに至ったもの」とせらる。ここで私は，全く戸迷いさせられた。氏は邑土国家より領域国家への発達を認められつつも，華北農業には灌漑は絶対不可欠で，天水農業（Rainfall Agriculture）の存在を否定されている。戦国から前漢にかけて十指を屈する大灌漑工事が，国家の手になったことは，史書に明記されている。戦国時，魏の漳水を引く 12 渠

第2章 「中国古代専制国家の基礎条件」に関する再検討　203

の灌漑田が，"畝鍾田"として，畝あたり6石4斗の収穫をあげたことは，『管子』軽重乙篇
が物語り，また秦の涇水をひく300余里の鄭国渠の灌漑田も，畝鍾田となったことは，『史
記』河渠書が伝えている。これらは当時一般の畝あたり1〜2石といった旱田（はたち）と
対照して，灌漑の効果がいかに大であったかを示した言葉として，私は理解している。

　一体，戦国時の土地生産量を語る資料として，上記2書のほか，『管子』禁蔵篇は「食民
有率，率三十畝，而足於卒歳，歳兼美悪，畝取一石，則人有三十石」とし，同じく軽重甲篇
は「一農之事，終歳耕百畝，百畝之収，不過二十鍾」とあるから，百畝の収は128石となる。
同じく治国編は「常山（山東諸城の恒山）之東，河汝（黄河と汝河，王念孫は河海の誤りと
す）之間，四種而五穫，中年畝二石，一夫為粟二百石」とし，さらに山権数編は「高田（上
田）十石，間田（中田）五石，庸田（王引之は庸は庫の誤りとす。下田の意）三石，其余皆
属諸荒田」とする。この最後のデータにみえる収量は非常に高いが，他の3例からして通常
粟1石から2石の間とみられ，これこそ天水田（旱田）農業の実績とみられ，灌漑田と区別
されるものである。【中略】前漢の中期から後漢を通じて，漢水・淮水流域で，地方官が陂
塘・溝渠を構築して，数千頃から万頃におよぶ水利田を造営したが，かれら太守が，その地
方の労働力を動員することは容易だったろうが，いったい資材その他必要資金は，どこから
調達したものか。やはり地方の豪族・富強に仰ぎ，その功績が太守の名において，史乗に残
されたものであろう。これらの水利機構は，一応官僚機構を通じて国家支配が及んだと認め
るにしても，かの南陽の豪族樊重がかの樊氏陂（東西10里，南北5里）を興築したその成
果をさえ，国家がその管理・支配を敢えて為しえたと，極言できようか。」〔天野1959〕

増淵龍夫は，木村の第二次農地のみならず古くから存在する第一次農地についても小規模なが
ら灌漑が必要であるとした点について，文献資料的に明証のない点を指摘した。

　「この第2次農地が，秦漢デスポティズムの確立に重要な基礎としての役割をはたしたこと
は，木村氏も十分に認められ，論述されているのである。ところが氏は，この第2次農地の
みならず，氏の所謂第1次農地，すなわち，殷周の昔からある，古来の邑の耕地にまで，小
規模ではあるが，治水灌漑の不可欠であったことをのべ，その小規模な治水灌漑機構の管理
も次第に上級の国家に吸収され，春秋時代から戦国時代にかけて成立する小専制国家は，こ
れらは古い邑の小規模灌漑機構を一手に吸収占有することによって成立する，となすのであ
る。そして秦漢デスポティズムは，この第1次農地の小規模灌漑も，第2次農地の大規模灌
漑機構も，その管理下において，全国に網をはる治水灌漑機構の支配を通じて，その人頭的
支配を行った，というのである。問題は，この辺にありそうである。この古来の氏の所謂第
1次農地についての治水灌漑については，史料的には明証はない。」〔増淵1959〕

西嶋定生は木村が強力な国家権力の成立要因とした大規模治水灌漑について，人工灌漑や黄河
下流の治水事業といった大規模事業は，すでに強力な国家権力があって初めて実施可能なもので
あるとした。

　「もともと春秋以前の華北農業が，共同体的な性格をもたねばならなかったという理由は，

前にも述べたように，華北の自然的諸条件に制約された結果であった。すなわち当時の生産力をもってしては，年間降雨量が六〇〇ミリ以下という少量で，しかもその季節偏差の多い華北では，その黄土という土壌条件とあいまって，限られた特定の地点以外では天水農法が不可能であるばかりでなく，さらに黄河中流地域帯の華北大平原では，荒れ狂う黄河の氾濫のために，農耕定住は不可能であったと考えられる。

この障害を除去するには，単に鉄製農具を採用することのみではなく，人工灌漑施設を設けるか，もしくは氾濫を防ぐ治水堤防を築造することが必要である。事実，戦国の諸侯は，たとえば秦の昭襄王のころ，蜀郡太守李冰は離堆を開削し都江堰を設けて成都盆地を灌漑し，始皇帝のとき陝西盆地の渭水北岸に鄭国渠が開削されて四万頃の耕地が造成され，また斉と趙とは互いに黄河下流に堤防を競い築いて，自国の領土の安全をはかっている。

このような治水灌漑工事は，その土地の自然的形状のためにすべて大規模なものであることを必要とし，したがって国家的規模による工事でなければ不可能であった。それゆえ従来の見解では，局地的な施設として，このような工事が不可能であると言うことが，中国に統一的国家を出現せしめた理由であるとも説かれている。この見解の前提としては，灌漑もしくは治水を不可欠とするということが条件となっているのであるから，それは少なくとも戦国以後の社会を対象として構成された理論であり，春秋以前の局地的共同体農業を対象とするものではない。したがってもしこの見解が正しければ，前述の共同体の分解によって析出された家父長的農民家族が，なにゆえに統一帝国の出現と一致しなければならなかったかという一つの解釈になるであろう。」［西嶋 1983，15 頁］

藤田勝久は前漢王朝の水利，特に黄河決壊への対策を列挙して，前漢武帝期以前は黄河下流において氾濫が発生してもただちに国家が大規模工事を行ってはいなかった点を挙げ，木村の言う漢初から大規模水利機構が存在したという説を否定し，運営形態からは前漢後半期から後漢時代にかけて黄河流域の河防体制が徐々に確立していったことを文献資料面から立証した。

「漢代の黄河治水の対策をみると，前漢の武帝期までは，東方で氾濫があっても大規模な工事は施工されておらず，木村正雄氏が主張されたように，国家が水利支配をして直ちに修復した状況とはいえないであろう。またその運営形態からは，前漢後半期から後漢時代にかけて，黄河流域の河防がしだいに確立してゆく過程とみなすことができる。しかも中央の管理機構と郡国で河防を維持する体制は，華北の黄河流域をこえた郡国の水利管理に及ぶものではないことが認められるのである。」［藤田勝久 1983a］

「まず漢王朝の成立では，国家の水利機構によって各地の人びとを新県に移住させ，土地の水利支配をすることが基礎条件になるかという論争があった。そこで国家の手による大規模な水利事業を，黄河治水と京師漕運，灌漑水利という三つの機能にわけて，その運営形態を検討してみると，各々は三つの水利組織の構造をもっており，その地域と性格が異なることがわかった。このうち黄河治水と，長安や洛陽に穀物を運ぶ京師漕運は，いずれも武帝期から本格化する特別な国家プロジェクトであり，水利事業の範囲は華北の黄河流域を中心とし

ていた。したがって漢代初期では，黄河治水と京師漕運の事業によって，関中の王畿と郡県制を施行した西方に対して，諸侯王の王国が多く存在した東方とを連結する必要性が，それほど強く要請されておらず，こうした水利事業で王朝の成立基盤を説明することはできないのである。

　黄河治水の場合は，戦国時代から各国で治水工事を施工することがあったが，前漢の大規模な黄河治水はそれとは異なり，中央から臨時の担当官を派遣して施行していた。この形態は，戦国時代からの軍事土木を平時に転用することから出発して，前漢末からしだいに河隄謁者に代表される統括的な河防体制が整ってゆくものとおもわれる。その契機は，秦漢帝国という統一国家が成立したことによって黄河流域全体への視野がひらかれ，武帝期より以降に特殊な自然対象として河防が認識されたものであろう。」［藤田勝久 1983a］

　ここで紹介した反論のうち西嶋・増淵・天野の3氏は，歴史学研究会 1958 年大会で木村が自説を発表したときの批評記事であり，すでにこの時点で痛烈な批判を受けている。さらに藤田は黄河治水機構の方面から，国家規模の水利機構が前漢武帝期以降徐々に形成されていったことを文献面から立証しており，木村説の大部分はすでに否定されていると言わざるを得ない。しかしこれらの批判のなかでも黄河治水，特に堤防がすでに戦国期から存在していたという見解は，否定されることなく一貫して存在しつづけていた。

4　文献記述に基づく前漢黄河の概況

　本節では木村説を検討するための基本情報として，文献記述に基づく前漢黄河の状況を概観する。前漢黄河の開始とされるのは，『漢書』溝洫志に見られる『周譜』の引く「定王五年河徙」という記述である。この「定王5年」は東周定王5年，つまり BC602 に当たるが，『春秋』には該当する魯宣公7年に記述がないことから存在を疑問視する意見もある。岑仲勉は『竹書紀年』の「晋出公二十二年，河絶于扈」という記述と合わせて，この「定王5年」を従来説の BC602 ではなく，東周第 16 代の貞定王6年すなわち BC453 とした。しかし『左伝』の哀公二年伝（BC493）に見られる陽虎と衛太子蒯聵の渡河記事から，この時期すでに黄河が戚城（濮陽）の脇を流れていたことがわかる。一方で『史記』高祖本紀等に記される秦軍と楚軍が濮陽にて対峙した際に濮陽城の周りに黄河の水を引き入れ，堀を巡らせて楚軍を防いだという記事があり，この2つの記述を合わせると，BC493 から BC206 にかけての約 300 年間は，黄河は濮陽の近くを流れていたことが判明し，貞定王6年すなわち BC453 の河道変化とした岑氏の説は否定できる。

　前漢黄河の位置に関する最も詳細な記述は，『水経注』の「大河故瀆」記事に見ることができる。『水経注』河水注は黄河の河道が2本記されており，1本は『水経注』成立時である北魏期の河道，もう1本は「故瀆」と称されるように北魏期にはすでに本流が移動していた従来の河道である。清代の顧祖禹や胡渭によれば，この「大河故瀆」が前漢当時の河道である。

　「大河故瀆」記事が前漢黄河のものであるという証拠のもう1つが，前漢期に頻発した黄河決壊に関する記述である。佐藤武敏によれば『漢書』溝洫志等には黄河の決壊が 11 例記されてお

り，これらの位置が『水経注』に記される「大河故瀆」河道と一致する。また前述した『左伝』哀公二年伝と同様の黄河渡河記事が『史記』秦始皇本紀や淮陰侯列伝などに見られ，始皇帝や韓信など秦～前漢にかけての人物が平原県付近で黄河を渡っていることから，胡渭『禹貢錐指』等では周定王5年から前漢期にかけては大規模な変化がなかったとされる［佐藤1981］。

　前漢期は前述したように『漢書』に11例の黄河決壊記事が記されており，譚其驤や史念海などによれば古代における黄河決壊の頻発期とされる。このうち最初の文帝12年（BC168）の決壊は中流側に近い酸棗で発生しているが，それ以外の10例はすべて濮陽より下流で発生している。この決壊頻発の要因については多くの研究があり，「河道の老朽化」「水利機構の老廃化」「対象地域が脆弱な地盤であった」など各種の説が提示されている[5]。

　最後に本章冒頭でも挙げた木村説が黄河堤防が戦国期以来のものであることの根拠とした，『漢書』溝洫志の黄河堤防に関する記述について触れてみる。

> 「蓋堤防之作，近起戦国，雍防百川，各以自利。斉与趙・魏，以河為竟。趙・魏瀕山，斉池卑下，作堤去河二十五里。」（『漢書』巻二九・溝洫志）

　これは前漢末期に黄河が魏郡にて決壊し，隣接する元城県に祖先の墓を持つ王莽が水没を恐れて儒者博士を集めて黄河治水対策を検討した際に，賈譲という人物が上奏した内容である。賈譲はこのとき上中下3策を上表しているが，結局容れられることなく黄河決壊は次代の後漢まで持ち越すこととなる。

　以上，前漢期における文献記述に基づく黄河概況を大づかみに紹介した。木村はこのうち最後に挙げた黄河堤防が戦国由来であることを取り上げて自説に組み込んでいる。しかし溝洫志の文章は前漢末期当時の人々が200年以上前の戦国期の事例について語っているという点を忘れてはならない。この点については次節以降で復元黄河と合わせて検討する。

第2節　RSデータを利用して復元した前漢期古河道

　本節では筆者がRSデータを利用した黄河古河道復元の概要を紹介する。この河道特定の過程において文献記述では把握しきれなかった新たな事例が幾つか判明した。例えば当時の黄河が形成した「微高地」と呼ばれる特殊な地形が現在も残存している点や，従来の文献記述に基づく考察では一定だったとされる戦国期と前漢において，聊城市を中心とした一帯で部分的な河道変化が発生していた点などである。

1　復元河道の地形的特徴

　SRTM-DEMを用いて黄河下流平原の地形を判読したところ，①河南省濮陽市付近に広がる「滑澶微高地」，および②山東省館陶県から徳州市にかけて伸びる「聊徳微高地」を確認した。これらの微高地は周辺より数m高い地形になっており，現地では一見すると堤防の痕跡と思われる形状である。地理書や現地の地方志には堤防記述が多く見られ，呉忱はこの堤防をして前漢や後

漢期の黄河の痕跡と考えた［呉忱2001］。しかし筆者が行ったSRTM-DEMを用いた解析によれば，これらの堤防痕跡はそれぞれ個別の堤防ではなかった。特に②聊徳微高地は，南西から北東方向へと走る幅20kmにわたる1つの巨大な微高地であった。この微高地は周囲との高低差が数m程度となっており，一見すると一般的な堤防に見える。しかしその後ろには20kmにわたる堤体が続く。この巨大さゆえに現地では却って全体像の把握が困難であったが，今回SRTM-DEMを用いることで判読に成功した。

これは黄河の天井川という特性によって形成された自然堤防および黄河河道そのものと言える。現在の黄河にも鄭州市付近で幅10kmの自然堤防が存在するが，この地域の微高地（自然堤防）が2倍以上の規模となったのは，経由期間が現在の黄河よりも長期にわたっていたためである[6]。またこの微高地の幅20kmという数値は，前漢当時の里程に換算すると50里となり[7]，『漢書』溝洫志の「作隄去河二十五里」という戦国諸侯の築堤記述と一致する。

また同じ溝洫志の賈譲献策記事内に「臣窃按視遮害亭西十八里，至淇水口，乃有金堤，高一丈。自是東，地稍下，隄稍高，至遮害亭，高四五丈」とある。この「遮害亭」は滑澶微高地の南西端に位置することから，微高地と周辺との段差が東へ向かって拡大していく様を示した記述と考えられる。なお前述した微高地幅と同様に現在の値に換算すると「一丈＝十尺＝2.3m」「四五丈＝10〜12m」となるが，SRTM-DEMを利用した比高計測では周囲との段差は数m程度であり，「四五丈」には達しない。これは前漢末当時にはこれほどの段差が存在したが，黄河河道が南宋初期に変化して遮害亭を経由しなくなったことや[8]，以後の風蝕・水蝕作用によって削り取られたことなどが要因として考えられる。

2　復元河道の概要

以下，前漢黄河を特定した際の要点および地形的特徴を地域別に簡略に述べる（各範囲については図1参照）。

現在の黄河は河南省三門峡市から東に鄭州市へと向かっているが，古代の黄河は現在の武陟県付近から北東へと向かい，原陽県・新郷市・延津県・衛輝市を経て滑県付近までほぼ一直線に流れている（範囲Ⓒ）。SRTM-DEMでは1km前後と比較的幅の狭い自然堤防が確認できる。この地域では黄河は第1次改道である周定王5年以前から前漢・後漢を経て最終的に明代に至るまで一貫してほぼ同一の河道を経由していた。経由期間と比較して堤防幅が狭いのは，河水の流速が速かったため河床への堆積が進行しなかったと推測される[9]。

ここまで一直線に流れてきた黄河は，第1次改道以前は史念海等によれば滑県付近から北へと河道を転じ，太行山脈東麓を流れていたとされ，周定王5年（BC602）に宿胥口（現在の滑県南西）から東へと流れ出した。このとき形成されたのが滑澶微高地である（範囲Ⓐ）。SRTM-DEMを用いて地形を解析し，この微高地上には幾条かの古河道と思われる痕跡を確認した。また滑澶微高地の北西端には，特徴的な窪地（黒龍潭）が確認できる。前漢期最大の黄河決壊と言われる「瓠子河決」の痕跡である。武帝元光3年（BC132）5月に発生した決壊は南東へと流れて淮水・

泗水へと通じ，20余年にわたって塞ぐことができなかったという。地形から見ると「瓠子河決」は窪地から滑潭微高地の外側へと流出したことがわかる。つまり本来微高地内を流れるはずの黄河河水が微高地の外側へと流出したことで被害が増大し，容易に閉塞できない状況になったと考えられる[10]。

現在の河南省濮陽市付近で前漢黄河は北へと転じる（範囲Ⓑ）。前述したように濮陽の北側，南楽県・大名県付近は北宋期の北流河道によって微高地が削り取られ，自然堤防の痕跡は消失していた。一方，『水経注』によればこの地域には「沙丘堰」「沙麓」など砂に関する地名が多く見られる。この沙地は黄河河水に大量に含まれる沙泥に由来し，河床に堆積したものと思われる。この沙地の位置情報を利用して「教師付き分類」と呼ばれる解析方法をLandsat5 TMデータに適用して沙地要素を抽出し，河道と思われる帯状地形の判読に成功した。濮陽にて判読した微高地由来の古河道とも合致したことで，この帯状地形を前漢古河道と特定した[11]。

河北省大名県から山東省館陶県へ入ると，聊徳微高地に至る（範囲Ⓔ）。聊徳微高地は館陶県から北東方向へ一直線に徳州市へと向かっている。一方『漢書』溝洫志には，元帝永光5年（BC39）に清河郡の霊県にて黄河が決壊したという記事が見られ，微高地との不一致が見られる。この霊県は聊徳微高地の東外縁に位置し，『水経注』には大河故瀆（前漢黄河）は霊県の南側を経由したとある。『漢書』『水経注』両文献の記述に従えば，前漢当時の黄河は聊徳微高地の東側に突出したことになる。

前漢黄河は最終的に徳州市から北へ向かって聊徳微高地から流下し，河北省滄州市付近で渤海へと入る（範囲Ⓓ）。『水経注』では「大河故瀆」記述は現在の東光県で終了しており，以下『水経注』に記される別の河道と合流したと思われる。しかし河口付近であることから「三角州」という地形的指標を利用できる。ここではSRTM-DEMを利用して，現在の孟村回族自治県を中心として広がる前漢黄河の三角州を判読した。『史記』趙世家に記される戦国趙国の領域を示した記述[12]と一致したことで，当時の黄河河道と特定した。また貝殻堤の痕跡とC[14]年代測定法の測定結果から当時の海岸線を復元した[13]。

以上のように前漢期の黄河古河道を文献およびRSデータの両面から検討・復元した。この2種類の情報はほとんどの地域で合致したが，1ヵ所だけ大幅なズレが存在する。山東省館陶県から徳州市に至る地域（範囲Ⓔ）である。筆者はこのズレをもって従来説には存在しなかった前漢初期の部分改道を判読した。

第3節　復元河道に基づく木村説の再検討

前節で述べたように，SRTM-DEMを用いて黄河下流平原の地形を精査したところ，周辺より数m程度高い微高地が確認できた。文献記述との比較検討によって，この微高地が黄河の堆積作用によって形成された自然堤防の痕跡であること，館陶県から平原県・徳州市にかけて存在する幅20kmにおよぶ微高地が戦国河道であったことが判明した。これにより文献検討では見いだし

得なかった前漢初期の部分改道を発見し，戦国から秦・前漢期における黄河河道および下流平原の状況が判明した。

『漢書』溝洫志に，戦国期の斉・趙・魏がそれぞれ黄河の両岸に堤防を築いていたという記述がある[14]。これは前漢綏和 2 年（BC7）に賈譲が上奏した「治河三策」と称される文章に記された内容であり，木村説の根幹をなす記述である。本章では復元した戦国〜前漢古河道および当時の地形状況を利用して，共同体や国家の基礎条件としての黄河に関する再検討を行う。

1　先秦期における黄河下流平原の状況

鶴間和幸は「黄河文明—大規模水利事業—専制権力」という従来の連想に対する疑義を述べ，マルクス・エンゲルスからウィットフォーゲルに至るヨーロッパ的なアジア認識からの脱却として，先秦期当時の治水の実態を再検討する必要があることを提示した［鶴間 1998］。ここでは木村の提唱した「帝国成立の基礎条件としての大規模治水水利機構」に関して，RS データに基づいて復元した戦国〜前漢期の黄河河道を利用して再検討を試みる。

第一に「大規模治水水利機構」としての黄河下流平原の堤防は戦国期に存在していたか，という点である。木村説では黄河下流堤防は戦国期にはすでに建造を開始していたとしており，天野・西嶋・増淵・藤田諸氏もこの点に関しては異論を唱えていない。

秦漢以前の黄河堤防に関する記述といえば，『孟子』に記された筑堤に関する記述が取り上げられる。『孟子』告子下には，斉桓公が主催した葵丘の会盟において「無曲防」という築堤に関する記事がある。朱熹によればこれは河川への無秩序な堤防建造を制限するための取り決めであったという[15]。

しかし木村自身がすでに指摘しているように，葵丘会盟は『春秋』によれば魯僖公 9 年（BC651）に開催されており，当時は未だ周定王 5 年（BC602）に第 1 次改道が発生する以前の黄河，譚其驤・史念海等によれば「禹河」と称する太行山脈東麓付近を流れる河道であった［木村 2003］。すなわちこのとき斉桓公が盟約を交わしたとされる「無曲防」は，黄河下流平原の中央を走る戦国〜前漢期の黄河に対して建造した堤防を指してはいない。

またもう 1 つの根拠となるのが，前述した『漢書』溝洫志の戦国諸国による黄河堤防建造記事である。しかし前漢末の賈譲がはたして 200 年以上前の黄河下流に関する知識を正確にもっていたのかという点について疑問を覚える。

前節ですでに述べたように，SRTM-DEM に基づいた河道復元の際に，判読した微高地と文献記述に基づく黄河決壊地点の間に若干の齟齬が見て取れたことなどから，BC602 に変化した河道は変動当初には現在の山東省館陶県から徳州市への北東方向に流れていたが，聊城市で東方向への決壊が発生して河道の一部が変化したことを読み取った。筆者はこの変動を『漢書』溝洫志に記される「河水徙」という黄河決壊記述から，武帝元光 3 年（BC132）春に発生したものとした。溝洫志に記される他の黄河決壊記述が被害の範囲や程度を併記するのに比べてこの決壊記述は簡略だが，これは決壊被害が少なかったというよりも，決壊発生当時にこれらの地域にまで前

漢郡県制の支配領域が到達していなかったためと思われる。

　戦国から前漢初期における黄河下流平原への進出に関しては，いくつかの研究が存在する。五井直弘によれば，東郡・魏郡・平原郡・清河郡・勃海郡といった黄河下流平原に位置する諸郡においては，前漢の隆盛期にあたる景帝─武帝─宣帝の時期に封侯が増大する傾向にあり，これは「漢帝国の実際的勢力地域の拡大を意味するもの」であるという［五井1950］。藤田勝久は『張家山漢簡』秩律に記される県名から分布図を作成し，当時（前漢呂后2年以前）郡県支配が到達していたのは現在の山東省東阿・茌平・聊城の附近までであったことを指摘した［藤田勝久2003］。また江村治樹の「戦国都市遺跡分布図」によれば，黄河下流平原の西端に位置する太行山脈の東麓から現在の黄河に至る広い範囲では城市遺跡が極端に少ない［江村2000］[16]。下田誠は主に三晋諸国の青銅兵器に刻まれた文字資料に基づいて戦国期の領域図作成を試みているが，やはり黄河下流平原での出土事例はきわめて少ない［下田2007］。戦国諸侯の斉・魏・趙の国境地帯に当たり，緩衝地として城市が設置されなかったと考えることもできるが，黄河によって形成された微高地の内側にまで進出できなかった，もしくは広大な下流平原への進出には膨大な時間が必要であり，前漢初期には未だ黄河沿岸には到達していなかったと思われる。

　また新修地方志には，黄河下流平原，特に現在の河北省と山東省の省境付近には南西から北東方向へと走る多くの堤防もしくはその痕跡を確認できる[17]。現地での伝承によれば，これらは古くは禹王の治水に始まる歴代王朝の築堤の痕跡だという。呉忱はこれらの堤防を歴代黄河の痕跡とみて前漢から後漢期の黄河河道を特定したが［呉忱2001］，筆者が行ったSRTM-DEMを用いた解析によれば，この地域には南西から北東方向へと走る幅20kmにわたる巨大な微高地

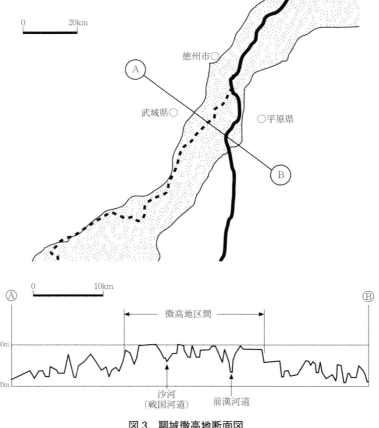

図3　聊城微高地断面図

を確認できた。つまり前述の堤防はそれぞれ個別に存在したのではなく，この微高地の一部分であった。この微高地は周囲との高低差が数 m 程度となっており，一見すると堤防に見える。しかしその後ろには 20 km にわたる堤体が続く（図 3）。この巨大さゆえに現地では却って全体像の把握が困難だったが，今回 SRTM-DEM を用いることで判読が可能となった。

　これは黄河の天井川という特性によって形成された自然堤防および黄河河道そのものである。現在の黄河にも鄭州市付近で幅 10 km の自然堤防が存在するが，この地域の微高地（自然堤防）が 2 倍以上の規模となったのは，経由期間が現在の黄河よりも長期にわたっていたためと，おそらくは当時の黄河下流平原には居住人口が少なく，人為的な制限が掛けられなかったためである。またこの微高地の幅 20 km という数値は，前漢当時の里程に換算すると 50 里となり，『漢書』溝洫志の「作隄去河二十五里」という戦国諸侯の築堤記述と一致する。

　これらの点から，戦国期の黄河堤防は人為的なものではなく，黄河の両岸に形成された自然堤防であったと考えられる。ただし，戦国期の人為的な堤防建造がまったく存在しなかったということではない。木村説に代表される従来考えられていたような黄河下流平原全体を覆う大規模な堤防をゼロから建造したという事実はないが，自然堤防をベースとした小規模な堤防建造は各地で行われていたであろうことは推測できる。賈譲はこれらの小規模堤防および現地での伝承等を総合的に検討し，「蓋隄防之作，近起戦国」と記述したのであろう。

　またこのことは木村の唱えた，戦国期から存在した「帝国成立の基礎条件としての治水水利機構」の存在の否定につながる。木村説では黄河治水事業（工事）に必要な規模の巨大な治水水利機構がすでに戦国期には存在したことを前提とし，「国家はこの治水水利機構を支配することによって農地を支配し，農地を支配することによってそれを生産手段とする一切の農民を支配し得た」（木村 1958）としている。しかしすでに述べたように，治水水利機構が存在することの根拠としていた黄河下流平原全体を覆う巨大な人為堤防は，戦国期には存在しなかった。『漢書』溝洫志で賈譲の述べていた「前漢黄河の両辺に存在した堤防」は，黄河自身によって形成された自然堤防および，それらをベースとして建造された小規模な堤防であった[18]。

2　黄河治水からみる前漢 200 年間の年代区分

　復元した黄河古河道の状況から，前漢期 200 年間を黄河治水の方面から区分する。この視点で年代区分を行った説としては，木村正雄・今村城太郎・藤田勝久の各説がある［木村 1960，今村 1966，藤田勝久 1986］。木村は前漢期を黄河治水水利機構という面から，景帝末までの治水水利機構が順調に機能していた第一期，武帝から宣帝末までの期間で，治水水利機構の老衰によって決壊が頻発した第二期，元帝から前漢末までの期間で，治水水利機構が決定的に崩壊した第三期の 3 区分とした。今村は漢王朝による黄河治水対策という面から，文帝 12 年（BC168）に酸棗決壊が発生するまでの放任安定期，武帝期に屯氏河が閉塞するまでの河防経営や被災人民の救済などに腐心した期間，元帝永光 5 年までの中間小康期，後漢明帝期までの災害が慢性化した期間の 4 区分とした。藤田は瓠子河決の閉塞をもって二期に分割し，前期を瓠子河決などに代表される

212　第3部　復元古河道を利用した中国古代史の再検討

黄河の決壊が東南に向かっており，北部河道が安定していた時期，後期を館陶以東の地域において決壊が頻発した時期とした。

筆者は黄河の河道変化および決壊への対応状況から，以下の3期に区分した。①戦国期から前漢武帝元光3年までの戦国河道期。この時期，戦国諸侯はもとより，秦漢統一王朝もまた黄河に対して積極的に関与することはなかった。②元光3年から王莽新始建国3年の魏郡決壊までの前漢河道期のうち，成帝河平3年までの期間。この時期は元光3年5月の瓠子河決から屯氏河や鳴犢河派生など，黄河決壊が連鎖的に発生した時期であり，一方で漢王朝が積極的に閉塞事業に取り組んだ時期である。③成帝河平3年の決壊閉塞から前漢末期を経て王莽新始建国3年の魏郡決壊までの時期。第二期から一転して消極的対応となり，最終的に王莽新始建国3年（AD11）の王莽による決壊放置へとつながる。図1の復元河道で言えば，①が「武帝以前の黄河」，②③が「前漢黄河」に該当する。

①の期間，すなわち戦国期の黄河下流平原には，現在の河南省濮陽市から山東省館陶県を経て徳州市に至る範囲に黄河が南西～北東方向に流れていた。当時の黄河はきわめて発達した天井川であり，本流の左右10kmにわたって広がる巨大な自然堤防を形成していた。この時期に黄河沿岸に近い箇所の城市が確認できるのは，趙国による平原君の封建[19]，および斉趙両国による霊丘の争奪[20]だが，この両者とも黄河微高地の外側に位置する。

秦漢統一期に至っても黄河沿岸には未だ進出が進まず，前節で挙げたように『張家山漢簡』二年律令・秩律によれば，呂后期でも未だ聊城付近までにとどまっていた。周振鶴によれば前漢高祖期には黄河西岸に趙国，東岸に斉国が置かれたが，文帝～景帝期にかけて両国ともに分割が進み，清河・河間等の封建諸国が増加する。また武帝期には特に渤海近辺において河間献王の王子が分封された事例が多く見られる［周振鶴1987][21]。これらの侯国は後に県として設置されていることから，五井直弘が提示したように，これらは封侯設置→県という皇帝直轄領域の拡張政策の一環とも見て取れる［五井1950][22]。

②の期間に入り，前漢河道が成立・安定するのと前後して，社会の発展と人口増加によって居住空間が黄河下流平原にまで到達した。前述したように封侯や郡県が設置され，藤田の述べたように黄河水利機構が徐々に整備された。

この時期は特に黄河決壊に対して積極的に対応し，閉塞工事を実施した時期でもある。一方で，この当時すでに前漢初期まで残存していた戦国河道に関する知識は失われていた。微高地の形状を考えると，黄河決壊が頻発した際に最も簡便で有効な治水対策は，この微高地内に再び河道を戻すことである。しかし『史記』『漢書』を見ても当時の中央朝廷のみならず現地の地方官からもその案は出されず[23]，館陶県から東へと曲がり，霊県（戦国霊丘）において北へと転換する不安定な河道への復旧をひたすら繰り返し，結果として決壊の頻発を許すこととなった。霊県から北へと流れる河道は本来黄河支流（現在の徒駭河）であり，黄河本流と比較して狭隘な河道でしかなかった。黄河の膨大な水量を受け止めきれるものではなく，幾度決壊を閉塞してもすぐに決壊が発生するという状況となった。

③成帝建始4年（BC29）に館陶および東郡金堤において発生した決壊では，河隄謁者の王延世によって「三十六日，河隄成」という驚異的な実績を挙げたことで，成帝は「河平」と改元した。しかし3年後の河平3年（BC26）に再度決壊した際には，先の功労者である王延世1人に任せることができず，大将軍王鳳や杜欽などの介入を許すこととなった。薄井俊二によれば，「河平」と改元したことで国家として治水事業の成功を顕彰し，同時に国家および皇帝の徳や力を高めることを目指したのだが，3年後に決壊が再発したことでこれらの目的を達することができず，逆に大将軍などの別の権力者の介入を阻止できなかったことで，むしろ皇帝の無力ぶりを露呈することとなったとしている［薄井1988］。

これ以後，黄河決壊に対する漢王朝の対応が，②の時期と比べて消極的なものに変化している。『尚書』禹貢編に見られる禹の治水事業への回帰，および「災異説」に基づく天事放任論などが流行したことで，前漢王朝全体に実効的な治水対策の実施が疎まれる風潮となった。孫禁や賈譲など積極的・根本的な治水対策の提案も見られるが，結局これらの提案は実施されずに終わる。最終的に王莽新始建国3年（AD11）の決壊発生時に「先是莽恐河決為元城冢墓害。及決東去，元城不憂水，故遂不隄塞」として，決壊自体を放置して閉塞工事を行わないという事態となった。

おわりに

前漢期は黄河治水史において特筆すべき時期である。他の時期に類を見ないほど大規模な決壊が頻発した時期であり，治水事業が繰り返し実施された時期である。藤田勝久が述べているように，初期においては決壊地点の郡・県が個別に対応していたものが，武帝期の「瓠子河決」を契機として徐々に国家規模の対応が必要となり，後期にかけて対応方策の確定および対応体制である治水機構の整備・構築が進展したという経緯が確認できる。

この時期は黄河下流平原への政治的支配の進出と治水機構の構築が同時に進展した時期である。一方で黄河自身にとっては安定していた戦国河道から部分改道が発生したことで，特に現在の山東省西部において決壊が頻発した時期でもある。これらとRSデータに基づく微高地および元光3年春の部分改道を合わせて考えると，木村説の基礎である「黄河堤防は戦国期に始まり，この大規模治水事業によって強力な専制権力が発生した」という点が成立しないことが判明した。

黄河堤防は戦国期にはすでに存在したが，それは国家の携わる大規模なものではなく，戦国諸侯あるいは地域単位でのきわめて小規模なものであり，灌漑というよりも防洪・治水を主目的としたものであった。仮に戦国期の堤防が国家規模のものであれば，その存在は当時の人々によく知られるものとなっていたと思われるが，実際には堤防の存在が知られていなかったことは，当時の黄河治水事業が元光3年以降の河道への復旧を執拗に求めていたことから見て取れる[24]。RSデータを用いて判読した微高地を見れば，根本的な治水対策はこの微高地の内側へと河道を戻すことであったのは一目瞭然である。しかし前漢期の治水事業は決壊地点の修築にのみ注力し，微高地内へと戻すことには向けられていない。成帝期に屯氏河が分流した際に「広深与大河等

214　第3部　復元古河道を利用した中国古代史の再検討

（広さや深さが大河と等しい）」と記されていることもまた，屯氏河河道が元光3年以前の黄河本流であったことを当時の人々が忘れ去っていたことの証左である[25]。

　最後に復元古河道と治水施設を利用して，黄河下流平原と他地域との農業生産力の比較に関する考察をまとめておく。RSデータを利用して立証したように，「黄河下流平原全体をカバーする国家規模の長大な堤防」という巨大水利施設は存在しなかった。しかしその他の地域に同等規模の水利施設が存在しなかったとは言えない。むしろ「戦国期以来の治水水利機構」は，実は木村自身がまとめているように「渠」が積極的に導入された関中平原や，「陂」の建設が進んでいた淮水流域での農業が主流であった[26]。

　鶴間和幸は関中平原では秦〜前漢武帝期の灌漑面積が万頃規模という大規模な渠水灌漑事業が実施されていたが，後漢期には樊恵渠という小規模灌漑施設が造営されたのみであり，ここから「秦漢帝国形成過程期の経済的基盤が関中地域にあったこと，そしてそこでは国家的灌漑経営を前提として農業経営が維持されていたことを意味する」と結論づけた［鶴間1980］。また史念海の「戦国時代経済都会図」では，戦国時代の主要な農業生産地として関中・四川・淮北・山東の4地域が挙げられている［史念海1962］。浜川栄は『史記』貨殖列伝に記される前漢初期の商業都市を地図に落とし，当時の商業都市のほとんどが黄河以南に位置するとした［浜川1993］。このように，戦国から前漢初期には関中平原や淮北地域の農業生産力・経済力が高かったことが，文献記述からすでに判明している。

　黄河下流平原では，前漢初期まで郡県制による支配が進んでいなかった。戦国期当時の黄河は幅20kmにおよぶ自然堤防（微高地）に囲まれた河道であり，一部箇所では自然堤防を補填・追加するかたちでの小規模な堤防建造も行われていたが，大規模な農耕を展開するにはなお不安定な状況であり，定住や城市の建造は進んでいなかった。

　武帝期には侯国の封建が進み，郡県制による支配体制が徐々に黄河下流平原にも進展していった。一方で黄河は元光3年春に聊城付近の部分改道が発生し，同年5月の「瓠子河決」を皮切りに黄河の決壊が頻発化することとなる。当時の前漢王朝では黄河決壊の対応策が未だ確定しておらず，被害を受けた郡県が個別に対応している状況であった。

　また鶴間和幸は前後漢期の治水灌漑施設を地域別にまとめており，黄河下流平原が含まれる「関東地域（函谷関以東）」では19ヵ所の渠・堤等が列挙されている。このうち黄河下流平原に位置するのは5例だが，このうち「東郡堤」は後漢和帝期の建造であり，「直渠」は黄河自然堤防である聊徳微高地の内側に位置し，黄河の水勢を減退させることを目的として提案された渠道である。また「白馬金堤」「内黄沢堤」「黎陽大金堤」はすべて滑澶微高地の辺縁あるいは内側に位置する［鶴間1980］。すなわち前漢期において，農業を目的として黄河微高地の内側から外側へと水を引いた渠水は文献上には確認できない。

　これらの点から推測されるのは，黄河下流平原の農業生産力は前漢初期の時点ではさほど高くなかったということである。むしろ前漢初期の王朝財政は，関中平原や淮北地域の農業生産によって支えられていた。武帝期以降に至ってようやく黄河下流平原への郡県制支配が進展し，木村

第2章 「中国古代専制国家の基礎条件」に関する再検討 215

や西嶋の言う「新県」が設置され，農業生産力が向上した。前漢末期にかけて人口も増加し，国家による新県設置以上の拡大が進展したことは，『漢書』溝洫志の「今堤防陜者去水数百歩，遠者数里」という記述から窺うことができる。

　浜川栄は後漢初期の劉秀と劉永の対立を河北（劉秀）と淮北（劉永）と位置づけ，後漢初期には河北が淮北の農業生産量を凌駕していたことを指摘している［浜川 1999］。この頃になると武帝期から始まった黄河下流平原の定住や開墾がある程度の段階に到達し，淮北平野の農業生産量を上回ったと考えられる。

注

1) 『漢書』巻二九・溝洫志。

2) 第2部「前漢黄河古河道の地域別検討」参照。

3) 『佐野学著作集』第五巻所収「年譜」より。「旧中国の歴史法則と国家」には初出情報が欠落しており，執筆年次は不明。

4) ウィットフォーゲルと木村正雄の継承関係の有無については，また別の機会に改めて検討したい。

5) 第3部第1章で前漢黄河の決壊頻発要因について述べている。

6) 現在の黄河河道が成立したのは清咸豊5年（1855）の銅瓦廂（現在の河南省蘭考県付近）決壊以降であり，経由期間は現時点（2014）で160年間となる。一方，戦国河道は周定王5年（BC602）から前漢武帝元光3年（BC132）の470年間であり，現黄河河道の3倍弱に相当する。戦国河道の変更時期を武帝元光3年とした点については第2部第5章を参照。

7) 前漢の里制は「1里＝300歩＝1800尺，1尺＝23.2 cm」として換算し，25里＝10 kmとした。詳細は森鹿三などを参照［森 1940，陳夢家 1966，聞人軍 1989，丘光明ほか 2003］。

8) 胡渭『禹貢錐指』によれば金明昌5年（1194）に陽武（現河南省原陽県）にて決壊し，黄河南流が開始したとある。

9) 河南省武陟県から滑県地域の古河道復元については第2部第3章を参照。

10) 「瓠子河決」を含む河南省濮陽市付近の古河道復元については第2部第1章を参照。

11) 現地調査にて採取した河北省大名県付近にある沙地の位置情報をトレーニングデータとして，最尤法を用いて「教師付き分類」を行い，リニアメント抽出および沙地様地形の判読を行った。詳細は第2部第2章を参照。

12) 「又得勃海郡之東平舒，中邑，文安，束州，成平，章武，河以北也。」（『漢書』巻二八下・地理志下）

13) 渤海へと流れ込む河北省滄州市付近の古河道復元については第2部第4章を参照。

14) 「斉与趙・魏，以河為竟。趙・魏瀕山，斉地卑下，作隄去河二五里。河水東抵斉隄，則西氾趙・魏，趙・魏亦為隄去河二十五里。雖非其正，水尚有所游盪蕩。」（『漢書』巻二九・溝洫志）

15) 「無曲防，不得曲為堤防，壅泉激水，以専小利，病隣国也。」（朱熹『四書章句集注』孟子・告子章句下篇）

16) 江村治樹『春秋戦国秦漢時代出土文字資料の研究』371頁。同書377頁には都市遺跡に加えて貨幣・銅器・漆器・陶器等の出土地を含めた「戦国都市分布図」も掲載されており［江村 2000］，こちらを見ると黄河下流平原にはいくつかの貨幣や銅器の出土地点が認められる。都市は形成されなかったが，小規模な聚落は存在したと思われる。

216　第3部　復元古河道を利用した中国古代史の再検討

17)　黄河下流平原には「金堤」「鯀堤」「斉堤」「陳公堤」などと呼ばれる堤防跡が数多く存在する。これら堤防に関する地方志等の記述については第2部各章を参照。

18)　藤田勝久によれば，『漢書』溝洫志の黄河決壊対策を見ると，「瓠子河決」を除くほとんどの決壊事例に対して，まず現地県や郡政府が対応している［藤田勝久 1986］。

19)　戦国趙国の平原については第2部第4章を参照。

20)　「霊丘」については第2部第5章を参照。

21)　張玉は武帝期の推恩令との関連について述べている［張玉 2004］。

22)　渤海に近い河間侯国の他にも，現在の山東省聊城市付近には前漢景帝の同母姉である館陶公主や武帝期の大司馬将軍である衞青の子が発干・陰安に封ぜられている（第2部第5章参照）など，皇帝や高官の近親者がこの地域に封建されている例が多く見られる。

23)　『漢書』溝洫志によれば，成帝期の清河都尉・馮逡が屯氏河閉塞後の黄河治水に関する意見を述べているが，あくまで分流としての屯氏河の復活を提案しているのみである。なおこのとき馮逡の提案した屯氏河復活は結局実施されなかった。

24)　藤田勝久は，文帝期以前の黄河治水に関する記述が東郡筑堤の1例のみという点や，武帝期の瓠子河決が放置されていた点について，「国家が東方の黄河流域にあまり関心を示さなかったのかもしれない」としている［藤田勝久 1986］。

25)　屯氏河分流や武帝元光3年春の部分変化については第2部第5章および第3部第1章を参照。

26)　木村正雄が「渠水灌漑施設」として挙げる例は漳河から水を引く西門豹の「十二渠」を除けば，成都平原の「都江堰」，江南地域の「邗溝」，関中平原など黄河下流平原から離れた位置にあるものばかりである［木村 2003］（図2参照）。五井直弘はウィットフォーゲルや木村正雄による農耕灌漑を取り上げ，「問題の取り上げ方はそれほど具体的ではなく，たとえばどの河のどのような地点に灌漑溝が造築され，どれほどの範囲に灌漑しえたのかというような点になると，ほとんど考察されていないのが現状である」としている［五井 2002］。五井自身は河内郡（前漢黄河と太行山脈の間，現在の済源市から新郷市一帯）の灌漑事例を紹介しているが，これもまた太行山脈の南側に位置する沁水からの取水事例であり，黄河下流平原には含まれない。

第3章　復元古河道（戦国〜前漢末）の検証

はじめに

　第2部各章を通じて前漢黄河の復元作業を行い，文献資料・RSデータ・現地調査の各情報を総合的に検討して，戦国から前漢末に至る黄河古河道の復元が完了した（図1）。そして黄河を含めた周辺の地形状況についてもいくつか新たな事実が判明した。本章ではこの復元河道および周辺地形に関する検証を行い，あらためて中国古代史，特に前漢期以前における中国社会と黄河の位置づけを確認する。

第1節　前漢黄河由来の微高地

　すでに第2部で言及したように，河南省滑県〜濮陽市および河北省館陶県〜山東省徳州市において巨大な微高地を確認できた。文献資料の記述と合わせると，これが前漢黄河由来のものであると特定できた。
　河南省滑県〜濮陽市の「滑澶微高地[1]」には戦国〜北宋に至る歴代河道の変遷が明瞭に刻まれていた[2]。また河北省館陶県〜山東省徳州市の「聊徳微高地[3]」を精査することで，『禹貢錐指』等の従来説では前漢代には大規模改道は起こらなかったとされていた前漢初期（おそらくは武帝元光3年春）に部分改道が発生していたことが判明した[4]。
　これら，特に後者の聊徳微高地に関して，大きさを現在の黄河によって形成された自然堤防および川幅と比較してみる。現在の山東省済南市北側に，104国道の通る「済南黄河公路大橋」がある。この大橋は『黄河橋梁』によれば全長2022.8m，主橋長488mとある［劉栓明2006］。「全長」は河川上を含めた橋梁部全体を

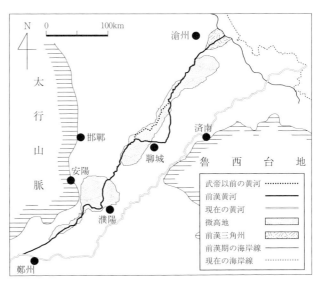

図1　復元前漢期古河道および微高地

218　第3部　復元古河道を利用した中国古代史の再検討

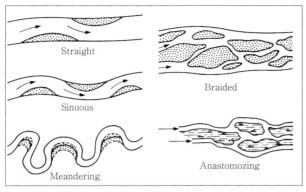

図2　河道の形成

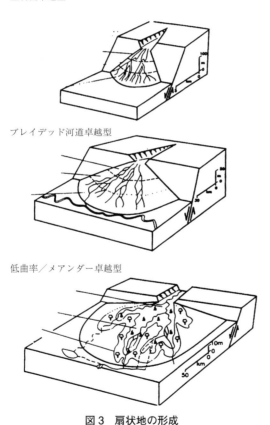

図3　扇状地の形成

指し，黄河下流の場合は自然堤防の幅とほぼ一致する。また斜張橋であるため「主橋長」は河川の幅とほぼ一致する[5]。つまり川幅500m前後，堤防幅2km程度となる。また多少河道を遡った鄭州付近にある「107国道鄭州黄河公路大橋」では全長が5549.86m，「京珠高速公路鄭州黄河特大橋」になると全長9848.16mとさらに拡大する[6]。しかし聊徳微高地は幅20〜25km程度と，「京珠高速公路鄭州黄河特大橋」と比べても2倍以上の規模をもつ。当時の黄河ははたしてどのような状況だったのか。

　M. Morisawaによれば，河川地理学では河川形状を「直線」から「波形」を経て「蛇行」へと成長する一般的な形態のほかに，「ブレイデッド」「アナストモージング」と呼ばれる網状河道があるとしている［Morisawa 1985］（図2）。古田昇はこのうち後二者の形状は河道が1本ではなく，一定の幅をもつ堤防の間を網状に分岐・合流を繰り返して流れる形状の河川を示し，ブレイデッド河道が河川内に砂州が形成され，比較的頻繁に移動するのに対して，アナストモージング河道では「河道はほぼ安定しているため，人々の生活舞台となりやすく，さまざまな遺構が遺されていることが多い」としている［古田 2005］。

　Stanistreet & McCarthyは扇状地表面に形成される河道を3段階に分類している（図3）。それによれば，扇状地河道は傾斜率に応じて形成される河道が変化し，1〜10％程度と傾斜の厳しい箇所では小石や砂礫が中心となる「土石流卓越型」が形成され，緩やかになるに従って「ブレイデッド河道卓越型（0.1〜0.03％）」や「メアンダー卓越型（0.03％〜）」が形成される。特に後二者では曲率の高い蛇行河道やアナストモージングなどの河道が形成されやすいとある［Stanistreet & McCarthy 1993］。SRTM-DEM を利用して現在の黄河下流平原の勾配を計測したところ，扇状地の扇頂部に位置する現在の河南省済源県から黄河河口部に位置する山東省東営市までの勾配は 0.05％であり，前述の分類に従えば「ブレイデッド河道卓越型」となる。ただしこれはこの条件に合致するすべての扇状地にブレイデッド河道が形成されるのではなく，あくまでブレイデッド河道が形成されやすいということである。

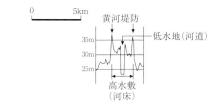

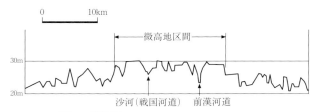

図 4　断面図（上：現黄河，下：聊徳微高地）

　SRTM-DEM を利用して実際の地形を確認してみる。現在の黄河下流，済南市付近では前述したように黄河の両側に堤防が建造されており，幅 2 km 程度の高水敷とその内側に 500 m 前後の低水路がある（図 4 上）。一方，復元した前漢古河道の微高地では堤防が確認できない。厳密に言えば，周囲より数 m 高くなっている 20 km 幅の巨大な微高地が確認できるのみである（図 4 下）。これはおそらく初めに自然堤防が 20 km 幅で形成され，後に堤防内側を流れる前漢黄河の膨大な沙泥が堆積したことで高水敷が極限まで上昇し，遂には自然堤防の堤頂にまで到達して自然堤防と一体化したものと思われる。

　さらに SRTM-DEM を利用して微高地上面を精査すると，一筋の河道痕跡が確認できる。第 1 部第 1 章で述べたように，従来の黄河古河道研究ではこの箇所に黄河が経由していたとする説はほとんどなく，唯一，劉鶚『歴代黄河変遷図考』において夏津県のそばを流れていたことが明記されるのみであった。新修『夏津県志』などを見るとこの溝状地形が現地では「沙河」と呼ばれている。この痕跡が中流側の河道痕および河口側の三角州跡と一致したことから，沙河古道をBC132 の部分改道以前に存在した戦国河道と特定した（第 2 部第 5 章で詳述）。

　ここから当時の黄河は複数河道が併走していたブレイデッドやアナストモージングといった形式ではなく，あくまで 1 本の河道が 20 km 幅に蛇行して形成された自然堤防であったことが確認できた[7]。またこの 20 km 前後という幅は，もうひとつの記述を思い起こさせる。『漢書』巻二九・溝洫志にある以下の記述である。

　　「盖隄防之作，近起戦国，雍防百川，各以自利。斉与趙・魏以河為竟，趙・魏瀕山，斉地卑下，作隄去河二十五里。河水東抵斉隄，則西泛趙・魏，趙・魏亦為隄去河二十五里。雖非其正，水尚有所游盪。時至而去，則填淤肥美，民耕田之。」（『漢書』巻二九・溝洫志）

　前漢哀帝期に賈譲が上奏した献言の一部である。黄河治水の歴史を述べた段で，前漢当時の黄河堤防の由来が戦国期にあるとし，斉・魏・趙が各々河道から 25 里離して堤防を築いたことで，

かえって黄河は安定したという記述である。25里は現在の約10 kmに該当する[8]。片側10 km×2として20 kmとなり，前述の聊徳微高地の幅と一致する[9]。つまり，賈譲の言う戦国諸侯の築いたとされる堤防は，実は黄河によって形成された自然堤防であった可能性が高い。

実際，地方志や「一万分之一黄河下游地形図」に記される鯀堤・陳公堤等の堤防は，この聊徳微高地の辺縁部付近に記される[10]。農業開発の進んだ現在は現地での痕跡は確認できないが，民国当時はまだ残存していた。今回，SRTM-DEMなどのRSデータを利用することで，消失した堤防（実際には黄河微高地）の痕跡を再現したことになる。

第2節 「沙河」と夏津県の由来

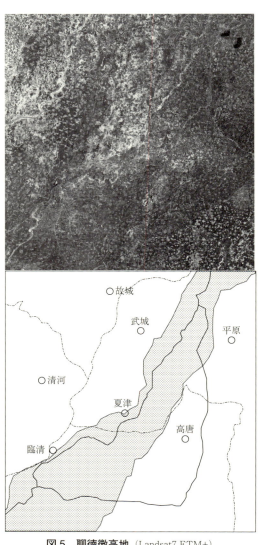

図5 聊徳微高地（Landsat7 ETM+）

前節で紹介した「沙河」について，民国『夏津県志新編』巻一　彊域志・河道では沙河を「古黄河支流所経之遺跡也」とし，黄河の支流だったとしているが，いつの時代のどのような河川の痕跡なのかは言及されていない。さらに言えば当地の県名である「夏津」は「津」が含まれることから，明らかに黄河あるいは相当規模の河川の渡し場に由来する地名と推定できるが，この地に黄河やその他大河川が経由したという記録は見られない。

民国『夏津県志新編』巻一　彊域志・沿革には「春秋時，為斉晋会盟之要津」とあるが，春秋以前の文献に「夏津」の名称は見られない。一方，『史記』恵景間侯者年表によれば前漢呂后4年（BC184）に呂它が鄃侯に封じられたとあり，これがこの地区に県が設置された最初とある。夏津の地名自体は『元和郡県志』によれば唐天宝元年（742）に鄃県から改称したとあるが，『嘉慶重修一統志』にはより詳しく「隋開皇十六年分清河県地置夏津県。大業初仍廃入。唐武徳四年復置，九年又省」とあり，民国『夏津県志新編』沿革には「隋開皇十六年復置鄃，初属貝州，後改属清河郡。又別置夏津県，属貝州。大業間復廃夏津，省入清河県」とある。さらに続けて

「唐初郵属貝州，天宝元年改郵曰夏津。仍属貝州。以旧城被水患，移治於新県店」とあり，これらによれば隋代に郵とは別の箇所に設置された際に「夏津県」という名称が与えられたと考えられる。

この沙河は新修『夏津県志』では「大沙河」または「西沙河」と記されている。「大沙河原是南北貫通的排水河道，系古黄河流経之遺迹，除運河水灌注和夏秋雨水匯集外，平時為無水河」とあり，Landsat7 ETM+ では，現在でも臨清市から夏津県を経由して徳州市へと南西─北東方向へと走る痕跡が確認できる[11]（図5）。

民国『夏津県志新編』巻一　疆域志・河道には「邑以弾丸之地，老黄河故道存焉」と記され，民国時期にもこの沙河が黄河故道であったという知識はもっていたようだが，いつの時代の黄河だったかについての知識は失われていた。これらの文献記述から①夏津県は隋代以降の設置，②沙河が黄河の痕跡であることは知られていた，③春秋時代の会盟が行われていた渡津があったという伝承があった，という点が判明した。ここから最初に挙げた「春秋時，為斉晋会盟之要津」という情報と合わせて「古代黄河の渡津→夏代の津→夏津」が成立した可能性が考えられる。

第3節　本研究で判明した事実

本書ではこれまで文献資料および RS データ，現地調査その他さまざまな資料を用いて黄河下流平原に関する考察を行ってきた。ここで，本研究を通して新たに判明したことを列挙してみる。

①前漢黄河は滑澶・聊徳の2つの巨大な微高地を形成した

従来の研究でも黄河の膨大な沙泥によって自然堤防が形成されてきたことはよく知られており，下流平原には黄河由来の自然堤防の痕跡が点在しているとされていた。以前の研究ではこれらの堤防は異なる時期の黄河によって少しずつ形成されたと考えられていた。しかし本研究によってこれらのほとんどが前漢期またはそれ以前の黄河本流によって形成されたものであり，SRTM-DEM を用いて作成した3D地形モデルや断面図によって，すべて20km幅の巨大な微高地の断片であったことが判明した。この「20km幅」という数値は，前漢末の「賈譲三策」で述べられた黄河堤防の由来とされる「斉・趙・魏の三国が競って二五里幅に堤防を築いた」という記述の25里（約10km）という数値と一致する。

②戦国期の黄河には大規模な人為堤防は存在しなかった

『漢書』溝洫志の「賈譲三策」で「蓋隄防之作，近起戦国」とあるように，黄河堤防は戦国期にはすでに建造が始まっていたと従来説では考えられており，現在の黄河下流平原には各時期に建造されたと考えられる堤防跡が各所に点在している。しかし SRTM-DEM を用いて確認したところ，これらの堤防はそのほとんどが前漢黄河によって形成された微高地の断片であった。平原に長さ数km以上，高さ数mの盛土が存在すれば，一見して堤防だと考えても不思議はない。し

かし下部からは目視し得ない堤頂の向こう側には数km単位の微高地が継続している。

　ここで注意が必要なのは，戦国期の黄河には人為堤防が「まったく」存在しなかったということではない。黄河によって形成された自然堤防や微高地を基礎として，周辺の住民が補助的に自然堤防に手を加える程度の工事は行われていたであろう。本書で否定したのは「大規模な人為堤防」の存在であり，木村正雄がそこから読み取って専制国家成立の基礎とした「在地の治水水利機構」である[12]。

　③前漢初期に黄河の部分改道が発生していた

　従来の研究では『漢書』溝洫志や『水経注』河水注五に記された「大河故瀆」記述から，前漢期の黄河は現在の山東省聊城市付近で数10km単位での大きな屈曲が発生していたと考えられ，前漢後期に繰り返し発生した山東省西部での黄河決壊はこの屈曲に由来するものであるという説も登場した。

　しかしSRTM-DEMを用いて対象地域の地形を確認すると，聊城市を経由せず館陶県から徳州市へと直進する聊徳微高地の存在が確認できた。中流側の滑澶微高地および河口側の前漢黄河三角州との関係性から考えると，聊徳微高地の位置関係は非常に理に適っている。しかし『漢書』溝洫志や『水経注』河水注の記述とは一部分で合致しない。

　一方，『漢書』溝洫志や『水経注』には武帝元光3年春に「河水徙，従頓丘東南流，入渤海」という記述が見られる。南宋期の程大昌や清代の焦循はこの記述に基づき，前漢武帝期に改道が発生していたと考えた。しかし清初の胡渭から始まる五大変遷説や，それを受け継いだ譚其驤などによって否定され，現在は戦国時代の東周定王5年（BC602）から秦・前漢を経て新王莽始建国3年（11）に至るまで改道はなかったというのが定説となっている。

　譚其驤は，以下の4つの点を挙げて元光3年春の改道説を否定している［譚其驤1981］。

　　a　元光3年にはこの春以外にもう1回の決壊が記録されている。春の決壊については『漢書』武帝紀に見られるのみだが，夏5月に発生した「瓠子河決」は『史記』河渠書・『漢書』武帝紀，溝洫志で多くの字数を割いて詳細に記述されている。このような記述方式の差からは，頓丘の決壊が重要なものではなく，まして前漢黄河を成立させたと考えるのは不可能である。

　　b　瓠子河決から23年が経過した元封2年夏4月に，前漢武帝は自ら決壊地点に立ち，卒数万人を徴発して決壊を閉塞し，将軍以下すべての臣下が「薪を背負って決壊を塞いだ」とあり，司馬遷はこれを頌えて「禹の旧迹に復す」と記している。もし前漢黄河が元光3年に発生した河道であったとすれば，司馬遷は何故このような（瓠子河決とは別の）河道をもって「禹迹」と称したのか？ひょっとすると23年前の夏に発生した決壊の閉塞工事を，春に発生した改道の功績と捉えたことで「復禹旧迹」としたのか？また司馬遷がこのような錯誤を侵したとして，班固は何故全文をそのまま『漢書』に再録し，改訂しようとしなかったのか？

c 瓠子の決壊が発生した時，最初の閉塞は失敗している。黄河の北側に位置する鄃県を食邑としていた当時の丞相・武安侯田蚡は武帝に「黄河や長江の決壊は天の事であり，人の力で無理に閉塞するのは天の意志にそぐわない」と上奏して，瓠子の閉塞工事を中止させた。鄃県は現在の平原県西南にあり，前漢黄河の西北岸に位置する。であれば，元光3年以前の黄河は当然鄃県の東南を流れており，県境は常に黄河の被害をこうむる位置にあったことになる。当然田蚡は「瓠子河決」で河水が西南（？）に向かっていることが自身の食邑にとって有利であることを知っており，もし鄃県の東南を流れる黄河がわずか2，3ヵ月前に成立したばかりだとすれば，どうして「鄃は河北に居り」と言ったのか？また田蚡はどうして瓠子を塞がないことが自身の有利になり，瓠子を塞ぐことが自身の損害になることを知っていたのか？

d 秦から武帝元光3年に至るまでの時期，黄河の経由地点の記録には始皇帝や韓信が平原で，盧綰・劉賈が白馬津で黄河を渡り，陳豨の武将である張春が「黄河を渡って聊城を撃った」という記述がある。ここから譚其驤は秦始皇帝から前漢武帝期にかけての黄河は宿胥口から東へ向かって白馬津を経て，北へ向かって斉趙の間に位置する聊城と平原の西を抜けており，『漢書』溝洫志に記される河道と同一であることが明らかであるとした。

a については薄井俊二や浜川栄がすでに述べているように，武帝や司馬遷の側に「瓠子河決」の閉塞事業を大々的に宣伝する必要があったことが原因と考えられる［薄井 1986，浜川 1993・1994］。b もまた同様に事業の宣伝であり，禹河への回帰が実現したとは考えがたい。c の田蚡の事例については，実際に鄃県に被害が及んだと考えるよりも，むしろ黄河の河水が「河北」地域全体に向かうことを避けたと考えられる。最後の d で挙げている地名のうち「白馬津」は明らかに頓丘よりも中流側に位置し，仮に頓丘で改道が発生していたとしても河道位置の変化は見られない。

張春が「河を渡って聊城を撃った」という記事についてはすでに第2部第5章で記しているが，聊城の北に霊県という県が位置する。ここは戦国以前には「霊丘」と呼ばれ，春秋戦国期に斉の領域であり続けた。このことが，実は黄河の部分改道の証拠である。『中国歴史地図集』などに見られる河道説では，霊丘は黄河の西岸に位置するが，戦国期における黄河の西側は趙の領域である。一方，霊丘は一時的に何度か趙や魏に奪われてはいるが，春秋期から一貫して斉の領域である。もし黄河が譚其驤等のように屈曲していたとすれば，斉はどうやって黄河を隔てた西側に位置する霊丘を長年にわたって確保しつづけることができたのか。

またあえて蛇足を加えておくが，秦始皇帝や韓信が渡った「平原津」は現在でも未だに位置が特定されていない。前漢以降の平原県は黄河の東側に位置するが，戦国期の趙国で「平原」に封ぜられた「平原君」の居城は『史記』によれば「東武城」であり，『中国歴史地図集』の黄河と筆者の復元した戦国河道の両方で西側に位置する。さらに平原津は前漢初期のこれらの記録以降，使用された記録は存在しない。おそらく部分改道によって従来使われていた渡津が使えなくなり，元光3年以降は渡津が設けられなくなったと思われる。

以上の点から譚其驤の挙げた元光3年春の改道がなかったとした証拠は，むしろ部分改道が発生していたことを間接的に立証する情報と考えられる。またこの時期の改道が存在した証拠はもう1つある。武帝元封期に派生したとされる「屯氏河」の記述である。

『漢書』溝洫志には屯氏河の特徴として「広深与大河等，故因其自然，不隄塞也」と記される。当時の黄河の川幅は不明だが，現在の黄河下流を参考として挙げれば，山東省済南市付近では川幅（低水路）は約500mに達する。このような巨大な河道が自然に成立し，しかも「不隄塞」とあるように河道として成立している。これらの点から，このとき屯氏河が流れ込んだのは武帝元光3年春に部分改道が発生する以前の河道，聊徳微高地の内側を流れていた戦国河道であると考えられる。つまり「戦国河道」＝「屯氏河」＝「沙河」となる。

しかしここで1つの疑問が浮かび上がる。「部分改道」とはいえ，黄河下流平原を10数kmにわたって巨大河川が移動したことが，なぜ正史に記されていないかという点である。

第4節　黄河改道と前漢郡県制の展開

現在の河北省館陶県から山東省徳州市を経て河北省東光県へと達する聊徳微高地は，周辺と比べて秦漢以前の遺跡が極端に少ない。江村治樹の「戦国都市遺跡分布図」を見ると，太行山脈東

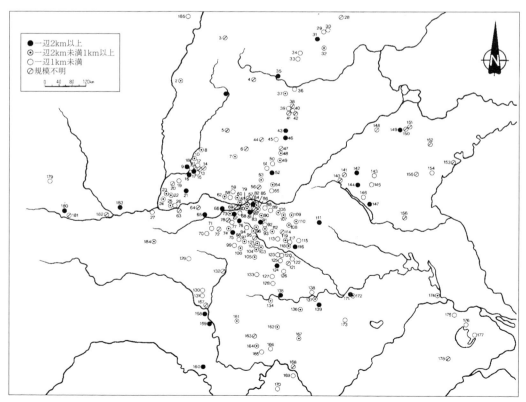

図6　戦国都市遺跡分布図

麓の邯鄲を含むライン上には戦国都市遺跡が散見されるが，それより東の黄河沿岸地帯には遺跡が確認できず，魯西台地付近の済南市に至ってようやく見つかる程度である［江村 1998］（図6）。また『中国文物地図集』山東分冊［国家文物局 2006］においても，新石器から秦漢に至る遺跡はほとんどポイントされていない[13]。

現地調査で訪れた繹幕故城や貝丘故城など，微高地上に位置する故城遺跡もいくつか見られる[14]。しかしこれらの故城は主に北魏以降に栄えた記録のみ存在し，前漢初期から該当位置に存立していたとする憑拠に乏しい[15]。

前漢初期における諸侯王国や郡県の展開については，高村武幸が「独立性の強い諸侯王国の存在を前提と

図7　『二年律令』秩律にみる前漢初期の郡県配置

した郡国制は，漢初の状況下で消極的に採用され，呉楚七国の乱を経て，諸侯王国を漢中央の支配下に置き，武帝期に実質的中央集権化を達成した」［高村 2008］と評した戦前以来の従来説に対して，近年さまざまな視点での再検討が試みられている。以下，各氏の説のうち黄河下流平原を対象とした部分を列挙する。

・五井直弘は，諸侯王封建の傾向から各地域を性格別に分類した。これによれば，黄河下流平原は武帝・宣帝期に封建の集中するパターンBとなっている。パターンAは前述の張家山秩律から見る郡県制を展開していた範囲とも重なり，前漢初期からすでに統治が進んでいたことが推測される。逆に黄河の南東側，戦国の斉や宋・楚などの地域では前漢宣帝期以降にようやく本格的な封建が開始したパターンCとされ，郡県制の適用がかなり遅くなった地域と見られる。この両者に挟まれたパターンBは，五井によれば，旧戦国的な統治であったパターンC地域への郡県制の進展における過渡的なものと考えられる［五井 1950］。

・『漢書』地理志では黄河下流平原の県はほとんどが漢初の成立とあるが，周振鶴はこの視座の見直しを説いた。黄河下流平原では漢初には王国・侯国が封建されており，当初から中央直轄の県として建てられていないとする。まず前漢成立時の高祖5年には趙王張耳が

封じられている。その子張敖は高祖八年に廃されて侯に移封され，趙王は高祖の子が建てられるが，高祖の死後に呂后によって次々と謀殺される（比殺三趙王）。その後文帝・景帝期には河間王・清河王等が封建され，武帝期には推恩令によって小侯国が次々と建てられた。このように黄河下流平原では王国・侯国がまず封建され，その後に郡県が施行されたとする［周振鶴1987］。

・江村治樹の「戦国都市遺跡分布図」によれば，当時の城市遺跡は太行山脈東麓の趙国・邯鄲およびその南北線上，魯西台地北西麓の斉国・臨淄およびその周辺に集中しており，中間の黄河下流平原には城市遺跡の分布がない［江村1998］。この分布図は考古遺跡に基づいて作成したものなので，未発掘の遺跡が存在することを考慮する必要はあるが，漢代勃海郡～信都国～東郡（現在の河北省北部～山東省西部）に至る広い範囲で遺跡が発見されていないのは興味深い。

・藤田勝久によれば，張家山漢簡「秩律」の県分布から見た前漢初期の郡県制展開範囲は，黄河下流平原では東阿・荏平・聊城が北東辺のラインとなっている［藤田勝久2003］（図7）。

今回，前漢黄河の古河道を検討する過程において，位置情報として前漢城市を利用した。この作業をとおして感じたのは，下流平原，特に山東省冠県～聊城市よりも北東側において春秋戦国以来の城市が極端に減少し，侯国由来の城市が増加する点である。前者については先行研究ですでに地域的偏りが見られるとされており，後者も周振鶴がすでに述べている［周振鶴1987］。しかしまだ疑問が残る。周の述べたように侯国封建が増加したのはすでに文献記述によって確認された事実だが，これだけ大量の侯国をなぜ黄河下流平原に封建できたのか。

諸侯を封建する際には，当然のことだが土地が必要である。周振鶴によれば前漢高祖期には斉王劉肥と趙王張耳が封建されているが，王都は前漢黄河から数100km離れた臨淄（現在の山東省淄博市）と襄国（現在の河北省邢台市）である［周振鶴1987］。これらは戦国斉国と趙国の都城をベースとしている。一方でこれらの周辺に位置する中小城市には，地方志を見ても戦国以前から存立しつづけるものはごくわずかである。藤田勝久が張家山漢簡「秩律」に基づいて作成した漢初の県分布を見れば，黄河下流平原では辛うじて聊城までしか到達していなかったことがわかる［藤田勝久2003］。これらの点を合わせて考えると，前漢初期には中央政府の統治が未だ黄河下流平原には到達しておらず，かろうじて濮陽や聊城が統治に含まれるのみで，渤海に至るまでの広大な領域には空白地帯が広がっていたのではないか[16]。

前漢期の諸侯王国研究は日本でも紙屋正和や仲山昇，秋川光彦などの登場で近年急速に進展を見せている分野である［紙屋2009，仲山2006・2008，秋川2001・2003・2004・2005・2008］。これらの成果を取り入れたうえで前漢期の黄河改道という視座を加えることで，黄河下流平原という空間のもつ意味を見直す可能性が考えられる。

第5節 前漢以前の黄河下流平原の実情

前節では復元した前漢黄河を利用した事例の1つとして，黄河下流平原への進出時期と秦漢帝国の地方統治に関する考察の可能性を提示した。また第3部第1章では復元古河道を利用して，『漢書』に記された黄河決壊記事に基づく当時の決壊状況の詳細な考察を，第2章では復元古河道によって当時の黄河下流平原には大規模な人為堤防が存在しなかったことを読み解き，そこから「大規模な堤防建造を実現した地域権力」を下地とした中国専制権力が存在するとした木村正雄の説を否定し，当時の社会と黄河の関わりについて考察を行っている。

すでに何度も触れているが，中国古代史と黄河は密接に関係しており，復元した前漢期古河道を利用することで，中国古代史に関する多くの事象に見直しを迫ることが可能となる。最後に本研究を通じて判明した前漢初期以前の黄河下流平原の実情を提示することで，本論の結びとしたい。

日本の中国古代史において黄河，特に下流平原で大規模水利灌漑が行われていたということは，半ば定説と化している。しかしRSデータ，特にSRTM-DEMを用いた地形分析に基づけば，前漢あるいはそれ以前において黄河の河水を直接引いた水利灌漑工程はひとつとして実施されていない。木村正雄は『史記』等の記述に基づいて前漢以前の水利灌漑施設を列挙しているが，これらのほとんどは淮水下流や四川盆地・関中平原など，黄河下流から離れた地域に位置しており，かろうじて「酸棗」「宿胥口」「白馬口」「濮陽」「長垣」の5地点が黄河下流に位置する［木村2003］。また鶴間和幸は前後漢期の水利灌漑施設をまとめているが［鶴間1980］，すでに第3部第2章で触れたように，前漢当時に農業を目的として黄河由来微高地の内側から外へと水を引いた渠水は存在しない。

黄河河水が微高地の外側へと流出した事例としては武帝元光3年に2回存在する。1回は春に発生した「河水徙」であり，もう1回はすでに本書で幾度も触れている「瓠子河決」である。後者については第2部第1章等ですでに触れたとおり，決壊を塞ぐことに失敗して微高地の外側へと河水が流出し，結果として20数年にわたって予州・兗州の住民に被害を及ぼすこととなった。前者は『漢書』武帝紀の記述が非常に簡易なため詳細が不明であったが，SRTM-DEMを用いた微高地とお椀型窪地の判読から決壊地点の推測を実施し，微高地の東側へと流出した河水は当時の黄河支流であった篤馬河へと流れ込み，徳州市付近で再度黄河本流へと戻ったと想定した[17]。これにより流出の被害は最小限にとどめられ，記述の少なさにつながったと思われる。

『漢書』溝洫志での決壊事例を見る限り，当時の技術では洪水を治める「治水」が限度であり，黄河の河水を制御して利用する「水利」には至っていない[18]。技術や動員人数が遙かに向上したはずの後代においてさえ，南宋期に黄河が山東半島の南側へと改道した，いわゆる「黄河南流」は，南宋の北京留守であった杜充が建炎2年（1128）に北方より襲来した金軍の南下を防ぐために人為的に発した決壊に由来する。さらに中華民国期の1937年に鄭州花園口で発生し，10年に

228　第3部　復元古河道を利用した中国古代史の再検討

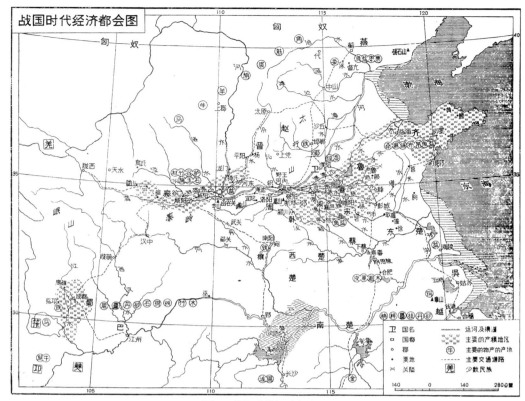

図8　戦国時代経済都会図

わたって河南・安徽2省の住民を苦しめた黄河放流は「以水代兵」と呼ばれる戦略で，蒋介石率いる国民党軍が日本軍を全滅させるために実施した，やはり人為決壊である。黄河の河水は斯様に危険であり，容易に制御しうるものではない。

　農業・商業方面で見てみると，史念海は『漢書』食貨志などの文献記述に基づいて作成された戦国期の農業地・経済都市の分布を示している［史念海1958］（図8）。これを見ると当時の主要農業生産地は関中平原や四川盆地，山東半島東側，淮水中流から鄭州・滎陽に至る平原地帯などであって，聊城以北の黄河下流平原にはポイントされていない。

　前節で述べた郡県統治の未到達と合わせて考えると，戦国から前漢初期の黄河下流平原は従来考えられていたような「黄河を中心として展開した水利灌漑設備によって高度に発達した農業生産体制と，郡県制による効率的な支配体制が構築された豊かな平原地帯」というイメージではなく，「家族単位の小集落が広い範囲に点在するのみで，天水による家族単位の小規模な粗放農業によって生計を支える，統治体制の整備されていない生産・統治双方において効率の未だ低い地域」という状況が窺える。

　このような状況は前漢初期のみならず，現在の山東省西部・聊城以北においては武帝元光期まで続いていた。だからこそ当時「黄河の部分改道」という大事態が発生したにもかかわらず被害

が小さかったため，『漢書』武帝紀に僅かに「河水徙」と3文字で記されるにとどまった[19]。さらに言えば，当時の多くの人々は戦国期から前漢初期における黄河の詳細な姿を知らなかったと思われる。これは武帝期以降に黄河決壊が頻発したときに，ひたすら前漢河道（BC132以降の河道）への復帰に尽力している点からも窺える。部分改道以前の黄河の知識を知っていれば，脆弱な前漢河道ではなく微高地内の戦国河道（BC132以前の河道）への復帰が最も効果的であったことは明らかである。しかし結果として当時の人々は決壊地点の閉塞および前漢河道への復帰に終始し，決壊による被害を繰り返すこととなった。

そして当時の黄河下流平原がこのような状況であったからこそ，前漢武帝期までの大量の王侯封建が可能となった。周振鶴も述べているように，当時の王朝は未開拓の黄河下流平原に対して以下の3段階を経て，最終的に直轄の県としたと思われる［周振鶴1987］。①皇族を王として封建する（景帝子の河間献王[20]）。②王の息子たちを王国内に分封する（河間献王の息子たち）。また功臣やその一族を王国周辺に封建する（第2節で挙げた呂后の一族である鄗侯・呂它や衛青の長子・衛登[21]）。③諸侯の不行跡を口実に利用して封国を取り上げ，直轄の「県」とする。こうして郡県制導入初期の混乱を最小限に抑えつつ，直轄県の領域を徐々に拡大させていった。

おわりに

本章では復元した前漢古河道の形状を地形学方面から検証し，SRTM-DEMを用いた微高地表面の地形から当時の黄河が20km幅の蛇行河道であったことを示した。また今回の復元古河道から判明した事実を列挙し，中国古代史における黄河下流平原の見直しの可能性を提示した。今回は紙幅と時間の都合からいくつかの点については可能性を提示するにとどめたが，今後これらの方面についても記述例を収集し，論証していければと思う。

注

1) 徐海亮は，上記微高地を滑県と濮陽にまたがるものとして，「滑澶段（または滑澶河段）」と呼称している（澶州は濮陽の古称）［徐海亮1986］。ここではこの徐氏による呼称を拝借させていただいた。

2) 第2部第1章に詳述。

3) 前述の「滑澶微高地」に倣い，聊城市～徳州市にまたがる微高地としてここでは「聊徳微高地」と呼称する。

4) 第2部第5章に詳述。

5) 「斜張橋」は吊り橋の一種で，橋脚間をつなぐメインケーブルとハンガーロープで橋桁を支持する狭義の吊り橋とは違い，複数のケーブルを斜めに張って橋桁を支持する方式の橋を指す。吊り橋に次いで支間長（主橋脚同士の間隔）を広く取れるため，海峡など中間橋脚の設置が困難な場合に用いられる工法である。河川に架橋する場合は橋脚を河川敷（高水敷）に設置することが多く，支間長と通常時の河道幅はほぼ一致する。済南大橋については第1部第2章第4節も合わせて参照。

6) ただし鄭州付近における川幅自体は済南付近と大差はない。つまり「京珠高速公路鄭州黄河特大橋」

230　第3部　復元古河道を利用した中国古代史の再検討

で言えば，川幅500mに対して堤防幅が9300m程度となる（補論第4章参照）。なお鄭州付近の堤防幅が拡大しているのは，この地域河道が清代以前からの河道であり，1855年以降に移動してきた済南付近と比べて経由期間が長く，河川蛇行が進行したことで堤防幅が広くなったと考えられる。

7) 吉岡義信は，すでに戦国期黄河堤防の起源について「恐らく黄河の乱流が二五里幅に蛇行し，各地に自然堤防が散在し，これが利用されたものであろう」と述べている［吉岡1978］。

8) 前漢期の里制は〈1里＝300歩，1歩＝6尺，1尺＝23.2cm〉として換算し，25里＝10.44km≒10kmとした。詳細は森鹿三などを参照［森1940，陳夢家1966，聞人軍1989，丘光明ほか2003］。

9) 聊德微高地は，北宋期の黄河乱流によって再度侵食された可能性がある。だがここではその影響はあえて考慮せず，現在残存している地形からの考察を行っている。なお『中国歴史地図集』第六冊（宋・遼・金時期）では，東流河道と北流河道が聊德微高地を避けるように書かれているが，一部箇所を除いて考察に関する詳細な根拠を明示していないので，詳細は不明である。また本来同一条件で形成されたはずの滑澶微高地と聊德微高地が2つに分断されている点については，この河道を見る限りでは，北宋期の黄河北流河道にて侵食されたと考えられる。

10) 鯀堤は夏王朝の始祖である禹の父・鯀に，陳公堤は北宋期の知滑州・陳堯佐によって建造されたという伝承が地理書や地方志に記されている。ただし滑州（現在の河南省滑県）の知事である陳堯佐が，何故明らかに管轄外である山東省徳州市まで堤防を建造したとされたのかは不明である。

　　「鯀堤　在県西南二十五里。相伝伯鯀所筑，断続高卑約十余里。」（『読史方輿紀要』巻三一・山東二・済南府・徳平県条）

　　「陳公堤　州東南五里，西南入東昌府界。宋陳堯佐守滑時，筑此堤以障黄河水患，因名。」（『読史方輿紀要』巻三一・山東二・済南府・徳州条）

　　なお「陳公堤」の記述自体は『宋史』陳堯佐伝に見られる。

　　「天禧中，河決，起知滑州，造木龍以殺水怒，又築長堤。人呼為陳公堤。」（『宋史』巻二八四・陳堯佐伝）

11) 夏津県にはこの沙河沿岸の沙地を利用した「黄河故道森林公園」が設置されており，筆者も2008年に山東省平原県方面の現地調査を行った際に訪れた。調査内容については補論第6章を参照。

12) 大規模黄河堤防と木村説の再検討については第3部第2章を参照。

13) 山東西部地域の考古発掘調査を行っている欒豊実（山東大学考古系）によれば，この地域の遺跡は他地域よりも数m程度深い層で見つかることが多いという［欒2005］。戦国〜前漢における黄河の堆積に由来するものと考えられる。

14) 聊德微高地とこの周辺に位置する前漢故城については2008年9月に現地調査を行った。詳しくは補論第6章を参照。

15) この地域における現地調査と文献記述の関係性は第2部第5章にて考察しているが，やはり秦漢以前から存在しているとは考えがたい。

16) ここでいう「空白地帯」とはあくまで中央集権制における統治的な空白である。当時の黄河下流平原に人類が居住していなかったかといえば，新石器時代等の遺跡を見れば，おそらくは小規模な集落単位での居住はなされていたと思われる。

17) 「瓠子河決」については第2部第1章，元光3年春の決壊および部分改道については第2部第5章を参照。

18) 一般的に「治水」と「水利」はあまり明確に区分されずに使用される例が多く見受けられるが，本

来は前者が「河川の決壊や洪水を「治」める」，後者が「河川の水を「利」用して上水道や農業灌漑等，人類の利益に供する」という意味であり，目的がまったく異なる。筆者は前漢以前の黄河下流平原において黄河から直接取水して農業灌漑を実施した事実はないと見ているため，本章以外の部分において，引用部分を除けば農業灌漑を意味する「水利」という言葉は使っていない。

19) 薄井俊二によれば『史記』河渠書はあくまで武帝の瓠子閉塞事業を顕彰することを目的として記された書であるため［薄井 1986］，同時期に黄河の部分改道が発生していたことに触れることができなかったとも考えられる。『漢書』に記されなかったのは，前漢当時の人間たちすら知らず，『史記』にもごくわずかしか記されなかった事実を後漢初の班固たちが知りうる術はなかったと思われる。

20) 河間献王やその子孫の封建については第2部第4章を参照。また清河（景帝子の清河哀王乗や梁孝王武の弟参の孫である清河王義）や信都（元帝子の信都王興）など，皇族による短期間の封建が多く見られる。

21) 酈侯には呂它の外に武帝期の丞相・田蚡や，後漢初期の建国の功臣・馬武なども封ぜられている。これらの事例については第2部第5章参照。

補論　現地調査記

第1章　調査の概要

はじめに

　本研究において文献資料・RSデータと並んで重要な要素が，現地調査による対象地域の情報収集である．黄河下流平原を5地域に分け，以下の日程で現地調査を行った（図1）．

　Ⓐ 2004年3月：河南省濮陽市周辺
　Ⓑ 2005年3月：河北省大名県〜館陶県
　Ⓒ 2006年9月：河南省武陟県〜延津県〜滑県
　Ⓓ 2007年8月：河北省滄州市周辺
　Ⓔ 2008年9月：山東省聊城市〜平原県〜徳州市

　現地調査を行うに当たって，現地へ行く前にいくつか事前準備をしておくことがある．県城や堤防跡等の遺跡に関する文献記述の整理，および対象地域の地形・地質的特徴の把握である．

　以下に，事前準備や現地での調査対象等を述べておく．

第1節　文献記述の整理

　本研究にて行う現地調査の対象となるのは，主に①城市遺跡，②黄河関連遺跡の2種類である．①は特に『水経注』等の記述に基づき，北魏以前の県城遺跡を訪問することとなる．中国では県城の改廃が頻繁に行われ，同じ名称の県城でも場所が移転している場合や，同じ場所でも異なる県名・郡名等に変更されている場合が多い．地理書や地方志等の記述を収集し，これらの情報を整理しておく必要がある（文献記述の整理手法については第1部第3章第1節にて詳述）．

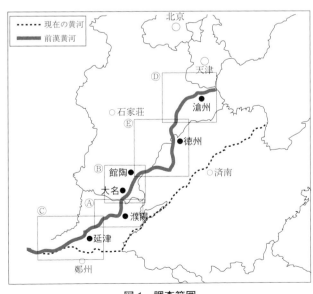

図1　調査範囲

236 補論　現地調査記

　1例として，以下に2007年8月に調査を行った河北省滄州市南皮県の事例を挙げておく[1]。南皮は『水経注』によれば淇水の支流である清河が流れており，南皮県の東北にて無棣溝という分流を生じている[2]。

　　「又東北過南皮県西。清河又東北，無棣溝出焉。東逕南皮県故城南，又東逕楽亭北。地理志之臨楽県故城也。王莽更名楽亭。『晋書地道志』・『太康地記』，楽陵国有新楽県，即此城矣。又東逕新郷城北。即『地理志』高楽故城也。王莽更之曰為郷矣。」（『水経注』巻九・淇水注）

　『史記』によると，秦末には項羽によって群雄の一人陳余が南皮に封ぜられ，前漢期にも竇彭祖という外戚の一族（前漢文帝・竇皇后の兄の子）が南皮侯に封ぜられている。さらに『後漢書』には，河北の覇権を争った曹操と袁紹の争いの結果，追い詰められた袁紹の子・袁譚が南皮に逃げたとある[3]。

　　「成安君陳余棄将印去，不従入関。然素聞其賢，有功於趙，聞其在南皮。故因環封三県。」（『史記』巻七・項羽本紀）

　　「封成安君陳余，河間三県居南皮。」（『史記』巻八・高祖本紀）

　　「（竇）長君前死，封其子彭祖為南皮侯。」（『史記』巻四九・外戚世家）

　　「項羽以陳余不従入関，聞其在南皮，即以南皮旁三県以封之，而徙趙王歇王代。」（『史記』八九・陳余列伝）

　　「十二月，曹操討譚，軍其門。譚夜遁，奔南皮，臨清河而屯。」（『後漢書』巻七四下・袁譚伝）

　『嘉慶重修一統志』によれば南皮は後漢期には勃海郡の郡治となり，以後西晋〜北魏にかけて地域の中心であった。東魏に至って郡治が東光県へと移動した際に現在の南皮県の場所へと移転したとある。

　　「南皮故城　在今南皮県東北。秦置県。漢元年，項羽聞陳余在南皮，環封之以三県，号成安君。文帝後七年，封竇彭祖為侯邑，属勃海郡。後漢為郡治。建安中，曹操擒袁譚於此。魏文帝，為五官中郎将，射雉南皮，亦此地也。闞駰曰，章武有北皮亭，故此曰南皮。晋・魏皆為郡治。東魏移郡治東光，又移県於今治。」（『嘉慶重修一統志』巻一七・天津府二）

　以上のように史書や地理書から，南皮県に関する来歴を読み取ることができた。しかし各時代の城市が現在のどこに位置するのか詳細は不明である。そこで最後に明・清・民国期の地方志（ここでは民国『南皮県志』）や新修地方志を確認する。

　　「古皮城　在今城北十里。昔斉桓公繕皮革。陳余・竇彭祖，封侯。東漢及晋，為勃海郡治倶此。『続通典』，南皮県西去景州六十里。県北有迎河，河北有古皮城。」（民国『南皮県志』巻一三・故実志中・古蹟）

　　「古皮城　在今県城北6公里張三撥村西約300米処。春秋時斉桓公繕皮革于此。秦置県，漢及魏皆為勃海郡治，北朝東魏時移郡治于東光，城遂移今址，原城廃。陳余・竇彭祖曾封侯于此。城址呈方形，東西長465米，南北寛426米，面積19.8万平方米。北城牆残高3-5米，牆厚20米。城東北隅有高出地面8.5米"望海楼"遺址。城四面有城門（欠口）寛27-38米。城内遍布灰・紅陶（縄紋・方格紋・菱形紋）砕片。已発現釜内托・銅箭鏃・唐三彩等。城南

500 米外，有仮糧台数個，伝為曹操攻袁譚所築。」（新修『南皮県志』第八編・第三章　文化）

　中国の里程は各時代において変化し，現在の単位との変換値については諸説あるが，ここでは『中国科学技術史　度量衡巻』［丘光明ほか 2003］の数値（清代 1 里＝576 m）[4]に従って約 6 km としたところ，新修『南皮県志』の数値（北 6 公里）と一致した。新修『南皮県志』ではさらに詳しい位置情報として，現在の村名が記されている。最終的にこの記述から，文献記述に基づく漢代南皮県城の位置を現在の南皮県張三撥村の西約 300 m と特定した。

第 2 節　地図の収集

　次に，訪問する遺跡が現地のどのあたりに位置するのかを事前に確認するために，現地の地図を収集する。日本と違い，諸外国では大縮尺の詳細な地図は軍事秘密に関わるため，取り扱いに注意が必要となる場合がある。中国でも諸外国と同様に大縮尺の地図は一般に頒布されておらず，入手が困難であった。従来，中国において現地調査を行う際によく使用されていたのは「外邦図」「TPC/ONC」の 2 種類である[5]。

　情報が新しいのは後者の「TPC/ONC」だが，地名情報等の精度に難がある。特に県レベル以下の集落情報はほとんど含まれないという難点がある。「外邦図」については作成時期が古いが，逆に当時の地形状況が記録されていることから，第二次大戦での影響に左右されない昔の状況を知ることができるという利点がある。

　中国の行政区分には，「省・特別市」→「市」→「県（または県級市）」→「郷・鎮」→「村」という段階がある。市が日本の都道府県レベル，県が市町村レベル，郷・鎮が町丁目・字レベルにおおむね該当する。村は行政区分の最小単位で，主に集落単位となる。考古遺跡を訪れるときには下位に位置する郷・鎮や村レベルの情報が必要になる。発掘報告では，前節にて挙げた南皮県故城の例で言えば「張三撥村の西 300 m」といった表記がなされており，遺跡まではこの張三撥村を目印として行くことになる。しかし 1990 年代後半において，入手可能な中国の地図は前述の 2 種類であり，この郷・鎮・村レベルまで網羅した地図は日本ではほとんど手に入らなかった。

　かろうじて確認できたのは，新修地方志に収録される地図のみである。しかし新修地方志収録の地図では作成時期や地域によってバラつきがあり，実用には難があった。2000 年代になって，省別の『中国分省系列地図冊』シリーズが登場した。県（または県級市）ごとに 1 ページもしくは見開き 2 ページの地図となっており，郷・鎮・村レベルの場所も含まれた詳細な地図である[6]。しかし注意しなくてはならないのは，これらの地図においてもすべての村が表記されているわけではないという点である。実際，現地調査で使用した際には目標の村が見つからなかったこともしばしばあった。

　上記の分省地図冊シリーズとは別に，1989 年より『中国文物地図冊』シリーズの刊行が開始された[7]。これはタイトルどおり，遺跡や石碑等文物の位置を示した地図である。しかしこれも

前述の新修地方志や分省系列地図冊と同様に，①緯度経度が入っていない，②村レベルが網羅されていないといった難点をもつ。さらに遺跡に関する情報が非常に少なく，県城遺跡として特定するには他の発掘報告を対照して検討する必要がある。

　また本書の研究対象である黄河下流平原については，台湾中央研究院の所蔵する「一万分之一黄河下游地形図」という資料が存在する。この地図は黄河治水用途として中国政府（当時の中華民国政府）の機関である黄河委員会が実施した精密な水準測量による詳細な地形図となっている[8]。一万分の一という大縮尺であるため，遺跡を城壁の形状まで含めて記されている場合がある[9]。

　また2006年頃から開始したインターネット上での地図サービスもまた，利用可能である。郷・鎮・村レベルの集落情報が含まれており，これにより今までうかがい知ることのできなかった遺跡の位置を事前に確認できるようになった[10]。ただしこれはあくまで事前確認のためであり，実際の位置は現地の案内に依拠することになる。

第3節　現地にて

　上記の事前準備を終えて実際に現地を訪れるのだが，もう1つ重要な準備がある。現地文物局・文物管理処等[11]に連絡をとることである[12]。文物局・文物管理処では当地の発掘を管轄しており，遺跡の位置やその他発掘情報を，一般には公開されていない情報まで含めて所有している。その彼らに遺跡への案内を依頼する。現地での移動は基本的に文物局・文管処の方々に依拠することになる。

　現地では文管処の案内によって遺跡を回るが，この際に必ずしも事前調査で知った遺跡を回ることを企図してはいない。事前調査で得たのはあくまで新修地方志等の説である。対して現地文管処には，未だ公開していない情報に基づく独自の説を所持している場合がある。実際に新修地方志には情報のない遺跡を案内されたこともある[13]。これらの情報も材料として後ほど検討を行う。

　現地で確認するのは，主に①遺跡の地図上の位置，②遺跡周辺の地形・地質状況の2点である。①遺跡の位置については前述した『中国文物地図集』の刊行によりある程度の位置関係を知ることはできるが，最終的にはやはり訪問しての位置確認が重要となる。

　本研究において現地調査を最初に行ったのは2004年3月である[14]。この調査では遺跡を訪問して位置を確認し，収集した位置情報に基づいてLandsat5 TMやSRTM-DEM等のRSデータと重ね合わせて解析処理を行った。特に2005年3月の河北省館陶県・大名県調査[15]では「沙地」をキーとした解析を行ったが，このときは現地調査で発見した沙地の位置情報を使用してLandsat5 TMデータとの照合を行った。

　②遺跡周辺の地形や地質状況についても，前節にて採り上げた地図情報やRSデータなどを利用して，ある程度の推測はできる。しかしやはり現地に立って，周囲を見渡すことでしか理解できない情報もある。河道特定のポイントとなった黄河由来の微高地地形については2004年3月

第1章　調査の概要　239

の濮陽調査にて，沙地をキーとした解析については前述した2005年3月の館陶県・大名県調査にてそれぞれ発見できた特定方法である。

　この他，現地に建てられた石碑の文章も収集する。石碑自体は近年建てられたものが多いが，そのなかには昔の情報が含まれていることがある[16]。また現地の博物館や文管処などで在地研究者の発行した研究書や調査書等が販売されていることがある。在地ならではの緻密な調査研究により独自の考察がなされているものもあり，こちらも活用する[17]。

第4節　調査後の情報整理

　調査が完了したら，収集した情報を整理して河道の特定方法を検討する。これまでに事前および調査中に収集した情報は以下の6種類である。

　　①文献記述
　　②地図情報
　　③遺跡の位置情報
　　④遺跡の地形，地質情報
　　⑤現地の碑文等金石情報
　　⑥現地博物館や在地研究者の発行した研究書，調査書等

　これに⑦RSデータを加えた7種類を相互に照合し，検討を行う。

　このうち⑤⑥は，事前に調べた①と照合して内容を検討する。②③④は⑦と重ね合わせ，遺跡と地形の位置関係を照合・検討する。特に③④を利用してDEMまたは衛星データとの照合を行い，地形・地質状況に適したデータの解析方法を決定する。

　1例として河南省濮陽市における解析方法の決定手順を以下に挙げる[18]。

　濮陽市の調査では前漢期の黄河決壊地点である「宣房宮」遺跡を訪れた。現地の地方志である清『開州志』や『嘉慶重修一統志』等を見る（①文献記述）と，決壊地点に「黒龍潭」という沼が形成されていたとある。実際に現地へ行くと，遺跡の南側に窪地はあったが現在は農地となっていた（③遺跡の位置情報，④遺跡の地形，地質情報）。現地で案内を依頼した元・濮陽市河務局の孫萱徳氏に伺ったところ，十数年前までは水があったが近年水が涸れて，現在のような農地になったということである。災害考古学によれば大河川が決壊した場合，決壊の際の水流によってその地点にはお椀型の窪地が形成されるという[19]。地図上にマッピングした訪問遺跡の位置に基づき（③遺跡の位置情報），帰国後にSRTM-DEM（⑦RSデータ）と照合したところ，確かにお椀型の窪地が確認できた。さらにSRTM-DEMを利用してこの地域の3D地形モデルを作成したところ，上記の窪地に隣接する形での溝状地形が確認できた。以上の点からこの地点および溝状地形を黄河の古河道であると特定した。

　この3D地形モデルをさらに精査したところ，この溝状地形が濮陽〜滑県間において複数ラインが錯綜していることが判明した。このライン群に対して考古学でいうところの「切り合い関

係」を利用して河道の前後関係を類推し，前漢河道を特定した。

濮陽市には春秋時代の城市である「戚城」の城壁が「戚城公園」として整備・保護されている。ここで何冊かの資料を購入した。そのなかの『濮陽地名』［王培勤 2002a］という資料（⑥在地研究者の発行した研究書）を見たところ，上記の黒龍潭および宣房宮遺跡の関係性を指摘していた。さらに『太平寰宇記』のわずかな記述から，従来知られていなかった東魏期の県城移転および移転以前の前漢県城の位置を特定していた。これらの記述および 2006 年に発掘調査が行われた濮陽市高城遺跡から，濮陽県城の移転経緯をまとめることに成功した。

さらに濮陽市の北側に位置する清豊県にて頓丘故城を訪れた際に，墓碑に刻まれた「東接古河，西臨廣陌，前望潭泉邑，北臨横路連堤」という一文を確認した（⑤現地の碑文等金石情報）。この情報を用いて Landsat5 TM から河道痕を抽出した「河道痕図」（⑦ RS データ）と比較照合し，濮陽以北の河道を特定した。

以上のように複数の情報を照合・検討し，河南省滑県〜濮陽市〜南楽県に至る範囲の前漢黄河の古河道を特定した[20]。次章以降では，黄河下流平原を 5 地域に区分して 2004 年〜2008 年にかけて行った現地調査を紹介する。

注

1) 南皮県を含めた滄州地域の調査記録は補論第 4 章を参照。

2) 『水経注』の本文に当たる「経文」の「又東北過南皮県西」では「南皮県」だが，注釈部にあたる「注文」では「南皮県故城」とある。『水経注』の成立した北魏またはその前後に県城が移転したものと思われる。

3) この他，同じく後漢末に曹操が南皮県で雉を射たという雉が『太平御覧』に見える。同様の記事が『太平寰宇記』にも見られるが，こちらでは五官中郎将すなわち曹操の息子・曹丕が射たことになっている。『後漢書』『三国志』等に同種の記述は見えず，詳細は不明である。

「魏志曰，太祖才力絶人，於南皮一日射雉，獲六十三頭。」（『太平御覧』羽族部・射雉）

「魏書云，文帝為五官中郎将，射雉于南皮。」（『太平寰宇記』河北道・滄州）

4) 『大清会典』によれば「以営造尺起度，五尺為歩，三百六十歩為里」とある。営造尺は羅福頤『伝世歴代古尺図録』の数値を引いて 32 cmとし，清代の里程を以下のように算出した。

1 歩＝1.6 m（5 尺）；1 里＝576 m（360 歩）

5) 現地調査に使用する地図について，詳しくは第 1 部第 3 章第 2 節「地図資料」を参照。

6) 「中国分省系列地図冊」のうち，本書に関わる現地調査の際に使用したのは以下の 3 種類である。なお 2000 年代に入って中国各地で高速道等の建設が盛んに進められており，変化が著しい。そのため，この分省系列地図冊は毎年のように更新版が発行されている。以下は 2008 年 9 月の平原調査時に使用したものである。

『河北省地図冊』星球地図出版社，2007 年

『河南省地図冊』中国地図出版社，2006 年第 2 版

『山東省地図冊』山東省地図出版社，2008 年

7) 1989 年に刊行された広東分冊を皮切りに，省別の文物地図集が以後続々と刊行されている。本研究

にて利用したのは主に河南分冊［国家文物局編 1991］である。なお 2007 年に訪れた河北省滄州市，および 2008 年に訪れた山東省平原県等で伺った話によれば，この文物地図冊を作製するために各市文物局・各県文管処に通達がなされ，過去の膨大な発掘資料（公表されていない資料を含めて）をすべて整理するという作業を行っているという。実際，この整理作業を行うために遺跡の再調査を行い，新たな成果が生じたという例も少なくない。今後の整理作業に期待がもてる。

8)　台湾・中央研究院郭廷以図書館所蔵の「一万分之一黄河下游地形図」については中村威也に詳しい［中村威也 2007］。なおマイクロフィルムにて所蔵されている本地図は未整理の状態のまま順不同で収録されており，目録等は存在しない。早急な整理および目録公開が切に望まれる。

9)　中央研究院の整理番号「R/3 116-36-8-18」図に「博平旧城基」の記述が見られる（本書第 1 部第 3 章第 2 節「地図資料」参照）。博平故城は新修『荏平県志』によれば現在の荏平県王菜瓜村西に位置する。旧城基の東南に「王菜荘」という地名が確認できるので，これが現在の王菜瓜村か。なおこの地域は 2008 年 9 月に現地調査を行い，該当地点にも立ち寄った。しかし残念ながら現地文管処の協力を得られなかったため，立ち寄った個所がはたして「博平旧城基」だったかどうかは確認できなかった（該当個所を含む山東省西部調査については補論第 5 章を参照）。

10)　地名やランドマークからの検索も可能。なお中国におけるインターネット検索の最大手である「百度」の地図サービスはこの mapbar から情報提供を受けており，百度地図検索でも同様のサービスを受けられる。

　　　mapbar（http://www.mapbar.com）

　　　百度地図検索（http://map.baidu.com）

　　　ただし道路については「mapbar」には情報が少ない。国道クラスの大道がカバーされているのみで郷・鎮・村間の移動経路を知りうるのは難しく，この情報だけで現地へ行くのは不可能である。やはり以前と同様に現地の文管処の方々に依頼する以外にたどり着く方法はない。

11)　中国における文物管理機構は国家文物局を頂点として，各省に文物局が設置される。以下，行政区分や遺跡単位に対して文物局または文物管理処が設置されるが，地域によって差異が見られる。筆者が主に調査を実施した河北・山東・河南 3 省では，市クラスには文物局，郷・鎮以下に文物管理処が設置されている例が多く見られた。

12)　正確には中国側大学の協力者を通じて，現地文物局等との連絡・交渉を依頼した。本研究では 2004 年・2005 年の調査では山東大学考古系の欒豊実教授に，2006 年〜2008 年の調査では復旦大学歴史地理研究中心の葛剣雄・満志敏両教授に現地との連絡，見学に関する依頼や交渉を依頼した。

13)　2007 年 8 月に行った河北省滄州市の現地調査（詳細は補論第 4 章を参照）では，同行していただいた滄州市文物局の鄭志利氏は案内を依頼した遺跡に関する発掘報告書（『文物』『考古』等に掲載する発掘報告ではなく，現場で作製した生の発掘情報）などを含めた膨大な情報を持参し，各遺跡を回る際にはそれらの資料を駆使して案内していただいた。

14)　2004 年 3 月に，河南省濮陽市を中心とした地域の調査を行った。詳細は補論第 2 章を参照。

15)　2005 年 3 月の河北省館陶県・大名県調査については補論第 3 章を参照。沙地をキーとした解析および河道の特定については第 2 部第 2 章を参照。

16)　河南省清豊県の頓丘故城碑には，唐代の県城と古河道（前漢黄河と思われる）との位置関係が記されていた。詳細は第 2 部第 1 章参照。

17)　2004 年 3 月の濮陽調査では王培勤『濮陽春秋』『濮陽地名』［王培勤 2001a・2002a］，2005 年 3 月の

242   補論　現地調査記

館陶県・大名県調査では劉士亭編著『館陶古代名勝名人名文』［劉士亭 2003］などを収集した。在地で
あることの地の利を活かした独自の考察を展開しており，有益な情報を与えてくれた。

18)　ここではあくまで河道特定手順として概略を挙げるにとどめた。詳細な検討・特定については第 2
部各章を参照。

19)　このような地形を災害考古学では「押（落）堀」という。詳細は第 2 部第 1 章や第 2 部第 5 章等を
参照。

20)　ここで挙げた手順はあくまで 1 例であり，地域が異なれば別の検討方法を考慮することになる。各
地域での検討手順については第 2 部各章を参照。

第2章　調査記Ⅰ　河南省滑県〜濮陽市〜南楽県

はじめに

　本章は，2004年3月に行った現地調査に関する報告である。この現地調査の目的は，表題にあるように黄河古河道の復元である。

　中国の長い歴史のなかで，黄河は幾度にもわたって河道を変えている。『黄淮海平原歴史地理』によれば，黄河の決壊は文献に残るだけでも数千回に及び，そのなかでも改道に至る大規模なものは7回あったとされる［鄒逸麟1993］[1]。ここでは，歴代河道のなかでまず最初に改道が発生したとされる周定王5年（BC602）に始まり，新王莽始建国3年（AD11）の水災を経て後漢初期に王景の治水によって安定するまでの河道，文献で見るところの秦〜前漢期における黄河古河道の復元を試みる。

　広大な黄河下流平原のなかからまず最初のサンプルとして，河南省濮陽市を中心とした地域の現地調査を行った（図1Ⓐ）。

1　文献記録と現地調査

　黄河古河道復元研究の一環として現地調査を行うには，主に2つの理由がある。ひとつは，古代城市遺跡の厳密な位置を確認することである[2]。前漢期の河道は，基本的に『史記』『漢書』などの正史および『水経注』の「大河故瀆」の記述に拠るが，正史には直接河道の位置は記されていない。決壊などの河川関連記事において，決壊地点を示すために近隣の県名がわずかに記されるのみである。『水経注』の記述は正史よりも詳しく，河の流れている近隣の県を順番に記すという方式を採

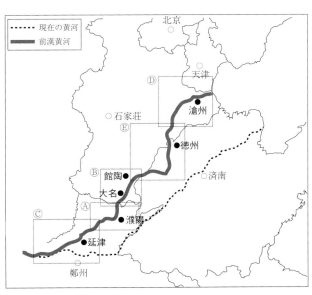

図1　調査範囲

244 補論 現地調査記

っている。これらの記述はすべて文献が記述された当時の城市を基準として記されているため，文献の記述から河道を復元するには，まず現在の地図上において当時の城市位置を特定する必要がある[3]。この位置特定には，城市遺跡を利用する。

　城市遺跡の位置を知るには『濮陽県志』『清豊県志』『滑県志』[4]など現代に作成された，いわゆる「新修地方志」を活用する。これらの資料と『水経注図』などの資料を合わせて検討することで，古代城市の位置をある程度確定することは可能だが，RS データと重ね合わせるには残念ながら精度が足りない。他にも現在の地図に遺跡の位置を重ね合わせた『中国文物地図集』河南分冊［国家文物局 1991］などが存在するが，それでもまだ情報が不足している。中国で作成されたこれらの書籍では，近代測量技術を使って地図を作成しているが，RS データと重ねると遺跡の位置がずれる場合が多い。これは作成した地図と RS データとの投影図法の違いによる場合もあるのだが，そのまま RS データとの位置合わせに使用するのは問題がある。そのため最終的には現地へ赴いて目的の遺跡地点を地図上にプロットする必要がある[5]。

　現地調査を行うもうひとつの理由は，現在の地形状況の確認である。『中華人民共和国国家自然地図集』［国家地図集編纂委員会 1999］などの地形図と RS データを重ねることで，地形状況をある程度想定することは可能だが，その手法が使えるのは主に起伏の大きな山岳地帯である。本研究で対象とするのは平坦な地形が広がる黄河下流平原であり，この手法は採れない。やはり最終的には現地にて確認を行う必要がある。

　古代の黄河河道を復元するために文献資料だけでなく現地調査の結果を合わせるという手法の研究には，すでに史念海という先例がある。史は譚其驤と同様に文献資料をベースにしているが，それに加えて河南省滑県周辺を対象とした現地調査を行った。この調査結果と文献資料の両面から検討し，滑県の北側を走っていたと思われる「禹河」の河道を地形に沿った形で推測している［史念海 1984］。

　史の調査対象とした滑県と隣の濮陽市にまで連なる地帯は，徐海亮によれば「滑澶段」と呼ばれ，周辺から一段上がった台地状の地形となっている［徐海亮 1986］。台地といっても周辺との高度差は 1〜数 m ときわめて少なく，その段差は地図の等高線を見ていただけでは把握できない。やはり現地へ赴いて地表面を肉眼で見る必要がある。滑澶段は禹河および漢代黄河の堆積物によって形成された堤防の名残であり，ピーク時には段差が 10 数 m に達したと推測される。現在ほぼ平坦な地形となっているのは，宋代以降の幾度にもわたる黄河氾濫によって表層が削り取られて滑らかになったためであろう。

2 前漢黄河と城市位置

　濮陽周辺において『史記』『漢書』の記述に基づいて漢代黄河の河道を特定するためには，まず濮陽・戚城の 2 点の位置を特定する必要がある。しかしこの 2 点だけでは，濮陽一帯の河道を特定するには足りない。『水経注』によれば，濮陽の北側にはさらに戚城・繁陽・陰安・楽昌・

平邑，西側には黎陽県が位置していたとある[6]（すべて北魏以前の地名）。これらの城市の位置を特定することで，滑県〜濮陽〜南楽（現在の地名）に及ぶ地域での前漢河道の位置を確認することが可能となる。さらに城市ではないが，前漢武帝期に起きたとされる「瓠子河決」[7]の決壊ポイントである瓠子，または決壊を塞いだ地点の脇に建てられたと言われる宣房宮が挙げられる。これらの黄河決壊に関連する遺跡は，そのまま前漢河道の位

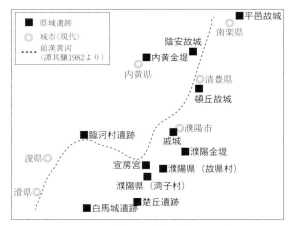

図2　前漢黄河と遺跡（濮陽周辺）

置と考えられる。今回の調査では，これら前漢やそれ以降の城市遺跡および黄河関連遺跡を主に調査した（図2）。

現地では孫徳萱（元濮陽県河務局）および濮陽・清豊・南楽・滑県各県の文物局・文物管理処の方々に案内していただき，「重点文物保護単位」として認められる石碑の立つ場所，およびその周辺にある関連遺跡を訪れた。

なお前漢期の城市遺跡はそのほとんどがすでに消滅しており，城壁等の遺構が残存していることは稀である。現地を訪れても正確な位置を確認できないため，城市の位置はおおむねこれらの石碑に従うこととした。これら遺跡・石碑の位置を現地地図と照合して遺跡地図を作成した。以下に，本調査で訪れた地点を紹介する。

1　戚城——城壁遺構の貝殻——

戚城遺跡には，周囲を取り囲む城壁が当時の形で残っている。この城壁の西側部分をつぶさに観察すると，小さな貝殻がいくつも見つかった。それも表層だけではない。軽く掘り返してみただけでもかなりの量が見つかった。これにはいくつかの原因が考えられるだろう。まずは，戚城の建造当時に版築城壁の材料として河砂を使った可能性がある。他にも建造当初ではなく城壁の補修時に紛れ込んだ可能性や，洪水などの水災によって運ばれてきた可能性などが挙げられる。

この戚城は，春秋時代の城壁が現在でも原形をとどめた形で残っている，中国でも有数の遺跡である。一説によると戚という地名は甲骨文にも登場し，商王朝の近畿にある邑が起源とされる[8]。郭用和によれば，城壁自体は衛成公6年（BC629）に衛の都が楚丘から帝丘（漢代濮陽県と同位置とされる）に移転した頃に，帝丘の北側の守りとして置かれた際に建造されたと考えられる［郭用和2000］。また『左伝』によれば，戚城は春秋時代・衛国の有力貴族である孫氏の居城であり，計7回の会盟が行われた重要な邑であったとされる[9]。しかし漢代になると『史記』の「戚，（高祖）十二年（BC195）十二月癸卯，囲侯季必元年」[10]という記録を最後に，文献には登場しなくなる。戚城は濮陽県城の北約25kmに位置し，現在では濮陽の新市街内にあたる。濮陽

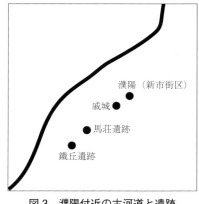

図3　濮陽付近の古河道と遺跡

県および頓丘県ときわめて近いという立地から県として立てられなかったと考えられる[11]。

これらの貝殻は，1番目の建造当時に紛れ込んだ可能性が最も高い。戚城が建造された正確な時期は不明だが，前述したように『左伝』に登場する時期を考慮すると春秋前期と考えられる。その頃黄河はまだ「禹河」と呼ばれる歴代河道中で最も西側の地域（滑県から北へ直進し，湯陰・安陽へと抜けるルート）を流れており，戚城の付近ではなかった。その後，周定王5年（BC602）に黄河の変動が起こり，濮陽を経由して戚城の西側を流れる前漢期の河道となった。さらにこれらの貝殻は西壁から集中的に見つかった。他の三方からも多少見つかったが，西壁の比ではない。孫氏にこの戚城および別の日に赴いた馬荘・鉄丘両遺跡[12]と漢代黄河との位置関係を図示していただいたところ[13]，前漢黄河は戚城遺跡をはじめとしたこれら遺跡の西側約1kmの地点を南北に流れていたという（図3）。貝殻との関連は不明だが，この相関は興味深いものである。

2　宣房宮遺址と「瓠子」──SRTM-DEMにみる──

『史記』河渠書に記述のある「瓠子河決」は，前漢最盛期である武帝の時代に起きた黄河の決壊であり，前漢期の黄河河道を確定するための最も重要な要素のひとつとされる。しかしこの決壊地点である「瓠子」，そして堤防の上に築いたとされる宣房宮遺跡に関しては，永らく位置が不明であった。『中国文物地図集』河南分冊および新修『濮陽県志』にも図示されておらず，現在のどこに位置するのかが不明であった。しかし今回の現地調査によって，この2点の場所をほぼ確定できた[14]。

現地は高速道路建設予定地となったために急遽発掘されたらしく[15]，訪問時すでに発掘は完了していたのだがトレンチがそのままとなっていた。発掘現場を見ると，地表から5m近く掘り下げた底面部に古代の河床と思われる砂地層が露出していた（写真1）。孫氏によれば，ここからは堤防を築いたときのものと思われる木杭と一緒に竹も出土したという[16]。これは『漢書』巻二九・溝洫志の「是時東郡焼草，以故薪柴少。而下淇園之竹，以為楗」という記述と一致する。ここから，ここが前漢武帝期に決壊した「瓠子」であると推測できる。

この地点が「瓠子」であるとするもうひとつの根拠が，地形的特徴である。前述したよ

写真1　宣房宮遺跡

うに，濮陽一帯は幾度にもわたる水害によって地表面は洗い流され，また長年にわたる農業活動によって地表面が均され，目視で凹凸を確認することはきわめて困難である。現にこの発掘地点の周辺はほとんど農地になっており，発掘地点および宣房宮の基壇遺跡と思われる盛り上がり部分以外には，見渡す限り平坦な土地が広がっていた。そこで，視点を変えてDEMを利用してみた[17]。

DEMは，地図ソフト上で扱うことで各地点の標高が瞬時に判明する便利なデータである。しかしDEMの利点はこれだけではない。

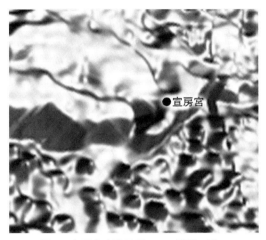

図4　宣房宮遺跡周辺の3D地形モデル

「BRYCE」[18]などの3D地形ソフトで扱うことで，現実の地形に対してある特定の方向（縦・横・高さ）の強調を掛けた3D地形モデルの作成が可能ともなる。そこでこのSRTM-DEMを利用して，高さ方向を数10倍に強調した3D地形モデルを作成した（図4）。

この3D地形モデルを見ると，宣房宮遺跡の南西方向に大きな窪みが存在することがわかる。現在では宣房宮遺跡の南側は広大な農地となっていたが，孫氏によれば数年前まで「黒龍潭」と呼ばれる淵が存在していたと言う[19]。

「瓠」という字には，「ひさご（瓢箪）」または「つぼ」という意味がある。つまり口部が長く引き伸ばされた楕円形状の容器を指す。ここから転じてひさごやつぼに似た形状の地形，具体的に言えば山間部にときおり存在するくぼ地，入り口は狭いが谷の中に入ると開けた空間が存在する，そんな地形を指すことになる。この黒龍潭の形状を詳しく見ると，前漢黄河とつながる北側は狭くくびれ，南に進むと広く開けている。これは瓠という字義と合致する形状をなしている。漢代の人々はこのような形状を見て，「瓠子」という地名を付けたのだろうか。

3　2つの濮陽城

漢代の濮陽城は，新修『濮陽県志』によれば濮陽の旧市街からさらに南の子岸郷故県村という所にある[20]。漢代濮陽城は，漢代黄河の至近に位置したことが正史の記述から読み取れる数少ない場所であり，黄河の前漢河道を確定するためには不可欠な地点である[21]。今回の調査で案内していただいた場所はこの故県村で，「故県」と刻まれた石碑には新修『濮陽県志』の記述とほぼ同内容の文章が載っている。

しかし王培勤は別の説を提示している。王は『魏書』および『北史』の「東濮陽」，『隋書』の「西濮陽」という記述[22]から，北魏以降に濮陽が2ヵ所あったと考える。そこから『太平寰宇記』巻五七・河北道六の「魏天平三年（536），移濮陽県于此」という記述と合わせて濮陽城は南北朝期に移転しているという説を導き出し，この故県を移転後の城市であると結論づけている。では

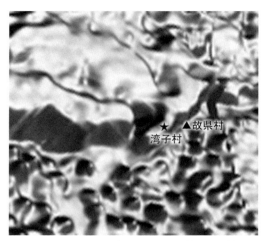

図5　3D地形モデルにみる湾子村と故県村

漢代濮陽城はどこにあったのか。王説では金堤河の北側に位置する新習郷湾子村であるとしている［王培勤2001b］。

銭大昕は『魏書』の「東濮陽」を1つの地名とせずに2つに分け，「東（郡）」と「濮陽」の2ヵ所の地名を示すとしている[23]。新修『濮陽県志』においては，「大事記」の項では北朝期の城市移転に関しては触れておらず，「県城」の項では前述したように故県村（子岸郷）を漢代濮陽城としている。『中国文物地図集』河南分冊の「濮陽県」地図でも同様である［国家文物局1991］。このように漢代濮陽城は故県村であるとの説が多い。しかし湾子村でなかったとする積極的な証拠も見いだせない。例えば清光緒『開州志』では「在州治西南二十里，漢旧県」としており，距離と方角を勘案すると位置的には故県も湾子村もおおむね合致することになる。

SRTM-DEMに基づく3D地形モデルを見ると，故県村は滑澶段ではなく下の平原地帯に位置している（図5）。対して湾子村は金堤河を挟んで北側にあり，滑澶段の上に位置している（金堤河は滑澶段の南縁，つまり平原地帯を流れている）。『史記』巻八・高祖本紀に「秦軍復振，守濮陽環水」とあり，『集解』では「文穎曰，決水以自環，守為固也」，『正義』は「按，其濮陽県北臨黄河。言，秦軍北阻黄河，南鑿溝引黄河水，環繞作壁塁為固。楚軍乃去」と注釈をつけている。この記述どおりであれば，濮陽城は平原地帯ではなく滑澶段の上に位置するほうが望ましい。平原地帯まで黄河の水を引いては，そのまま決壊してしまう危険性が非常に高いためである。現に武帝期の「瓠子河決」では，黄河の水が平原地帯へと達したことで，「淮・泗に通ず」[24]と称される未曾有の被害に至ったという事例が存在する。相応の設備を整えたうえで水を引けば決壊は防げるかもしれないが，すでに楚軍が至近に迫っている状態において大規模な工事を行ったとは考えがたい。

またこの「瓠子河決」自体も考慮する必要がある。「瓠子」の地点から見て故県村は東南に位置するが，この位置では問題がある。先に引用した『史記』河渠書には「東南して鉅野に注ぎ」とあるため，故県村では「瓠子河決」の時点で水没もしくは何らかの被害に遭ったと考えられる。しかし『史記』『漢書』ともに関連する記述は見いだせない。小規模な決壊であれば記録に残らなくとも不思議ではないが，この決壊は以後20余年にわたって被害は残り続けたと記録に残るほどの大災害であったので，まったく記述が残っていないとは考えられない。やはり濮陽（漢代）は「瓠子河決」においては被害に遭わなかったと考えるのが妥当であろう。

以上の点を考慮すると，漢代の濮陽県は滑澶段の上に位置していたと思われる。本章では仮に湾子村を漢代濮陽県であるとした。

写真2　濮陽金堤

写真3　コンクリート製の舟

4　金堤（隄）——水害に対する意識——

　金堤とは，黄河の氾濫を防ぐために構築された古代の堤防である。そのため，黄河が曾て流れていた河南省北部から河北省の各地に，この金堤と呼ばれた箇所が存在する。濮陽の南側にはこの金堤が現在も残っており，漢代のものと言われている[25]。この堤防は高さ約10m[26]，長さは数kmにも及ぶ巨大なものである。現在はそばに河川は流れておらず，堤の周辺はすべて農地となっていた。下に降りて堤防を見上げてみると，その巨大さに圧倒される（写真2）。このような巨大な建造物を数kmにもわたって作り上げる労力も恐れ入るが，それにもまして驚くのは，このような人工物を作らざるを得ないほどの恐怖があったという事実である。

写真4　白馬牆村入口（掘下部）

　古代において黄河がひとたび決壊すると，近隣諸県を巻き込む惨事となっていたことは『史記』『漢書』などに散見されるとおりである。そのなかでも最大規模とされるのは，前漢武帝期に起きた「瓠子河決」である。この決壊は元光3年（BC132）に起き，遠く淮水・泗水にまで至ったとされる。中央政府はこの大惨事に対して20余年にわたって有効な打開策をなし得ず，元封3年（BC108）に至ってようやく武帝が乗り出し，「天子乃使汲仁・郭昌発卒数万人，塞瓠子決」[27]という事態になるのである。このときの状況を「老弱奔走，恐水大決為害」[28]と表現していることから，当時の人々の水害に対する非常な恐れを読み取れる。

　水害に対する恐怖は，古代も現代も変わらない。濮陽金堤の近くには，現在では金堤河という河が流れているものの規模は非常に小さく，漢代黄河のような巨大河川が流れているわけではない。それでも専門の部局（濮陽県金堤局）が金堤上に設置され，水害に備えて不断のメンテナンスがなされている。現在の黄河氾濫に備えているのだろうか。

　この水害に対する危機意識は，巨大水利施設だけにとどまらない。濮陽周辺に散在する村の各

写真5　内黄金堤跡

所に据え置かれたコンクリート製の船[29]，さらに村の周りをぐるりと囲む濠状の地形（写真3，4）。それも1ヵ所だけでなく複数の村落においてこの2点を見かけた。万が一黄河が溢れ，村にまで洪水が襲ってきたときの対処用であろうか。しかしこれらの村落は，現在の黄河から30 kmは離れている。清代中期に頻発した黄河（北流）決壊の恐怖が，彼らをしてこのような対処をさせているのだろうか[30]。

　この濮陽金堤は，今回実見したごくわずかの範囲においても，コンクリートや岩石などを組み合わせた非常に手の込んだ構造物を随所に設置しており，素人目に見ても洪水に対する堅牢性を十分に備えていると感じさせられる。しかし，残念ながら本書の検討対象である前漢黄河の堤防ではない。その位置から，おそらくは後漢期のいわゆる「王景河」に対して構築された堤防だと推測できる[31]。金堤はここ1ヵ所だけではなく，他にも存在する。今回の調査では，そのなかでも内黄県の金堤を確認してきた。こちらは現在の沙河西畔を南北に走っているが，そのほとんどは近代になって再構築されたものであり，古代からのものはほとんど残っていない。わずかに残る堤防遺跡を観察したところ，高さは3 m前後と，前述の濮陽金堤よりもかなり低い。こちらの金堤は，位置から考えると前漢ではなく宋代以降のものであろう（写真5）。

　このように金堤は随所に存在し，また漢代以降においても頻繁に堤防が構築されたため，「金堤」という名前がすなわち漢代の堤防を指しているとは言いがたい。現に今回の2ヵ所は両方とも前漢河道とは無関係であった。しかしこれをもってすべての金堤が前漢河道とは無縁であるとは断定できない。

　明清期の地方志や『嘉慶重修一統志』，『読史方輿紀要』などの地理書には，他県においても何箇所か金堤と呼ばれる堤防に関する記述が存在する[32]。このなかには，前漢河道の経由地と思われる場所と一致するものも少なくない。『史記』『漢書』『水経注』などと比較し，これら地方志や地理書の金堤に関する記述のなかから，前漢河道と関連する箇所を選別する必要がある。

5　頓丘・陰安——石碑と古木——

　濮陽から道路沿いに真北へ10 kmほど進むと，頓丘故城碑がある（写真6）。ここは春秋期には衛国の邑であり，後漢末期には曹操が県令として着任した[33]こともある。濮陽に隣接する県として長く続いた場所である。しかし文献を見ると，故城の位置に関する記述はかなり混乱している。例えば唐代には澶州の治所が置かれたとあるが，澶州は宋代には濮陽の西側に位置したともある[34]。さらに『括地志』には威城の西30里にあるとしている[35]が，これでは現在の内黄県との県境付近となる。この故城の位置について文献記録と比較して詳細な位置比定を行わなければな

らないが，文献との比較作業は別稿に置き，本章では頓丘城遺址碑の位置を仮に漢代頓丘城とした。

頓丘城遺址の石碑は濮陽から北に伸びる国道沿いにある。ここは故城村と称するように，昔から城があったと言われる場所である。案内していただいた清豊県文管所の方によれば，故城の基壇は近代まで存在したが（故城碑の北約1km），残念ながら数年前に工場が建ってしまったとのことである。

写真6　頓丘城遺址碑（河南省清豊県）

この石碑には近隣から出土したとされる唐代墓誌の文面の一部が刻まれていたが，そのなかに「東接古河，西臨広陌，前望澶泉邑，北臨横路連堤」という興味深い一文があった。墓を建てた場所の記述である。このなかの「古河」とは唐代における古河，つまり後漢期に移動する前の前漢黄河であると推測できる。「澶泉」は本来「澶淵（濮陽付近とされるが，詳しい位置は不明）」という地名であり，この墓誌が立てられた唐代の高祖・李淵の諱を避けたものである。つまりこの墓を建てた場所は，東側に前漢河道，西側に「広陌（広い道を指す）」，南側に「澶淵」，北側に「連堤」[36]という配置であったのだと推測できる。譚其驤によれば黄河は後漢～唐代においてはある程度安定したと言われており，前漢河道（＝古河）と唐代河道の位置関係は後漢期のものとほとんど変化していない［譚其驤 1962］。そのため，このような唐代の墓誌資料も今後は河道判定の素材として使用できるのではないだろうか。

陰安は，石碑では古城遺跡と称されている。これは遺跡の出土地点が古城集という地名であることにもよるが，古代から現在に至るまでに複数の名称の県が設置されたためである。石碑によれば漢代には陰安県，宋代には徳清軍，そして清代には清豊県という名称の変遷があった[37]。この近辺は五代には遼，北宋末期には金といったように北方遊牧民族の中原への侵入地点であったために軍の直轄地となったことや，また宋代に頻発した黄河の氾濫によって，そのたびに県治所が変化したなどの理由が考えられる。

当地の文物局の方が集落の奥へと我々を導き，1本の古木を見せてくれた。現地の老人によると，この木は古代城市の庭にあったものだと言う（時代および城市の名称は不明）。木自体はこの近辺でよく見る種類のものであり，どう見ても10数年程度のものである。この伝承が成立し，現在に伝わるまでにどのような経緯があったのか詳細は不明である。

6　白馬・臨河——地下の砂地層——

調査の最終日には，濮陽県の西側に位置する白馬城遺跡および臨河村遺跡へと赴いた。

白馬城遺跡は，現在でも白馬牆村として名前が残っている。『史記』『漢書』に「白馬津」という記述が見られる[38]ように，古代より黄河の渡し場があったとされる場所である。しかし『明一

統志』によれば，この白馬津はもう1つの渡し場である黎陽津と同一であるとされている[39]。『中国文物地図集』河南分冊によれば黎陽津は浚県城関郷角場営村の近くにあり，もし白馬津＝黎陽津であれば，前漢黄河は白馬牆村からは少し離れることになる。

　一方，臨河は隋代に設置された県であるため[40]，北魏に成立したとされる『水経注』には記述が存在しない。しかし県名が「河に臨む」とあることから，何らかのかたちで黄河と関わりをもつ場所であることは想像に難くない。滑県〜濮陽県の間においては五代期に再び大変動が始まるまで，黄河河道はある程度安定していたと言われる。今回の調査では，臨河県が設置された隋・唐代においては，滑県〜濮陽に至る河道は前漢期と大幅に変わっていないと考え，調査地点に加えた。

　白馬城遺跡は村の一番奥にあり，石碑と廟（元君廟）が建てられていた。掘り下げられた遺構が現存しており，その底部には砂地層が見られる。臨河村遺跡もまた同様に，村の奥に残る遺構の底には砂地層が見られた。このような砂地層は，今回訪れた箇所のなかでは他に宣房宮遺跡にて確認できた（写真7，8）。しかし白馬・臨河・宣房宮遺跡の3点はほぼ正三角形状に位置しており，1つの流れで収めることは不可能である。

　3D地形モデルと重ね合わせたところ，白馬城遺跡は滑澶段から外れることがわかった。滑澶段が古代黄河の河岸段丘であることを考えると，白馬城遺跡の砂地層は他2ヵ所とは別の要因で形成されたものと考えるべきであろう。

　これら地下から露出している砂地層は，古代に流れていた河において，底に堆積した河床または周辺に形成された河岸段丘の痕跡だと思われる。つまりこの砂地層が見つかれば，その箇所は古代に河川が流れていた可能性が高いと考えられる。今までの研究においても衛星画像上でこの砂地層を探すことが主な目的だったので，実際に確認できたということは今回の現地調査における大きい収穫である。

　しかしこれら砂地層を確認する方法にも問題はある。今回の3ヵ所はいずれも発掘調査や掘り下げなどで露出しており，砂地層を確認できたのは偶然にすぎない。他の地点でも同様に露出した状態で確認できる可能性は非常に低いと思われるため，本格的に調査を行うにはボーリングな

写真7　砂地層（臨河村遺址）

写真8　砂地層（宣房宮遺址）

どの地質調査が必要であろう。

またこの砂地層が，はたしてどの時代に該当するのかという問題がある。白馬牆村の砂地層には，その上方に竈跡が見られた（写真9）。現地の文物局の方によれば，この竈跡は明代以降のものだという。つまりこの竈跡より下層に位置する砂地層は明代以前であることが確定する。周辺の考古遺物をつぶさに調査することで，より精細な年代比定を行うことも不可能ではなかろう。このように考古遺物が存在する場合は，考古学の層位序列などの年代比定が可能だが，遺物が出土しない箇所での比定は困難である。砂地層のなかには貝殻など水棲生物の遺骸や木片などが存在することが多いので，これらを利用して年代測定を行うことは可能だろうか[41]。

写真9　明代の竈跡（白馬牆村）

3　古河道の現状

　白馬牆村からさらに西へ向かって滑県・浚県へ行く途上，孫氏が突然車を停めた。辺りには工場や民家があるばかりで，特に目立ったものは何も見当たらない。なぜここで停めたのかと尋ねると，実はここが前漢黄河の河道だった場所だと言う。建物がまばらに建つばかりで，あとは一面農地以外目につかないような場所である。半信半疑ながら念のため地図上にポイントし，早々に次の目的地へと向かった。帰国後にRSデータと重ね合わせたところ，孫氏の示した場所が確かに古河道のラインと重なっていたことが確認できた[42]。

　他にも何箇所か古河道だと思われる個所を通ったが，そのほとんどが先ほどと同様に一面農地であり，または民家が立ち並ぶ住宅地，何もない荒地などであって，地表を見る限りでは古河道とは到底思えない場所であった。やはり2000年の時は永く，古河道の痕跡は五代〜宋，清代に繰り返し起こった水害によってすべて洗い流されてしまったのであろう。

　このような状況であるため，現在の地表を表面的に観察するだけで唐代以前の河道を読み取ることは困難である。現時点で地表に露出している古河道（と想定される砂地）は内黄県をはじめとして何ヵ所かで確認できたが，内黄県の砂地は『宋史』などから推測するにおそらく北宋期の河道であろう[43]（写真10）。

　しかし一方で興味深い研究がある。呉忱などによれば，黄河古河道を含む黄河下流平原では農地や集落などの分布が一様ではなく，実際には一部の領域に偏っている。この偏る地域をつなげると，かつて黄河（または関連する河川）が流れていた場所になるという［呉忱ほか1991d］。一見したところ砂地層は痩せた土壌だと思われがちだが，他の土壌よりも水分を保持する帯水性が高い。そのため，地表面に充分な土壌層があれば他の地域よりも作物が育ちやすい場合もある。

写真10　内黄古河道

また井戸を掘ることで飲用水も容易に確保できるという利点もある。つまり黄河下流平原の人々は豊かな土地を探し求めてさまざまに広がったが，結果として彼らは自然に住みやすい古河道の地帯を選んでいたということである。このこともまた古河道を復元するための例証として使うことができるか。

4　RSデータとの差異

　現地については以前から衛星画像を使って地表面の状況を観察していたが，やはり現地に赴いて直接見るのとでは大きく違う。地表を見るだけで古河道と思われる場所を見いだすことにはかなりの困難があると感じたことは，すでに述べたとおりである。

　LandSat5 TMデータを手に入れて画像処理を行った当初においては，調査対象となる現地（黄河下流平原）へ赴いたこともなく，したがって現地がどのような状態にあるかもまったくの不明であった。この状態で画像処理の方式を確立したのだが，実際にはまったくの手探りであった。RSデータはそのまま利用するのではない。対象となる地点の地質条件を想定して各種処理を施すのである。今回は処理済画像から古河道と思われる地形を拾い上げるといった手順をとり，最終的に「河道痕図」を作成した[44]。このときは古河道の痕跡が少なからず地表面に残っているものと想定し，堤防様地形や溝状地形を重点的に拾い上げるにとどめることにした。結果として現在河川が流れている（黄河に限らず）場所を集中的に拾うこととなった。確かに黄河の古河道が現在も別の中小河川の河道となっている例は少なくない。しかし今回の現地調査においては，この例は見受けられなかった。

　3D地形モデルを見れば一目瞭然である。幾度にもわたる黄河の氾濫によって地表面が削り取られ，全体的にのっぺりとした形状となっている。今回調査対象とした滑澶段のようによほど深く刻まれていない限りは，古河道の痕跡を見いだすことは難しい。つまり現在の地形から古河道を見いだすことは，滑澶段のように特定の条件を備えた地形以外には困難であろう。

　今回調査した滑澶段において，3D地形モデルで河道痕が顕著に残っていることが確認できたのは，おそらく滑澶段自体が黄河の堆積段丘であるということに原因が考えられる。周辺よりも若干高くなっているこの形状は，現在の黄河が北東へと転じる地域，河南省范県～台前県付近においても見られる地形である。

　黄河はその流水に含まれる大量の土砂を河道の両脇に堆積し，自然堤防を形成しつづける。これは流水速度の落ちる河道の湾曲地点において，より顕著に見られる現象である。つまり滑県にて流れを東に変えた黄河は，その流れが再び北進する濮陽に至る間に流勢を落として，その周辺に自然堤防を形成したのであり，これが現在「滑澶段」と呼ばれる台地となったのであろう。こ

の自然堤防が形成されたことで，他の地域よりも明瞭に痕跡をとどめることとなったと考えられる。

　この条件を黄河下流平原の他の領域に求めることは，かなり難しい。今回の調査対象である濮陽から渤海に至るまでの河道は北北西の方角に向かって限りなく直進しており，自然堤防を形成する余地はないと思われる。他の地域にはその地域特有の条件があり，今回の調査対象においてはこの滑澶段と 3D 地形モデルを利用できたということである。他の地域を調査するに当たっては，今回の調査結果を踏まえたうえで，その地域の特徴を明らかにする方法を随時探りながら進めていく必要がある。

　なお本調査は，福武科学技術振興財団の研究助成を得て実施した。現地・濮陽地域でのさまざまな手配については山東大学東方考古研究中心の欒豊実教授に依頼した。現地では王建華（山東大学考古系博士後期課程在籍）に同行していただき，現地文物局等との折衝をお願いした。また本調査には鶴間和幸（学習院大学），市来弘志（学習院大学），濱川栄（早稲田高等学院）の 3 名にご同行いただいた（敬称略，所属は調査当時）。この他，現地でお会いした多くの方々にご協力いただき，本調査は完遂することができた。この場を借りて御礼を述べたい。

注

1)　歴史上の黄河決壊や改道について詳しくは第 1 部第 1 章を参照。

2)　文献資料の河道記述，および遺跡を利用した古代城市の位置確定については第 1 部第 3 章を参照。

3)　従来の研究では「県城」と表記されることが多いが，対象とするのはいわゆる行政単位上の“県”だけに限らない。本研究においては前漢以前の文献記述も利用するため，諸侯の封邑や春秋時代に県が成立する以前の邑や都市，より巨大な都城などの遺跡も対象としている。ここでは近年中国でも使用される傾向にある「城市」として表記を統一した。

4)　新修地方志に収録される地図の特性については第 1 部第 3 章第 2 節「地図資料」を参照。

5)　衛星画像のみで城市遺跡を見いだすことはかなり難しい。衛星画像は直上からの映像であり，よほど特徴的な平面形状をしていない限り見分けにくいためである。またこのとき使用したのは Landsat5 TM だが，この RS データは解像度が 30 m であり，最低でも 100 m 四方以上の大きさでないと判別できない。後述する「戚城」の城壁部分を視認することはできたが，その地点が遺跡だと知っていたからこその判別であり，知らない地点を見て城壁だと判別するのはかなり困難である。

6)　本調査の対象範囲に関する『水経注』の記述は第 2 部第 1 章を参照。

7)　「瓠子河決」について詳しくは第 1 部第 1 章および第 2 部第 1 章を参照。

8)　李学勤および鄭傑祥によると，甲骨文字の「𢆶」「𢆳」が戚に当たるとしている［李学勤 1985，鄭傑祥 1994］。

9)　第 1 部第 3 章第 1 節「文献資料」参照。

10)　『史記』巻一八・高祖功臣侯者年表。他に，『水経注』河水注に「漢高祖十二年，将軍李必を封じて戚侯と為す」という記述が見られる（第 2 部第 1 章を参照）。

11)　「戚」という地名は，他に『史記』高祖本紀にも見られる。しかし『括地志』によればこの「戚」は山東省にあり，今回調査した濮陽北側の地点とは異なるとしている。

「泗川守壮敗於薛，走至戚，沛公左司馬得泗川守壮，殺之。『正義』，『括地志』云，沂州臨沂県有漢戚県故城。地理志云，臨沂県属東海郡。」（『史記』巻八・高祖本紀）

「戚城」に関する記述は，時代が下って『旧五代史』および『宋史』にも見られる。これらは両方とも，北方からの遊牧民族の攻撃に際して河北側での最終防衛拠点として戚城が使われている。漢代以後は県としては立てられなかったが，戦略拠点として城郭は残されていたのだろうか。

「（貞明五年・919）辛卯，王瓚帥師至戚城，遇晋軍。交綏而退。」（『旧五代史』巻九・梁書・末帝本紀上）

「（龍徳元年・921）冬十月，北面招討使戴思遠攻徳勝寨之北城。晋人來援，思遠敗於戚城。」（『旧五代史』巻一〇・梁書・末帝本紀下）

12）『中国文物地図集』河南分冊によると，馬荘遺跡は龍山文化，鉄丘遺跡は新石器〜商周期にかけての遺跡とされる［国家文物局 1991］。鉄丘については『左伝』に記述が見られる［郭用和 2000c，王培勤 2001b］。

「甲戌，将戦，郵無恤御簡子，衞大子為右。登鉄上，望見鄭師衆，大子懼，自投于車下。杜注，鉄，丘名。」（『左伝』哀公二年伝）

13）孫氏によれば，黄河はこれらの遺跡を避けるように南西から北東方向に流れている（図3）。戚城の西側は住宅地となっており，その地形を確認できなかったが，馬荘・鉄丘の両遺跡は平地にあり，その西側はすべて農地として利用されていた。特に鉄丘遺跡は見渡す限り麦やとうもろこしなど畑地の中央に位置しており，石碑がなければまず判別はできないと思われる。しかし地名に「丘」が含まれている点や，戦場として使われた点などを考えると，少なくとも春秋〜戦国期においては小高い丘であったと推測できる。この周辺には他にも「丘」のつく地名がいくつか存在する。現在では SRTM-DEM などの地形データでもそのような起伏は判別できないが，それらは主に北宋期に頻発する黄河の氾濫によって削り取られたのだろうか。濮陽の東側には「鉄丘」など「丘」のついた地名が『左伝』に多く登場する。つまりこの一帯は他よりも一段高い地形であったと思われる。そのためほぼ真東を向いて流れてきた黄河は濮陽東側の丘陵地帯にぶつかり，これらの丘陵を迂回する形で河道を北へと変えたのだろう。

14）場所を特定したのは現地研究者の王培勤である［王培勤 2002b］。

15）この遺跡のあった地点には，黒竜江省大慶市と広東省広州市をつなぐ「大広高速公路」（河南段が2007年に開通）が通っている。

16）「（瓠子口）其址就在今濮陽県西南 10 公里後寨西北 1.5 公里，俗称黒龍潭。村民言，在打井 8 米下有木椿・竹竿・柴草，在高台土下已刨出木料。」［王培勤 2002b］

17）現在利用可能な DEM には，主流なものとしては GTOPO 30 および SRTM-DEM の 2 種類が存在する。本書で利用したのは後者である。DEM の種類や特性，本研究での使用法などは第 1 部第 3 章第 3 節を参照。

18）『BRYCE 7.0』DAZ Productions。仮想の 3D 地形画像を作成できるソフトウエア。DEM データを利用して，実在の地形を再現することも可能。

19）黒龍潭については，『嘉慶重修一統志』『開州志』（「開州」とは，金〜清代における濮陽の呼称）等に記述がある。

「黒龍潭　在開州西南。瓠子河口。大旱不竭，俗称龍湫。又有蓮花潭，在黒龍潭南三里，方五六頃。每秋水泛溢，則二潭相通。」（『嘉慶重修一統志』巻二二・大名府）

20) 「濮陽故城, 即漢時県城, 位于今濮陽県城西南 1.5 華里故県村一帯, 今属子岸郷。『郡県志』所記: "濮陽県（濮陽故城）東至濮州八十里"。距離相符, 也与『胡三省通鑑注』所説 "五代以前, 濮陽在河南"（当時, 黄河在今県城南門外）位置相符。遺址已被黄河淤没。」（新修『濮陽県志』第七編　文化・第六章　文物）

21)　濮陽付近の前漢河道については第 1 部第 3 章第 1 節「文献資料」を参照。

22)　東濮陽・西濮陽に関する記述は以下の 4 ヵ所。

「衛南　開皇十六年置。大業初廃, 西濮陽入焉。又有後魏平昌・長楽二県。後斉並廃。」（『隋書』巻三〇・地理志・東郡条）

「（天平元年・534）改相州刺史為司州牧, 魏郡太守為魏尹。徙鄴旧人西徑百里以居新遷之人, 分鄴置臨漳県, 以魏郡・林慮・広平・陽丘・汲郡・黎陽・東濮陽・清河・広宗等郡為皇畿。」（『魏書』巻一二・孝静帝紀）

「荘帝即位, 仮節・中堅将軍・東濮陽太守, 仮征虜将軍別将。」（『魏書』巻五六・崔巨倫伝）

「荘帝即位, 除東濮陽太守。」（『北史』巻三二・崔巨倫伝）

23)　前掲注 22 の『魏書』孝静帝紀, 東濮陽の箇所に関して, 銭大昕『廿二史考異』では以下のように解釈されている。同様に『北史』の項（巻三八）でも「東濮陽」には "郡" の一字が脱けているとしている。

「志亦無東濮陽,「東」下当脱「郡」字。志尚有北広平一郡, 紀亦脱之。」（『廿二史考異』巻二八・魏書・孝静紀）

24)　「今天子元光之中, 而河決於瓠子, 東南注鉅野, 通於淮・泗。」（『史記』巻二九・河渠書）

25)　新修『濮陽県志』では『大清一統志』を引き, この堤防を漢代からの古堤防が基になっているとしている。この記述自体は確かに前漢時代の河道を示しているが, 濮陽金堤はこの河道に沿っていない（『一統志』では濮陽から北へ流れる道だが, 濮陽金堤は濮陽から東へと流れる道を採っている）。おそらく後漢期に王景が修築したとされる後漢河道であろう。なおこの「金堤」記述は『文淵閣四庫全書』所収版『大清一統志』には収録されるが, 第三版に当たる『嘉慶重修一統志』巻三六・大名府二には「金堤」の項目自体が存在しない。

「金堤　在元城県旧府城北十九里, 南自滑県接界。繞古黄河, 歴開州・清豊・南楽・大名・元城, 東北樓館陶界。即漢時古堤也。」（『大清一統志』巻二二・大名府）

26)　この数値は厳密な計測ではなく, 現地にて簡易測量を行った数値である。以下, 本章に記載している堤防の高さ数値はすべてこの簡易測量による。

27)　『史記』巻二九・河渠書。

28)　『漢書』巻七六・王尊伝。

29)　コンクリート製の船はいくつかの村落で見られた。楚丘遺跡を見学した際に, その表側にある小学校（楚丘遺跡は小学校の構内, 建物の裏にある）の校庭に据え置かれた船については手で触れて確認できた。中を覗いてみると船底に穴が空いていた。これではいざ水が来たときに, 役に立つとは考えられない。そもそもコンクリート製の船が, はたして水に浮くのかどうかという根本的な疑問は残る。

　ここ 30 年では黄河の決壊という緊急事態はまったく起こらず, 常雲昆や村松弘一, 福嶌義宏などによれば, むしろ 1970～80 年代において深刻な状況となった黄河の水が海まで到達しない「断流」のほうが, より切迫した事態として扱われている［常雲昆 2001, 村松弘一 2005, 福嶌 2008］。設置時点では洪水に備えるという意図があったが, 時が経つにつれ, 特に近年の断流という状況において元の意

258 補論　現地調査記

図が忘れられていったのだろうか。

30) 『黄河流域地図集』によれば，濮陽（金堤河以南）から東明県の現河道に至る範囲は，すべて黄河流域とされている［水利部黄河水利委員会 1999］。下流平原（鄭州以東）で同様に黄河流域とされるのは山東省済南市の南側・泰山周辺のみであり，その他の箇所は現河道および自然堤防の範囲のみにとどまっている。濮陽市金堤局の存在と併せて考えると，やはり濮陽以南の一帯は常に黄河氾濫の危険性を孕んでいるとしているのだろう。

31) 『水経注』河水注五によれば，漢代黄河は濮陽県の北西で北に流れを変え，戚城の西を通るとある（図2参照）。対して後漢期の河道は濮陽で北に流れを変えずに東へ直進する。濮陽金堤は漢代濮陽の東側に位置し，西から東へとほぼ一直線に走っており，後漢期の河道と一致する。

32) 「金堤　自博平県東北入脈平境，迤邐至館陶県西南五十里。上接冠県，下入臨清。皆漢堤故迹。」（『嘉慶重修一統志』巻一三二・東昌府）

　　　「金堤　在濬県西南及滑県東。『史記』河渠書，孝文時河決酸棗，東潰金堤。于是東郡大興卒，塞之。」（『嘉慶重修一統志』巻一五八・衛輝府）

33) 「年二十挙孝廉，為郎。除洛陽北部尉，遷頓丘令，徴拝議郎。」（『三国志』巻一・魏書・武帝紀）

34) 頓丘関連の記述をまとめると，現在の清豊県と濬県の2ヵ所に分散している。南北朝期にいったん廃止されていることを考えると，この時期に県治が移動したのだろうか。

　　　「頓邱故城，在清豊県西南。春秋，衛頓邱邑。在今河南濬県界。漢置頓邱県于此，属東郡。晋為頓邱治。後魏因之。北斉郡県倶廃。隋開皇六年，復置頓邱県。唐時置澶州治此。『元和志』，澶州北至魏州一百十里。南至濮陽県三十里。『太平寰宇記』，古頓邱県在清豊県東南十五里。本旧澶州理所。晋天福三年，随州移于徳勝寨于旧州置頓邱鎮。四年改鎮為徳清軍。開運二年，又移軍于陸家店。此城廃。『通鑑注』，『九域志』，清豊県有旧州鎮，即頓邱城也。『明統志』，頓邱故城在清豊県西南二十五里。」（『嘉慶重修一統志』巻三五・大名府一）

　　　「頓邱故城，在濬県西。本衛邑。『詩』，送子渉淇，至于頓邱。『毛伝』，邱一成為頓邱。『水経注』，淇水又北逕頓邱県故城西，是也。戦国時属魏。『史記』，蘇代約燕王曰，決宿胥之口，魏無虚・頓邱。即此。漢置県属東郡。晋太始二年，兼置頓邱郡。後魏太和十八年，属汲郡，後属黎陽。永安元年，分入内黄。天平中，罷。隋開皇六年復置，属武陽郡。唐大暦七年，置澶州。晋天福四年，以州為徳清軍。朱熈寧六年，省入澶州清豊県。『旧唐書』志，頓邱，漢県。後移治所于陰安城。今県北陰安城是也。『寰宇記』，故城在衛県西北二里。」（『嘉慶重修一統志』巻二〇〇・衛輝府二）

35) 「『括地志』云，故戚城在相州澶水県東三十里。杜預云，戚，衛邑。在頓邱県西有戚城，是也。」（『史記正義』巻四三・趙世家）

36) 南楽県の北側に，南西から北東方向に向けて黄河故道および堤防跡が清代まで残っていたと，新修『南楽県志』および清光緒『南楽県志』に記述がある。「横路連堤」とは，おそらくはこれらを指すか。

　　　「一在県西北。自濬県大伾山北逕内黄黄灘村，復逕大名県入境迤邐，東北入元城県界。今断岸沙磧存焉。西漢以前黄河之故道也。」（清光緒『南楽県志』巻一・地理・山川）

37) 新修『清豊県志』大事記。

38) 「漢王聴其計，使盧綰・劉賈将卒二万人，騎数百，渡白馬津，入楚地，与彭越復撃破楚軍燕郭西，遂復下梁地十余城。」（『史記』巻八・高祖本紀）

39) 「黎陽津　在黎陽故城東，又名白馬津。漢酈食其所謂守白馬之津。即此。」（『明一統志』巻四・大名府）

第2章　調査記 I　河南省滑県〜濮陽市〜南楽県　259

40）「臨河県　本漢黎陽県地。隋開皇六年分置臨河県，属衛州。」（『元和郡県志』巻一六・河北道一・相州）

41）地下の地層をボーリング調査で採取し，砂地層内に含まれる水棲生物の遺骸や木片などに対してC^{14}年代測定を行い，砂地層のおおまかな年代を特定するという研究は（曹敏等1990）において実際に行われている。

42）『中国歴史地図集』第六冊・河北東路図（pp.16-17）によると，宋代河道の1本が内黄県の東側を流れている。この砂地および内黄金堤は『宋史』五行志に記載のある，元豊4年（1081）に小呉埽（現・濮陽市の西側）から決壊した河道か。

「（元豊）四年（1081）四月，澶州臨河県小呉河溢北流，漂溺居民。」（『宋史』巻六一・五行志）

43）衛星画像の特性および処理方法について，詳しくは第1部第3章を参照。

44）河道痕図の作成方法については第1部第3章を参照。

第3章　調査記Ⅱ　河北省大名県～館陶県

はじめに

　本章では2004年3月に行った河北省南部・館陶県～邯鄲市～臨漳県～大名県における黄河古河道調査の報告である。この調査は前章の濮陽調査に引き続くものとして，学習院大学東洋文化研究所プロジェクト「黄河下流域の生態環境と東アジア世界」（主任研究員：鶴間和幸）において実施した。

　河北省館陶県に位置する漢代清淵県や北館陶鎮，大名県に位置する春秋晋の文公に由来する馬陵村，漢代元城県，前漢黄河に由来すると思われる金堤遺跡や黄金堤村など古黄河に関連する箇所を中心に回った。またそれだけでなく，戦国趙の国都であった邯鄲や趙王城遺跡，さらに後漢末に曹操が居城として以降，三国魏やその他北朝諸王朝が都とした鄴城遺跡にも合わせて訪れた（図1）。

　古黄河に視点を絞ると，この河北省南部では，本書での復元対象である前漢黄河が調査地域の東端に位置する館陶県・大名県を流れていたとされる。また『水経注』によれば，「沙丘」「沙麓」など沙に関連する地名が目立つ。本調査ではLandsat5 TMを使ったデータ解析を行うために，現地を巡ってこれらの沙地要素の強い地点の緯度経度情報を収集した[1]。

　今回の調査範囲では周定王5年（BC602）以前のいわゆる「禹河」と，本書の研究対象である

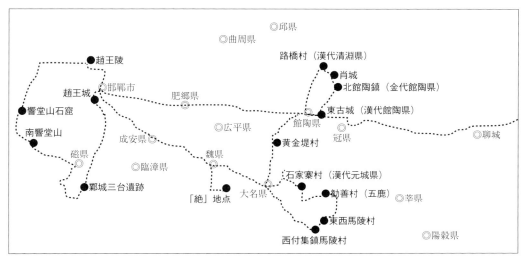

図1　調査ルートおよび地点

前漢期（BC602-AD11）古河道の2本の歴代黄河が経由していたとされる。特に禹河については館陶県と邯鄲市の中間を経由していたと考えられており，本調査でも関連する地点を訪問する予定であったが，館陶を出発した日に当地名物の濃霧が発生し，数m先すら見通せない状況となった。車での移動すら困難となり大渋滞も発生したため，やむなく「禹河」関連の調査を断念して邯鄲へと直行することとした。

1　故城関連

写真1　東古城

東古城（前漢館陶県）

館陶は春秋時代に「冠氏邑」が置かれたことに始まる。『元和郡県志』によれば，戦国期に趙がこの地区の「陶丘」の傍に館を築いたことが「館陶」の名の始まりという[2]。

前漢期には2人の「館陶公主」がいる。前漢文帝の娘・劉嫖[3]と宣帝長女の劉施[4]である。また『漢書』外戚伝によれば宣帝期に「館陶王」がいたとある[5]。『漢書』地理志によれば魏郡に属すとあるが，新修『館陶県志』には平帝2年（AD2）に県が置かれたとある。前述の皇族封建によるものか。またこのとき県が設置されたのが現在の山東省冠県東古城という。この東古城は現在の館陶県城から衛運河を挟んで東側に位置するが，周辺には痕跡は特に残っていない（写真1）。

写真2　清陽城

清陽城

現在の館陶県城は県内でも南側に位置する。一方で北側には「北館陶鎮」という地名が存在するが，現在の行政区分では館陶東隣の冠県に属する。この北館陶鎮が『嘉慶重修一統志』に「館陶故城」と記される，金代に県治が現県城に移転する以前の県城である。さらに新修『館陶県志』には前漢期にもう1つの県があったという。「漢代に県が設置され，魏郡に属す。俗称を清陽城と呼ぶ」と記される清淵県故城である。現在の館陶県路橋郷に「清陽城村」という地名があり，訪れてみたところ村落内には「清陽城」と記される石碑が置かれていた（写真2）。

陳連慶によれば，『後漢書』光武帝紀や鄧禹伝を見ると，鄡（現在の河北省辛集市東南）・清陽・博平などこの地域で光武帝が銅馬軍と戦い，館陶の戦いで銅馬軍を打ち破ったとある［陳連慶1981］。

2 古黄河関連

大名金堤と沙地要素

濮陽付近にもあった黄河由来堤防である「金堤」は，この大名県にも存在した。現在は周囲を聚落に囲まれ，底に貯まっている細沙の採取場になっていた（写真3）。この金堤は断絶しているが，新修『大名県志』によると，以前は大名県北部の「黄金堤村」から大名県治まで南北に連なる堤防が確認できたという[6]。

『邯鄲日報』に「黄河故道流経大名」という記事がある[7]。これによれば大名県内には堤口村，康堤口村，万堤村（古称万家堤），黄金堤村など「堤」のつく村名が多く，さらにその傍には沙堤村，閻沙岸村など「沙」のつく村が位置する。記事によれば，これらは黄河古河道に由来するものだという。

並べてみるとみごとに南北方向に位置することがわかる（図2）。また「沙」地が「堤」よりも東側に位置しており，特に図中央から東側の閻沙岸村付近に集中している。

泰山行宮廟や漢代元城県遺跡などを訪れた際に，非常に厚い砂地層が露出しており，全体的に土地が奇妙に砂っぽいのが目についた（写真4）。『水経注』によればこの付近は「沙麓」「沙丘堰」など沙に関連する地名が多く登場する。新修『大名県志』で「沙丘の主要分布は黄河故道にある」と明言しているように[8]，『水経注』が記された北魏の頃から沙地が多かったのは，おそらくは前漢黄河が由来と考えられる。前述の「沙」地名と比較すると，「沙邱堰」はこの閻沙岸村付近に位置する可能性も考えられる。

写真3　大名金堤遺跡

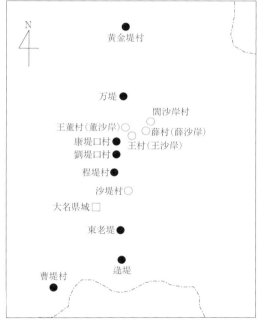

図2　大名県内の「堤」「沙」地名

写真4　漢代元城県遺跡

264　補論　現地調査記

写真 5　干上がった漳河

写真 6　東風漳渠

調査時に収集した緯度経度を利用してLandsat5 TMから沙地要素を抽出したところ，河道らしきラインを拾うことができた[9]。

漳河

　水の涸れた漳河（写真5）。河底だった個所には砂が残る。5 cmほど砂を掘るとじんわり濡れた砂地層が出るが，水が湧き出るほどではない。現地の人に伺ったところ，毎年6月に1ヶ月ほど放流されるとき以外は，このとおりだという。『水経注』にも記される歴史のある大河でもこのありさまである。別の場所を見ると，干上がった河底に直接トラックを入れている現地の人たちを見つけた。セメント工事等で使用する河砂を採取しているように見受けられた。

　かつて内モンゴル自治区東端の通遼市を訪れたときに，西遼河の枯れた河道を見た。現地の人に聞いたところ，水が干上がるとあっという間に誰かがとうもろこしやらを植え付けて畑にしてしまったという。実際，日が当たらないはずの橋の下まで目一杯畑地が詰まっていたのには驚くというよりも，中国人の強かさに感心させられた。ここでトラックを乗りつけていた人たちもこの類いだろうか。

　また別の場所で漳河と交わる渠道を見た。ここでは漳河の下をくぐる形でコンクリート製の渠道を建造していた（写真6）。手前の人物と対照すると，その巨大さがわかる[10]。

3　その他

趙王陵

　邯鄲市郊外にある戦国趙の王陵。このときは3月だったので周りの草も枯れ，外観がはっきりと見えている。余計な装飾もなく，ただ丘陵のみであった。しかし5年後の2009年に再び訪れたところ，頂上に見慣れない小屋があり，旗も立っていた。覗き込んでみると誰かが祀られており，急ごしらえの廟のようである。夕方になるとどこからともなく人々が集まってきた。5年の間にいったい何があったのか（写真7，8）。

叢台

　『漢書』高后紀に「（高后元年）夏五月丙申，趙王宮叢台災」とあり，顔師古注によれば「戦国趙王の築いた台であり，邯鄲城の中にある」としている。戦国時代に趙王が築いたとされる叢台

写真7　趙王陵（2004年撮影）

写真8　趙王陵（2009年撮影）

は，顔師古の言うように現在の河北省邯鄲市内に位置していた[11]。周辺を含めてすっかり整備され，「叢台公園」として一般に開放されている（写真9）。近年，中国ではこのように遺跡をそのまま観光用に整備することが多い。

　馬陵

　馬陵とは戦国時代の孫子（孫臏）が龐涓を破った戦いで名高い場所である[12]。「馬陵」の位置に関する説としては主なもので3ヵ所あるが，ここは大名県内に位置するその1つである[13]。

　馬陵村の一番奥には馬頬河という中規模の河川が流れている，はずだったのだが，実際に行ってみると水はない（写真10）。前述の西遼河と同様，近隣の農民たちによって耕され，すっかり段々畑と化していた。おそらく干上がった箇所から順々に畑地化していったのだろう。

おわりに

　今回の調査範囲には「漳河」のほかにもいくつかの中小河川が流れているが，「衛河」「漳河」をはじめとしてほとんどが西南から東北方面に流れている。一方，前述した大名金堤は南北方向に走っており，現在の河川とは異なるラインとなっている。前漢期は南北方向に流れていた黄河

写真9　叢台公園（河北省邯鄲市内）

写真10　馬陵村裏の馬頬河跡

が，後代のその他の河川の流入によって上書きされてしまった可能性が考えられる。

また今回訪問した地域には，「館陶」や「清河」に代表されるように皇族の封建された箇所がいくつか見られた。周辺の，例えば南側の濮陽市では「陰安」や「楽昌」，東側の聊城市では「発干」などに功臣の封侯が見られ，雑感ではあるが他の地域よりも多いと思われる。これについては別の機会に改めて検討することとしたい[14]。

注

1) 収集した沙地要素の緯度経度を利用してLandsat5 TMに対して「教師付き分類」を実施し，調査地点と同様に沙地要素の強い地点をLandsat5 TMから抽出し，古河道の候補地点として判読した。詳細は第2部第2章を参照。

2) 「館陶県，緊。二十五。西至州五十里。本春秋時晋地冠氏邑，陶丘在県西北七里。『爾雅』曰「再成為陶丘」。趙時置館於其側，因為県名。」(『元和郡県志』巻一六・河北道一・魏州)

3) 「初，帝姑館陶公主号竇太主，堂邑侯陳午尚之。」(『漢書』巻六五・東方朔伝)

4) 「尚館陶公主施。施者，宣帝長女，成帝姑也，賢有行，永以選尚焉。」(『漢書』巻七一・于永伝)

5) 「是時，館陶王母華倢伃及淮陽憲王母張倢伃・楚孝王母衛倢伃皆愛幸。」(『漢書』巻九七上・外戚伝)

6) 「据水電部黄河水利委員会『黄河志』総編集室1984年考察，大名県境内有"漢堤"(亦称金堤)，即黄河古堤。左堤従魏県曹村向東北，過大名城向北経付橋村・岳荘・万堤至黄金堤村，進入館陶県境；右堤由河南省南楽県王崇灘村向東北，過大名県東苑湾，経金灘鎮・南堤村進入山東冠県境。据民国『大名県志』載：境内有"金堤，即漢時旧堤，勢如岡嶺。自東南入県界……由大名東北趨館陶。"又載内有沙堤在旧大名府西門外；愜山堰在城北十里岳荘；李茂堤在大名県旧治東北八里；牧堤在大名県旧治東十八里；范勝堤在大名県旧治東南十里；護城堤環抱旧大名県外廓；老堤頭在旧大名県西北二里；匡公堤在旧大名県北三里。上述堤防先後建于漢・宋・明代。在明・清両代有的曾加以復修，為抗御洪水，発揮過重大作用。後因河道遷徙，年久失修，已失去存在意義，或留有土崗，或建為村落，或蕩然無存，空留其名。」(新修『大名県志』第二編　経済・第四章　水利)

「王莽金堤遺址　据史載：王莽纂位称帝後，為防黄河洪水淹其祖墳瑩而筑堤，俗称"漢金堤"。此堤位于今城北范店村・付橋村・黄金堤一線，残断連綿。残高約2米，残寛約40米。残断面可見明顕夯土層。」(新修『大名県志』第四編　文化・第一章　文化芸術)

7) 邯鄲日報：黄河故道流経大名 (2014年10月16日閲覧)
http://www.handannews.com.cn/epaper/handrb/html/2011-10/29/content_32739.htm?div=-1

8) 「沙丘主要分布在黄河故道。龍王廟・趙站・従善楼・普明灘等郷鎮較多。其中三角店・曹任村・魏任村・大龍・小龍・前沙河路・後沙河路・劉万税等村以及衛河東辺黄河故道上的沙丘較為集中，而且高大，沙丘一般高2〜7米，総面積3.5万畝。

大名県的沙丘由来已久。沙丘的成因，一是黄河改道自然形成；一是改道後由長期風力搬運堆積而成。

所以，大名県的沙丘成土母質均為黄河主流沈積物。這些沙丘均為通体沙，無結構，易流動。冬春季節一遇大風，若大個沙丘一夜間可移動幾米到幾十米。後劉万税村東頭一家因地処風口，1964 年春一場大風過後，該戸房後沙土和房子一様高，房前落沙四尺多，堵住了半個窗戸和半截房門。

　建国後，大名県沙区広大人民群衆在共産党及各級人民政府領導下，采取了修建防風墻・植防風林帯，栽植片林，在泛風地種白腊条等各項固沙措施，取得了明顕的防風固沙効果，目前大名県沙丘絶大部分已被固定。」(新修『大名県志』第一編　地理・第四章　地質地貌)

9)　Landsat5 TM データと現地調査に基づく沙地要素の抽出について，詳しくは第 2 部第 2 章を参照。

10)　浜川栄は，この地点と『水経注』の「絶」記事を利用して，『水経注』当時の黄河下流平原における水系と「絶」という記述に関する考察を行っている［浜川 2007］。

11)　靳生禾によれば，『漢書』高后紀に「(呂后元年) 夏五月丙申，趙王宮叢台災。師古日，「連聚非一，故名叢台。蓋本六国時趙王故台也，在邯鄲城中」」とある［靳生禾 1982］。

12)　「斉因起兵，使田忌・田嬰将，孫氏為師，救韓・趙以撃魏，大敗之馬陵，殺其将龐涓，虜太子申。」(『史記』巻四六・田敬仲完世家)

　「韓自以有斉国，五戦五不勝，東愬於斉，斉因起兵撃魏，大破之馬陵。」(『戦国策新校注』巻八・斉策一)

13)　韓志平によれば，馬陵の位置については古くから「濮州」説と「大名」説の 2 説があり，ともに決め手に欠けていたが，近年新たに「郯城」説が登場したとある［韓志平 2006］。

14)　黄河下流平原における前漢期の封侯の偏りについては第 3 部第 3 章で検討している。

第4章　調査記Ⅲ　河南省武陟県〜延津県〜滑県

はじめに

　今回は前漢黄河復元の第3回調査として、2006年9月に河南省滑県から延津県、武陟県に至る範囲の調査を実施した（図1、補論第1章・図1ⓒの範囲）。

　この地域における黄河河道の歴史は非常に長い。文献に記された最古の河道である「禹河」から前後漢を経て唐宋に至るまで、同じ河道を流れ続けた。変動著しい黄河下流にあっては珍しい事例である。黄河南流の端緒である南宋・杜充の人為決壊が起こった滑県南方は、今回の調査地域の東端に当たる。最終的に黄河

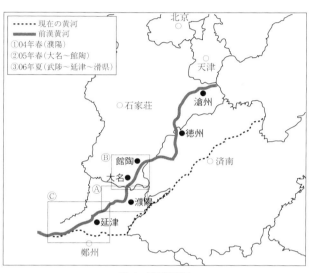

図1　調査範囲

がこの地を離れるのは、清代に入ってからであった。これほど長期にわたって河道を維持した例は、この地域以東の黄河下流平原には存在しない。今回の調査では、長期間の黄河流経が現在の地形にどのような痕跡を残しているのか、当地での活動にどのような影響を及ぼしたのか等を確認し、前漢期黄河古河道の復元の一助とすることを目的とする。

1　故城関連

枋頭城

　『水経注』によれば、後漢期に曹操がここから白溝という運河を引き、当時実質上の都であった鄴への漕運を確保したとある。前漢〜後漢・三国期の黄河を知るうえで重要なポイントである。

　今回の調査には現地文管所等への協力を仰がなかったため、現地までの道は自力で探し出す必要が生じた。たまたま通りがかった現地住民に聞き込み、少しでも知っていそうな人物には車に乗ってもらって知っている個所まで行き、次の場所でさらに次の知っている人物を探すという泥

写真1　枋城村裏の淇水　　　　　　　　写真2　汲県故城

縄的なことを行い，なんとかたどり着くことができた。もともとの村は「枋城村」だったが，村の規模が拡大したため前・後・東の三村に分割し，今回の目的地となる村の名前は「前枋城村」なので位置としては間違っていないのだが，我々が実際に知りたいのはここから先の道筋であった。

　現地の人を次々に車に引っ張り込んで，何とか村の裏側にある淇水とおぼしき河道にたどり着いた（写真1）。しかし特に遺跡や石碑等が立っているわけでもなく，本当にここが『水経注』の言う曹操が白溝を引いた個所なのかは結局不明なままであった。

汲県故城

　戦国時代には魏国の邑であった。前漢に県が置かれて以後，北斉に至るまで存続した。唯一とも言える見どころとして，戦国・魏の襄王あるいは安釐王の墓がある。古代皇帝の墓が大量に存在する中国において，戦国諸侯の墓はそれほど珍しくないが，この墓は特別である。おそらくは歴史上最初に史書に記録の残る「盗掘された墓」なのである。『晋書』束皙伝によれば，西晋太康2年（281）に魏の襄王または安釐王の墓から竹書数十車を得たとある。この書は後に当地の名前を取って「汲冢書」と称されることになる[1]。

　この地は現在でも汲城村と呼ばれ，遺跡は村の裏側にあった。新修『衛輝市志』によれば，この城壁は後漢順帝期の県令・崔瑗によって築かれたものとある[2]。しかし城壁の一部と思われる場所がかろうじて残るのみで，周辺はすべてトウモロコシ畑となっていた（写真2）。写真の道路は城壁部分とのことである。この箇所が開墾されずに残存していたのは，版築によって堅く突き固められた土が農業に向かなかったためだろうか。

巻県故城

　巻県故城は，汲県と同様に戦国時代には魏の邑が置かれた。現在でも「圏城村」という名称を残しているが，黄河の近隣に位置するため歴史的に幾度か黄河の洪水に見舞われたという以外には，特に目立つもののない村であった。

　通常，戦国〜秦漢期の城市遺跡または遺跡が以前あった場所には，省文物局の立てた石碑がある。しかしこの圏城村にはその石碑が見あたらない。また清康熙年間に発生した黄河決壊の石碑

があるとのことだが，それも見あたらない。村の人に伺ったところ，昔は村の入り口に立っていたはずだが，いつの間にかなくなっており，今はどこにいったのか知らないという話が出てきた。村の入り口は少し掘り下げられた窪地になっており（洪水によって掘り下げられたかは不明），現在はなんとゴミ捨て場になっている場所であった。その底の部分にどうも大きな板状の石が埋まっているという。村の若者総出で掘り出してくれたその石碑の文章を読んだところ，やはり前述の地方志に記された清康熙60年（1721）の河決碑であったことが判明した[3]（写真3，4）。清代とはいえ300年以上経過した石碑がこのような粗雑な扱いをされていることに驚かされた。

写真3　石碑発掘（圏城村）

写真4　清康熙六〇年河決碑

2　古黄河関連

延津県黄河故道森林公園

次の調査地へと移動するため新郷市に向かっていたところ，突然沿道に公園が出現した。よく見てみると「黄河故道森林公園」とある。興味をそそられたが同行者に聞いてもわからない。翌日案内していただいた延津県文物保護管理所の所長に尋ねてみたところ，まさに我々が探し求めていた前漢〜北宋にかけての河道の痕跡であった。延津県は全体の3割ほどがこの沙地故道で占められており，穀物栽培には向かないので逆に沙地であることを利用した公園（この時点では未開業）や実験施設を設置したということであった（写真5）。

実験施設については「河南予北黄河故道湿地鳥類国家級自然保護区」として，黄河故道とその周辺を含めた一帯を保護区として，沙地における植物栽培や動物の育成等に関する実験を行っている（写真6）。すでに保護区としては1996年に認定されており，前述の森林公園もこの一環である。施設内では沙地に適した果樹や落花生，綿花などの栽培が行われていた。

写真5　延津県黄河故道森林公園

写真6　黄河故道湿地鳥類国家級自然保護区

写真7　太行堤

太行堤（古陽堤）

所長が保護区の他にも行きたいところがあれば案内する，と言ってくれたので，お言葉に甘えて「黄河の古堤防[4]が見たい」と申し出たところ，「ではちょうど面白いところがある」と言って案内していただいた（写真7）。ここは手前から奥に向けて高速道を通す予定地だという。何が面白いのかわからないので再び尋ねたところ，この幅（写真の右端から左端まですべて）がもともと黄河由来の太行堤だったという。それが高速道建設のために削り取られ[5]，今では右端の数m分が残るのみ。おそらく高速道が完成すると，わずかに残存した部分も消滅するのだろう。確かに今しか見ることにできない面白いモノであった。

京珠高速公路鄭州黄河特大橋

今回の調査行程は上海から河南省鄭州市まで飛行機で入り，鄭州から車で現地を回る方式をとった。鄭州から黄河北岸へと移動した際に通過したのが，「京珠高速公路鄭州黄河特大橋」である（写真8）。この特大橋は2004年に完成したばかりで，名称のとおりに北京と珠海を結ぶ京珠高速の一部として建造された。

興味を惹いたのは，橋の大きさである。その日は霧が濃く，見通しが悪かったこともあったが，橋梁部に入ったはずなのに黄河の姿が見当たらず，橋脚下部には畑が広がるのみ。5分ほど車を走らせてようやく黄河の水面が見えてきた。いったん車を停めて周りを見渡してみるが，黄河の対岸が見えない状況であった。

さらに車を走らせ，ようやく黄河の対岸に行き着く。だがそこから先がさらに長く，延々と橋梁が続く。後日Google Earthで確認したところ（写真9），河幅500mに対して氾濫原を含んだ橋梁の全長は10km弱と，予想以上に長大な橋であった。黄河の巨大さを実感させられた。

三楊荘遺跡

2003年に発見された漢代遺跡。黄河決壊によって埋没した農村とされる。都市部ではない地方農村の建物や遺物がそのまま残されており，「中国のポンペイ」と呼ばれて日本でも新聞等で採り上げられた。今回の調査では是非見学したい箇所であったが，現在第二次発掘調査の最中であるとのことで，残念ながら部外者の立ち入りは許可されなかった。

かろうじて遠目で確認できたのは看板のみだった（写真10）。どうやら観光地として売り出すようである。

写真 8　鄭州黄河特大橋

写真 9　上空からの鄭州黄河特大橋

おわりに

今回の調査地域には戦国以前からの古い城市が多い。『左伝』によると晋文公は周襄王を助けた功績で「陽樊，温，原，攢茅」などの城市が下賜され，この地域に「南陽」（現在の河南省焦作市から済源市）と名付けたとある[6]。

SRTM-DEM で確認できた黄河由来の自然堤防を見ると，下流側のような屈曲もなく

写真 10　三楊荘遺跡

ほぼ一直線に走る河道が見て取れる。文献記述でも前漢期のこの地域における黄河決壊記録は文帝期に酸棗（現在の河南省延津県）の 1 回のみであり，黄河下流の中でも比較的安定していたと見られる。

また南宋以降になると，「黄河南流」が開始したとされる南宋・杜充の人為決壊の発生地点をはじめ，幾度か黄河の大規模決壊が発生している。ただしこれらの決壊は南東方向に発生しており，いわゆる「南陽」地区に向けての決壊ではない。このため，古くからの城市がそのまま残されたのであろう。

　（2015 年追記）調査当時は「高速道建設のため」と聞いていたが，2014 年時点で当地に高速道が開通したことは未だに確認できない。これとは別に「河南延津 500 多年歴史的"太行堤"因為売土被毀」という記事を見つけた[7]。太行堤の大量の土砂が長垣県の高速道修理工程に売却され，そのために 500 年以上の歴史を誇る太行堤が壊されたという内容であり，発表時期も 2004 年 4 月と調査直前である。これらの点を総合すると，あの時点で見せていただいた「太行堤」はあの地点に高速道を通すために削られたのではなく，「高速道を建設するための土砂売却」によって削り取られた可能性も考えられる[8]。

274　補論　現地調査記

注

1) 「汲冢書」については吉川忠夫等を参照［吉川忠夫 1999］。

2) 「汲城旧址　在城西南 12 公里今汲城村，春秋時称汲，漢高祖二年始置汲県，直至北斉，県治均在此，其間汲郡也曾在此設過治所。東漢順帝時汲県県令崔瑗築県城，総周長 4522 米（即 9 里 13 歩），東長 1122 米，南長 900 米，西長 1000 米，北長 1500 米，現存城牆長 200 米，高約 5 米，原城門楼刻石 "東観東海" 尚保存完整。」(新修『衛輝市志』第一一編　教科文衛・第四章　文物)

3) 「康熙六十年（1721）六月二十一日黄河決武陟詹家店・馬営口・魏家口等処，併流陟注滑県・長垣・東明等県，奪運河入塩河下海，因黄河南岸官荘峪挑溜，直射東北，秦廠呈険情，詹家店・馬営口等処還没築堤防，只有単薄的民堰不堪一缶，以致連決三口。」(新修『武陟県志』第一三編　河防・第一章　黄沁河概況)

4) 「古陽堤　位于黄河故道北岸，故名古陽堤。東漢建武十二年（36），逐歩将以前所筑的黄河堤連為一体，故称漢堤。該堤従県西南的敦留店入県境，蜿蜒向北，経崔荘転向東，再経大陽堤・趙堤・朱堤・劉堤・賀堤・油房堤・関堤・原堤・保安堤，至張堤出県境入延津県。県境内長 40 公里，高 3 至 5 米，寛 10 至 150 米，黄河南徙後，堤漸遭毀壊，今仍留有明顕的遺迹。」(新修『新郷県志』第三編　地理・第一章　自然環境)

5) 2003 年に訪れた宣房宮遺跡は，実際に「高速道を通すための工事中に発掘された遺跡」であり，現在は遺跡の上を大広高速（黒龍江省大慶と広東省広州市を接続）が通過している。

6) 「(僖公二五年夏四月) 戊午，晋侯朝王。王享醴，命之宥。請隧，弗許，曰：「王章也。未有代徳，而有二王，亦叔父之所悪也。」与之陽樊・温・原・攢茅之田。晋於是始啓南陽。」(『左伝』僖公二五年伝)
　　晋の南陽地区への進出については第 2 部第 3 章を参照。

7) 騰訊網：「河南延津 500 多年歴史的 "太行堤" 因為売土被毀」
　　http：//news.qq.com/a/20040406/000288.htm

8) 記事では売却先を「在長垣県修高速公路的施工単位」としているが，この長垣県を通る高速道は正確には「長済高速公路」と言い，長垣県と済源県を接続する高速であり，延津県の太行堤跡の近くを通過している。そのため必ずしも長垣県内でのみ使われたとは限らない。

第5章　調査記Ⅳ　河北省東光県〜滄州市〜黄驊市〜渤海

はじめに

　本章は，2007年8月に行った河北省滄州市一帯の現地調査記である。この地域は前漢黄河が渤海へと流れ込む個所であり，地形的には「三角州」が形成される。また黄河のような大河が海へと流れ込む場所に形成される「貝殻堤」という地形がある。今回の調査では今までの都城遺跡訪問に加え，これらの地形を実地で確認することを目的とする。なお本調査は学術振興会アジア研究教育拠点事業「東アジア海文明の歴史と環境」[1]の一環として実施した。

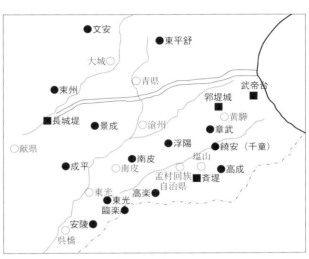

図1　調査地点

　今回は前述したプロジェクトの一環として実施し，中国・復旦大学および韓国・慶北大学校との共同調査となった。同行者は任大熙（韓国・慶北大学校），李向韜（中国・復旦大学）および日本側参加者として筆者および市来弘志（学習院大学），益満義裕（南京尭荘学院）の計5名である。現地の滄州市文物局との連絡をとってもらい，鄭志利（滄州市文物局）に案内していただいた。

1　故城関連

　本研究の現地調査において重要な調査対象が，漢代またはそれ以後の城市遺跡である。しかし実際のところ，2000年以上前の県城が遺跡として良好な状態で残っているものは非常に数が少ない。ほとんどの個所では何も残っておらず，石碑等の整備も充分ではない。

　特に今回の調査は夏場に行った。この滄州

写真1　宋代滄州城壁（旧城鎮）

写真2　滄州鉄獅子　　　　　　　　　　　　写真3　滄州旧城（模型）

地域ではとうもろこしや綿花などが夏場の生産物だが，かなりの遺跡がとうもろこし畑の中に埋没しており，発見自体が困難であった。案内を依頼した鄭氏は滄州市文物局所蔵の資料（学術雑誌等に発表された発掘報告ではなく，現地で発掘の際に作製した生の資料）を持参していたが，現地がなかなか見つからず，到達までは非常に苦労した。

滄州旧城と鉄獅子

今回の調査対象である滄州は歴史が古く，前漢初期にはすでに「浮陽県」という県が置かれていた。新修『滄県県志』によれば，滄州市旧城鎮に残る滄州旧城遺跡の位置に漢代浮陽県城があったとされる。現地を訪問したところ，南側城壁が残存していた[2]。その一角については残存状況は良好で，城壁は約3mの高さで残っていた（写真1）。しかしそれ以外の城壁その他については市街地開発で消滅したという。その場では気がつかなかったが，実は非常に特異な形をしていたことが後で判明した。

滄州旧城の次に，滄州の名物である「鉄獅子」を見学した。これは自体に刻まれた銘文によれば後周広順3年（953）に建造されたもので，渤海に向かって吼えている姿とされる。体高5.5m，体長6.3m，重量は40t以上とも推測される鉄製の獅子は，何の目的で作られたのか現在でも謎とされる。

昔は地面にそのまま置かれていたが，大雨等でしばしば水没したため，1950年代にソ連の専門家の提言により，現在のような基台上に位置することとなったという[3]。また近年腐食が急速に進み，自重を支えきれない可能性が出てきたため，下半身を鉄棒基礎で固めてある（写真2）。

鉄獅子の展示室で先ほどの滄州旧城の復元模型が展示されていた。これによれば，滄州城は非常に珍しい円形の城壁だったという（写真3）。その丸い形状から「臥牛城」，また前述の鉄獅子から「獅子城」と称された。

東光故城・臨楽故城

東光故城はすでに発掘調査が行われ，漢代の遺物が出土していることから漢代県城跡であることはほぼ判明しているのだが，その後埋め戻して普通の畑に戻されたため，現在地表には何の目

印も残っていない。一見してただのとうもろこし畑であった（写真4）。

そんな畑のあぜ道を見ると，時折陶器片が見つかる。鄭氏に聞くと，唐代以前の陶片だという。時折漢代の物も混じっているらしい。さらに伺うと，農民が畑を掘り返す時にいくつか見つかるらしいが，当人には興味がないのでとりあえず畦に放っておくという。実はこのような事例は少なくないらしい。

写真4　東光故城

次の訪問希望は臨楽故城であったが，こちらは鄭氏にも詳しい場所はわからないという。報告書によればこの東光故城と同様に遺跡はすでに埋没して，畑になっているとのことなので，今回は諦めて別の箇所を回ることとした。

南皮故城

南皮故城はこの地域には珍しく，城壁がかなりの規模で残存していた（写真5）。新修『南皮県志』によれば北側の城壁と思われるものが高さ3-5m，厚さ約20mとして残っている[4]。また城の北東隅には「望海楼」と呼ばれる建物の基台跡が約8.5mの高さで残っているという。しかし現地で確認できたのは1.5～2m程度の小さな城壁跡であった。新

写真5　南皮故城

修『南皮県志』の情報がいつのものかは不明だが，調査以後に風食等で削り取られて小さくなったのだろうか。

南皮故城から次の調査地に移動する際に，明らかに他の畑地とは異なる方向に向いている林地を見つけた。後日Google Earthで確認したところ，やはり畑地が東西方向に向いているのに対し，この林地は北東方向に向いていた。このような植生の差異も古河道解析の要素として使用できる[5]。

章武故城

新修『黄驊県志』によれば遺跡は輪郭がわかるがすでに農地に埋没しているという[6]。鄭氏に伺ったところ，かろうじて基壇部分が残存しているとのことであった。新修『黄驊県志』に記された「常郭郷故県村」にはたどり着いたが，そこからの道が不明とのこと。文物局の所有する資料によれば調査は冬に行われたため，基壇が直接視認できたとあるが，今回の調査は夏であり，村の周囲はすっかりとうもろこし畑で覆われている。そこで現地の方に聞き込みを行い，とある工場の裏にある畑の中に位置する基壇を発見できた（写真6）。基壇自体は高さ1m前後，縦横数mとさほど大きなものではないが，農地にもされずに周囲の畑地からは隔離されている。とうも

写真6　章武故城基壇

写真7　郲堤城（Google Earth）

ろこしがなければもっと簡単に見つけられたと思われる。2004年3月の濮陽調査や2005年3月の大名・館陶調査の際にはとうもろこしや雑草等に邪魔されることなく楽に調査ができたことを考えると，華北地域の現地調査は冬場のほうがよいのかもしれない。

郲堤城

郲堤＝武帝の訛であり，前漢武帝が建設したと伝えられる。現在は元朔4年（BC125）に武帝が封建した合騎侯の居城と考えられている。黄驊県市街地のすぐ北側に位置するが，周辺を農地開発されておらず，四辺の城壁がほぼ完全な形で残されていた（写真7）。また後日 Google Earth でも確認したところ，ほぼ正方形の形を成す城壁を確認できた（写真8）。唐代以前の県城がこのように綺麗な形で残存しているのは珍しい[7]。しかし近年の中国の目覚ましい発展を考えると，市街地に近いこの遺跡がはたしていつまで保持できるか。

2　古黄河関連

斉堤

孟村回族自治県および塩山県の南側に横たわる形に位置する。東西方向に走る堤防状の地形である。現地では畑地の間にかろうじて数m程度が残存しているにとどまる。一見したところ先に訪れた高成故城との区別がつかない（写真9）。

『漢書』溝洫志に「斉与趙・魏以河為竟。趙・魏瀕山，斉地卑下。作隄，去河二十五里。河水東抵斉隄，則西泛趙・魏。趙・魏亦為隄，去河二十五里」とあるように，戦国時代に斉国が黄河

写真8　郲堤城

第5章　調査記Ⅳ　河北省東光県～滄州市～黄驊市～渤海　279

写真9　斉堤

写真10　斉堤（Google Earth）

の水を防ぐために作った堤防とされる。『孟子正義』告子章句下編によれば春秋五覇の1人である斉桓公が葵丘の会で上記の提言をしたとされるが、『漢書』溝洫志の記述は趙・魏が登場することから明らかに戦国時代である[8]。

　後日 Google Earth で確認したところ、一帯の畑地の走向がかなり乱れていることがわかった（写真10）。SRTM-DEM による 3D 地形モデルでは黄河由来微高地の北辺に位置した[9]ことから、この堤防状地形は人の手によって作られたのではなく、前漢黄河によって形成された微高地の北端であると考えられる。

武帝台（望海台）

　前述の郭堤城と合わせて、前漢武帝由来のものとされる遺跡である。『水経注』淇水注に引く『魏土地記』に「章武県東一百里、有武帝台」とあるが、『史記』『漢書』等に該当する記述は見当たらない。しかし『水経注疏』に

写真11　武帝台

よれば武帝が「海上」または「渤海」を訪れたのは『漢書』武帝紀を見る限り4回はあるので、そのいずれかで台を築いたとも考えられる。なお淇水注に引く『魏土地記』によれば武帝台は南北2台あるというが、今回訪れたのはおそらくは南台のほうであろう。

　こちらもまた前述の章武故城に負けず劣らず畑地の真ん中に位置していた（写真11）。しかし台自体の残存状態は悪くなく、幅5m×奥行き3m×高さ2mの基台部分が確認できた。なお現在はこの位置から渤海を望むことはできなかった。しかし前漢当時は現在よりも30km弱は海岸線が後退していた[10]ので、台を建てることで望むことができたのだろう。

貝殻堤

　大河川はその豊富な流量の河水を海へと流れ込ませる際に逆流現象を起こし、河口の脇に水勢をぶつける形になる。その際、河口底近くに生息する貝類や沈殿する沙泥等を積み上げる。こうして形成されるのが貝殻堤であり、河川とは垂直に形成されるのが特徴である[11]。堤は沙泥と貝

写真12　貝殻堤

写真13　貝殻堤（拡大）

写真14　貝殻堤省級自然保護区

殻が構成物の大半を占め（写真12, 13），ときに堤防で海水を閉じこめる形に形成されることもある。滄州は唐代に長蘆と呼ばれていた頃[12]から，いやそれ以前に『漢書』地理志によれば章武県に塩官が設置されていたことからも，古来から塩業が盛んだったとされるが，この閉じこめられた海水を利用していたのか。

現在ではこの貝殻堤を含む一帯は自然保護区として保護されていた（写真14）。主構成物が貝殻ということで，C^{14}年代測定法による形成年代の検討が盛んに行われている[13]。

長城堤

「堤」とあるが，河川堤防のことではない。戦国時代，北京を中心に割拠していた燕国が南からの攻撃を避けるために建設した，いわゆる「燕南長城」のことを指す。現地調査以前に判明していたのは廊坊市大城県および文安県の部分だったので，当初はこちらに行く要望を出していた。しかし当日，そちらに赴こうとしてトラブルが起こった。宿泊していた滄州市から石黄高速へ乗り，献県付近のインターから一般道に降りて北へ向かおうとしたところ，献県の北側を流れる新子牙河を渡る橋が工事中となっており，渡ることができなかったのである。同行していただいた献県文管処の方によれば河の南側にもあるということだったので，そちらへ向かった。

着いた所は一見して農村で，そこからさらに農家や畑地の合間を縫って奥へと連れていかれた。しかし，分け入った個所には堤防らしきものはまったく確認できない（写真15）。だが現地文管処の方は確かにここが長城堤だという。劉化成・趙兆祥によれば長城堤は文安県で終わっており，そこから先の調査は行われていない［劉化成・趙兆祥2001］[14]。後日，SRTM-DEMを解析したところ，大城県から文安県・河間県を経て献県へと至る堤防上のラインが確認できた。戦国燕国の領域研究と比較検討すると，おそらくこのときに訪れたのは燕南長城の南端部分だったのだろう[15]。

おわりに

写真 15　献県長城堤

今回だけでなく，本研究における現地調査では事前に地元文物局の方へこちらの希望する訪問地のリストを送っておき，そのなかから訪問可能な個所を抽出して案内していただいている。今回の鄭氏には1ヵ所（臨楽故城）を除いたすべての個所を案内していただき，非常に密度の濃い調査となった。ただしこれには理由があった。案内の途上，鄭氏に伺ったところによると，現在河北省側から各市文物局・県文管処に対して，遺跡の発掘報告書等の情報を整理・提供するよう依頼があった。この情報提供のため現在報告書の再整理中であり，昔の発掘報告の内容を再チェックしているところであったという。そのため今回のような調査にも迅速な対処ができたということである[16]。

注

1) 鶴間和幸（学習院大学文学部教授）をコーディネーターとし，日本（学習院大学）・中国（復旦大学）・韓国（慶北大学校）の大学を拠点として3ヵ国間の研究交流を促進するための事業である。2005年11月～2010年3月まで実施。詳細は以下のURLを参照。
   http://www-cc.gakushuin.ac.jp/~asia-off/
2) ただし現存するのは北宋期の城壁である。漢代県城はこの北宋県城の下に埋もれていると推測されている。
3) 河北省文物局・滄州鉄獅子展示室の解説より。
4) 新修『南皮県志』の記述は第2部第4章を参照。
5) 後日 SRTM-DEM を用いた地形解析を行ったところ，前漢黄河とは関連のない別の河道の痕跡であった。現在の南運河に平行するラインとなったので，『水経注』で言うところの清河の痕跡か。詳細は第2部第4章を参照。
6) 新修『黄驊県志』の記述は第2部第4章を参照。
7) 本書の検討対象となる黄河下流平原においては，他には河南省濮陽市の戚城遺跡（春秋時代）で四辺の城壁が残存するのを確認できた。戚城遺跡に関しては第2部第1章，補論第2章を参照。
8) 『漢書』溝洫志の記述および葵丘の会と黄河との関連性については第3部第2章を参照。
9) SRTM-DEM による地形解析および解析結果については第2部第4章を参照。
10) 前漢当時の海岸線については第2部第4章を参照。
11) 大河川の河口に形成される貝殻堤については堀和明などを参照［堀・斎藤2003，蔡明理1993］。
12) 唐代には「長蘆塩」と称される塩業と滄州の関連については第2部第4章を参照。
13) C^{14} 年代測定法と貝殻堤を使った時代別の海岸線検討については第2部第4章を参照。
14) 中国では特に現地文物局や文物管理処に案内を依頼した場合は，県境あるいは市境を越えた調査は

282 補論 現地調査記

行わない場合が多い。そのため，報告書に掲載されていない＝長城堤の南端とは単純には指摘できない。また今回のような現地調査を頼む場合でも，市を越境したかたちでの調査は行えないことが何度かあった。

15) 戦国燕国の領域に関する詳細は本論第2部第4章を参照。

16) 調査を行った2007年以降に滄州市を含む河北省において新たぶな考古発見に関する報道が相次いでいる。2007年4月より「第三次全国文物普査」が開始した。これは「不可移動文物」つまり遺跡を中心とした文物に関する再調査・整理を行うという，2011年12月までの長期にわたるプロジェクトである。近年の高速道建設等開発に伴う発掘ラッシュ（補論第2章・宜房宮遺跡参照）や『中国文物地図冊』の刊行と合わせて，今後の中国における考古発掘の進展が期待される。

第6章　調査記Ⅴ　山東省聊城市〜高唐県〜平原県〜徳州市

はじめに

2008年9月に山東省の東端、現在の平原県から聊城市付近（図1）において実施した黄河古河道調査の記録である。これにより、洛陽（河南省）付近から北東へと向かって渤海に流れ込む前漢黄河古河道を対象とした調査が完了する。

1　対象地域の特徴

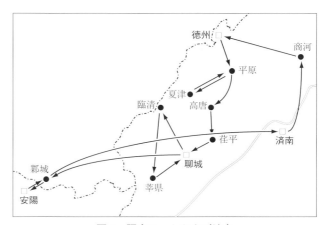

図1　調査ルートおよび地点

平原付近には後代になって設置された石碑や特定された地点が多い。例えば戦国末から前漢初期において黄河の渡し場として使われ、秦始皇帝や前漢の韓信など歴史上の人物が利用したことで知られている「平原津」だが、正史注や地理書には詳細な場所が記されておらず、地方志にも現在のどこに位置するのか明記されていない。

また「孔子回轅処」という地点がある。これは春秋時代に孔子が魯を出奔して晋へ向かおうとした際に趙簡子が竇鳴犢と舜華という2人の大夫を斬ったという話を聞き、途中で車の「轅を回」して引き返したという『左伝』の記事に従っている。しかし石碑を見る限り、これもまた清代の設置である。

このように、この地域は「平原津」や「霊丘」「聊城」など正史で見られる地名が多いわりに、遺跡や伝承等で明確になっている場所が他の地域と比べてきわめて少ないという奇妙な状況になっている[1]。

本調査は日本学術振興会アジア研究教育拠点事業「東アジア海文明の歴史と環境」プロジェクトの一環として実施し、中国・復旦大学との共同調査となった。同行者は徐建平（復旦大学）および日本側参加者として市来弘志（学習院大学）、益満義裕（南京堯庄学院）の計4名である。

平原津（津期駐蹕）

今回の調査において第1のポイントは「戦国末～前漢における黄河の渡河地点（平原津）」である。平原津とは、『史記』によれば秦始皇帝や前漢の将軍・韓信など著名な人物が渡った所である。始皇帝は死ぬ間際の巡行において、この平原津を渡ったところで病を発し、そのまま旅中の沙丘平台に没した。また韓信は山東半島付近にて割拠した斉王建を攻め滅した際、この平原津を渡って斉に攻め込んだ。

写真1　平原県曲六店付近

平原津は、このように秦漢時代においては非常に重要な渡河地点であった。しかし前漢初期以降に使用された記述はなく、現在では具体的な位置が不明となっている。黄河の河道自体が変化し、渡津自体も埋没したためである。現地平原県の県志編纂室を訪れて詳細を尋ねたが、やはり不明との答えであった。

今回の調査では、平原県内に2ヵ所存在する「津期駐蹕」という地点を訪れた。『平原県新聞網』によれば明太祖洪武帝、清康熙帝・乾隆帝等の歴代皇帝が古平原津と比定して訪問した場所だという。現在の平原県曲六店村（明太祖・清康熙帝）・李炉村（清乾隆帝）に当たる。前者の曲六店村には裏側に馬頬河が流れていた（**写真1**）。しかし周囲にそれ以外の目立つ痕跡があるわけではなく、普通の農村であった。明洪武帝や清康熙・乾隆帝が何をもってこの地を平原津だと比定したのかは不明である[2]。

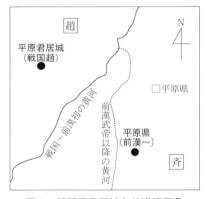

図2　趙平原君居城と前漢平原県

写真2　張官店（唐代平原県城）

2 故城関連

平原故城

前漢平原県故城は，新修『平原県志』によれば張官店に位置するとある（写真2）。戦国四君の一人で趙国王族の「平原君」は平原県に封ぜられたことでこの呼称を得たとある。しかし『史記』平原君列伝によれば彼が封ぜられたのは，趙側の東武城（現在の武城県）であった[3]（図2）。

写真3　聊古廟遺跡

前漢聊城県城（聊古廟）

新修『聊城市志』によれば，聊城には前漢以前〜北魏・北魏〜五代後晋・後晋〜北宋・北宋以降と，4ヵ所の故城がある。これはそのうち最も古い「聊古廟」である。現在の聊城市街の西側，少し市街地から外れた場所に位置する。周囲は灌木が茂っており，一見すると何も見当たらないと通り過ぎるような箇所である（写真3）。

霊県故城

戦国期には「霊丘」と呼ばれ，斉国の西端の邑として晋や趙・魏の最前線に位置していた。新修『高唐県志』によれば現在の高唐県南鎮村にあるという。『中国歴史地図集』では前漢黄河の屈曲部，黄河西側に位置したとしているが，黄河東側の斉国がどのようにして黄河西岸の霊丘を維持しつづけたのかは不明である。

発干故城

前漢武帝期の大将軍・衛青の息子・登が封ぜられたと『史記』外戚世家に記される。しかし現在は何も痕跡は残っておらず，村の入り口には文物局の建てた故城碑の基台部分が残るのみ。石碑の本体は基台の裏に打ち捨てられていた。石碑がひどい扱いをされているのは濮陽調査の陰安

写真4　基台のみ残る石碑跡

写真5　裏に打ち捨てられた石碑

286　補論　現地調査記

写真6　前漢貝丘故城

写真7　虬龍槐

写真8　「孔子回轅処」碑

故城碑（補論第2章）や延津調査の圏城村碑（補論第4章）など，残念ながら枚挙に暇がない（写真4，5）。

3　古黄河関連その他

前漢貝丘故城

車を降りてしばらくとうもろこし畑の間を抜けると，畑の真ん中にこんもりと盛り上がった箇所が遠くに見える（写真6）。地元の人によれば，あれが貝丘故城の痕跡だと言う。現地調査で常に思うのだが，地元の人はこういう遺跡の場所を実によく知っており，何人かに聞けばたいがい案内してくれ，たどり着くことができる。一方，そこに遺跡があることを知りながら，このように周囲すべてを畑にしてしまう。どちらが良いかは当事者たち以外には一概に言えないが，何とはなく儚さを感じてしまう。

虬龍槐

平原県の南西に位置する腰站鎮にて，「虬龍槐」という古樹を見た（写真7）。「千年古樹」という碑の立てられたこの樹は，当地の伝説によれば秦始皇帝は平原津にて病没し，この樹の下に始皇帝の死骸が置かれた。不思議なことに死骸に蚊や蠅が寄らなかったという。『史記』では没したのは平原津ではなく沙丘とあり，後世の人が伝説に後づけしたものであろう。しかし曲がりくねった幹や，大きく広げ過ぎて支えきれなくなりコンクリートで支柱を立てている枝を見ると，千年古樹というのも大げさではない気がする。

「孔子回轅処」

荏平県三教堂村に，「孔子回轅処」という碑が立てられていた（写真8）。『史記』によれば，衛の失政に見切りをつけた孔子が，趙簡子のもとに向かうために黄河を渡ろうとした。しかし趙簡子が賢者である竇鳴犢・舜華の両名を斬ったことを聞き，黄河の手前で引き返したという。このとき孔子が引き返した箇所が，「孔子回轅処」である。従来の説では濮陽よりも西側，現在の滑県・衛輝市付近と推測されていたが，当地の『荏平県志』によるとこの荏平県だという。この碑が建てられたのは清代であり，現地には昔から伝承があったのだと思われる。

中国ではこのように，中央ひいては全国的な地誌資料には掲載されていないが，現地では古くから知られている情報が実はかなり多い。この種の現地情報を収集することも，現地調査の重要な目的の1つである。

黄河涯鎮

徳州市の南側に，黄河涯という鎮がある（写真9）。字義どおりに受け取れば，「黄河」の「涯（果て）」である。ただし現在の黄河は80km東南の済南市付近を流れており，この地を黄河が流れることはない。

写真9　黄河涯鎮

この地は現在果樹，特に桃果栽培で全国的に有名となっている。また林業も盛んという。果樹や綿花・落花生等は砂質土壌好適作物であり，黄河由来沙地によく見られるものである。また河南省延津県や商丘市，山東省夏津県などには「黄河故道森林公園」として，低灌木を中心とした森林栽培が多く見られる。これらの例から，この黄河涯鎮でも黄河由来の沙地によって形成された可能性が高いと思われる。

夏津黄河森林公園

夏津県城の東側郊外に位置する黄河故道由来の森林公園（写真10，11）。補論第4章の延津県や，河南省商丘市などにも同様の公園（自然保護区）が設置されている。延津県は研究施設併設だったが，こちらは完全にレジャー目的となっている。

夏津県付近はLandsat7 ETM+でも確認できるほど沙地帯がくっきり残る地域である[4]。地元では「沙河」と呼ばれ，降雨時のみ水が流れるという。この河道がいつの時代のものか，そしてそもそも県名の「夏津」とはどこの河川の「津」だったのか，不明な点が多い[5]。

写真10　夏津黄河森林公園

賈寨郷（前漢黄河決壊口）

地形モデルを確認していたところ，微高地東側に落堀地形らしき窪地を発見した。馬頬河もその箇所を避けるように湾曲しており，かなり可能性の高い箇所である。実地を確認しようと中心地点である賈寨郷へ向かい，そ

写真11　夏津黄河森林公園（Google Earth）

288　補論　現地調査記

写真 12　賈寨郷付近（前漢黄河決壊口か）

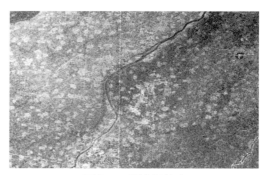
写真 13　賈寨郷付近

のまま西側の馬頬河堤防まで抜けてみた。すると若干ではあるが賈寨郷中心地の付近で窪んでいることがわかった（写真 12）。

　帰国後に新修『茌平県志』を確認したところ，賈寨郷を含めた一帯は「決口地」と書かれていた。これで前漢黄河が近隣を流れていれば，決壊地点であったことが確定できる[6]（写真 13）。

注

1)　RS データと合わせた検討によって，この地域では前漢初期に河道の部分変化が発生していたことが明らかとなった（この地域の古河道復元については第 2 部第 5 章を参照）。「平原津」や「孔子回轅処」など古代の文献に記される地点が清代以降の文献で不明瞭となっているのはそのためか。

2)　「津期駐蹕：平原旧八景為 "津期駐蹕"，"霞衬桃園"，"仙橋闊野"，"禹鑑通天"，"鳩野春耕"，"龍湫響応"，"西寺聞鐘"，"暮堞連雲"。"津期駐蹕" 又名 "津期古迹"，"支凝古渡"，説的是古帝王巡歴平原時停留暫住的地方。拠伝，明太祖朱元璋，清康熙曾駐蹕平原的曲陸店（現属三唐郷）；而乾隆皇帝駐蹕現寇家坊郷李炉子荘則有史可査。不管何地，人們総認為皇帝駐蹕之処定是風景秀麗的地方，但無確指。」
　　　平原八景簡介（平原新聞網）：http://www.sdpy.gov.cn/lishi/guji.asp

3)　「平原君趙勝者，趙之諸公子也。諸子中勝最賢，喜賓客，賓客蓋至者数千人。平原君相趙惠文王及孝成王，三去相，三復位，封於東武城。」（『史記』巻七六・平原君列伝）

4)　春秋戦国期の斉と晋・趙の霊丘争奪の経緯，および前漢黄河との関連性については第 2 部第 5 章で考察している。

5)　第 3 部第 3 章で夏津県周辺の Landsat7 ETM+ 画像を掲載し，「夏津」に関する考察を行っている。

6)　後ほど文献や RS データと合わせて考察した結果，前漢以前の黄河が形成した聊徳微高地の東端に位置し，前漢初期にここから東へと決壊して部分改道が発生していたことが判明した。詳細は第 2 部第 5 章を参照。

あとがき

「何とかここまで辿り着いた。」

　本書を上梓しての率直な感想である。この研究は筆者が 1998 年 4 月に学習院大学人文科学研究科博士前期課程に入学し，指導教官である鶴間和幸教授よりテーマを戴いて以来，博士論文（論文審査委員は鶴間和幸［主査］・武内房司・恵多谷雅弘の 3 氏）として学習院大学文学部に提出するまで 12 年を要した。

　12 年，長い年月である。研究開始当初に産まれた子供がそろそろ中学に入学する頃である。PC 環境も激変し，Windows は 95 から 98，XP，Vista を経て Windows7 となり，Macintosh は Mac OS 8.1 から X（10.6）に達した。インターネット環境に至っては，当時は一部大学や研究施設にしか望み得なかった常時接続の高速回線が一般家庭に手軽に導入でき，光ファイバー回線で GB 単位のファイルを自宅でやりとりできるようになった。本研究に使用した RS データも，最初に購入したときには 10 数枚のフロッピーに分割圧縮した形での購入か，データ容量を削るために必要な領域を指定するか，はたまた広範囲を一括できるが多少高価な CD-R かの選択だった覚えがあるが，今ではインターネット経由での DL 購入さえ可能になった。PC を利用した中国史研究においては，Windows95 当時は日本語と中国語の両方を混在させることは不可能で，高価な割に使い勝手の良くない専用ソフトを購入するか，または早くからマルチリンガル環境を謳っていた Macintosh に手を出すかの選択であった。台湾中央研究院の Web サイトで二十五史の全文検索が可能になったのは Windows98 ＋ IE4.0 以降だったか。中国とのメールをやり取りするのもたいへんで，八割方文字化けするメールソフトと戦っていた記憶がある。その頃と比べると，隔世の感さえある。

　本研究を進めるうえで画期となった技術が 2 つある。第 2 部の河道復元において解析の主力となった DEM データ「SRTM-DEM」と，PC ソフト『文淵閣四庫全書電子版』である。前者はスペースシャトル・エンデバーによる STS-99 ミッションの実施が 2000 年，インターネットでの公開開始が 2004 年であった。後者は 1999 年発売開始だが，実際に利用できるようになったのは 2001 年頃であったか。どちらも研究を始めた 1998 年当時にはなかったものである。前者については第 1 部第 3 章および第 2 部全般で触れているが，後者は本文には登場しないので少し触れておく。

　本研究のような歴史資料を使って過去の地理情報を復元する学問を「歴史地理学」と呼ぶ。日本では馴染みが薄いが，中国では主流の学問分野である。主流ではあるが，若手が手を出せる分野ではなかった。歴史地理学の参照対象となる文献は非常に多岐にわたる。さらに研究対象時代から現在に至るすべての文献が対象となる。つまり古代史の歴史地理研究ではこれまでに発行さ

れた膨大な量の書籍が対象となるため，長年の研究蓄積がなければ到底手を出せるものではなかった。しかし『文淵閣四庫全書電子版』の登場によって状況が変わった。単語を検索にかければ瞬時に結果が表示される。『文淵閣四庫全書』は文字どおり「四庫」，経・史・子・集の4部を収録しており，時代や分野にかかわらず検索が可能となった。この性能は本研究にとって非常に有益なものであり，『文淵閣四庫全書電子版』がなければ研究は不可能だと言っても過言ではない。このソフトとSRTM-DEMの登場によって，当初の想定を遙かに超えたかたちで本研究は完遂できた。

　本研究においてもう1つ重要な要素がある。現地調査である。いくらRS技術が進化したといっても，現地を見ることなく研究はできない。本研究においては2004年から2009年の5年間，毎年現地調査を行い，前漢黄河の下流平原全体を踏査した。この調査を通じて，非常に多くの方々にお世話になった。毎年の現地調査のための研究費を調達していただき，現地調査にも同行いただいた指導教官の鶴間教授。現地の研究者との折衝を依頼した山東大学・欒豊実教授と復旦大学・葛剣雄教授，満志敏教授。5年間の現地調査すべてに同道いただいた学習院大学非常勤講師の市来弘志先生。現地調査に同道して各地文物管理所の方々との交渉を行っていただいた当時大学院生だった山東大学の王建華氏，復旦大学の王大学・李向韜・徐建平三氏。突然訪問した我々を快く歓迎し，遺跡現地への案内をしていただいた元濮陽市河務局の孫徳萱氏，滄州市文物局の鄭志利氏，他大勢の現地文管処や在地研究者の方々（所属先は全て調査時点）。現地の行動でさまざまな無茶な要求に嫌がることなく応じてくれた運転手や，突然道を聞かれたにもかかわらず，厭な顔もせず道案内をしてくれた現地在住の方々。筆者の個人的要求による無茶なスケジュールの現地調査にご参加いただいたゼミや研究会の諸先輩・後輩方。現地調査の研究費に関する事務処理を行っていただいた学習院大学東洋文化研究所・アジア研究教育拠点事業の方々。シンポジウムや学会，研究会での報告で有益なご助言をいただいた諸先生方。この他，挙げ切れない多くの方々の協力により，本研究を完遂することができた。この場を借りて御礼申し上げたい。

　本書の出版に当たっては六一書房の八木環一および水野華菜，野田美奈子の各氏に多大なる御尽力を頂いた。本書の刊行に当たっては，2015年度学習院大学研究成果刊行助成金を頂いた。ここにあわせて感謝の意を述べたい。

2016年2月

長谷川　順二

初出一覧

　本書は 2011 年 3 月に学習院大学より学位授与された博士論文「前漢期黄河故河道の復元——リモートセンシングと歴史学——」に加筆訂正を行ったものである。以下に既出の論文を示す。

第 1 部

　第 1 章　「リモートセンシングデータを利用した前漢期黄河古河道復元——「中国古代専制国家の基礎条件」に関する再検討——」『史学雑誌』第 123 編第 3 号，公益財団法人史学会，2014 年 3 月（第 1 章に加筆）

　第 2 章　書き下ろし

　第 3 章第 1 節　「前漢期黄河故河道の復元——衛星画像と文献資料の活用・濮陽を例に——」『学習院史学』第 42 号，学習院大学史学会，2004 年 3 月

　第 3 章第 2・3 節　書き下ろし

第 2 部

　第 1 章　「前漢期黄河古河道復元——河南省北東部・滑県〜濮陽市——」『九州大学東洋史論集』42，九州大学文学部東洋史研究会，2014 年 3 月

　第 2 章　「衛星画像を利用した黄河下流域故河道復元研究——大名・館陶を中心に——」鶴間和幸編著『黄河下流域の歴史と環境』東方書店，2007 年 3 月

　第 3 章　「前漢期黄河故河道復元——河南省武陟県〜延津県〜滑県——」『中国水利史研究』第 35 号，2007 年

　第 4 章　書き下ろし

　第 5 章　「前漢期黄河故河道復元——山東省聊城市〜平原県〜徳州市——」『東洋文化研究』第 14 号，学習院大学東洋文化研究所，2012 年 3 月

第 3 部

　第 1 章　「リモートセンシングデータを利用した前漢期黄河故河道復元——前漢期の黄河決壊に関する一考察——」鶴間和幸・葛剣雄編著『東アジア海文明の歴史と環境』東方書店，2013 年 3 月

　第 2 章　「リモートセンシングデータを利用した前漢期黄河古河道復元——「中国古代専制国家の基礎条件」に関する再検討——」『史学雑誌』第 123 編第 3 号，公益財団法人史学会，2014 年 3 月（第 3 章に加筆）

　第 3 章　書き下ろし

補論　書き下ろし

参考文献

【日文】

秋川光彦　2001「前漢文帝の対諸侯王策」『大正大学大学院研究論集』25，2001 年

秋川光彦　2003「前漢斉悼恵王の封域」『三康文化研究所年報』34，2003 年

秋川光彦　2004「前漢諸侯王国の支郡と内史」『佐藤成順博士古希記念論文集・東洋の歴史と文化』山喜房佛書林

秋川光彦　2005「前漢楚元王の封域」『大正大学大学院研究論集』29，2005 年

秋川光彦　2008「『漢書』諸侯王表の構成についての試論」『鴨台史学』2008 年 8 期

天野元之助　1959「中国古代デスポティズムの諸条件──大会所感──」『歴史学研究』第 223 号，1959 年

石井知章　2012『中国革命論のパラダイム転換── K・A・ウィットフォーゲルの「アジア的復古」をめぐり──』社会評論社

井関弘太郎　1972『三角州（現代地理学シリーズ 2)』朝倉書店

今村城太郎　1966「漢書溝洫志私考」『日本大学人文科学研究所研究紀要』1966 年 9 期

牛越（李）国昭　2009『対外軍用秘密地図のための潜入盗測』同時代社

薄井俊二　1986「古代中国の治水論の思想的考察」『日本中国学会報』38，1986 年

薄井俊二　1988「前漢末・王莽期の治水論をめぐる思想的諸問題」『哲学年報』47，1988 年

宇宙開発事業団地球観測センター編　1990『地球観測データ利用ハンドブック』財団法人リモート・センシング技術センター

恵多谷雅弘・須藤昇・松前義昭・坂田俊文　1998「衛星 SAR によるエジプト・南サッカラ地区の遺跡検出について」『写真測量とリモートセンシング』1998 年 37（2）

恵多谷雅弘・下田陽久・松岡龍治ほか　2005「JERS-1／SAR によって検出された古代エジプト遺跡 Site No.29 に関する考察」『日本リモートセンシング学会誌』2005 年 25（5）

江村治樹　1998「春秋・戦国・秦漢時代の都市の規模と分布」『名古屋大学文学部研究論集　史学』44，1998 年

江村治樹　2000『春秋戦国秦漢時代出土資料文字の研究』汲古書院

遠藤邦彦　1978『C^{14} 年代測定法』ニュー・サイエンス社

翁文灝著・菅野一郎訳　1942『華北の侵蝕及堆積現象：華北諸河川の沈積物並に其等の地質学的意義或は華北の侵蝕及堆積現象の量的研究（調査資料第 21)』華北産業科学研究所・華北農事試験場

太田弘編　2009『航空図のはなし（改訂版)』交通研究協会

大矢雅彦　1993『河川地理学』古今書院

小方登　2000「衛星写真を利用した渤海都城プランの研究」『人文地理』2000 年 52（2）

小方登　2003「衛星写真で見るシルクロードの古代都市」『シルクロード学研究』第 17 号，2003 年

カール・A・ウィットフォーゲル著・湯浅赳男訳　1991『オリエンタル・デスポティズム──専制官僚国家の生成と崩壊──』新評論

外邦図研究会編　2005『終戦前後の参謀本部と陸地測量部』大阪大学文学研究科人文地理学教室

籠瀬良明　1990『自然堤防の諸類型──河岸平野と水害──』古今書院

金窪敏知　2004「終戦前後における参謀本部と地理学者との交流，および陸地測量部から地理調査所への改

組について」『外邦図ニューズレター』2004 年 2 期

紙屋正和　2005『漢時代における郡県制の展開』朋友書店

川村謙二　2008「地図の図書館・岐阜県図書館世界分布図センター」『館灯』第 47 号，2008 年

木越邦彦　1978『年代を測る』中公新書

木村正雄　1941「支那倉庫制発達の基礎条件」『史潮』1941 年 10-3

木村正雄　1959「中国古代専制主義の基礎条件」『歴史学研究』第 229 号，1959 年

木村正雄　1960「漢代における第二次農地の形成と崩壊」『東京教育大学文学部紀要』26，1960 年

木村正雄　1962「漢代における農地と水利」『人文研究』1962 年 16（10）

木村正雄　1979『中国古代農民叛乱の研究』東京大学出版会

木村正雄　2003『中国古代帝国の形成　新訂版』比較文化研究所

金定圭・下田陽久・坂田俊文　1984「LANDSAT と標高データを用いたリニアメントの抽出」『写真測量とリモートセンシング』1984 年 23-3

日下雅義　1980「海水準変動に関する若干の検討」『歴史時代の地形環境』古今書院

小疇尚　1997「旧ソ連邦の地勢図を読む」『明治大学図書館紀要』1997 年 1 期

小疇尚　2000「20 万分の 1 地勢図によるアジア大陸の地形に関する研究」『明治大学人文科学研究所紀要』46，2000 年

小出博　1970『日本の河川——自然史と社会史——』東京大学出版会

五井直弘　1950「中国古代帝国の一性格」『歴史学研究』第 146 号，1950 年

五井直弘　2002「中国古代の灌漑」『中国古代の城郭都市と地域支配』名著刊行会

国土地理院編　1973『1：25000 沿岸海域地形図・土地条件図の見方と使い方』国土地理院

国土地理院地球地図国際運営委員会編　1997「GTOPO30，全球 30 秒標高データ」『地球地図ニューズレター（日本語版）』1997 年 6 期

小玉一人　1999『古地磁気学』東京大学出版会

後藤恵之輔・陳運明・藤田究・前間英一郎　1997a「中国黄河下流域の断流と洪水に関する現地調査」『長崎大学工学部研究報告』1997 年 27（49）

後藤恵之輔・陳運明・前間英一郎・藤田究　1997b「現地調査と衛星リモートセンシングによる黄河下流域の断流と洪水に起因する環境変化の解析」『環境システム研究』25，1997 年

小林茂編　2009『近代日本の地図作製とアジア太平洋地域』大阪大学出版会

駒井二郎　1995「JERS-1 画像によるマヤ文明遺跡の検出」『写真測量とリモートセンシング』1995 年 34（4）

近藤昭彦・田中正・唐常源ほか　2001「中国華北平原の水問題」『水文・水資源学会誌』2001 年 14（5）

斉藤享治　1998『大学テキスト　日本の扇状地』古今書院

斉藤享治　2006『世界の扇状地』古今書院

齋藤文紀　2007「アジアの大規模デルタ」『地球史が語る近未来の環境』東京大学出版会

坂田俊文・恵多谷雅弘・吉村作治ほか　1997「衛星によるピラミッド探査と古代エジプトの遺跡発見について」『写真測量とリモートセンシング』1997 年 36（6）

坂田俊文　2002『宇宙考古学』丸善ライブラリー

佐藤武敏　1981「王景の治水について」『佐藤博士還暦記念中国水利史論集』1981 年

佐藤武敏　1983「秦漢時代の水旱災」『人文研究』1983 年 35（5）

佐藤武敏　1995「『史記』河渠書を読む」『中国水利史の研究』国書刊行会

294　参考文献

佐野学　1957「旧中国の歴史法則と国家」『佐野学著作集　第四巻』佐野学著作集刊行会

清水靖夫　2009「外邦図の嚆矢と展開」『近代日本の地図作製とアジア太平洋地域』

下田誠　2007「戦国時代中原地域領域変遷図作成の試み」『東洋文化研究』第 9 号，2007 年

相馬秀廣　1995「タクリマカン沙漠の環境変遷」『シルクロード学研究』1995 年 1 期

相馬秀廣　2000「トルファン盆地の遺跡の立地条件」『シルクロード学研究』2000 年 8 期

相馬秀廣　2003「Corona 衛星写真から判読される米蘭遺跡群・若羌南遺跡群」『シルクロード学研究』第 17 号，2003 年

高木幹男監修・下田陽久　2004『新編　画像解析ハンドブック』東京大学出版会

高橋裕　2008『新版河川工学』東京大学出版会

高村武幸　2008「日本における近十年の秦漢国制史研究の動向」『中国史学』18，2008 年

田中邦一ほか　2003『Adobe Photoshop による衛星画像解析の基礎』古今書院

陳振雄　2005「中国の「改革・開放」政策下の農村経済の成長と郷鎮企業の発展について」『新潟経営大学紀要』2005 年 3 期

土屋清編著　1990『リモートセンシング概論』朝倉書店

鶴間和幸　1980「秦漢期の水利法と在地農業経営」『歴史学研究』1980 年別冊特集

鶴間和幸　1998「中華の形成と東方世界」『岩波講座世界歴史 3・中華の形成と東方世界』岩波書店

鶴間和幸編著　2007『黄河下流域の歴史と環境』東方書店

長岡正利　2009「陸地測量部外邦図作成の記録」『近代日本の地図作製とアジア太平洋地域』大阪大学出版会

中野美代子　1976「黄河源流考——政治と地理のあいだ——」『日本及日本人』1538 号

中村威也　2007「中国大陸十万分の一地勢図の種類とその資料的特徴について」『黄河下流域の歴史と環境』東方書店

中村俊夫　1993「タンデトロン加速器質量分析計を用いた 14C 年代測定利用による地質学・地理学的研究の新展開」『名古屋大学加速器質量分析計業績報告書』1993 年 4 期

仲山茂　2006「前漢侯国の分布」『名古屋大学東洋史研究報告』30，2006 年

仲山茂　2008「『漢書』列侯関連諸表にみられる地名注記の性格について」『『漢書』とその周辺——秦漢文献資料研究——』崑崙書房

西嶋定生　1961「中国古代社会の構造的特質に関する問題点」『中国古代帝国の形成——二十等爵制の研究——』東京大学出版会

西嶋定生　1983『中国古代国家と東アジア世界』東京大学出版会

日本測量協会　1970『測量・地図百年史』国土地理院

日本第四紀学会編　2007『地球史が語る近未来の環境』東京大学出版会

日本地誌研究所編　1989『地理学辞典（改訂版）』二宮書店

日本リモートセンシング協会編　1996『わかりやすいリモートセンシングと地理情報システム』宇宙開発事業団

日本リモートセンシング協会編　1997『リモートセンシングハンドブック』宇宙開発事業団

任美鍔編著・阿部治平・駒井正一訳　1986『中国の自然地理』東京大学出版会

箱岩英一　2008「『劒岳　点の記』をよりよく理解するための解説」『測量』2008 年 7 期

長谷川均　1998『リモートセンシングデータ解析の基礎』古今書院

長谷川順二　2015「リモートセンシングデータを利用した黄河古河道復元——後漢初期の第二次改道に関す

る考察——」『日本秦漢史研究』第 15 号，2015 年 3 月

長谷川順二　2016「リモートセンシングデータを利用した『水経注』に記される北魏期黄河古河道研究——
　　河南省濮陽市～山東省東阿県～荏平県～高唐県——」『人文』第 14 号，2016 年 3 月

浜川栄　1993「瓠子の「河決」」『史滴』14，1993 年

浜川栄　1994「瓠子の「河決」と武帝の抑商」『早稲田大学大学院文学研究科紀要別冊（哲学・史学編）』21，
　　1994 年

浜川栄　1998「両漢交代期の黄河の決壊について」『中国水利史研究』第 26 号，1998 年

浜川栄　1999「両漢交代期の黄河の決壊と劉秀政権」『東洋学報』1999 年 81（2）

浜川栄　2001「黄河変遷史から見た中国古代史の一側面」『早稲田大学高等学院研究年誌』45，2001 年

浜川栄　2006a「黄河と中国古代史」『歴史学研究』第 820 号，2006 年

浜川栄　2006b「漢唐間の河災の減少とその原因」『中国水利史研究』第 34 号，2006 年

浜川栄　2009a『中国古代の社会と黄河』早稲田大学出版部

浜川栄　2009b「「水の理論」をめぐる学説史の流れ」『中国古代の社会と黄河』早稲田大学出版部

兵藤政幸　2005「地磁気極性年代表の現状と将来の発展」『地学雑誌』2005 年 114（2）

福嶌義宏　2008『黄河断流』昭和堂

福本勝清　2011「マルクス主義と水の理論」『明治大学教養論集』462，2011 年

藤田勝久　1983a「漢代における水利事業の展開」『歴史学研究』第 521 号，1983 年

藤田勝久　1983b「漢書溝洫志訳注稿（一）」『中国水利史研究』第 13 号，1983 年

藤田勝久　1984「漢書溝洫志訳注稿（二）」『中国水利史研究』第 14 号，1984 年

藤田勝久　1985「漢書溝洫志訳注稿（三）」『中国水利史研究』第 15 号，1985 年

藤田勝久　1986「漢代の黄河治水機構」『中国水利史研究』第 16 号，1986 年

藤田勝久　1988「漢書溝洫志訳注稿（四）」『中国水利史研究』第 18 号，1988 年

藤田勝久　2003「秦漢帝国の成立と秦・楚の社会」『愛媛大学法文学部論集　人文学科編』15，2003 年

藤田元春　1921「禹河」『支那学』1921 年 1（12）

プルジェワルスキー著，加藤九祚・中野好之訳　1967『黄河源流からロプ湖へ（西域探検紀行選集）』白水
　　社

古田昇　2005『平野の環境歴史学』古今書院

星　仰　2003『リモートセンシングの画像処理』森北出版

堀和明・齋藤文紀　2003「大河川デルタの地形と堆積物」『地学雑誌』第 112 号，2003 年

政春尋志　2011『地図投影法』朝倉書店

増淵龍夫　1959「中国古代デスポティズムの問題史的考察」『歴史学研究』第 227 号，1959 年

町田三郎　1985「劉向論」『秦漢思想史の研究』創文社

町田洋ほか　2003『第四紀学』朝倉書店

松永光平　2006「一次流路の地形特性から見た黄土地形の浸食過程」『地形』2006 年 27（1）

松本健・長谷川均・後藤智哉　2008「コロナ・ランドサット・ALOS データを用いた時系列地図の整備——
　　ガーネム・アリ遺跡周辺の過去 39 年間の土地被覆変化と河道変遷を例として——」文部科学省科学研究費
　　補助金特定領域研究「セム系部族社会の形成」ニューズレター第 12 号，2008 年 12 月

村松弘一　2005「黄河の断流」『アジア遊学』第 75 号，2005 年

森鹿三　1940「漢唐一里の長さ」『東洋史研究』1940 年 5（6）

安田順恵　2006『玄奘取経の交通路に関する地理学的研究』東方出版

296　参考文献

柳田誠・貝塚爽平　1982「渤海・黄海・東海の最終間氷期以後の海面変化に関する最近の中国における研究」『第四紀研究』1982 年 21（2）

山田崇仁　2008「GoogleEarth を利用した中国歴史地理情報の収集と公開」『立命館文学』第 608 号，2008 年

横山祐典　2007「地球温暖化と海面上昇」『地球史が語る近未来の環境』東京大学出版会

吉岡義信　1978「宋代黄河堤防考」『宋代黄河史研究』1978 年

吉開将人　2003「『中国歴史地図集』の論理」『史朋』第 36 号，2003 年

吉川忠夫　1999「汲冢書発見前後」『東方学報』第 71 号，1999 年

吉越昭久　1995「大和川水系葛城川周辺の押堀に関する湖沼学的特徴」『総合研究所所報』3 号，1995 年 2 月

吉田邦夫　1999「最新の年代測定法ではかる縄文土器」『化学』54，1999 年

吉村作治　1995「衛星画像の解析によるピラミッド群の調査について」『シルクロード学研究』第 1 号，1995 年

A．H．ラホッキ著，北林吉弘・斉藤享治訳　1995『扇状地の形成と発達』古今書院

欒豊実　2005「黄河下流地区竜山文化城址の発見と早期国家の発生（口頭報告）」『国際学術シンポジウム「黄河下流域と東アジア海文明」』2005 年 11 月，於学習院大学

渡邊三津子　2002「CORONA 衛星写真ポジフィルムのデジタル化による利用とその有効性」『地学雑誌』2002 年 111（5）

【中文・漢籍】

南宋・程大昌『禹貢論，禹貢後論，禹貢山川地理図』

元・王喜『治河図略』

明・潘季馴『河防一覧』

清・傅沢洪『行水金鑑』

清・顧祖禹『読史方輿紀要』

清・胡渭『禹貢錐指』

清・焦循『禹貢鄭注釈』

清・劉鶚『歴代黄河変遷図考』

清・倪文蔚等『御覧三省黄河全図』

清・楊守敬『水経注疏』

清・楊守敬『歴代輿地沿革険要図』

清・閻若璩『四書釈地続』

清・張穆『閻潜丘先生年譜』

【中文・地方志】

清光緒八年『開州志』

清嘉慶七年『濬県志』

清乾隆五四年『大名県志』

民国二一年刊本『重修滑県志』

濬県地方志編纂委員会編　1995『濬県県志』中国和平出版社

大名県県志編纂委員会編　1994『大名県志』新華出版社

東光県地方志編纂委員会編　1999『東光県志』方志出版社

河北省泊頭市地方志編纂委員会編　2000『泊頭市志』中国対外翻訳出版

河北省大城県地方志編纂委員会編　1995『大城県志』華夏出版社

河北省館陶県地方志編纂委員会編　1999『館陶県志』中華書局

河北省青県地方志編纂委員会編　1999『青県志』方志出版社

河北省文安県地方志編纂委員会編　1994『文安県志』中国社会出版社

河間県地方志編纂委員会編　1992『河間県志』書目文献出版社

黄驊県地方志編纂委員会編　1990『黄驊県志』海潮出版社

滑県志編纂委員会編　1997『滑県志』中州古籍出版社

静海県志編纂委員会編　1995『静海県志』天津社会科学院出版社

景県志編纂委員会編　1991『景県志』天津人民出版社

聊城市地方志編纂委員会編　1999『聊城市志』斉魯書社

孟村回族自治県志編纂委員会編　1993『孟村回族自治県志』科学出版社

南楽県地方史志編纂委員会編　1996『南楽県志』中州古籍出版社

南皮県地方志編纂委員会編　1992『南皮県志』河北人民出版社

内黄県地方志編纂委員会編　1993『内黄県志』中州古籍出版社

濮陽県地方史志編纂委員会編　1989『濮陽県志』華芸出版社

清豊県地方史志編纂委員会編　1990『清豊県志』山東大学出版社

山東高唐県史志編纂委員会編　1993『高唐県志』斉魯書社

山東省荏平県地方史志編纂委員会編　1997『荏平県志』斉魯書社

山東省平原県県志編纂委員会編　1993『平原県志』斉魯書社

衛輝市地方史志編纂委員会編　1993『衛輝市志』三聯書店

呉橋県地方史志編纂委員会編　1992『呉橋県志』中国社会出版社

武陟県県志編纂委員会編　1993『武陟県志』中州古籍出版社

浚県地方志編纂委員会編　1990『浚県志』中州古籍出版社

延津県志編纂委員会編　1991『延津県志』三聯書店

塩山県地方志編纂委員会編　1991『塩山県志』南開大学出版社

原陽県志編纂委員会編　1995『原陽県志』中州古籍出版社

【中文・研究書および論文】

蔡明理　1993「貝殻堤的成因及其在古海面変化研究中的意義」『河南大学学報（自然科学版）』1993 年 23
　（1）

崔晋・王流泉　2000「南水北調大事記」『河北水利水電技術』2000 年 S1 期

曹定雲　1988「殷代的"竹"和"孤竹"」『華夏考古』1988 年 3 期

曹銀真　1988「黄河沖積扇和三角洲変遷過程中的臨界意義」『地理科学』1988 年 2 期

岑仲勉　1957『黄河変遷史』人民出版社

常雲昆　2001『黄河断流与黄河水権制度研究』中国社会科学出版社

蔡応坤　2006「西漢瓠子河決治理始末」『安徽文学（下半月）』2006 年 10 期

陳昌遠　1989「趙国的彊域与地理特征」『河北学刊』1989 年 5 期

陳懐荃　2003「大陸，鴻溝与南水北調」『安徽師範大学学報（人文社会科学版）』2003 年 2 期

陳可畏　1979「論西漢後期的一次大地震与渤海西岸地貌的変遷」『考古』1979 年 2 期

陳連慶　1981「両漢之際河北農民軍雑考（上）」『東北師範大学学報』1981 年 1 期

298 参考文献

陳隆文　2005「先秦貨幣地名与歴史地理研究」『中原文物』2005 年 2 期

陳夢家　1966「畝制与里制」『考古』1966 年 1 期

陳平　2006『北方幽燕文化研究』群言出版社

陳橋駅　1989「関于『水経注疏』不同版本和来歴的探討」『水経注疏』江蘇古籍出版社，1989 年

陳偉　2002「晋南陽考」『歴史地理』第 18 輯，2002 年

程紹平・鄧起東・閔偉　1998「黄河晋陝峡谷河流階地和鄂爾多斯高原第四紀構造運動」『第四紀研究』1998 年 3 期

戴英生　1986「黄河的形成与発育簡史」『黄河的研究与実践』水利電力出版社

丁瑜　1985「宋刻珍本《禹貢論》《山川地理図》及其作者程大昌簡論」『文献』1985 年 3 期

段偉　2004「漢武帝財政決策与瓠子河決治理」『首都師範大学学報（社会科学版）』2004 年 1 期

范祥雍　1957『古本竹書紀年輯校訂補』上海人民出版社

馮興祥・閻海観　1983「対黄河河道湾曲形態形成的初歩分析」『地域研究与開発』1983 年 1 期

高建民　1999「歴史的黄河断流」『山東水利』1999 年 10 期

高善明ほか　1989『黄河三角洲形成和沈積環境』科学出版社

国際地質対比計画第 200 号項目中国工作組編　1986『中国海平面変化』海洋出版社

国家地図集編纂委員会編　1999『中華人民共和国国家自然地図集』中国地図出版社

国家文物局主編　1991『中国文物地図集　河南分冊』中国地図出版社

国家文物局主編　2006『中国文物地図集　山東分冊』中国地図出版社

郭用和　2000『戚地攬勝』濮陽市地方志弁公室

韓鳳霞・張艶春　2000「衛河坨注防洪調度研究」『水利水電工程設計』2000 年 2 期

韓光輝・舒時光　2012「十七世紀的中国地理学」『経済地理』2012 年 2 期

韓嘉谷　2006「『水経注』和天津地理」『歴史地理』2006 年 21 期

韓志平　2006「馬陵之戦遺址探秘」『春秋』2006 年 1 期

河南省文物考古研究所・首都師範大学歴史学院・濮陽市文物保護管理所　2008「河南濮陽県高城遺址発掘簡報」『考古』2008 年 3 期

後暁栄・陳暁飛　2007「考古出土文物所見燕国地名考」『首都師範大学学報（社会科学版）』2007 年 6 期

黄盛璋　1955「論黄河河源問題」『地理学報』1955 年 3 期

黄盛璋　1956「再論黄河河源問題」『地理学報』1956 年 1 期

黄盛璋　1980「黄河上源的歴史地理問題与測絵的地図新考」『考古与文物』1980 年 1 期

黄盛璋　1982「《孫臏兵法・擒龐涓》篇古戦地考察和戦争歴史地理研究」『中国古代史論叢』1982 年 3 期

黄河水利委員会編　1959『人民黄河』水利電力出版社

黄河水利委員会黄河誌総編輯室編　2001『黄河大事記（増訂本）』黄河水利出版社

黄今言　1997「東漢軍事史的若干特点和研究方法問題」『史学月刊』1997 年 1 期

華向栄・劉幼錚　1983「静海県西釣台古城址的調査与考証」『天津社会科学』1983 年 4 期

胡阿祥　1989「晋宋時期山東僑州郡県考述」『中国歴史地理論叢』1989 年 3 期

胡阿祥編著　2006『宋書州郡志匯釈』安徽教育出版社

賈傑華・石欽周・王志剛・鄧暁穎　2002「黄河沖積扇的形成及其水文地質環境」『人民黄河』2002 年 2 期

蔣復初・呉錫浩・肖華国　1998「邙山黄土与三門峡貫通的時代」『黄土　黄河　黄河文化』黄河水利出版社

蔣逸雪　1981『劉鶚年譜』斉魯書社

金耀　1983「亜微罍考釈」『社会科学戦線』1983 年 2 期

雷祥義・張猛剛　2001「渭河中游水系的階地形成年代」『新構造与環境』地質出版社

梁向明　1994「漢代治河方略試析」『固原師専学報』1994 年 1 期

廖永民　1978「戚城遺址調査記」『河南文博通訊』1978 年 4 期

李凡・張秀栄・唐宝珏　1998『黄海埋蔵古河道及災害地質図集』済南出版社

李海民　1999「黄河断流的成因分析」『陝西師範大学学報（自然科学版）』1999 年 3 期

李吉均・方小敏・馬海洲　1996「晩新生代黄河上游地貌演化与青蔵高原隆起」『中国科学 D 輯』1996 年 26 （4）

劉宝元・唐克麗・焦菊英・馬小雲　1993『黄河水沙時空図譜』科学出版社

劉洪升　1995「古代長蘆食塩産地初考」『塩業史研究』1995 年 4 期

劉化成・趙兆祥　2001「廊坊市戦国燕南長城調査報告」『文物春秋』2001 年 2 期

劉建国　2007『考古与地理信息系統』科学出版社

劉江旺　2011「漢代黄河在兗州付近河段決口成災原因再考察」『鶏西大学学報』2011 年 8 期

劉立鑫　1993「渤海郡和章武郡的歴史沿革」『渤海月刊』1993 年 1 期

劉栓明　2006『黄河橋梁』黄河水利出版社

劉書丹・李広坤・李玉信ほか　1988「従河南東部平原第四紀沈積物特征探討黄河的形成与演変」『河南国土資源』1988 年 2 期

劉幼錚　1983「春秋戦国時期天津地区沿革考」『天津社会科学』1983 年 2 期

李偉　1998「南水北調構想的歴史与現状」『新視野』1998 年 6 期

李暁傑　2008「戦国時期斉国彊域変遷考述」『史林』2008 年 4 期

李学勤　1983「試論孤竹」『社会科学戦線』1983 年 2 期

李学勤　1985「史惠鼎及其史淵源」『文博』1985 年 6 期

盧良志　1984『中国地図学史』測絵出版社

羅福頤　1957『伝世歴代古尺図録』文物出版社

満志敏　2001「北宋京東故道流路問題的研究」『歴史地理』第 21 輯，2001 年

繆文遠　1984『戦国策考弁』中華書局

繆文遠　1998『戦国策新校注　改訂版』巴蜀書社

鈕仲勛　1984「也談黄河源」『人民黄河』1984 年 1 期

鈕仲勛　1988「黄河河源考察和認識的歴史研究」『中国歴史地理論叢』1988 年 4 期

鈕仲勛等編　1994『歴史時期黄河下游河道変遷図説』測絵出版社

潘保田・李吉均・曹継秀　1994「黄河中游的地貌与地文期問題」『蘭州大学学報（自然科学版）』1994 年 30 （1）

潘保田・王均平・高紅山ほか　2005a「従三門峡黄河階地的年代看黄河何時東流入海」『自然科学進展』2005 年 6 期

潘保田・王均平・高紅山ほか　2005b「河南扣馬黄河最高級階地古地磁年代及其対黄河貫通時代的指示」『科学通報』2005 年 3 期

彭貴・張景文・焦文強ほか　1980「渤海湾沿岸晩第四紀地層碳十四年代学研究」『地震地質』1980 年 2（2）

銭林書　1990「春秋時期晋国向東方的拡展及所得城邑考」『歴史地理研究 2』1990 年

銭寧ほか　1989『河床演変学』科学出版社

綦連安　1996「黄河断流成因及其対策」『人民黄河』1996 年 7 期

祁明栄　1982「黄河源頭考察報告」『黄河源頭考察文集』青海人民出版社

丘光明編・丘隆・楊平　2003『中国科学技術史　度量衡巻』科学出版社

任伯平　1962「関于黄河在東漢以後長期安流的原因」『学術月刊』1962 年 9 期

任美鍔・曾昭璇・崔功豪　1994『中国的三大三角洲』高等教育出版社

任美鍔　2006「黄河的輸沙量：過去，現在和将来」『地球科学進展』2006 年 6 期

邵時雄主編・王明徳　1989『中国黄淮海平原第四紀地貌図』地質出版社

尚小明　1998「徐乾学幕府研究」『史学月刊』1998 年 3 期

申丙　1960『黄河通考』中華叢書編審委員会

石長青ほか　1985「関于黄河三角洲形成問題的初歩探討」『地質論評』316，1985 年

史念海　1958「釈『史記・貨殖列伝』所説的"陶為天下之中"兼論戦国時代的経済都会」『人文雑誌』1958 年 2 期

史念海　1963「秦漢時代的農業地区」『河山集　第一集』1963 年

史念海　1978「論『禹貢』的導河和春秋戦国時期的黄河」『陝西師範大学学報（哲学社会科学版）』1978 年 1 期

史念海　1984「河南浚県大伾山西部古河道考」『歴史研究』1984 年 2 期

史念海　1985「中国歴史地理学的淵源和発展」『中国歴史地理論叢』1985 年 2 期

史念海　1999「歴史時期黄河下游的堆積」『黄河流域諸河流的演変与治理』

施雅風ほか　1989『中国東部第四紀冰川与環境問題』科学出版社

史真　1992「漢代的瓠子大決口及其治理」『鄭州大学学報（哲学社会科学版）』1992 年 6 期

水利部黄河水利委員会編　1989『黄河流域地図集』中国地図出版社

水利部黄河水利委員会《黄河水利史述要》編写組編　2003『黄河水利史述要　修訂版』黄河水利出版社

水利電力部黄河水利委員会編　1959『人民黄河』水利電力出版社

蘇懐・王均平・潘保田等　2008「黄河三門峡至扣馬段的階地序列及成因」『地理学報』2008 年 7 期

孫果清　1992「楊守敬『歴代輿地沿革険要図』版本述略」『文献』1992 年 4 期

孫果清　2005「禹貢山川地理図」『地図』2005 年 1 期

孫建中・趙景波・李華梅等　1987「黄土，還要更老些」『海洋地質与第四紀地質』1987 年 7（1）

譚其驤　1962「何以黄河在東漢以後会出現一個長期安流的局面」『学術月刊』1962 年 2 期

譚其驤　1965「歴史時期渤海湾西岸的大海浸」『人民日報』1965 年 10 期

譚其驤　1978「『山経』河水下游及其支流考」『中華文史論叢』1978 年 7 期

譚其驤　1981「西漢以前的黄河下游河道」『歴史地理』1981 年 1 期

譚其驤主編　1982『中国歴史地図集』地図出版社

王彩梅　2001『燕国簡史』紫禁城出版社

王培勤　2001『濮陽春秋』濮陽市地方志弁公室

王培勤　2002『濮陽地名』中国文聯出版社

王守春　1998「公元初年渤海湾和莱州湾的大海侵」『地理学報』1998 年 9 期

王蘇民・呉錫浩・張振克ほか　2001「三門古湖沈積記録的環境変遷与黄河貫通東流研究」『中国科学 D 輯』2001 年 31（9）

王穎　1964「渤海湾西部貝殼堤与古海岸線問題」『南京大学学報（自然科学）』1964 年 8（3）

王玉亮　1998「孤竹地望試析」『廊坊師範学院学報』1998 年 4 期

王玉亮　2000「試論孤竹的地望及"彊域"」『瀋陽教育学院学報』2000 年 4 期

王子今　1989「秦漢黄河津渡考」『中国歴史地理論叢』1989 年 3 期

王子今　1998「"造舟為梁" 及早期浮橋史探考」『文博』1998 年 4 期

王子今　2005「漢代 "海溢" 災害」『史学月刊』2005 年 7 期

聞人軍　1989「中国古代里畝制度概述」『杭州大学学報（哲学社会科学版）』1989 年 3 期

呉忱ほか　1991a『華北平原古河道研究』中国科学技術出版社

呉忱ほか　1991b『華北平原古河道研究論文集』中国科学技術出版社

呉忱・陳萱・許清海ほか　1991「黄河古三角洲的発現及其与水系変遷的関係」『華北平原古河道研究論文集』

呉忱・何乃華　1991「古河道是文化旅游的勝地」『華北平原古河道研究論文集』

呉忱主編　1992『華北平原四万年来自然環境演変』中国科学技術出版社

呉忱　2001「黄河下游河道変遷的古河道証据及河道整治研究」『歴史地理』第 17 輯，2001 年

呉忱　2008『華北地貌環境及其形成演化』科学出版社

武漢水利電力学院水利水電科学研究院《中国水利史稿》編写組編　1979『中国水利史稿　上下』水利電力出版社

呉宏岐・郭用和　2004「濮陽地区若干歴史地理問題考証」『中国古都研究』第 15 輯，2004 年

呉錫浩・蒋復初・王蘇民　1998「関于黄河貫通三門峡東流入海問題」『第四紀研究』1998 年 2 期

夏東興・呉桑雲・郁彰　1993「末次氷期以来黄河変遷」『海洋地質与第四紀地質』1993 年 2 期

蕭椒　2002『中国歴代的地理学和要籍』広西師範大学出版社

辛春英・何良彪　1991「上新生晩期以来黄河三角洲地区的沈積作用」『黄渤海海洋』1991 年 9（1）

邢承栄・路秀霞　1998「古代滄州的建置沿革及滄州古城的歴史変遷」『渤海学刊』1998 年 1 期

薛春汀・周永青・朱雄華　2004「晩更新世末至公元前 7 世紀的黄河流向和黄河三角洲」『海洋学報（中文版）』2004 年 1 期

徐海亮　1982「黄河故道滑澶段的初歩考査与分析」『歴史地理』1982 年 6 期

徐家声　1994「渤海湾黄驊沿海貝殻堤与海平面変化」『海洋学報』1994 年 16（1）

許炯心・孫季　2003「黄河下游 2300 年以来沈積速率的変化」『地理学報』2003 年 2 期

楊伯峻編著　1981『春秋左伝注（修訂本）』中華書局

厳耕望　1985『唐代交通図考』中央研究院歴史語言研究所

楊寛　2001『戦国史料編年輯証』上海人民出版社

楊守敬　1967『水経注図』文海出版社

楊守業・蔡進功・李従先・鄧兵　2001「黄河貫通時間的新探索」『海洋地質与第四紀地質』2001 年 21（2）

楊馨遠・郝建新　2004「章武郡治所辨析」『廊坊師範学院学報』2004 年 20（3）

雁侠　1991「先秦趙固彊域変化」『鄭州大学学報』1991 年 1 期

姚漢源　2003『黄河水利史研究』黄河水利出版社

葉青超・楊毅芬・張義豊　1982「黄河沖積扇形成模式和下游河道演変」『人民黄河』1982 年 5 期

葉青超ほか　1990『黄河下游河流地貌』科学出版社

尹学良　1995『黄河下游的河性』中国水利水電出版社

袁宝印・王振海　1995「青蔵高原隆起与黄河地文明」『第四紀研究』1995 年 4 期

岳楽平　1996「黄土高原黄土，紅粘土与古湖盆沈積物関係」『沈積学報』1996 年 14（4）

岳楽平・雷祥義・屈紅軍　1997「黄河中游水系的階地発育時代」『地質論評』1997 年 43（2）

喩宗仁・竇素珍・趙培才ほか　2004「山東東平湖的変遷与黄河改道的関係」『古地理学報』2004 年 4 期

張宝剛　2007「黄驊海豊鎮塩業興衰史」『塩業史研究』2007 年 2 期

張抗　1989「黄河中水系形成史初探」『中国第四紀研究』1989 年 8（1）

302 参考文献

張立 2007 『城市遥感考古』華東師範大学出版社

張慶元 1982「論賈譲三策」『江西水利科技』1982 年 4 期

張維華 1979『中国長城建置考』中華書局

張偉兵・徐歓 2000「試評賈譲三策在治黄史上的歴史地位」『人民黄河』2000 年 3 期

張新斌 2002「戚城与衛国孫氏研究」『中原文物』2002 年 5 期

張修真主編 1999『南水北調』中国水利水電出版社

張玉 2004「"推恩" 令与河間献王諸子侯国」『滄州師範専科学校学報』2004 年 4 期

趙希涛・耿秀山・張景文 1979「中国東部 20000 年来的海平面変化」『海洋学報 (中文版)』1979 年 2 期

趙希涛主編 1996『中国海面変化』山東科学技術出版社

鄭国英・楊馨遠・黄建芳 2002「試論漢参戸故城地理位置」『中国地名』2002 年 4 期

鄭傑祥 1994『商代地理簡論』中州古籍出版社

甄国憲 1992「『水経注図』考述」『地図』1992 年 4 期

鄭肇経 1957「賈譲三策与河流的綜合利用」『華東水院学報』1957 年 1 期

中国地図出版社編制 1998『高等学校教学参考用 中国自然地理図集』中国地図出版社

中国科学院考古研究所編 1959『三門峡漕運遺跡』科学出版社

中国社会科学院考古研究所 1983『中国考古学中碳十四年代数据集 1965-1981』文物出版社

中華地理志編集部 1957『華北区自然地理資料』科学出版社

周到 2004「浚県両処古城遺址調査」『大伾文化 (1)』2004 年

周魁一 2002『中国科学技術史 水利巻』科学出版社

周振鶴 1987『西漢政区地理』人民出版社

周振鶴主編 2006『漢書地理志匯釈』安徽教育出版社

朱照宇 1989「黄河中游河流階地的形成与水系変化」『地理学報』1989 年 44 (4)

鄒逸麟主編 1993『黄淮海平原歴史地理』安徽教育出版社

【英文】

Crews, S. G., Ethridge, F. G., 1993, Laramide tectonics and humid alluvial fan sedimentation: NE Uinta Uplift, Utah and Wyoming, *Journal of Sedimentary Petrology* 63, 1993

Gradstein, F. J. Ogg, A. Smith, 2004, *A Geologic Time Scale 2004*, Cambridge University Press., 2004

M. Morisawa, 1985, *Rivers: Form and process*, Longman House

Yoshiki Saito, Zuosheng Yang, Kazuaki Hori, 2001, The Huanghe (Yellow River) and Changjiang (Yangtze River) deltas: a review on their characteristics, evolution and sediment discharge during the Holocene, *Geomorphology* 41 (2-3), 2001

Shackleton, N. J., Berger, A, Peltier, W. R., 1990, An alternative astronomical calibration of the lower Pleistocene timescale based on ODP Site 677, *Trans. R. Soc. Edinburgh* 81, 1990

Stainstreet, I. G., McCarthy, T. S., 1993, The Okacango fan and the classification of subaerial fansystems, *Sedimentary Geology* 85, 1993

Terence C. Blair, John G. McPherson, 1994, Alluvial Fans and their Natural Distinction from Rivers Based on Morphology, Hydraulic Processes, Sedimentary Processes, and Facies Assemblages, *Journal of Sedimentary Research, Section A: Sedimentary Petrology and Processes* 64A (3), 1994

William Morris Davis, 1898, *Physical geography*, Boston: Ginn

RS データ関連クレジット

ALOS AVNIR-2（第 1 部第 2 章・写真 2，第 3 章・図 12 Ⓔ）
　宇宙航空研究開発機構／リモート・センシング技術センター（データ配布）
CORONA（第 1 部第 3 章・図 12 Ⓐ，図 14）
　　USGS
Google Earth
　　第 1 部第 3 章図 10　地図データ：Google, NFGIS, Mapabc.com、Image: Google, DigitalGlobe, Cnes/
　　　Spot Image
　　補論第 4 章写真 9　Image: Google, DigitalGlobe, GeoEye
　　補論第 5 章写真 8　Image: Google, GeoEye
　　補論第 5 章写真 10　Image: Google, DigitalGlobe
　　補論第 6 章写真 11　Image: Google, DigitalGlobe
ETOPO2（第 1 部第 2 章・図 8）
　　U.S. Department of Commerce/National Oceanic and Atmospheric Administration/National Environ-
　　　mental Satellite, Data, and Information Service/National Geophysical Data Center
　　http://www.ngdc.noaa.gov/mgg/fliers/06mgg01.html
Landsat5 TM（第 1 部第 3 章・図 12 Ⓑ，図 15，第 2 部第 2 章・図 2）
　　NASA／リモート・センシング技術センター（データ配布）
Landsat7 ETM+/8 OLI（第 1 部第 3 章・図 12 ⒹⒻ，第 3 部第 3 章・図 5）
　　NASA
SRTM-DEM（第 1 部第 3 章・図 11，図 12 Ⓑ，第 2 部第 1 章・図 6，第 3 章・図 2，図 6，第 4 章・図 6，
　第 5 章・図 5，補論第 2 章図 4，図 5）
　　NASA/JPL-Caltech/National Geospatial Intelligence Agency
ERDAS IMAGINE 2014（ソフトウエア：第 1 部第 3 章・図 13）
　　日本インターグラフ株式会社

図表出典一覧

第Ⅰ部
第1章
図1　『文淵閣四庫全書』
図2　『叢書集成簡編』
図3　楊守敬 1967
図4　胡渭・鄒逸麟 1996
図5　劉徳隆 2007
図6　譚其驤 1982
図7　鈕仲勛ほか 1994
図8　呉忱ほか 2001
表1　筆者作成

第2章
図1　葉青超ほか 1990
図2　堀ほか 2003
図3　尹学良 1995
図4　尹学良 1995
図5　劉宝元ほか 1993
図6　中国地図出版社 1998
図7　趙希涛ほか 1979
図8　ETOPO2 より筆者作図
図9　程有為 2007
図10　薛春汀ほか 2004
図11　小玉 1999，町田洋ほか 2003，趙希涛ほか
　　　1979，呉忱 1992 に基づき筆者作成
図12　尹学良 1995
図13　貝塚 1985
図14　筆者作成
図15　籠瀬 1990
図16　水利電力部黄河水利委員会治黄研究組 1984
図17　福嶌 2008
図18　張修真 1999
図19　Stainstreet & McCarthy 1993
写真1　筆者撮影
写真2　ALOS AVNIR-2
写真3　筆者撮影

写真4　筆者撮影

第3章
図1　筆者作成
図2　TPC
図3　ソ連製10万分の1地図〔J-50-135〕
図4　小林 2009
図5　「一万分之一黄河下游地形図」〔整理番号 R/3
　　　116-36-8-18〕
図6　高唐県・茌平県，P105-106
図7　国家文物局 2007
図8　新修『茌平県志』
図9　mapbar
図10　Google Earth
図11　SRTM-DEM
図12　筆者作成
図13　筆者作成
図14　筆者作成
図15　筆者作成
表1　筆者作成
表2　筆者作成
表3　筆者作成

第Ⅱ部
第1章
図1　筆者作成
図2　筆者作成
図3　筆者作成
図4　筆者作成
図5　筆者作成
図6　SRTM-DEM
図7　筆者作成
図8　筆者作成
図9　筆者作成

第2章

図1　筆者作成
図2　筆者作成
図3　筆者作成
図4　筆者作成
図5　筆者作成
図6　筆者作成
図7　筆者作成

第3章

図1　筆者作成
図2　筆者作成
図3　筆者作成
図4　筆者作成
図5　筆者作成
図6　筆者作成
図7　筆者作成

第4章

図1　筆者作成
図2　筆者作成
図3　筆者作成
図4　筆者作成
図5　呉忱ほか1991c
図6　筆者作成
図7　筆者作成
図8　筆者作成
図9　新修『東光県志』

第5章

図1　筆者作成
図2　筆者作成
図3　筆者作成
図4　筆者作成
図5　筆者作成
図6　筆者作成
図7　筆者作成
図8　筆者作成

第Ⅲ部

第1章

図1　筆者作成
図2　筆者作成
図3　筆者作成
図4　筆者作成
図5　筆者作成
図6　筆者作成
図7　筆者作成
図8　筆者作成
図9　筆者作成
図10　筆者作成

第2章

図1　筆者作成
図2　木村2003に基づき筆者作成
図3　筆者作成

第3章

図1　筆者作成
図2　Morisawa 1985
図3　Stainstreet & McCarthy 1993
図4　筆者作成
図5　筆者作成
図6　江村1998
図7　藤田勝久2003
図8　史念海1958

補論

第1章

図1　筆者作成

第2章

図1　筆者作成
図2　筆者作成
図3　孫氏図示
図4　筆者作成
図5　筆者作成
写真1　筆者撮影
写真2　筆者撮影

306　図表出典一覧

写真 3　筆者撮影
写真 4　筆者撮影
写真 5　筆者撮影
写真 6　筆者撮影
写真 7　筆者撮影
写真 8　筆者撮影
写真 9　筆者撮影
写真 10　筆者撮影

第 3 章
図 1　筆者作成
図 2　筆者作成
写真 1　筆者撮影
写真 2　筆者撮影
写真 3　筆者撮影
写真 4　筆者撮影
写真 5　筆者撮影
写真 6　筆者撮影
写真 7　筆者撮影
写真 8　筆者撮影
写真 9　筆者撮影
写真 10　筆者撮影

第 4 章
図 1　筆者作成
写真 1　筆者撮影
写真 2　筆者撮影
写真 3　筆者撮影
写真 4　筆者撮影
写真 5　筆者撮影
写真 6　筆者撮影
写真 7　筆者撮影
写真 8　筆者撮影
写真 9　Google Earth
写真 10　筆者撮影

第 5 章
図 1　筆者作成
写真 1　筆者撮影
写真 2　筆者撮影
写真 3　筆者撮影
写真 4　筆者撮影
写真 5　筆者撮影
写真 6　筆者撮影
写真 7　筆者撮影
写真 8　Google Earth
写真 9　筆者撮影
写真 10　Google Earth
写真 11　筆者撮影
写真 12　筆者撮影
写真 13　筆者撮影
写真 14　筆者撮影
写真 15　筆者撮影

第 6 章
図 1　筆者作成
図 2　筆者作成
写真 1　筆者撮影
写真 2　筆者撮影
写真 3　筆者撮影
写真 4　筆者撮影
写真 5　筆者撮影
写真 6　筆者撮影
写真 7　筆者撮影
写真 8　筆者撮影
写真 9　筆者撮影
写真 10　筆者撮影
写真 11　Google Earth
写真 12　筆者撮影
写真 13　SRTM-DEM

索　引

事　項

あ　行

ASTER G-DEM　　67

アナストモージング　　218-219

安陵　　140

一万分之一黄河下游地形図　　59-60, 79, 169-170, 180, 220, 238, 241, 304

ウィットフォーゲル　　197-198, 200-202, 209, 215-216

禹河　　6-7, 10, 15-16, 21-22, 42, 48, 83, 85, 89, 95-96, 100, 103, 107, 119, 122, 125, 131, 135, 171, 180-181, 186-188, 193-196, 209, 223, 244, 246, 261-262, 269

浮橋　　75, 86, 102

浮梁　　55, 75

『禹貢』　　5, 7-8, 15, 22, 29, 43, 49, 52, 83, 90, 103, 122, 125, 180, 188, 193-195, 198, 213

『禹貢山川地理図』　　6-7, 9-10, 16, 21-22, 181, 186

『禹貢錐指』　　6-8, 10, 16-18, 21, 95, 107, 127, 129-131, 144, 159, 161, 171, 186-187, 197, 206, 215, 217

ALOS AVNIR-2　　66, 68, 70

SRTM　　47, 63, 66-68, 72, 78-79, 90, 94-96, 99-100, 107, 109, 111, 114, 124, 126, 131, 145-148, 150, 159, 167-171, 180, 186, 188-190, 195-196, 206-211, 219-222, 227, 229, 238-239, 246-248, 256, 273, 279-281

閻若璩　　8-9, 22-23, 186

王喜　　6-7, 10, 22

王景　　9-10, 23, 44, 83, 95-96, 119, 125, 127, 136, 144, 186, 195, 243, 257

王景河　　83, 95-96, 119-120, 127, 161, 186, 250

王景治河　　8-10, 14, 21, 23

王莽河　　76, 101, 117

王莽枯河　　6, 101

か　行

押（落）堀　　99-100, 131, 170, 189, 196, 242, 287

お椀型　　98-99, 126, 170, 227, 239

改革開放　　42, 65-66, 68

貝殻堤　　133, 143-145, 158, 208, 275, 279, 280-281

海水準　　32, 35, 37, 42, 45-47

改道　　5-6, 8-13, 22, 43-44, 52, 83-84, 119, 127, 130-131, 133, 168, 171-173, 181, 186-188, 191, 193, 195-197, 207-209, 213-214, 217, 219, 222-224, 226-231, 243, 255, 266, 288

外邦図　　58-60, 77, 79, 237

河源　　23, 28-30, 45

（黄河）河口　　22, 25, 31, 34-35, 37, 40-41, 47, 74, 133, 135, 143-144, 147, 157-158, 208, 219, 222, 279, 281

河床　　38-39, 186, 190, 196, 207-208, 246, 252

河川工学　　35, 180, 195-196

画像処理　　58, 64, 79, 117, 254

滑澶微高地　　186, 188, 190, 195, 206-208, 214, 217, 222, 229-230

河隄（堤）謁者　　12, 176, 205, 213

河道痕　　43, 57, 66, 70-71, 99, 101, 111, 114-115, 117, 124, 133, 219, 240, 254, 259

K-Ar 年代測定法　　47

灌漑　　14, 38, 41, 197-204, 213-214, 216, 227-228, 231

『漢書』溝洫志　　5, 8-10, 12-15, 21-24, 51, 56, 73, 76, 83-85, 91, 94, 99, 101, 107, 111, 113, 115-117, 122, 129, 150, 161, 164-165, 169, 176, 180-181, 185-186, 188-193, 195-199, 205-209, 211, 215-216, 219, 221-224, 227, 246, 278-279, 281

『漢書』地理志　　5, 9, 24, 49, 51, 54, 75-76, 90-94, 97, 101, 103, 108, 121, 128-130, 134, 136-142, 148-150, 153-154, 156, 158, 162, 165, 173-174,

178, 192, 215, 225, 236, 256, 262, 280

『漢書』武帝紀　8-9, 12, 24, 75, 186, 188, 190, 222, 227, 229, 279

完新世　32-34, 37, 46

幾何補正　66, 68, 70, 78-79

九河　5, 13, 15, 43, 180, 193

金堤（隄）　10-11, 13-14, 22-23, 52-53, 58, 73, 89, 99, 101, 107, 113-114, 117, 121, 127-129, 164, 180, 191-192, 194, 207, 213-214, 216, 249-250, 257-259, 261, 263, 265-266

クラスタリング　58, 70-71, 77, 79, 167

クロン　33, 47

京杭大運河　41

胡渭　6-11, 17, 21-23, 127, 135, 144, 161, 171, 186, 197, 205-206, 215, 222

黄河下流平原　11, 15, 19, 23, 31-33, 35-36, 38, 44, 50-53, 56-58, 73, 119, 125, 161-162, 170, 175, 180, 187, 198-199, 202, 206, 209, 210-216, 219, 221, 224-231, 235, 238, 240, 243-244, 253-255, 267, 269, 281

黄河南流　10, 22, 120, 126, 215, 227, 269, 273

更新世　32-35, 37, 42, 45-47

高水敷　38-39, 99, 195-196, 219, 229

黄土高原　27-28, 30-31, 33, 44

瓠子河決　12, 14-15, 21-24, 39, 47, 53, 87-88, 90, 97-99, 102, 119, 121, 164-165, 169-171, 176, 188-190, 193, 195-196, 207-208, 211-216, 222-223, 227, 230, 245-246, 248-249, 255

顧祖禹　10, 23, 74, 205

CORONA　64-66, 68, 70, 72, 78

鯀堤（隄）　23, 216, 220, 230

さ　行

最終氷期　32, 42-43, 46

『左伝』　5, 9, 23, 49, 54-56, 75-77, 84-85, 91-93, 96-97, 101-102, 105, 108, 113, 117, 121, 127-130, 135, 137, 142, 150, 157, 163, 165-167, 174-177, 179, 205-206, 245-246, 256, 273-274, 283

三角州　31, 33, 35-37, 47, 133, 142, 144-146, 148, 208, 219, 222, 275

C^{14} 年代測定　48, 50, 143-144, 158-159, 208, 259, 280-281

自然堤防　31, 35-39, 44, 47, 71-72, 94, 98-100, 107, 125, 168, 173, 180, 186, 190-191, 196, 207-208, 211-212, 214, 217-222, 230, 254-255, 258, 273

沙泥　27-28, 31, 36, 38-40, 43-45, 47, 208, 219, 221, 279

周定王（五年）　1, 5-9, 21-22, 34, 49, 51-52, 77, 83, 85, 96, 125, 144, 181, 186-187, 196, 205-207, 209, 215, 222, 243, 246, 261

『周譜』　5, 8, 21, 83, 85, 186, 196, 205

焦循　8-9, 11, 22, 171, 181, 186, 222

岑仲勉　8-9, 127, 159, 205

『水経注』河水注　5-6, 8-9, 12, 16, 22, 29, 52, 76, 83-84, 89-90, 100-101, 116, 120, 122, 127, 129, 134, 136, 139, 144, 148, 159, 162, 165-167, 173, 181, 186, 205, 222, 255, 258

鄒逸麟　18, 22, 88, 187, 197, 243

3D地形モデル　72, 99, 107, 114-115, 124, 126, 131, 145-147, 159, 167-169, 171, 221, 239, 247-248, 252, 254-255, 279, 287

戦国河道　186-187, 190, 193, 208, 212-213, 215, 219, 223-224, 229

扇状地　16, 29, 35-38, 43-44, 46, 218-219

束水攻沙　23, 44-45

た　行

大運河　42, 122, 147

大河故瀆　5, 8-9, 15-16, 52, 73, 77, 84, 89-90, 98-99, 101, 111, 113, 116-117, 134, 139, 148, 161, 173, 178, 181, 185-186, 205-206, 208, 222, 243

大陸氷床　32, 46

蛇行　15, 38-39, 131, 218-219, 229-230

譚其驤　8, 18-22, 24-25, 49, 52, 83, 88, 98, 127, 136, 150, 187, 191, 197, 206, 209, 222-224, 244, 251

断流　40-41, 44, 47, 131, 257

『治河図略』　6-7, 10, 16, 22

地形図　19, 58-60, 65, 238, 244

治水　9-10, 12, 14-15, 23-24, 29, 40, 48, 83, 103, 197-205, 209-211, 213-214, 216, 219, 222, 227, 230, 238, 243

治水機構　187, 205, 213

治水技術　13, 201

治水工事　9, 200, 205

治水事業　6, 9-10, 12-13, 15, 18, 24, 45, 83, 87, 95, 119, 127, 136, 144, 164, 186, 195, 201-203, 211, 213

治水対策　10, 15, 48, 195-196, 206, 211-213

沖積扇　35, 37, 43, 157

沖積平原　29, 36-37, 46

堤外地　38, 196

低水路　38, 180, 195-196, 219, 224

程大昌　6, 8-11, 21-22, 171, 181, 186, 222

DEM　66-68, 72, 79, 90, 94, 116, 239, 247, 256

デルタローブ　34, 47

天井川　38-40, 44, 94, 187, 194, 196, 207, 211-212

『読史方輿紀要』　10, 16-17, 52, 55, 74-75, 89, 91, 104, 138, 153, 169-170, 179-180, 230, 250

杜預　54, 76, 85-86, 92, 97, 108, 113, 117, 121, 142, 165, 173, 258

屯氏河　7, 12-13, 21-22, 103, 111, 115-116, 136, 150, 169-174, 176, 180-181, 190, 193-196, 211-214, 216, 224

な　行

南水北調　41-42, 44, 48

南流　124

は　行

微高地　38-39, 79, 94, 99, 131, 146-147, 150, 167-173, 179, 186-188, 190-191, 193-195, 206-208, 210-214, 217, 219-222, 225, 227, 229, 238, 279, 287

ブレイデッド　218-219

（黄河）変遷説　6-8, 12, 22-23, 222

ま　行

「水の理論」　197, 200-202

や　行

（農業）用水　14, 38, 41

ら　行

Landsat　40, 64-65, 68, 78

Landsat8 OLI　68, 70

Landsat7 ETM+　68, 70, 221, 287-288

Landsat5 TM　57, 63, 66, 68, 70-71, 99, 108, 111, 114-115, 117, 167, 208, 238, 240, 254-255, 261, 264, 266-267

里制　195, 215, 230

リニアメント　117, 215

RSデータ　19, 21, 47, 49-51, 53, 56-59, 63, 65-66, 68, 70-73, 77-78, 83-84, 89-90, 92, 94, 99-100, 111-112, 114-116, 124, 126, 133, 148, 162, 167, 172

聊徳微高地　186-191, 193, 195, 206-208, 214, 217-218, 220, 222, 224, 229-230, 288

地　名

あ　行

安陵　17, 140, 148, 154-155, 165

渭水　28, 31, 33, 42, 204

陰安　17, 76, 93-94, 101, 103, 106, 176, 216, 244, 250-251, 258, 266, 285

繹幕　17, 162, 165, 167, 173-174, 177, 179, 225

燕県　120, 121, 127-128

塩山　20, 139, 141, 145, 147-148, 153-154, 156-159, 177, 278

延津　17, 19-20, 22, 79, 96, 119-131, 207, 235, 269, 271, 273-274, 269, 286-287

か　行

開州　7, 17, 19, 53-56, 75, 77, 85, 93, 105, 108, 117, 159, 189, 239, 248, 256-257

艾亭　　17, 162, 165, 166, 173, 178

花園口　　41, 47, 227

楽昌　　17, 56, 76, 94, 101, 103, 106, 173, 244, 266

夏津　　19-20, 162, 168-169, 172, 180, 219-221, 230, 287-288

河内　　85, 120, 123, 127, 130, 176, 216

滑県　　6-7, 9, 11, 17, 19-23, 55-56, 76-77, 83, 85, 88-89, 91-92, 94-96, 99-101, 103-105, 107, 115, 119-122, 124-127, 129, 159, 180, 186, 207, 215, 217, 229-230, 235, 239-240, 243-246, 252-254, 257-258, 269, 286

冠県　　17, 19-20, 60, 113, 117, 169, 180, 226, 258, 262, 266

関中平原　　214, 216, 227-228

館陶　　6, 11-13, 15-17, 19-21, 60, 71, 73, 76, 79, 85, 103, 111-117, 119, 125-126, 136, 161, 164, 167-173, 179-180, 185-187, 189, 191, 193-195, 206, 208-209, 212-213, 216-217, 222, 224, 235, 238-239, 241-242, 257-258, 261-262, 266, 278

甘陵　　17, 162, 165-166, 173, 177-178

淇園　　87-88, 102, 246

葵丘　　23, 106, 176, 209, 279, 281

魏郡　　14, 21, 23, 85, 103, 106, 129, 150, 165, 169, 171, 176, 180, 186, 195, 206, 210, 212, 257, 262

冀州　　14, 91, 103, 129, 154, 165, 174

汲県　　17, 20, 95, 123, 130, 270, 274

鄴　　101, 103-104, 122-123, 176, 178, 257, 261, 269

杏園鎮遺跡　　123, 130

鄴東古大河　　9

鉅野（沢）　　73, 87-88, 131, 176, 189, 248, 257

滎陽　　90, 127-128, 130, 228

巻県　　120-121, 127-128, 270

元城　　5, 14, 17, 56, 76-77, 85, 94, 103, 111-112, 115-117, 195, 206, 213, 257-258, 261, 263

原武　　9, 17, 19, 22, 103, 120-121, 128

原陽　　9, 20, 22, 44, 120-121, 128, 207, 215

扈　　9, 22, 44, 120, 127-128, 205

黄驊　　20, 25, 133, 139, 142, 144-145, 147, 153, 157-158, 275, 277-278, 281

黄海　　29, 32-35, 44, 190

高楽　　134, 139, 148-150, 153-154, 174, 236

高城（成）　　134, 139, 145, 149, 153-154, 158, 177, 278

高唐　　15, 17, 20, 73, 113, 137, 151, 154, 162-163, 165-167, 169-176, 178, 180, 188, 190, 283, 285

呉起城　　123, 126, 130, 131

黒龍潭　　79, 98-100, 108-109, 126, 170, 180, 189, 207, 239-240, 247, 256

孤竹　　141, 148-149

五鹿　　111, 113, 116-117

崑崙　　29-30

さ　行

済南　　13, 38-40, 149, 164, 169, 176, 191-192, 194, 217, 219, 224-225, 229-230, 258, 287

沙邱堰　　17, 76, 111-112, 114-116, 208, 261, 263, 266-267

酸棗　　10-11, 16, 21, 50, 73, 117, 119-121, 123-124, 127-129, 171, 206, 211, 227, 273

参戸　　142, 150, 152, 157, 174

山東半島　　22, 32, 35, 164, 176-177, 227-228, 284

三門峡　　24, 28-29, 31, 33-35, 40, 42, 196, 207

底柱　　24, 150, 196

荏平　　6, 20, 60, 103, 109, 159, 166, 170, 178, 180, 189, 196, 210, 226, 241, 286, 288

遮害亭　　14, 99, 107, 120, 122, 127, 129, 207

修県　　17, 139-140, 148, 154-155, 165

修国　　140, 154

修市　　140, 150, 154

宿胥口　　8-9, 17, 83, 96, 100, 105, 119-120, 122-123, 127, 129, 188, 207, 223, 227, 258

浚県　　17, 19-21, 56, 62, 76-77, 85, 88, 90-91, 95, 103-104, 107, 122-123, 188, 129-130, 252-253, 258

饒安　　141-142, 148, 154, 156-157

漳河　　6-7, 35, 47, 111, 114, 216, 264-265

青県　　17, 134, 142, 151, 157

章武　　103, 134, 136-137, 139, 145, 148-153, 157-158, 174, 215, 236, 277, 279, 280

舒州　　135, 137, 141, 150

索　引　**311**

新郷　　17, 20, 48, 95, 119, 123–124, 126–127, 207, 216, 271, 274

信都　　13, 150–151, 153–154, 169, 177, 180, 192, 199, 226, 231

清河　　12–13, 16–17, 21, 24, 117, 134, 140, 148–150, 154, 156, 158, 161–162, 164–167, 169, 172–174, 176, 177–181, 186, 190, 192–193, 196, 208, 210, 212, 216, 220, 226, 231, 236, 257, 266, 281

静海　　17, 19, 137, 151–152

星宿海　　29–30

斉堤（隄）　　145, 159, 199, 216, 278

成平　　134, 136, 138–139, 149–151, 153, 156, 174, 215

清豊　　11, 17, 19, 55, 75, 77, 88–89, 93, 99, 101, 106, 108, 115, 117, 188, 240–241, 244–245, 251, 257–258

戚　　5, 9, 17, 55–56, 76–77, 84–86, 90, 93–94, 98, 101–102, 105, 163, 171, 175, 205, 240, 244–246, 250, 255–256, 258, 281

澶淵　　54–56, 75, 100, 251

澶州　　6, 54–55, 75, 87, 89, 91, 100, 102, 104, 109, 229, 250, 258–259

千乗　　13, 103, 144, 149, 159, 164, 173, 176, 191–192, 194, 199

宣房宮　　87–90, 96, 98–102, 239–240, 245–247, 252, 274, 282

相州　　6, 55, 104–106, 257–258

滄州　　10, 16–17, 20, 37, 47, 133–136, 138, 141, 144–150, 152–153, 155–159, 167, 177, 180, 208, 215, 235–236, 240–241, 275–276, 280–282

楚丘　　54, 75, 92, 102, 105, 107–108, 125, 131, 173, 245, 257

東州　　134, 136, 138, 149–153, 174, 215

胙城　　17, 19, 121, 123, 129

た　行

太行山脈　　14, 21, 24, 29, 32, 35, 79, 85, 120, 125, 162, 195, 199, 207, 209–210, 216, 224, 226

大城　　19, 137, 142, 145–146, 151, 153, 158–159, 280

大伾山　　10, 84, 89–91, 94, 103–104, 127, 180, 258

大名　　7, 10–11, 17, 19–20, 23, 71, 75, 79, 85, 89, 94, 102, 108, 111–117, 126, 167, 179, 195, 208, 215, 235, 238–239, 241–242, 256–258, 261, 263, 265–267, 278

中邑　　134, 136, 138, 149–150, 152, 174, 215

趙王河　　170, 180

長寿津　　17, 76, 83–84, 92, 96, 100–101, 105, 189

帝丘　　54, 75, 84–85, 92, 96–97, 102, 107–108, 125, 131, 173, 245

洮河　　31, 45, 48

銅瓦廂　　7, 8, 131, 215

東郡　　5, 9–10, 12–14, 22–24, 54, 73, 75–76, 86–88, 92–94, 101–102, 104–108, 117, 121, 129, 155, 162, 164, 171, 173, 176, 181, 185, 191–194, 210, 213–214, 216, 226, 246, 258

東光　　17, 19–20, 133–134, 140–141, 146–148, 150, 153–156, 174, 208, 224, 236, 275–277

東武城　　167, 174, 177, 179, 223, 285, 288

東平舒　　134, 136–138, 141, 149–152, 155, 174, 215

堂邑　　17, 19, 170, 180, 266

徒駭河　　19, 170, 174, 179–180, 188–189, 191, 193–194, 212

徳州　　6, 10, 17, 20, 25, 134, 154–155, 161, 171–172, 178–180, 186, 189, 195, 206, 208–209, 212, 217, 221–222, 224, 227, 229–230, 235, 283, 287

篤馬河　　13, 173, 192–194, 227

頓丘（邱）　　5, 8, 10–11, 16, 21–23, 54–55, 75–76, 85, 91, 99, 101–102, 104–106, 108–109, 122, 125, 127, 129, 131, 171, 173, 176, 186–189, 222–223, 240–241, 246, 250–251, 258

な　行

内黄　　11, 17, 19, 20–21, 54, 56, 76–77, 85, 88–89, 93, 102–103, 106–107, 115, 131, 214, 250, 253, 258–259

南燕　　103, 121–122, 129

南楽　　17, 20, 89, 94, 106–107, 115, 117, 126, 208, 240, 243, 245, 257–258, 266

南皮　　17, 20, 134, 139, 141, 146–148, 150, 153–156,

159–160, 174, 236–237, 240, 277, 281

南陽　120, 127, 173, 203, 273–274

は　行

貝丘　12, 17, 24, 162, 165, 171, 174, 176–177, 189, 193, 225, 286

淇丘　162, 165, 176

貝中聚　165, 173, 176

白馬　11, 17, 23, 56, 58, 76, 84, 90, 92, 101, 103–105, 121–122, 128–129, 173, 191, 214, 227, 251–253, 258

白馬津　56, 92, 105, 223, 251–252, 258

博平　17, 60, 79, 103, 166, 170, 173, 178, 180, 241, 258, 262

馬頬河　79, 89, 99, 108, 170, 191, 193, 265, 284, 288

発干　17, 103, 162, 165, 173, 176, 216, 266, 285

馬陵　113, 117, 125, 127, 131, 261, 265, 267

繁陽　17, 56, 76, 93, 101, 103, 106, 244

武城　20, 167, 172, 177, 179, 285

武陟　19, 20, 22, 119, 121, 124, 126–128, 207, 215, 235, 269

武帝台　142, 145–147, 157, 275, 279

浮陽　16–17, 138, 141, 149–150, 152–154, 156–157, 174, 276

文安　134, 136, 138, 145–146, 149–152, 159, 174, 215, 280

平原　10–13, 16–17, 19–22, 50, 62, 68, 73, 79, 85, 145, 147, 149, 154, 159, 161–165, 167–169, 171–173, 175–180, 185, 189, 191–192, 194–195, 199, 206, 208, 210, 216, 223, 230, 235, 240–241, 283–286, 288

平晋　17, 162, 165–166, 173, 178

平邑　17, 76, 86, 94, 101–102, 106–107, 163, 175, 245

枋頭城　123, 269

濮州　6, 54, 75, 130, 159, 267

濮陽　6–7, 9–12, 20–22, 49, 53–58, 62, 75–77, 79, 83–84, 86–102, 105, 107–108, 113–115, 119–120, 122, 124–127, 131, 170–171, 173, 175, 180, 186, 188–189, 193, 195, 205–206, 208, 212, 215, 217, 226–227, 229, 235, 239–241, 243–252, 254–259, 261, 263, 266, 278, 281, 285–286

ま　行

鳴犢河　164, 166, 171–174, 178, 191, 212

鳴犢口　12, 16, 21, 117, 161, 164–165, 171, 173, 176, 181, 186, 190–191, 193

孟村回族自治県　20, 47, 142, 145–146, 148, 157, 159, 208, 278

や　行

鄃　17, 23, 162, 164–167, 173–174, 176–179, 181, 220–221, 223, 229, 231

陽武　17, 19, 120, 127, 215

ら　行

利津　41, 136, 144, 159

涼城　17, 56, 76, 84, 90, 92, 100–101, 104–105

聊城　20, 25, 37, 60, 67, 79, 92, 102, 105, 109, 161, 164, 166, 168–169, 172–173, 175, 177, 180, 185, 195, 206, 209, 210, 212, 214, 216, 222–223, 226, 228–229, 235–266, 283, 285

臨河　54–55, 58, 90–91, 95, 98, 104, 251–252, 259

霊　12, 16–17, 21–22, 73, 113, 117, 161–162, 164–166, 168–169, 171–179, 181, 186–188, 190–191, 193, 208, 212, 216, 223, 283, 285, 288

黎陽　14, 17, 73, 75, 84, 90–91, 96, 101, 103–105, 119, 122, 124–125, 129, 214, 245, 257–259

黎陽津　91, 104, 252, 258

鬲　17, 154, 162, 165, 167, 173, 179

鹿鳴　17, 84, 90–91, 101

中文要旨

基于遥感信息的西汉时黄河古河道研究：遥感信息和历史学

长谷川顺二

1　选题缘由及其意义

黄河以"善淤，善决，善徙"闻名，存在着频繁决溢和大规模河道变迁的现象。据《人民黄河》记载，"在 1946 年之前的 3，4000 年中，黄河决口泛滥达 1953 次，较大的改道有 26 次。"其中以西汉时为甚。西汉是中国历史上第一次全国统一王朝，那时中国社会比战国稳定了。但是黄河不太稳定，《汉书》中，西汉的两百年内，黄河就有 11 次决溢。

本研究将综合历史学，地质学和遥感信息及信息处理技术 3 个领域，进行跨学科研究。此前的黄河古河道复原研究，多以某学科为独立进路，例如历史学使用文献资料，地理学研究地形与土壤等因素，其研究大多局限于某一单一学科。吴忱氏开始同时利用历史学和地质学两个学科的资料，但总体上还是以地质学为基础，参考利用文献记载，尚未没有真正实现跨领域资料的互相借鉴和综合利用。近年来，基于文献考证的历史学研究也愈加重视对文字记载的考辩，这就为拓展视野，深度进入其他学科寻求佐证提供了动力。我的研究就将利用遥感信息和实地考察，综合文献记载以及实地考察所见的地形情况，以期达成复原古代黄河及其周围环境的研究目标。

关于黄河古河道的复原，众多学者已经对此进行了研究，目前，谭其骧主编的《中国历史地图集》被视为学界定论，但该地图集中的河道没有地形的基础，所以，还可利用新近发展的空间技术，展开进一步探讨。尤其是黄河古河道的准确复原，对于学术研究具有重要价值。比如，西汉时期黄河古河道的正确位置确定后，即可判明当时城市的分布情况。了解了黄河及周围的地形，即可判明黄河下游平原的环境情况。此外，根据战国时期黄河河道和河床的范围，还可判明战国诸国的势力范围。简言之，以黄河古河道为主轴，可据以推断出当时黄河下游平原的综合情况。

黄河对中国的政治，经济和自然环境等多方面有很大的影响，所以，黄河古河道的复原与当时的政治，经济和自然环境的复原息息相关。比如，黄河附近有的城市屡次迁移，这与黄河河道的变迁有关。河北省大名县是北宋时期的大城市，当时称为"北京"，可是这座城市现在没落了，这就与黄河河道的变迁有关：北宋时期的黄河流经河北平原，北宋中期以后黄河乱流，黄河成为河北平原上几支分流，大名县一带也流经了两支分流，金代发生决口后，黄河夺淮河河道，同时，受京杭大运河的影响，交通路线也发生了很大变化，大名县一带最终趋于衰弱。与之类似，黄河河道的变迁

314　中文要旨

对城市的选址和盛衰等多方面有着深刻的影响。目前，黄河下游平原上古代自然环境与交通路线等情况尚未完全清楚，精确复原黄河古河道将是解决该问题的先行工作。

2　研究方法思路

本研究着重文献资料和遥感信息的综合交叉利用。但是两种资料的所属时代存在着时间差。此外，文献资料中，历史事件类资料很多，地理类的信息极少。而遥感资料中，地理信息丰富，却鲜有历史类信息。对此，我将以城市遗址为切入口，综合运用两种资料中的历史信息和遥感资料中的地理信息，尤其较多利用了西汉以前河北平原上的城市遗址信息。

但这种方法有一个难点，涉及城市遗址准确位置的信息很少。特别是地方上小型城市遗址的发掘情况一般不在杂志上刊载，笔者较难获取相关信息。因此，笔者利用新修地方志和《文物地图集》，亲自前往遗址展开实地考察。关于遗址发掘情况的文献一般保存于当地的文物局或文物管理处，但不会公开发掘记录。所以，在进行田野考察时，我经常去文物局或文物管理处，邀请他们带我前往遗址考察。

实地考察不仅能观察遗址本身，也能看到周围的地形和植被环境等情况。此类信息也可以应用于黄河河道复原。此外，在实地考察中还能发现地图上难以发觉的微小地形。例如，考察河南省濮阳市时，在濮阳市新溪乡我就发现了文献中"黑龙潭"记载的黄河决口痕迹。

我的研究是通过收集文献资料，利用遥感信息和进行实地考察的三种方式，以特定的河道为切入点，利用上述 3 种方式进行综合解读。例如，在实地考察中，为了解当地的情况，将使用文献资料和遥感信息两种知识渠道汇集信息。在实地考察中得到的信息，再利用文献记载和遥感资料进行分析判定。遥感信息的分析方法尤其需要参照当地详细的地理情况。最终，笔者将综合使用这些情报，推断判定黄河古河道。

以地质学视角观之，黄河古河道有两种痕迹，一种是由自然堤防和河床演变而来的微高地，另一种是河底沉积堆积而成的沙地。使用地形数据模型 SRTM-DEM 可判定微高地，使用 Landsat5 TM 影像可推定带状沙地。以上两种遥感信息均有清晰的现代地理信息，但是不直接反映历史信息。另一方面，文献资料包含丰富的历史信息，但地理资料常失之阙如。

如何寻找一个共通的切入点，综合利用两种资料，成为本课题技术路线中的一个关键点。基于以前的研究，笔者选择考古遗址作为两种资料交叉深度利用的结合点。基于考古遗址的位置情况来判读遥感信息，并进一步使用遗址的考古报告与文献记载进行比较探讨，通过综合以上 3 种资料，最终推断黄河古河道的位置及其周边环境情况。

3　本文的概要

本文有 3 部构成，第 1 部加上标题"指向到复原西汉时黄河古河道"，准备复原黄河古河道。第 2 部称为"分了黄河下游区域探讨西汉古河道"，统合使用遥感信息和文献资料，实地考察的成果，

分黄河下游平原成 5 个地域，探讨了西汉古河道。第 3 部加上"利用复原西汉古河道再探讨中国古代史"，使用复原的西汉古河道，再探讨中国古代的有关黄河案件。还有"扑论"，写了自己做的实地考察。

1 第 1 部：指向复原黄河西汉古河道

为了复原黄河古河道，需要很多领域的知识。第一部写到这样的需要复原黄河古河道的知识。第 1 章写到关于文献资料的黄河变迁研究。特别使用文献资料的记述，探讨了这书主题的西汉黄河古河道开始和结束时期。现在主流的黄河变迁说就是从清初的胡渭《禹贡锥指》开始的。他说第一次黄河改道就是东周定王 5 年（BC602），第二次改道就是王莽新始建国 3 年（AD11）。南宋时程大昌认为第一次也是东周定王 5 年，但第二次发生西汉武帝元光 3 年春（BC132）。元代的王喜也认为第一次河道称为"禹河"，第二次河道称为"汉河"。但第三次河道称为"宋河"，西汉的下次认为北宋时河道，没有东汉至唐代的黄河改道，也没认为王莽时改道。胡渭参加《大清一统志》的编纂工程，解读了发生东汉初期的黄河改道。

第 2 章写到关于地理学和地形学方面的黄河。因为复原黄河古河道，需要知道黄河成立的过程，特别重要的是地理学和地形学方面的知识。所以这章里主要采纳关于有关黄河的地理学和地形学知识，试一试掌握黄河的地理学和地形学特性。黄河的最大特性就是河水很"黄"的，黄河上游和中游在的很大面积的黄土高原由来的。通过黄土高原的时候，黄河含很多黄土，河水的颜色变成黄色。而后，含在黄河水的黄土去到黄河下游堆积河床，建造了非常大的扇形地。现在的黄河下游平原就是黄河造成的扇形地。这样就是黄河有的世界上也鲜少的地形特性。这样的特性更有另一重要特性的"悬河"。含有很多黄土的黄河发生泛滥的时候，在河道侧面造成自然提防。因为几次发生泛滥，自然提防成了越来越高，越来越硬实。另一，自然提防内边的河床也越来越高，既而比提防外面的地表面高了。这就是称为"悬河"或"地上河"，黄河第二的地形特性。悬河的河床比地表面高了一点，所以一次发生泛滥的时候，全河水流到广范围，发生深刻受害。有时候回不到旧河道，造成新的河道。这就是"黄河改道"的机制。

第 3 章写到除了文献资料以外的使用资料。这研究使用很多领域的资料，文献资料以外，也有遥感信息和地图资料。（还有实地考察时搜集的情报，这在扑论里说的。）本章的第 1 节说了举了濮阳市附近的遗址群，研讨文献资料的一例。第 2 节说了中国地图资料的情况。现在的中国地图情况比日本不好一点，特别非常难取得大比例尺地图。我使用除了中国一般书店能买的分省地图册以外，日本旧陆军造成的"外邦图"，旧苏联造成的"十万分之一地图"，中华民国 10 年代造成的"一万分之一黄河下游地形图"这样的地图资料，探讨黄河下游平原的地貌情况。第 3 节说了有关遥感信息资料，特别我使用的美国卫星的 Landsat 和日本卫星 ALOS，另美国侦察卫星 CORONA 画像。还有，美国航天飞机取得的 SRTM-DEM（地形数据：Digital Elevation Model）也使用的。列举这种遥感信息的特性，概述了遥感信息的特性和使用方法。

316 中文要旨

2 第 2 部：西汉黄河古河道的地域别探讨

第 2 部就是使用上说很多领域的资料，探讨西汉黄河古河道。黄河下游平原分了五个地域，特定
合适当地特性的探讨方式。第 1 章是河南省濮阳市附近，这地域有除了西汉黄河以外，也有最古的
"禹河"，东汉以后的"王景河"，北宋时向北分流的 3 条河流。我使用 SRTM-DEM 造成三维地形
模型看到很大的微高地（我叫"滑澶微高地"），这微高地上判读了 4 条河流的痕迹。然后使用文献
资料的记载，分成了个条河流的时代。特别决定性的就是考察时访问的"宣房宫"，就是西汉武帝
时发生的黄河决溢痕迹。使用 SRTM-DEM 造成三维地形模型的时候，看到一个低洼处。在灾害
地理学，大河决溢的时候造成低洼处，被叫"押堀"。三维地形模型上看到的低洼处就是这样的，
还有考察时访问的"宣房宫"在那边。所以我决定了这个低洼处就是西汉武帝时发生的"瓠子河
决"的痕迹，在旁边流经的槽形地形就是西汉黄河的痕迹。

第 2 章是河北省大名县至馆陶县，这有称为"沙丘堰"的沙地。现在都没有这的遗址或痕迹，但
是考察的时候我觉得这地域的空气很多沙，也很多沙地。所以我使用 Landsat5 TM 数据分析"Clas-
sification"的解析方式，抽出了沙地要素的地点，判读了古河道的痕迹。

第 3 章是河南省武陟县至滑县。这地域有"延津"，就是汉代到西晋期最有名之一的黄河渡口。
这地域也有被叫"太行堤"的黄河痕迹。所以我使用 SRTM-DEM 造成三维地形模型，看到从武
陟县到滑县一直走的提防痕迹。

第 4 章是河北省沧州市，西汉黄河来到这里流下渤海。西汉黄河的经路大略记述了《水经注，河
水注》的"大河古渎"，到沧州以后的河流路很乱，没有详细记载。但是也有"三角洲"。所以我使
用 SRTM-DEM，看到西汉黄河三角洲的痕迹。

第 5 章是山东省聊城市至德州市。这地域有很大的问题。使用 SRTM-DEM 看到从聊城市到德
州市的很长的微高地（我叫"聊德微高地"）。另一，《汉书，沟洫志》上几次西汉黄河决溢，发生
了这地域里的"灵县"，在聊德微高地的东边远一点。从此认为聊德微高地不是西汉黄河。但是聊
德微高地有 20 公里宽，不可以认为黄河以外河流的痕迹。聊德微高地不一致西汉黄河，但跟"屯
氏河"的河流大概一致。"屯氏河"就是武帝时发生的黄河分流之 1，被称"广深与大河等"。从此
可见，我认为聊德微高地就是旧的黄河河道，然后变成西汉河道。看了微高地的规模，变到西汉河
道的时期就是西汉初期至中期前后。就是程大昌认为的西汉武帝元光 3 年春发生了部分改道，改到
经过灵县的西汉河道。

3 第 3 部：使用复原西汉古河道再探讨中国古代史

在第 2 部已经复完了西汉黄河古河道和部分改道的情况，所以在第 3 部使用这复原西汉古河道，
再探讨中国古代的什么事件。

第 1 章采纳西汉黄河决溢情况。以前的研究不太清楚决溢情况，可是使用复原西汉古河道，能够
决溢情况很清楚。西汉时发生黄河决溢，在山东省西边的平原县附近很多发生。但复原的时候判明
了这地域的黄河河道很年轻和不太宽，所以容易决溢的。还有，黄河下游平原中心的馆陶县至德州
市有很大的聊德微高地。所以发生决溢的时候，河水到这微高地的东边或西边，不可能去到平原的

全面。

第 2 章是再探讨日本东洋史学的一个问题，有没有黄河堤防造成的当地水利机关。日本的木村正雄提倡了一个学说。他的说就是黄河堤防早有战国时代，这样很大规模的工程不能做很大的水利机关。但那时还没到秦国的专制体制，从此那时黄河下游平原已经有了大规模的水利机关，跟秦国那样的专制体制没有关系造成的。以后，秦国或西汉统一中国的时候，利用那样的当地水利机关。看到我复原的西汉古河道的话，都没有黄河人为造成的那么大的堤防。如果战国时代已经造成了很大的堤防的话，为什么武帝以后黄河泛滥的时候，不是回到聊德微高地里面，而是固执决溢地点的堵塞？如果战国时代已经有了很大的水利机关的话，当然知道战国时代黄河古河道的位置。但是发生黄河决溢的时候，西汉政府固执决溢地点的堵塞，没想到聊德微高地的存在。从此可见，战国时代以来的大规模的黄河人为堤防，也没有大规模的黄河水利机关。

第 3 章是使用有关西汉黄河的事件，检证复原西汉古河道的精度。具体说，从地形学方面研讨微高地和西汉黄河的成立过程，探讨当地被叫"沙河"和战国河道，屯氏河的关系和"夏津"的由来等等，最后探讨西汉郡县制和黄河下游平原的进出的关系。以前的学说西汉郡县制就是西汉初期已经到黄河下游平原。但是近年发现的《张家山汉简，秩律》记载了汉初县的分布，看不到聊城以北的汉县。从此，西汉武帝期前后郡县制还没到黄河下游平原全面。另一方面，西汉文帝至武帝期，很多皇族和功臣一族封建到黄河下游平原。从此，我认为那是封建的皇族和功臣一族就是一种的"拓荒者"。那时黄河下游平原有很广大的没人的地方，或只有非常小的个人聚落。皇族和功臣一族跟郡县制一直来到那样的地方。但是那个封建不太长，两三代之中被废除，以后设置县。通过这样的程序，编入西汉政府的支配体制。

4　扑论：黄河下游平原考察记录

为了做了这研究，从 2004 年至 2008 年的 5 年间，我去过黄河下游平原做五次考察。这扑论采纳那时考察的内容，我去过的古代城市遗址和有关黄河痕迹。分析遥感信息的时候，基于那时搜集的位置情报和地形情况把握当地的情况。

以上是这本书的概要。黄河就是跟中国，特别跟古代历史有很多关系。复原西汉黄河古河道就是黄河变迁的一侧面，也是关联跟当时社会和自然环境的情况。

著者略歴

長谷川　順二（はせがわ　じゅんじ）

1974年　東京生まれ
2000年　学習院大学人文科学研究科史学専攻博士前期課程修了
2006年　学習院大学人文科学研究科史学専攻博士後期課程単位取得退学
2011年　博士（史学）取得
現　在　学習院大学文学部助教

主要論文

「リモートセンシングデータを利用した前漢期黄河古河道復元──〈中国古代専制国家の基礎
　条件〉に関する再検討──」『史学雑誌』第123編第3号，2014年3月

「リモートセンシングデータを用いた黄河古河道復元──後漢初期の第二次改道に関する考
　察──」『日本秦漢史研究』第15号，2015年3月

「リモートセンシングデータを利用した『水経注』に記される北魏期黄河古河道研究──河南
　省濮陽市～山東省東阿県～荏平県～高唐県──」『人文』第14号，2016年3月

前漢期黄河古河道の復元──リモートセンシングと歴史学──

2016 年 2 月 25 日　初版発行

著　者　長谷川　順二
発行者　八木　唯史
発行所　株式会社　六一書房
　　　　〒101-0051　東京都千代田区神田神保町 2-2-22
　　　　TEL　03-5213-6161　　　　FAX　03-5213-6160
　　　　http://www.book61.co.jp　　　E-mail info@book61.co.jp
　　　　振替　00160-7-35346
印　刷　藤原印刷　株式会社
装　丁　篠塚　明夫

ISBN978-4-86445-076-8 C3022　　Ⓒ Junji Hasegawa 2016　　　　Printed in Japan